はじめに

本書は、パソコンの実習を通して、情報を適切に活用するための技能を養い、それを実践できるスキルを習得することを目的とした学習教材です。
文書作成・表計算・プレゼンテーションの代表的なソフト「Word」「Excel」「PowerPoint」の操作方法を、学生生活に身近な題材やビジネスで利用できる題材を使って、実践的に学習します。
また、各章末には習熟度を確認するための練習問題を、巻末には実践力の養成に役立つスキルアップ問題を用意しています。これらの問題を自分の力で解くことによって、さらなる実力アップを図ることができます。
本書が、情報化社会に対応する能力の育成の一助となれば幸いです。

本書を購入される前に必ずご一読ください
本書は、2019年11月現在のWindows 10およびOffice 2019に基づいて解説しています。Windows Updateによって機能が更新された場合には、本書の記載の通りに操作できなくなる可能性があります。あらかじめご了承の上、ご購入・ご利用ください。
本書を開発した環境は、次のとおりです。
・Word 2019(16.0.11929.20330)
・Excel 2019(16.0.11929.20330)
・PowerPoint 2019(16.0.11929.20330)

2020年3月12日
FOM出版

Contents

本書をご利用いただく前に ---------- 1

ローマ字・かな対応表 ---------- 6

■文書作成編■
ワープロソフトを活用しよう　Word 2019

Step1　Wordについて ---------- **W-1**

◆1　Wordの特長 ………… W-1
◆2　Wordの画面構成 ………… W-2

Step2　基本的な文書を作成しよう ---------- **W-5**

◆1　作成する文書の確認 ………… W-5
◆2　文書を開く ………… W-7
◆3　ページ設定 ………… W-8
◆4　配置の設定 ………… W-9
◆5　フォント書式の設定 ………… W-11
◆6　段落番号と箇条書きの設定 ………… W-13
◆7　文字数と行数のカウント ………… W-15
◆8　文書の保存 ………… W-16

Step3　図や表を挿入しよう ---------- **W-18**

◆1　作成する文書の確認 ………… W-18
◆2　画像の挿入 ………… W-19
◆3　SmartArtグラフィックの作成 ………… W-22
◆4　表の作成 ………… W-27
◆5　Excelグラフを図として貼り付け ………… W-32
◆6　図表番号の設定 ………… W-33

Step4　文書を印刷しよう ---------- **W-36**

◆1　印刷の実行 ………… W-36

Step5　表現力をアップする機能を使ってみよう ---------- **W-37**

◆1　作成する文書の確認 ………… W-37
◆2　ページ罫線の設定 ………… W-38
◆3　ワードアートの挿入 ………… W-39
◆4　段組み ………… W-40
◆5　タブとリーダー ………… W-42
◆6　PDFファイルとして保存 ………… W-44

Step6　長文のレポートを編集しよう ---------- W-46

◆1　作成する文書の確認 ………… W-46
◆2　ページ番号の挿入 ………… W-47
◆3　改ページの挿入 ………… W-47
◆4　見出しの設定 ………… W-48
◆5　脚注の挿入 ………… W-52

Step7　文書を校閲しよう ---------- W-55

◆1　自動文章校正 ………… W-55
◆2　表記ゆれチェック ………… W-56
◆3　検索と置換 ………… W-57
◆4　コメントの利用 ………… W-59
◆5　変更履歴の利用 ………… W-60

参考学習1　数式を入力しよう ---------- W-65

◆1　数式ツール ………… W-65

参考学習2　タッチで操作しよう ---------- W-68

◆1　タッチ機能 ………… W-68
◆2　タッチモード ………… W-68
◆3　タッチ基本操作 ………… W-69
◆4　タッチキーボード ………… W-72
◆5　文字の選択 ………… W-73
◆6　表の選択 ………… W-74

付録　ビジネス文書の書き方 ---------- W-76

◆1　ビジネス文書とは ………… W-76
◆2　ビジネス文書の種類 ………… W-76
◆3　ビジネス文書のポイント ………… W-77
◆4　ビジネス文書の留意点 ………… W-77
◆5　社内文書 ………… W-78
◆6　社外文書 ………… W-79

練習問題 ---------- W-81

■表計算編■
表計算ソフトを活用しよう　Excel 2019

Step1　Excelについて ---------- E-1

◆1　Excelの特長 ………… E-1
◆2　Excelの画面構成 ………… E-2

Step2　データを入力しよう-------------------------------E-3

◆1　ブックの新規作成 ………………………… E-3
◆2　データの入力 ………………………… E-3
◆3　データの自動入力（オートフィル）………………… E-6
◆4　データの修正 ………………………… E-6
◆5　データの消去 ………………………… E-7
◆6　ブックの保存 ………………………… E-8

Step3　表を作成しよう -------------------------------E-9

◆1　作成する表の確認 ………………………… E-9
◆2　罫線の設定 ………………………… E-9
◆3　数式の入力 …………………………E-10
◆4　関数の入力 …………………………E-10
◆5　フォント書式の設定…………………………E-13
◆6　配置の設定 …………………………E-14
◆7　表示形式の設定 …………………………E-15
◆8　列幅の変更 …………………………E-16

Step4　表を編集しよう ------------------------------- E-17

◆1　作成する表の確認 …………………………E-17
◆2　相対参照と絶対参照 …………………………E-18
◆3　書式のコピー …………………………E-21
◆4　行と列を入れ替えてコピー …………………………E-22
◆5　データと列幅のコピー …………………………E-23

Step5　表を印刷しよう ------------------------------- E-24

◆1　印刷する表の確認 …………………………E-24
◆2　ページレイアウトモードへの切り替え …………………E-25
◆3　用紙サイズと用紙の向きの設定 …………………E-25
◆4　ヘッダーとフッターの設定…………………………E-26
◆5　印刷タイトルの設定…………………………E-27
◆6　印刷の実行 …………………………E-28

Step6　グラフを作成しよう------------------------------- E-30

◆1　作成するグラフの確認 …………………………E-30
◆2　グラフ機能 …………………………E-30
◆3　グラフの作成 …………………………E-32
◆4　グラフタイトルの入力 …………………………E-32
◆5　グラフの移動とサイズ変更…………………………E-33
◆6　グラフのレイアウトの変更 …………………………E-34

Step7　データベースを操作しよう　E-36

◆1　データベース機能　E-36
◆2　データベース用の表　E-36
◆3　データの並べ替え　E-37
◆4　データの抽出　E-39
◆5　データの集計　E-46

Step8　複数のシートを操作しよう　E-51

◆1　作成するブックの確認　E-51
◆2　シート間の集計　E-52
◆3　数式のコピー　E-53

Step9　関数を使いこなそう　E-55

◆1　作成する表の確認　E-55
◆2　関数の入力方法　E-56
◆3　ふりがなの表示（PHONETIC関数）　E-56
◆4　データ個数のカウント（COUNTA関数）　E-58
◆5　条件付きのデータ個数のカウント（COUNTIF関数）　E-60
◆6　該当データの検索（VLOOKUP関数）　E-61
◆7　条件の判断（IF関数）　E-64
◆8　複数の条件の判断（IF関数・AND関数・OR関数）　E-66
◆9　度数分布（FREQUENCY関数）　E-69

Step10　ユーザー定義の表示形式を設定しよう　E-71

◆1　作成する表の確認　E-71
◆2　ユーザー定義の表示形式の設定　E-71
◆3　数値の表示形式の設定　E-73
◆4　日付の表示形式の設定　E-74
◆5　文字列の表示形式の設定　E-75

Step11　条件付き書式を設定しよう　E-76

◆1　作成する表の確認　E-76
◆2　条件付き書式の設定　E-76

Step12　高度なグラフを作成しよう　E-80

◆1　作成するグラフの確認　E-80
◆2　複合グラフの作成　E-81
◆3　補助縦棒グラフ付き円グラフの作成　E-85
◆4　スパークラインの作成　E-89

Step13　ピボットテーブルを作成しよう -------------------- E-91

◆1　ピボットテーブル …… E-91
◆2　ピボットテーブルの構成要素 …… E-91
◆3　ピボットテーブルの作成 …… E-92
◆4　表示形式の設定 …… E-94
◆5　レイアウトの変更 …… E-95
◆6　データの更新 …… E-96

Step14　データベースを活用しよう -------------------- E-98

◆1　テーブルの利用 …… E-98
◆2　複雑な条件によるフィルターの実行 …… E-101

Step15　マクロを作成しよう -------------------- E-105

◆1　作成するマクロの確認 …… E-105
◆2　マクロ …… E-106
◆3　マクロの作成 …… E-106
◆4　マクロの実行 …… E-110
◆5　マクロ有効ブックとして保存 …… E-112

参考学習　ExcelのデータをWordに取り込もう -------------------- E-114

◆1　Excelデータの貼り付け …… E-114
◆2　Excelデータのリンク貼り付け …… E-116
◆3　リンクの更新 …… E-118

付録　関数一覧 -------------------- E-120

練習問題 -------------------- E-127

■プレゼンテーション編■
プレゼンテーションソフトを活用しよう　PowerPoint 2019

Step1　PowerPointについて -------------------- P-1

◆1　PowerPointの特長 …… P-1
◆2　PowerPointの画面構成 …… P-2

Step2　プレゼンテーションを作成しよう -------------------- P-4

◆1　作成するプレゼンテーションの確認 …… P-4
◆2　プレゼンテーションの新規作成 …… P-4
◆3　スライドの縦横比の設定 …… P-5
◆4　テーマの適用 …… P-5

◆5 プレースホルダー …… P-6
◆6 タイトルの入力 …… P-7
◆7 新しいスライドの挿入 …… P-7
◆8 箇条書きテキストの入力 …… P-8
◆9 箇条書きテキストの書式設定 …… P-9
◆10 箇条書きテキストのレベル下げ …… P-11
◆11 スライドショーの実行 …… P-12
◆12 プレゼンテーションの保存 …… P-13

Step3 オブジェクトを挿入しよう ---- P-14

◆1 作成するプレゼンテーションの確認 …… P-14
◆2 図形の作成 …… P-15
◆3 画像の挿入 …… P-17
◆4 オブジェクトの表示順序の変更 …… P-20
◆5 表の作成 …… P-21
◆6 グラフの作成 …… P-24
◆7 箇条書きテキストをSmartArtグラフィックに変換 …… P-28

Step4 プレゼンテーションの構成を変更しよう ---- P-30

◆1 スライド一覧表示への切り替え …… P-30
◆2 スライドの移動 …… P-31
◆3 標準表示に戻す …… P-31

Step5 プレゼンテーションに動きを設定しよう ---- P-32

◆1 画面切り替え効果の設定 …… P-32
◆2 アニメーションの設定 …… P-33

Step6 プレゼンテーションを印刷しよう ---- P-36

◆1 印刷のレイアウト …… P-36
◆2 印刷の実行 …… P-37

Step7 別のアプリのデータを利用しよう ---- P-39

◆1 作成するプレゼンテーションの確認 …… P-39
◆2 Word文書の利用 …… P-40
◆3 Excelブックの利用 …… P-42

Step8 スライド共通のデザインを設定しよう ---- P-45

◆1 作成するスライドの確認 …… P-45
◆2 スライドマスターの編集 …… P-46
◆3 ヘッダーとフッターの設定 …… P-49

Step9　スライドショーに役立つ機能を利用しよう ------------ P-51
◆1　スライドの効率的な切り替え ………… P-51
◆2　非表示スライドの設定 ………… P-52
◆3　ペンの利用 ………… P-53
◆4　発表者ツールの利用 ………… P-54
◆5　リハーサルの実行 ………… P-57
付録　プレゼンテーションの流れ ------------ P-59
◆1　プレゼンテーションの流れ ………… P-59
◆2　プレゼンテーションの基本 ………… P-60
練習問題 ------------ P-64

■総合スキルアップ問題■

実力テスト1　研究レポートの作成 ------------ Q-1
実力テスト2　ビジネスレポートの作成 ------------ Q-4
実力テスト3　成績の集計と分析 ------------ Q-6
実力テスト4　売上の集計と分析 ------------ Q-8
チャレンジ1　自分のセールスポイントを伝えるレポートの作成 -- Q-11
チャレンジ2　ゼミ研究旅行の行動計画表の作成 ------------ Q-13
チャレンジ3　サークル・クラブ活動を紹介するプレゼンの作成 -- Q-14
チャレンジ4　感動の一冊を伝えるプレゼンの作成 ------------ Q-15

■索引■

文書作成編 ------------ 1
表計算編 ------------ 5
プレゼンテーション編 ------------ 10

■Check■

スキル診断シート
タイピング管理シート

本書をご利用いただく前に

本書で学習を進める前に、ご一読ください。

▲1　本書の構成について

本書は次のような構成になっています。

文書作成編　ワープロソフトを活用しよう　Word 2019

Wordの特長、画面構成などの基礎知識から、ページ設定、図や表の挿入、SmartArtグラフィックの作成、印刷、ページ罫線、ワードアート、タブとリーダーなど、Wordの基本的な機能を学習します。また、スタイルの設定や脚注、校正機能など、レポート作成に活用できる機能についても学習します。
その他、数式ツールやビジネス文書の種類や形式、書き方のポイントについても解説します。

表計算編　表計算ソフトを活用しよう　Excel 2019

Excelの特長、画面構成などの基礎知識から、表の作成、数式の入力、印刷、グラフの作成、データベースの操作など、Excelの基本的な機能を学習します。また、効率的な関数の使用方法や様々な書式設定、複合グラフやピボットテーブルの作成、マクロなど、Excelを便利に活用できる機能についても学習します。
その他、Excelで作成した表をWordに貼り付ける方法、Excelの代表的な関数についても解説します。

プレゼンテーション編　プレゼンテーションソフトを活用しよう　PowerPoint 2019

PowerPointの特長、画面構成などの基礎知識から、テーマの適用、オブジェクトの挿入、効果の設定など、PowerPointの基本的な機能を学習します。また、箇条書きテキストからSmartArtグラフィックへの変換、Excelで作成した表をPowerPointに貼り付ける方法やスライドデザインの設定、スライドショーの機能など、プレゼンテーションを効率的に作成する方法についても学習します。
その他、プレゼンテーションを設計して実施するまでの流れやポイントについても解説します。

総合スキルアップ問題

実際の生活や社会において、情報をどのように活用すべきかを問う問題を全部で14問用意しています。自ら考察し、情報を整理・分析し、最終的に成果物を作り出すという流れで情報活用の総合力を養います。

スキル診断シート

巻末に切り取って利用できるスキル診断シートを用意しています。カテゴリごとに学習前後の理解度の伸長を把握するために利用できます。

タイピング管理シート

巻末に切り取って利用できるタイピング管理シートを用意しています。キーボードによる日々の入力文字数を記録し、打鍵スキルの伸びを把握するために利用できます。

▲2 本書の記述について

操作の説明のために使用している記号には、次のような意味があります。

記述	意味	例
[　]	キーボード上のキーを示します。	[Ctrl] [↓]
[　]+[　]	複数のキーを押す操作を示します。	[Ctrl]+[Home] ([Ctrl]を押しながら[Home]を押す)
《　》	ダイアログボックス名やタブ名、項目名など画面の表示を示します。	《ページ設定》ダイアログボックスが表示されます。 《ファイル》タブ→《開く》をクリックします。
「　」	重要な語句や機能名、画面の表示、入力する文字などを示します。	「ブック」といいます。 「平均」と入力します。

Point! 知っておくべき重要な内容

Let's Try ためしてみよう 学習した内容の確認問題

More 知っていると便利な内容

Hint 問題を解くためのヒント

※ 補足的な内容や注意すべき内容

OPEN 学習の前に開くファイル

▲3 製品名の記載について

本書では、次の名称を使用しています。

正式名称	本書で使用している名称
Windows 10	Windows 10 または Windows
Microsoft Word 2019	Word 2019 または Word
Microsoft Excel 2019	Excel 2019 または Excel
Microsoft PowerPoint 2019	PowerPoint 2019 または PowerPoint

▲4 学習環境について

本書で学習するには、次のソフトウェアが必要です。

- ●Word 2019
- ●Excel 2019
- ●PowerPoint 2019

本書を開発した環境は、次のとおりです。

- ・OS　：Windows 10（ビルド18362.476）
- ・アプリケーション：Microsoft Office Professional Plus
  Microsoft Word 2019（16.0.11929.20330）
  Microsoft Excel 2019（16.0.11929.20330）
  Microsoft PowerPoint 2019（16.0.11929.20330）
- ・ディスプレイ　：**画面解像度1024×768ピクセル**

※インターネットに接続できる環境で学習することを前提に記述しています。
※環境によっては、画面の表示が異なる場合や記載の機能が操作できない場合があります。

◆画面解像度の設定

画面解像度を本書と同様に設定する方法は、次のとおりです。

①デスクトップの空き領域を右クリックします。

②《ディスプレイ設定》をクリックします。

③《ディスプレイの解像度》の をクリックし、一覧から《1024×768》を選択します。
※確認メッセージが表示される場合は、《変更の維持》をクリックします。

◆ボタンの形状

ディスプレイの画面解像度やウィンドウのサイズなど、お使いの環境によって、ボタンの形状やサイズが異なる場合があります。ボタンの操作は、ポップヒントに表示されるボタン名を確認してください。
※本書に掲載しているボタンは、ディスプレイの画面解像度を「1024×768ピクセル」、ウィンドウを最大化した環境を基準にしています。

●画面解像度が高い場合／ウィンドウのサイズが大きい場合

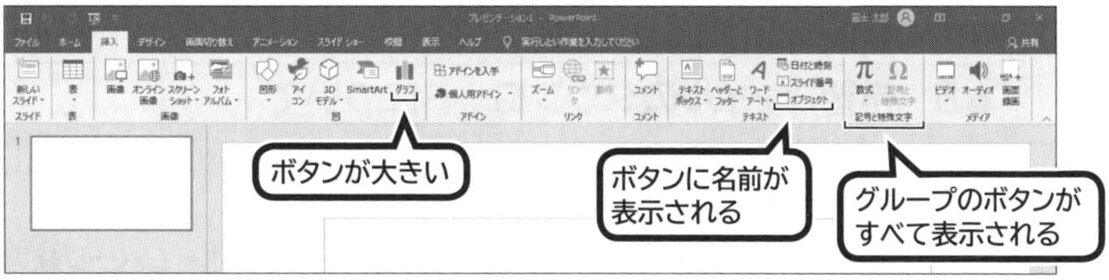

●画面解像度が低い場合／ウィンドウのサイズが小さい場合

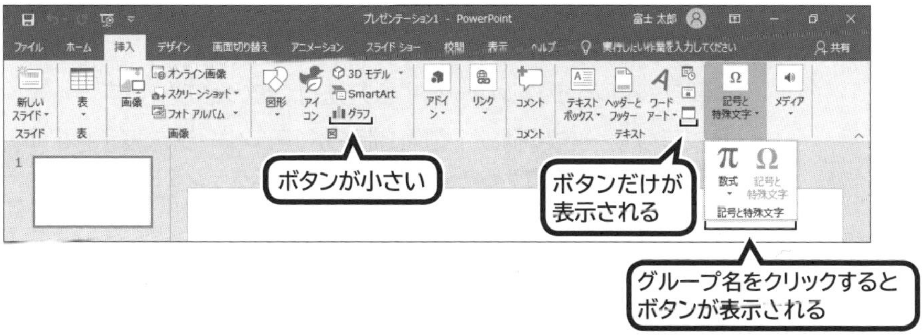

◆スタイルや色の名前

本書発行後のWindowsやOfficeのアップデートによって、ポップヒントに表示されるスタイルや色などの項目の名前が変更される場合があります。本書に記載されている項目名が一覧にない場合は、掲載画面の色が付いている位置を参考に選択してください。

Office製品の種類

Microsoftが提供するOfficeには「Officeボリュームライセンス」「プレインストール版」「パッケージ版」「Office365」などがあり、種類によってアップデートの時期や画面が異なることがあります。

※本書は、パッケージ版をもとに開発しています。

●Office365版で《挿入》タブを選択した状態（2019年11月現在）

▲5 学習ファイルのダウンロードについて

本書で使用するファイルは、FOM出版のホームページで提供しています。ダウンロードしてご利用ください。

ホームページ・アドレス

https://www.fom.fujitsu.com/goods/

ホームページ検索用キーワード

FOM出版

◆ダウンロード

学習ファイルをダウンロードする方法は、次のとおりです。

①ブラウザーを起動し、FOM出版のホームページを表示します。

※アドレスを直接入力するか、キーワードでホームページを検索します。

②《ダウンロード》をクリックします。

③《学校向け教材》の《学校向け教材》をクリックします。

④《Office 2019バージョン》の《情報リテラシー アプリ編》の「fpt1920.zip」をクリックします。

⑤ダウンロードが完了したら、ブラウザーを終了します。

※ダウンロードしたファイルは、パソコン内のフォルダー「ダウンロード」に保存されます。解凍してご利用ください。解凍方法はFOM出版のホームページでご確認ください。

◆学習ファイルの一覧

学習ファイルを解凍すると、フォルダー「情報リテラシーアプリ編Windows10・Office2019対応」が作成されます。フォルダー「情報リテラシーアプリ編Windows10・Office2019対応」には、次のようなファイルが収録されています。フォルダーを開いて確認してください。

◆学習ファイルの場所

本書では、ファイルを開く操作や、ファイルを保存する場所で、特定のフォルダーを指定していません。選択した保存先に適宜切り替え、学習してください。

◆学習ファイル利用時の注意事項

学習ファイルを開くと、ダウンロードしたファイルが安全かどうかを確認するメッセージが表示されます。学習ファイルは安全なので、**《編集を有効にする》**をクリックして、ファイルを編集可能な状態にしてください。

▲6 本書の最新情報について

本書に関する最新のQ&A情報や訂正情報、重要なお知らせなどについては、FOM出版のホームページでご確認ください。

ホームページ・アドレス

https://www.fom.fujitsu.com/goods/

ホームページ検索用キーワード

FOM出版

ローマ字・かな対応表

あ	あ	い	う	え	お
	A	I	U	E	O
	ぁ	ぃ	ぅ	ぇ	ぉ
	LA XA	LI XI	LU XU	LE XE	LO XO
か	か	き	く	け	こ
	KA	KI	KU	KE	KO
	きゃ	きぃ	きゅ	きぇ	きょ
	KYA	KYI	KYU	KYE	KYO
さ	さ	し	す	せ	そ
	SA	SI SHI	SU	SE	SO
	しゃ	しぃ	しゅ	しぇ	しょ
	SYA SHA	SYI	SYU SHU	SYE SHE	SYO SHO
た	た	ち	つ	て	と
	TA	TI CHI	TU TSU	TE	TO
			っ		
			LTU XTU		
	ちゃ	ちぃ	ちゅ	ちぇ	ちょ
	TYA CYA CHA	TYI CYI	TYU CYU CHU	TYE CYE CHE	TYO CYO CHO
	てゃ	てぃ	てゅ	てぇ	てょ
	THA	THI	THU	THE	THO
な	な	に	ぬ	ね	の
	NA	NI	NU	NE	NO
	にゃ	にぃ	にゅ	にぇ	にょ
	NYA	NYI	NYU	NYE	NYO
は	は	ひ	ふ	へ	ほ
	HA	HI	HU FU	HE	HO
	ひゃ	ひぃ	ひゅ	ひぇ	ひょ
	HYA	HYI	HYU	HYE	HYO
	ふぁ	ふぃ		ふぇ	ふぉ
	FA	FI		FE	FO
	ふゃ	ふぃ	ふゅ	ふぇ	ふょ
	FYA	FYI	FYU	FYE	FYO
ま	ま	み	む	め	も
	MA	MI	MU	ME	MO
	みゃ	みぃ	みゅ	みぇ	みょ
	MYA	MYI	MYU	MYE	MYO

や	や	い	ゆ	いぇ	よ
	YA	YI	YU	YE	YO
	ゃ		ゅ		ょ
	LYA XYA		LYU XYU		LYO XYO
ら	ら	り	る	れ	ろ
	RA	RI	RU	RE	RO
	りゃ	りぃ	りゅ	りぇ	りょ
	RYA	RYI	RYU	RYE	RYO
わ	わ	うぃ	う	うぇ	を
	WA	WI	WU	WE	WO
ん	ん				
	NN				
が	が	ぎ	ぐ	げ	ご
	GA	GI	GU	GE	GO
	ぎゃ	ぎぃ	ぎゅ	ぎぇ	ぎょ
	GYA	GYI	GYU	GYE	GYO
ざ	ざ	じ	ず	ぜ	ぞ
	ZA	ZI JI	ZU	ZE	ZO
	じゃ	じぃ	じゅ	じぇ	じょ
	JYA ZYA JA	JYI ZYI	JYU ZYU JU	JYE ZYE JE	JYO ZYO JO
だ	だ	ぢ	づ	で	ど
	DA	DI	DU	DE	DO
	ぢゃ	ぢぃ	ぢゅ	ぢぇ	ぢょ
	DYA	DYI	DYU	DYE	DYO
	でゃ	でぃ	でゅ	でぇ	でょ
	DHA	DHI	DHU	DHE	DHO
	どぁ	どぃ	どぅ	どぇ	どぉ
	DWA	DWI	DWU	DWE	DWO
ば	ば	び	ぶ	べ	ぼ
	BA	BI	BU	BE	BO
	びゃ	びぃ	びゅ	びぇ	びょ
	BYA	BYI	BYU	BYE	BYO
ぱ	ぱ	ぴ	ぷ	ぺ	ぽ
	PA	PI	PU	PE	PO
	ぴゃ	ぴぃ	ぴゅ	ぴぇ	ぴょ
	PYA	PYI	PYU	PYE	PYO
ヴ	ヴぁ	ヴぃ	ヴ	ヴぇ	ヴぉ
	VA	VI	VU	VE	VO
っ	後ろに「N」以外の子音を2つ続ける 例:だった→DATTA				
	単独で入力する場合 LTU　XTU				

Word

■文書作成編■

ワープロソフトを活用しよう

Word 2019

Step1	Wordについて	W-1
Step2	基本的な文書を作成しよう	W-5
Step3	図や表を挿入しよう	W-18
Step4	文書を印刷しよう	W-36
Step5	表現力をアップする機能を使ってみよう	W-37
Step6	長文のレポートを編集しよう	W-46
Step7	文書を校閲しよう	W-55
参考学習1	数式を入力しよう	W-65
参考学習2	タッチで操作しよう	W-68
付　録	ビジネス文書の書き方	W-76
練習問題		W-81

Step 1 Wordについて

1 Wordの特長

Wordは、文書を作成するためのワープロソフトです。図や表を挿入したレポートや論文、イラストを使った表現力豊かなチラシなどを作成できます。
Wordには、主に次のような特長があります。

●効率的な文字の入力

日本語入力システム「IME」を使って文字をスムーズに入力できます。
入力済みの文字を再変換したり、入力内容から予測候補を表示したり、読めない漢字を検索したりする便利な機能が搭載されています。

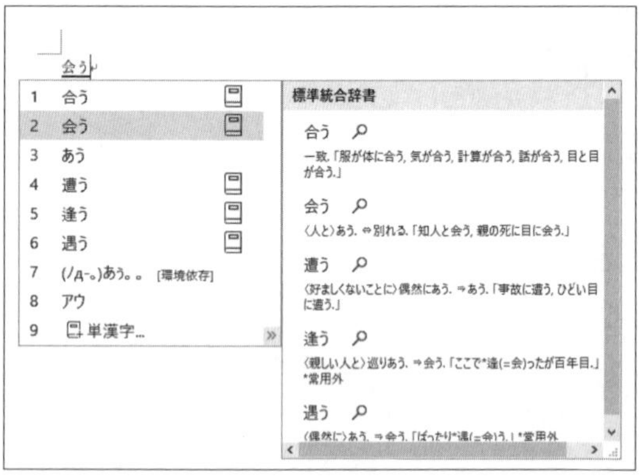

●表現力豊かな文書の作成

文字に様々な書式を設定して、見栄えをアレンジできます。また、文書には文字だけでなく、表やグラフ、写真、イラスト、図形、装飾文字など、様々なオブジェクトを配置できます。

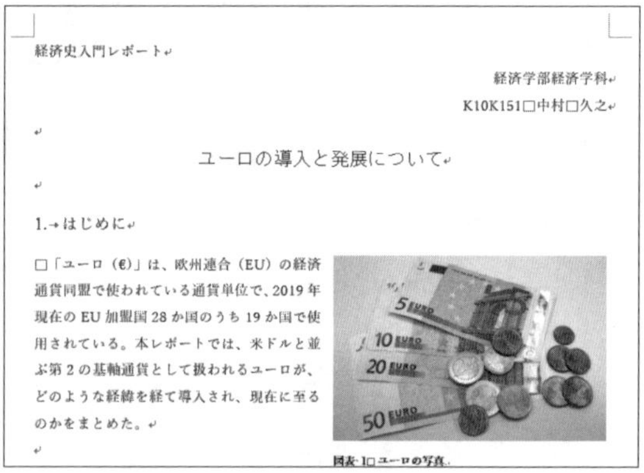

●効率的な長文の作成

ページ数の多い報告書や論文など、長文を作成するときに便利な機能が用意されています。
見出しのレベルを設定したり、見出しのスタイルを整えたりできます。

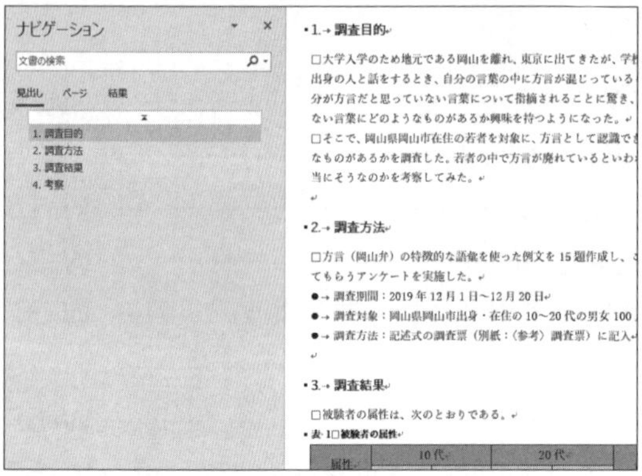

●精度の高い文書の校閲

文章校正や表記ゆれチェックなどの高度な校閲機能で、文章の誤りを防止したり、読みやすい文章に修正したりできます。また、ほかの人が作成した文書にコメントを付けたり、変更履歴を残したりすることもできます。

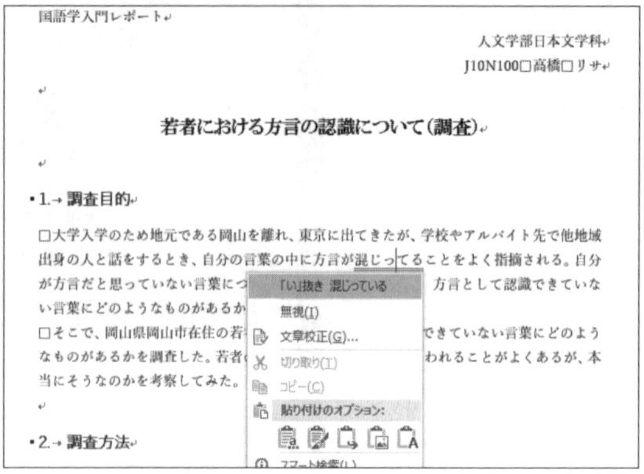

2　Wordの画面構成

Wordの各部の名称と役割は、次のとおりです。

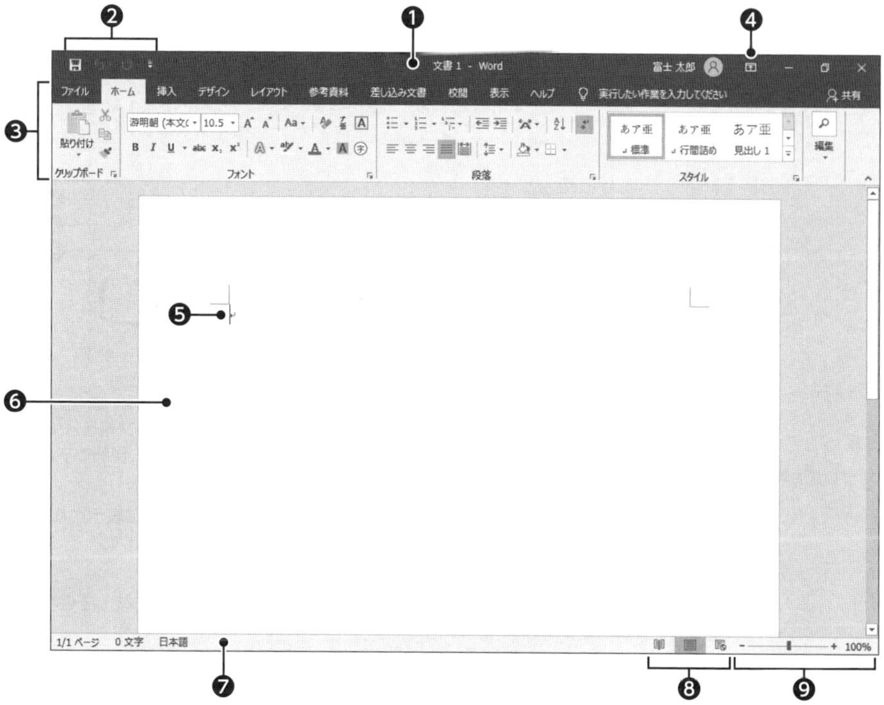

❶タイトルバー

文書名とアプリ名が表示されます。

❷クイックアクセスツールバー

よく使うコマンド（作業を進めるための指示）を登録できます。初期の設定では、（上書き保存）、（元に戻す）、（繰り返し）の3つのコマンドが登録されています。

※タッチ対応のパソコンでは、3つのコマンドのほかに（タッチ/マウスモードの切り替え）が登録されています。

❸リボン

コマンドを実行するときに使います。関連する機能ごとに、タブで分類されています。

※タッチ対応のパソコンでは、《描画》タブが表示される場合があります。

❹リボンの表示オプション

リボンの表示方法を変更するときに使います。

❺カーソル

文字を入力する位置やコマンドを実行する位置を示します。

❻選択領域

ページの左端にある領域です。行を選択したり、文章全体を選択したりするときに使います。

❼ステータスバー

文書のページ数や文字数、選択されている言語などが表示されます。また、コマンドを実行すると、作業状況や処理手順などが表示されます。

❽表示選択ショートカット

画面の表示モードを切り替えるときに使います。

❾ズーム

文書の表示倍率を変更するときに使います。

More 表示モードの切り替え

Wordには、次のような表示モードが用意されています。
表示モードを切り替えるには、表示選択ショートカットのボタンをそれぞれクリックします。

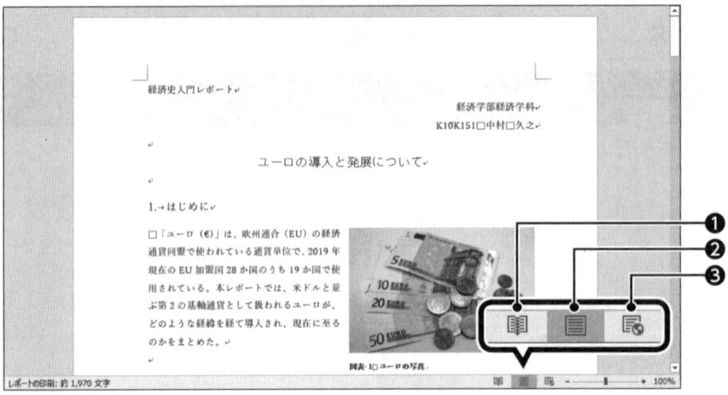

❶ （閲覧モード）
画面の幅に合わせて文章が折り返されて表示されます。クリック操作ですばやく文書をスクロールすることができるので、電子書籍のような感覚で文書を閲覧できます。画面上で文書を読む場合に便利です。

❷ （印刷レイアウト）
印刷結果とほぼ同じレイアウトで表示されます。余白や図形などがイメージ通りに表示されるので、全体のレイアウトを確認しながら編集する場合に便利です。通常、この表示モードで文書を作成します。

❸ （Webレイアウト）
ブラウザで文書を開いたときと同じイメージで表示されます。文書をWebページとして保存する前に、イメージを確認する場合に便利です。

Point! Wordのスタート画面

Wordを起動すると、「スタート画面」が表示され、これから行う作業を選択できます。
スタート画面で選択できる作業には次のようなものがあります。

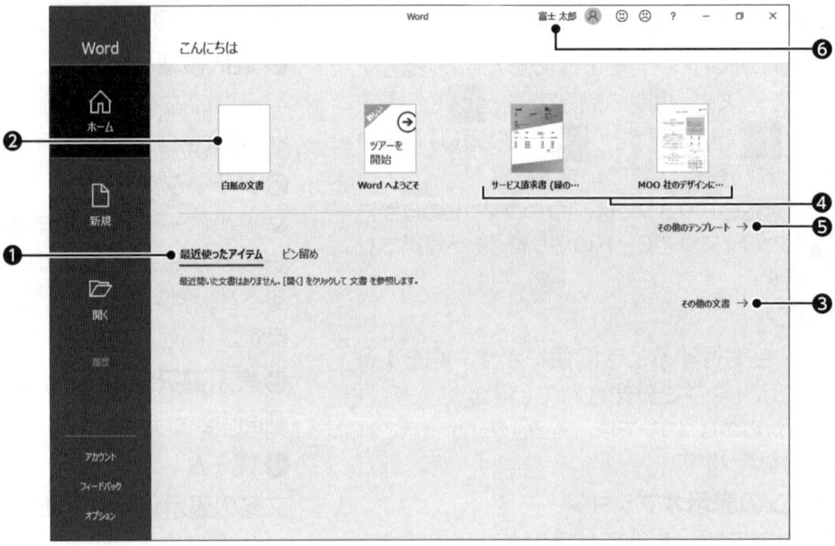

❶最近開いた文書を一覧から開く
❷白紙の文書を作成する
❸すでに保存済みの文書を開く
❹あらかじめ書式の設定された文書を作成する
❺あらかじめ書式の設定された文書をインターネット上から検索して作成する
❻Microsoftアカウントでサインインしている場合、アカウント名などが表示される
※サインインしなくても、Wordは利用できます。

Point! コマンドの実行

作業を進めるための指示を「コマンド」、指示を与えることを「コマンドを実行する」といいます。コマンドを実行して、書式を設定したり、文書を保存したりします。
コマンドを実行する方法には、次のようなものがあります。作業状況や好みに合わせて、使いやすい方法で操作しましょう。

- ●リボン
- ●バックステージビュー
- ●ミニツールバー
- ●クイックアクセスツールバー
- ●ショートカットメニュー
- ●ショートカットキー

Point! バックステージビュー

《ファイル》タブをクリックすると表示される画面を「バックステージビュー」といいます。ファイルや印刷などの文書全体を管理するコマンドが用意されています。左側の一覧にコマンドが表示され、右側にはコマンドに応じて、操作をサポートする様々な情報が表示されます。

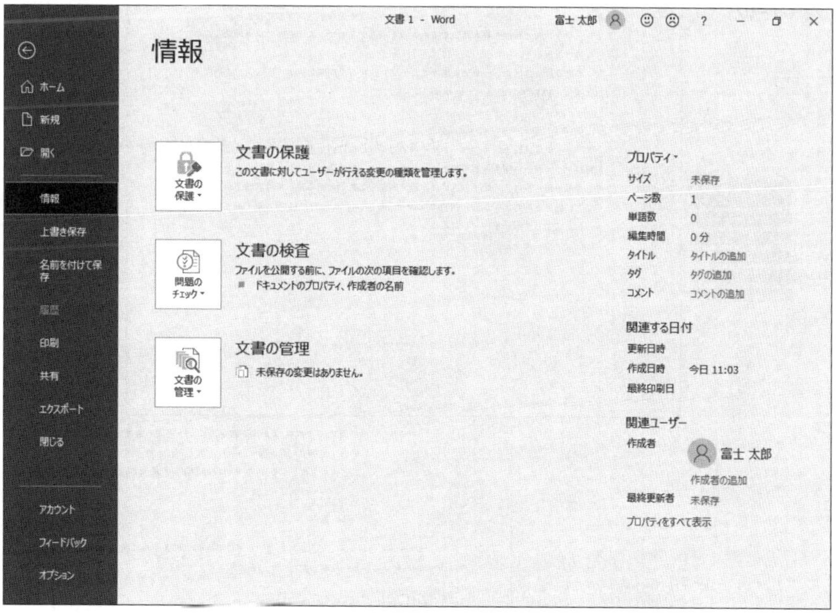

Step2 基本的な文書を作成しよう

1 作成する文書の確認

次のような文書を作成しましょう。

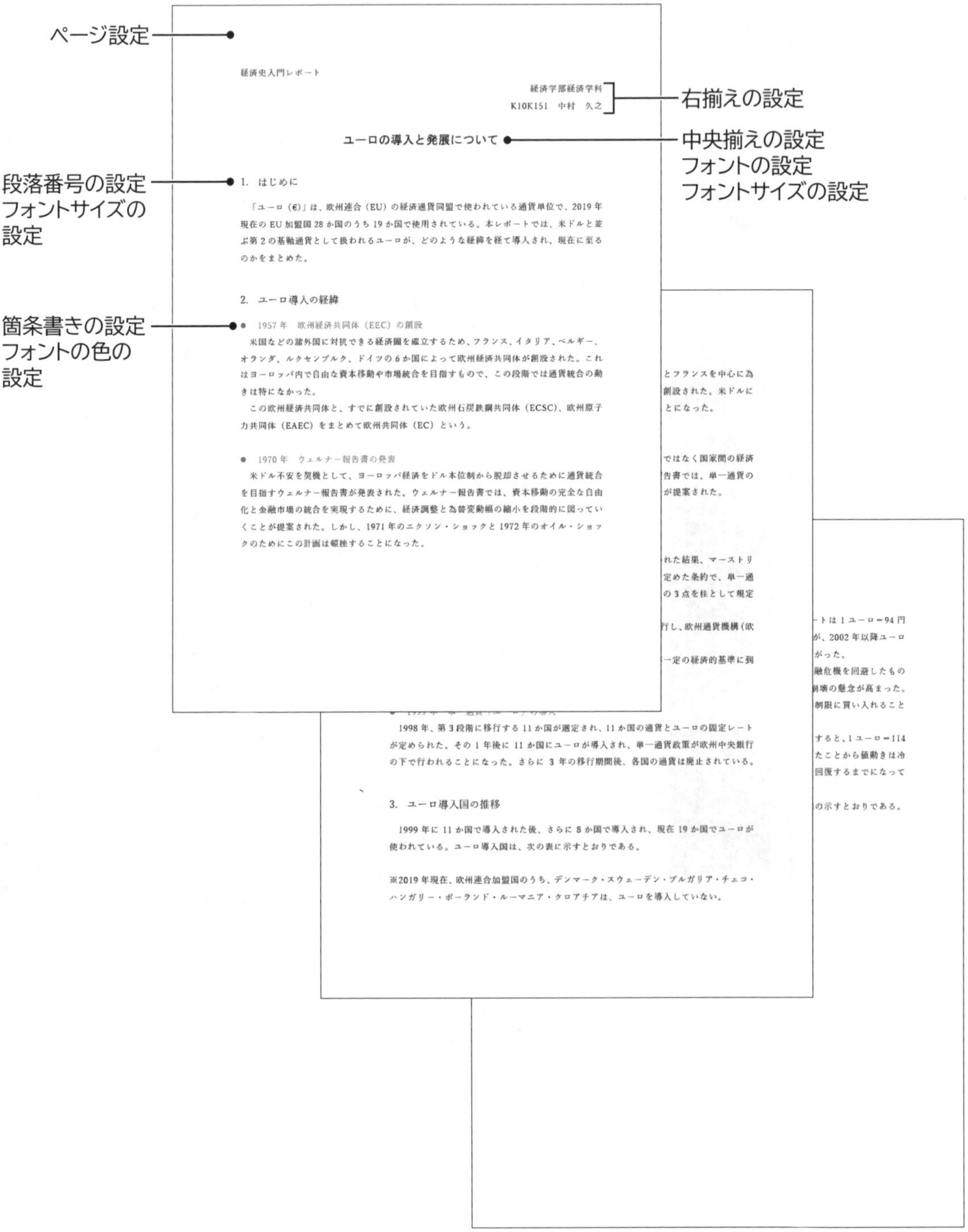

More レポートの形式

課題レポートを作成するときには、次のような項目を記載し、形式を整えましょう。

※本書では、一般的な課題レポートについて記述しています。担当教員からの指示がある場合は、その指示に従ってください。

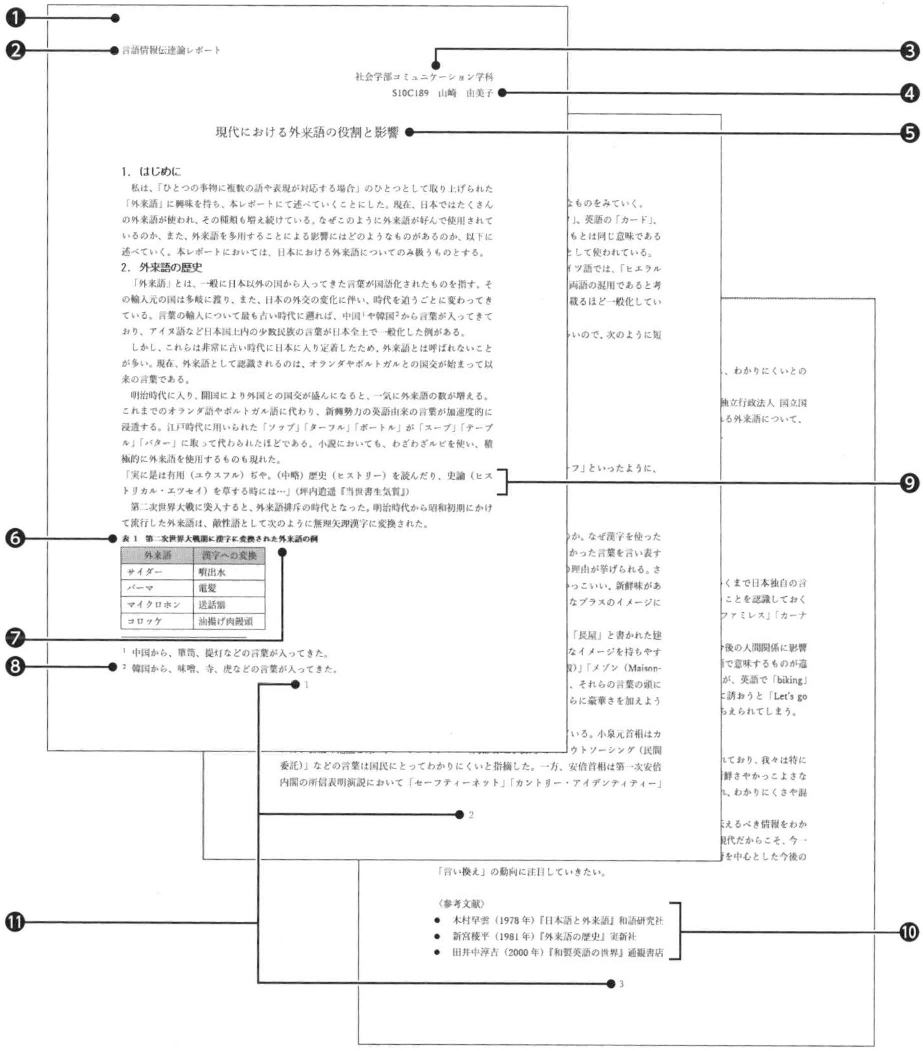

❶用紙サイズ
A4用紙（縦）がよく使われます。指定のサイズに設定します。
※表紙を付けることもあります。その場合、表紙に❷～❺を記載します。

❷講座名・課題名
講座名や課題名を記載します。

❸所属
学部・学科・専攻などを記載します。

❹学籍番号・氏名
学籍番号と氏名を記載します。
※❷～❹のほかに、担当教員名、開講曜日、時限、提出日などを記載することもあります。

❺表題
簡潔でわかりやすい表題を記載します。

❻図表番号
図や表に番号を記載します。

❼図表の説明
図や表に説明を記載します。

❽脚注
本文に注釈が必要な場合は、各ページまたはレポートの最後に脚注を記載します。

❾引用
ほかの文献から内容を引用する場合は、その箇所が引用であることを明確に区別し、出典を記載する必要があります。
引用文はかっこで囲むのが一般的です。

❿参考文献一覧
参考文献や出典の一覧を記載します。
・著者名と書名を記載する。
・書名を二重かっこで囲む。
※参考文献は、ページ単位でページの最後に記載する場合と、レポートの最後にまとめて記載する場合があります。

⓫ページ番号
各ページの下部にページ番号を記載します。

2 文書を開く

保存されているファイルを表示することを**「ファイルを開く」**といいます。Wordのファイルは**「文書」**といい、Wordのファイルを開くことを**「文書を開く」**といいます。フォルダー**「文書作成編」**の文書**「レポートの作成」**を開きましょう。

①Wordを起動します。

②《開く》→《参照》をクリックします。

※《開く》が表示されていない場合は、《他の文書を開く》→《参照》をクリックします。

③《ファイルを開く》ダイアログボックスが表示されます。

④文書の場所を選択します。

⑤一覧から**「レポートの作成」**を選択します。

⑥《開く》をクリックします。

⑦文書が開かれ、タイトルバーに**「レポートの作成」**と表示されていることを確認します。

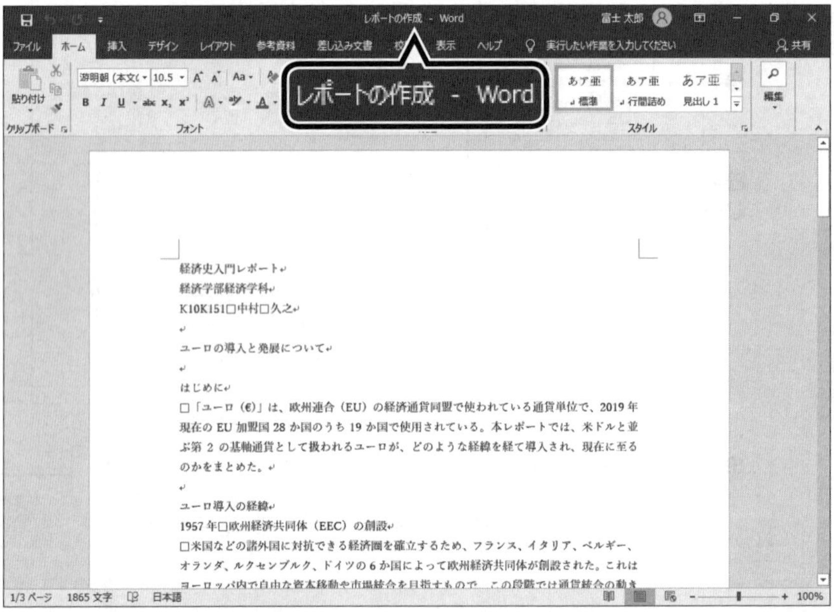

Point! 文書の新規作成

Wordを起動した状態で、新しい文書を作成する方法は、次のとおりです。

◆《ファイル》タブ→《新規》→《白紙の文書》

Point! 編集記号の表示・非表示

□（全角の空白）や➡（タブ）などの記号を「編集記号」といいます。文書を入力・編集するときに編集記号を表示しておくと、空白などを入力した位置が確認できます。編集記号は印刷されません。

編集記号の表示・非表示を切り替える方法は、次のとおりです。

◆《ホーム》タブ→《段落》グループの （編集記号の表示/非表示）

※編集記号を表示すると、ボタンが濃いグレーの表示になります。

※本書では、編集記号を表示した状態で操作しています。

3　ページ設定

用紙サイズや印刷の向き、余白など、ページのレイアウトを設定するには「ページ設定」を使います。ページ設定はあとから変更できますが、最初に設定しておくと印刷結果に近い状態で作業できるので、仕上がりをイメージしやすくなります。
次のようにページのレイアウトを設定しましょう。

用紙サイズ	**：A4**
印刷の向き	**：縦**
余白	**：上 25mm　下 25mm　左 30mm　右 25mm**
文字数	**：40文字**
行数	**：35行**

①《レイアウト》タブ→《ページ設定》グループの（ページ設定）をクリックします。
②《ページ設定》ダイアログボックスが表示されます。
③《用紙》タブを選択します。
④《用紙サイズ》のをクリックし、一覧から《A4》を選択します。

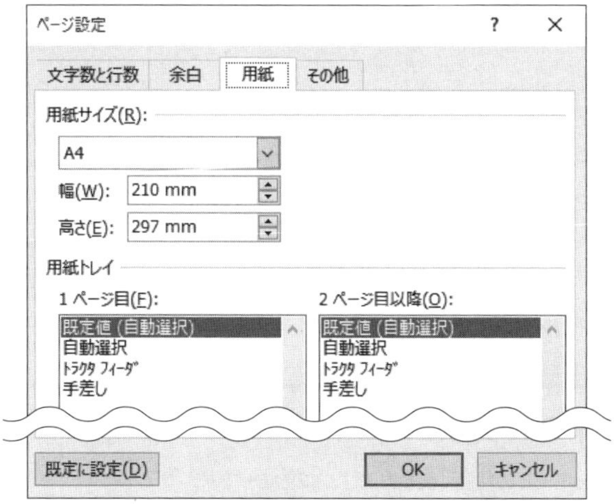

⑤《余白》タブを選択します。
⑥《印刷の向き》の《縦》をクリックします。
⑦《余白》の《上》を「25mm」、《下》を「25mm」、《左》を「30mm」、《右》を「25mm」に設定します。

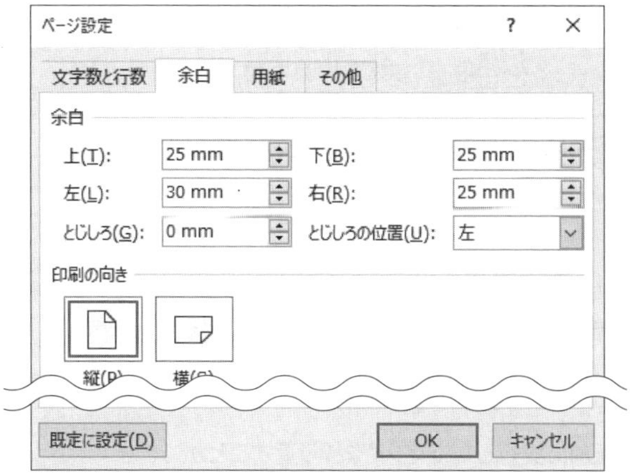

⑧《文字数と行数》タブを選択します。

⑨《文字数と行数を指定する》を◉にします。

⑩《文字数》を「40」に設定します。

⑪《行数》を「35」に設定します。

⑫《OK》をクリックします。

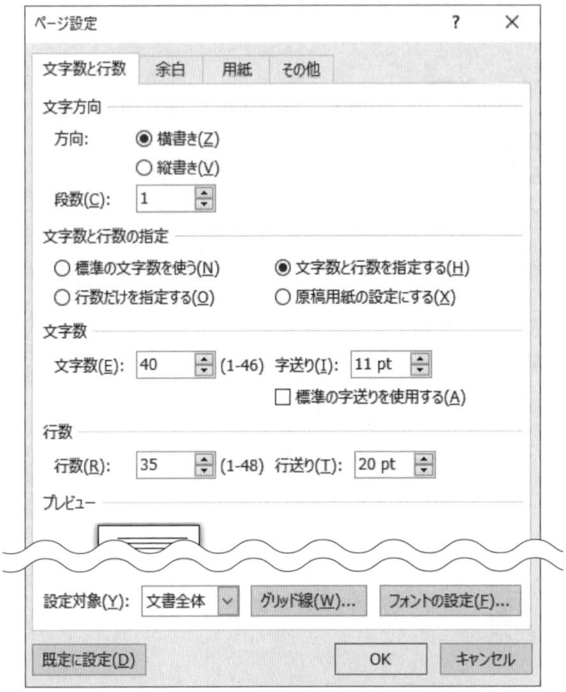

⑬ページのレイアウトが設定されます。

Point! 操作の取り消し

直前の操作を取り消してもとの状態に戻す方法は、次のとおりです。

◆クイックアクセスツールバーの（元に戻す）

4　配置の設定

段落内の文字の配置は、ボタンを使って簡単に設定できます。
所属と学籍番号・氏名を右揃え、表題を中央揃えにしましょう。

①「経済学部経済学科」の段落にカーソルを移動します。
※段落内であれば、どこでもかまいません。

②《ホーム》タブ→《段落》グループの（右揃え）をクリックします。

③所属が右端に配置されます。

④「K10K151　中村　久之」の段落にカーソルを移動します。
※段落内であれば、どこでもかまいません。

⑤ F4 を押します。
※ F4 を押すと、直前に実行したコマンドを繰り返すことができます。

⑥学籍番号・氏名が右端に配置されます。

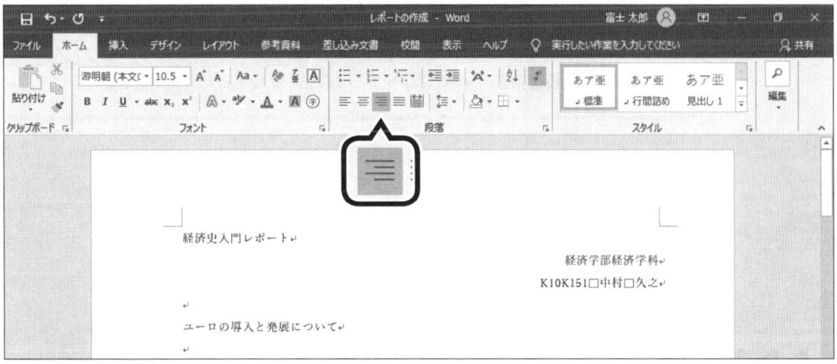

⑦「ユーロの導入と発展について」の段落にカーソルを移動します。
※段落内であれば、どこでもかまいません。
⑧《ホーム》タブ→《段落》グループの（中央揃え）をクリックします。
⑨表題が中央に配置されます。

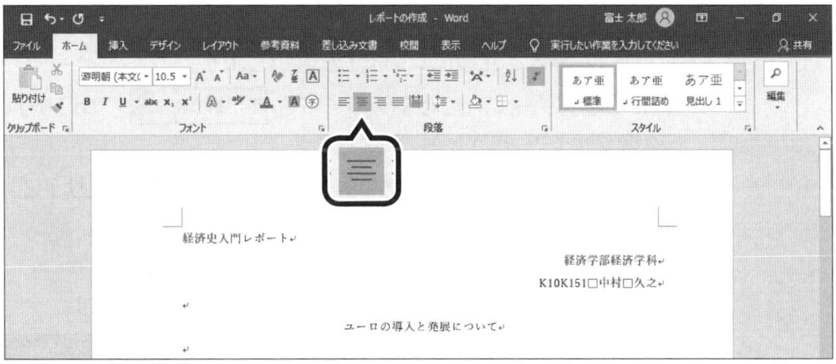

Point! 段落

「段落」とは、↵（段落記号）の次の行から次の↵（段落記号）までの範囲のことです。1行の文章でもひとつの段落として認識されます。Enterを押すと、段落を改めることができます。
また、文字の配置は段落単位で設定されるので、カーソルが段落内にあれば、コマンドを実行できます。

More インデント

文章の行頭や行末の位置を変更するには、「インデント」を設定します。インデントは段落単位で設定されます。
行頭の位置を「左インデント」、行末の位置を「右インデント」といい、《レイアウト》タブ→《段落》グループで設定できます。さらに詳細を設定するには、《段落》ダイアログボックスを使います。
《段落》ダイアログボックスでインデントを設定する方法は、次のとおりです。
◆段落にカーソルを移動→《レイアウト》タブ→《段落》グループの（段落の設定）→《インデントと行間隔》タブ

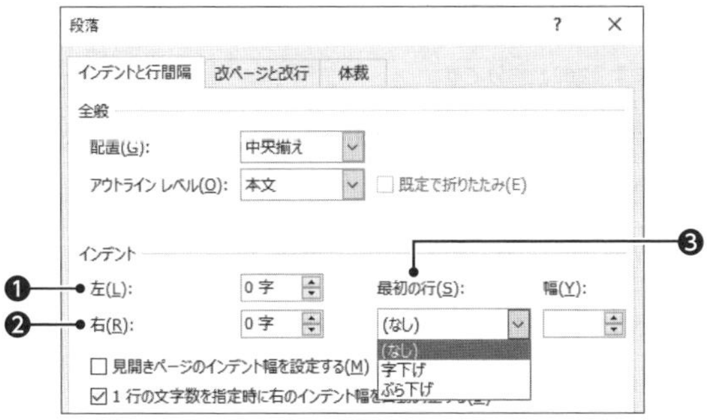

❶左
行頭の位置を指定します。

❷右
行末の位置を指定します。

❸最初の行
段落の最初の行を指定します。
字下げ　：段落の最初の行だけ位置を下げます。
ぶら下げ：段落の2行目以降の位置を下げます。

Point! 文字の配置をもとに戻す

右揃えや中央揃えをもとに戻す方法は、次のとおりです。

◆段落にカーソルを移動→《ホーム》タブ→《段落》グループの ≡ (両端揃え)

5　フォント書式の設定

文字は、書体やサイズ、色などを変えて装飾できます。

▶▶1　フォントとフォントサイズの設定

文字の書体のことを**「フォント」**といいます。初期の設定では、フォントは**「游明朝」**になっています。また、文字の大きさのことを**「フォントサイズ」**といい、**「ポイント(pt)」**という単位で表します。初期の設定では、フォントサイズは**「10.5」**ポイントになっています。フォントやフォントサイズは変更できます。
表題のフォントを「MSゴシック」、フォントサイズを「14」ポイントに設定しましょう。

①「ユーロの導入と発展について」を選択します。

②《ホーム》タブ→《フォント》グループの 游明朝 (本文((フォント)の ▼ →《MSゴシック》をクリックします。

③《ホーム》タブ→《フォント》グループの 10.5 (フォントサイズ)の ▼ →《14》をクリックします。

④表題のフォントとフォントサイズが設定されます。

※フォントサイズを大きくすると、行の高さは自動的に調整されます。

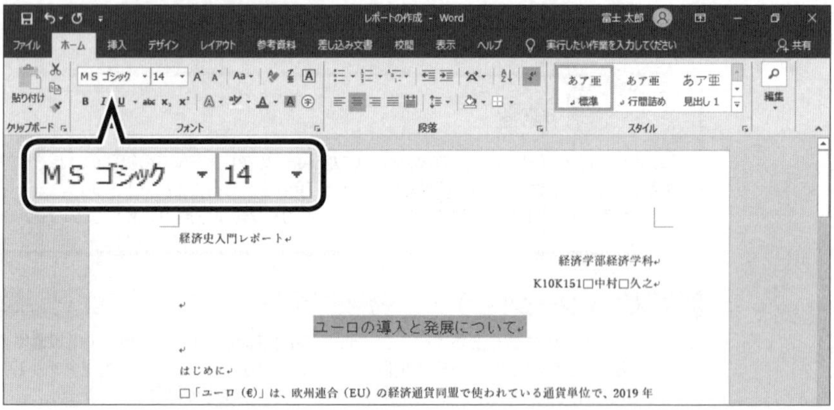

Point! 文字・行・段落の選択

文字・行・段落を選択する方法は、次のとおりです。

選択範囲	操作方法
文字	選択する文字をマウスポインターの形が I の状態でドラッグ
行	行の左端をマウスポインターの形が ↗ の状態でクリック
複数行	行の左端をマウスポインターの形が ↗ の状態でドラッグ
段落	段落の左端をマウスポインターの形が ↗ の状態でダブルクリック

More その他の文字装飾

《ホーム》タブ→《フォント》グループで設定できる文字の装飾には、次のようなものがあります。

（下線）：文字に下線を引きます。二重線や波線などの種類や下線の色を選択できます。

（上付き）／（下付き）：文字の上部や下部に小さな文字を配置します。

（囲み線）：文字を枠で囲みます。

More 文字の均等割り付け

文章中の文字に対して「均等割り付け」を使うと、指定した文字数の幅に合わせて文字が均等に配置されます。文字数は、入力した文字数よりも狭い幅に設定することもできます。

◆文字を選択→《ホーム》タブ→《段落》グループの（均等割り付け）

Let's Try ためしてみよう【1】

①「はじめに」「ユーロ導入の経緯」「ユーロ導入国の推移」「ユーロ為替レートの推移」の文字のフォントサイズを「12」ポイントに設定しましょう。

▶▶2 フォントの色の設定

文字に色を付けて強調できます。
「1957年　欧州経済共同体（EEC）の創設」のフォントの色を「青、アクセント5」に設定しましょう。

①「1957年　欧州経済共同体（EEC）の創設」の段落を選択します。
※あとで箇条書きの設定を行います。行頭文字にも色を付けるため、段落記号を含めて選択しましょう。

②《ホーム》タブ→《フォント》グループの（フォントの色）の→《テーマの色》の《青、アクセント5》（左から9番目、上から1番目）をクリックします。

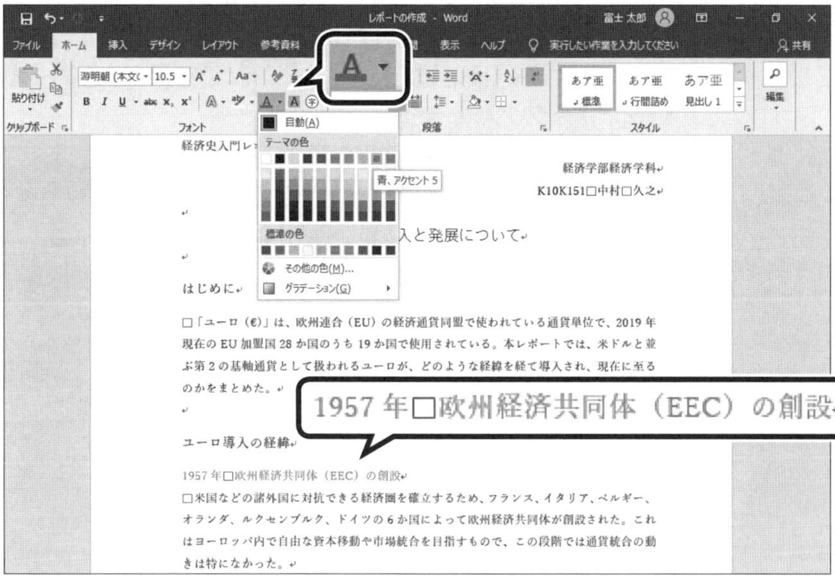

③フォントの色が設定されます。

More テーマの色

「テーマの色」とは、あらかじめWordに用意されている背景の色・文字の色・アクセントになる色の組み合わせのことです。テーマの色を適用することで、図形や表などを含んだ文書も統一感のある仕上がりにすることができます。
初期の設定では、「Office」という名前のテーマの色になっています。
テーマの色を変更する方法は、次のとおりです。
◆《デザイン》タブ→《ドキュメントの書式設定》グループの 配色 (テーマの色)

Let's Try

ためしてみよう【2】

① 次の文字のフォントの色を「青、アクセント5」に設定しましょう。

> **1970年　ウェルナー報告書の発表**
> **1979年　欧州通貨制度（EMS）の創設**
> **1989年　ドロール報告書の発表**
> **1992年　欧州連合の創設**
> **1999年　単一通貨「ユーロ」の導入**

6　段落番号と箇条書きの設定

段落番号や箇条書きを設定して、文書の構成をわかりやすくしましょう。

▶▶1　段落番号の設定

「段落番号」を使うと、段落の先頭に「1.2.3.」や「①②③」などの連続した番号を付けることができます。
「はじめに」の段落に「1.2.3.」の段落番号を設定しましょう。

①「はじめに」の段落にカーソルを移動します。
※段落内であれば、どこでもかまいません。
②《ホーム》タブ→《段落》グループの (段落番号) の →《番号ライブラリ》の《1.2.3.》をクリックします。

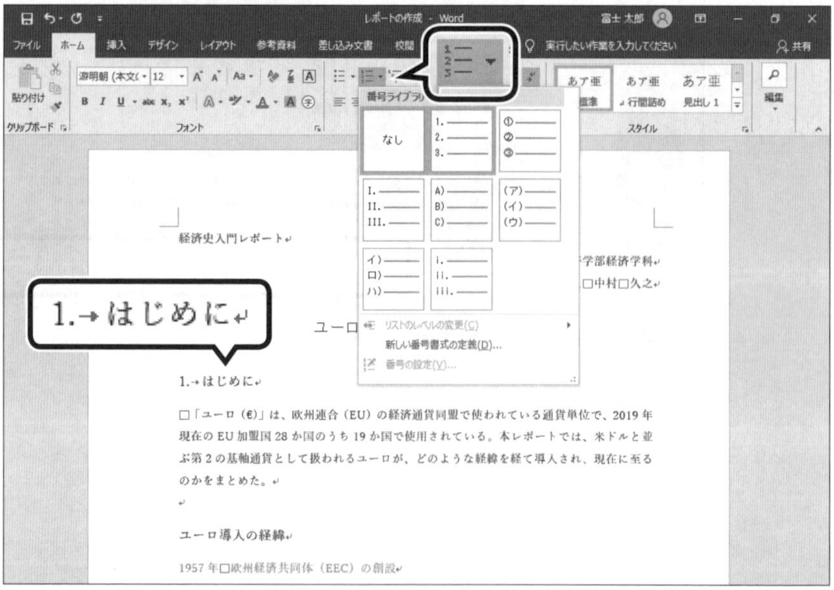

③段落番号が設定されます。

Let's Try

ためしてみよう【3】

①次の段落に「1.2.3.」の段落番号を設定しましょう。

> **ユーロ導入の経緯**
> **ユーロ導入国の推移**
> **ユーロ為替レートの推移**

▶▶2 箇条書きの設定

「箇条書き」を使うと、段落の先頭に「●」や「◆」などの行頭文字を付けることができます。
「1957年　欧州経済共同体（EEC）の創設」に行頭文字「●」の箇条書きを設定しましょう。

①「1957年　欧州経済共同体（EEC）の創設」の段落にカーソルを移動します。
※段落内であれば、どこでもかまいません。
②《ホーム》タブ→《段落》グループの（箇条書き）の→《行頭文字ライブラリ》の《●》をクリックします。

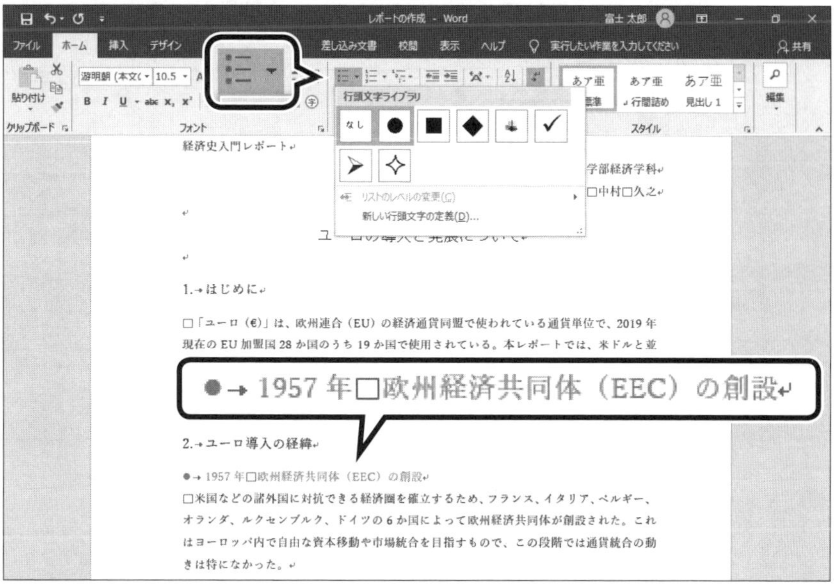

③箇条書きが設定されます。

More 行頭文字

行頭文字の色を変更したり、一覧に表示されない記号や図などを設定したりすることができます。
行頭文字の色や一覧に表示されない記号や図を設定する方法は、次のとおりです。
◆段落を選択→《ホーム》タブ→《段落》グループの（箇条書き）の→《新しい行頭文字の定義》

Let's Try **ためしてみよう【4】**

①次の段落に行頭文字「●」の箇条書きを設定しましょう。

1970年	ウェルナー報告書の発表
1979年	欧州通貨制度(EMS)の創設
1989年	ドロール報告書の発表
1992年	欧州連合の創設
1999年	単一通貨「ユーロ」の導入

7　文字数と行数のカウント

「文字カウント」を使うと、文書全体の文字数や行数などを確認できます。
文字数制限のあるレポートを作成するときに便利です。
文書全体の文字数と行数を確認しましょう。

①《校閲》タブ→《文章校正》グループの［文字カウント］(文字カウント)をクリックします。

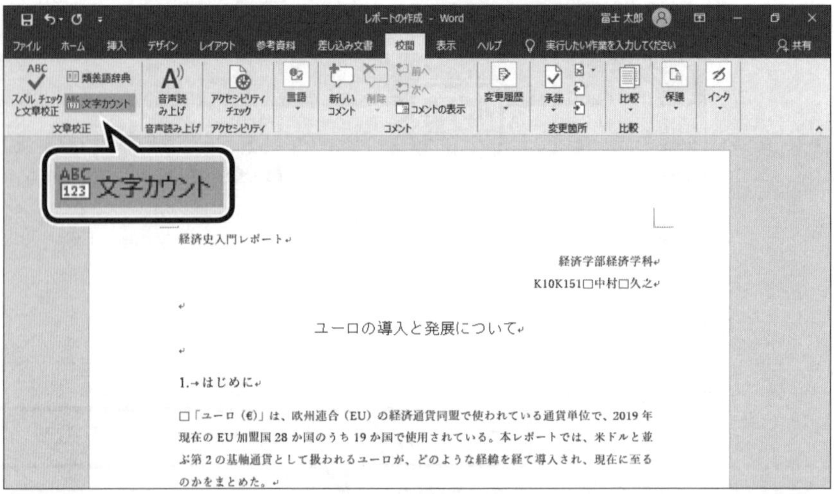

②《文字カウント》ダイアログボックスが表示されます。

③文字数と行数を確認します。

④《閉じる》をクリックします。

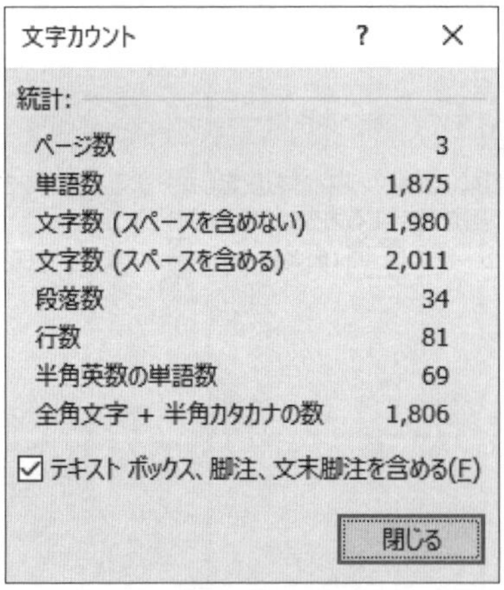

Point! 特定の範囲の文字数の確認

文書の一部分を選択した状態で 文字カウント （文字カウント）をクリックすると、選択した範囲内の文字数や行数を確認できます。

8　文書の保存

作成した文書を残しておきたいときは、文書に名前を付けて保存します。
作成した文書に「レポートの作成完成」と名前を付けて保存しましょう。

①《ファイル》タブ→《名前を付けて保存》→《参照》をクリックします。

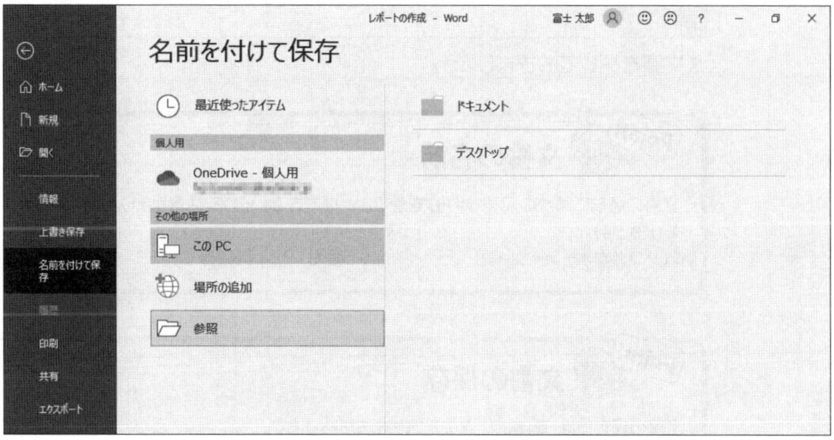

②《名前を付けて保存》ダイアログボックスが表示されます。
③保存先を選択します。
④《ファイル名》に「レポートの作成完成」と入力します。
⑤《保存》をクリックします。

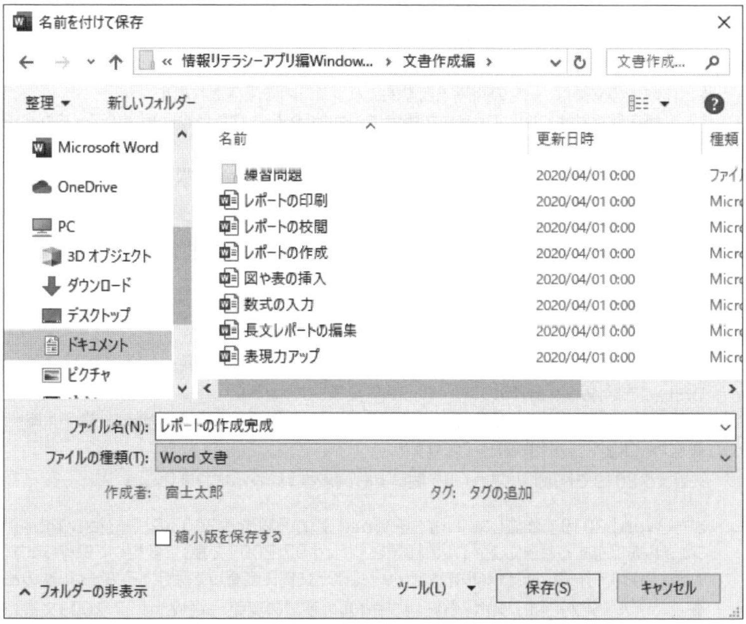

⑥文書が保存されます。

⑦タイトルバーに文書の名前が表示されていることを確認します。

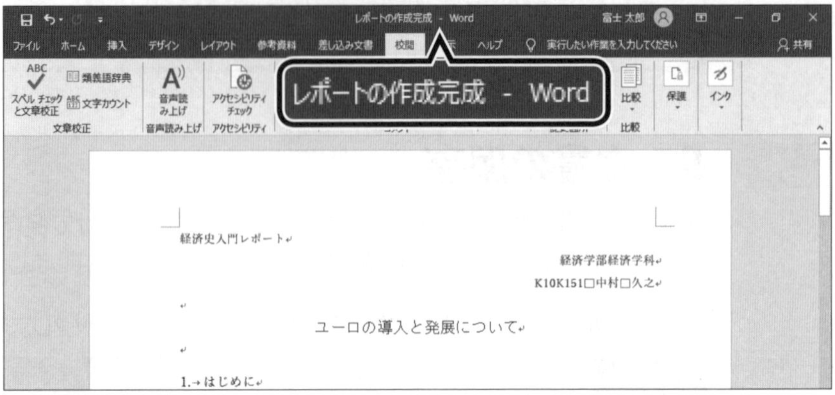

※文書を閉じておきましょう。

Point! 文書の名前

文書の名前には次の記号(半角)を使うことはできないので、注意しましょう。

¥(円記号)　/(スラッシュ)　:(コロン)　*(アスタリスク)　?(疑問符)
"(ダブルクォーテーション)　<　>(不等号)　|(縦棒)

Point! 文書の保存

文書の保存には、基本的に次の2つの方法があります。

●名前を付けて保存

新規に作成した文書を保存したり、既存の文書を編集して別の文書として保存したりするときに使います。

●上書き保存

既存の文書を編集して、同じ名前で保存するときに使います。上書き保存するには、クイックアクセスツールバーの (上書き保存)をクリックします。

Point! 自動保存

作成中の文書は、一定の間隔で自動的にパソコン内に保存されます。
文書を保存せずに閉じてしまった場合、自動的に保存された自動回復用のデータから復元できます。
保存していない文書を復元する方法は、次のとおりです。

◆《ファイル》タブ→《情報》→《文書の管理》→《保存されていない文書の回復》→文書を選択→《開く》

※自動回復用のデータが保存されるタイミングによって、完全に復元されるとは限りません。

More ファイルの互換性

Word 2019では、Word 2003以前のファイル形式も操作できます。以前のバージョンで作成したファイルを開くと、自動的に「互換モード」になります。互換モードではWord 2019の新機能は利用できないので、すべての機能を利用したいときは、Word 2019のファイル形式に変換します。
以前のバージョンのファイルを、Word 2019のファイル形式に変換する方法は、次のとおりです。

◆《ファイル》タブ→《情報》→《変換》

※Word 2019で作成したファイルを開いても、《変換》は表示されません。

また、Word 2019で作成したファイルをWord 97からWord 2003のバージョンでも利用できるようにするには、ファイルを保存するときにファイルの種類を《Word 97-2003文書》に変更して保存します。
Word 2019で作成したファイルをWord 97-2003文書に変更して保存する方法は、次のとおりです。

◆《ファイル》タブ→《エクスポート》→《ファイルの種類の変更》→《Word 97-2003文書》→《名前を付けて保存》

※ファイルの互換性は、Excel 2019やPowerPoint 2019でも同様です。

Step3 図や表を挿入しよう

1 作成する文書の確認

次のような文書を作成しましょう。

画像の挿入　　図表番号の設定　　SmartArtグラフィックの作成

経済史入門レポート

経済学部経済学科
110K151　中村　久之

ユーロの導入と発展について

1．はじめに

「ユーロ（€）」は、欧州連合（EU）の経済通貨同盟で使われている通貨単位で、2019年現在のEU加盟国28か国のうち19か国で使用されている。本レポートでは、米ドルと並ぶ第2の基軸通貨として扱われるユーロが、どのような経緯を経て導入され、現在に至るのかをまとめた。

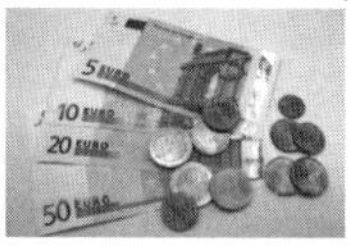

図表 1　ユーロの写真

2．ユーロ導入の経緯

● 1957年　欧州経済共同体（EEC）の創設

米国などの諸外国に対抗できる経済圏を確立するため、フランス、イタリア、ベルギー、オランダ、ルクセンブルク、ドイツの6か国によって欧州経済共同体が創設された。これはヨーロッパ内で自由な資本移動や市場統合を目指すもので、この段階では通貨統合の動きは特になかった。

この欧州経済共同体と、すでに創設されていた欧州石炭鉄鋼共同体（ECSC）、欧州原子力共同体（EAEC）をまとめて欧州共同体（EC）という。

● 1970年　ウェルナー報告書の発表

米ドル不安を契機として、ヨーロッパ経済をドル本位制から脱却させるために通貨統合を目指すウェルナー報告書が発表された。ウェルナー報告書では、資本移動の完全な自由化と金融市場の統合を実現するために、経済調整と為替変動幅の縮小を段階的に図っていくことが提案された。しかし、1971年のニクソン・ショックと1972年のオイル・ショックのためにこの計画は頓挫することになった。

● 1979年　欧州通貨制度（EMS）の創設

ヨーロッパ各国で不況とインフレが併存する状態となり、ドイツとフランスを中心に為替相場の安定化・安定的な通貨圏の創設を目的に、欧州通貨制度が創設された。米ドルに代わり、ユーロの原型となる欧州通貨単位（ECU）が導入されることになった。

● 1989年　ドロール報告書の発表

各国家間で欧州通貨制度を運用するにあたり、経済通貨同盟だけではなく国家間の経済同盟が必要であるとしたドロール報告書が発表された。ドロール報告書では、単一通貨の導入までを次の図で示す3段階で行うとし、具体的なスケジュールが提案された。

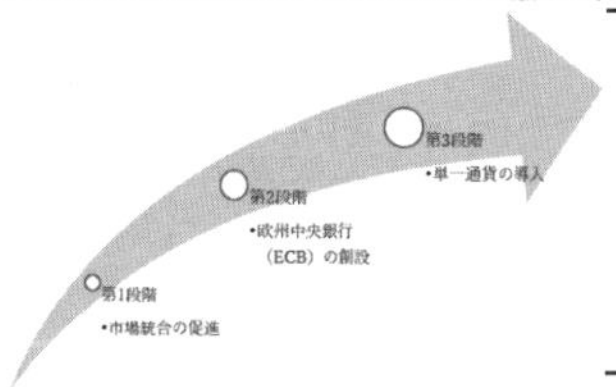

図表 2　ドロール報告書による単一通貨導入までの流れ

● 1992年　欧州連合の創設

ドロール報告書に従って、第1段階として各国の市場統合が行われた結果、マーストリヒト条約が締結された。マーストリヒト条約は、欧州連合の創設を定めた条約で、単一通貨の創設と、政治および内政分野での政府間協力を支えるための次の3点を柱として規定したものである。

図表 3　マーストリヒト条約の3つの柱

このマーストリヒト条約の発効により、通貨統合は第2段階に移行し、欧州通貨機構（欧州中央銀行の前身）が設立され、通貨統合の参加国が決定した。
また、マーストリヒト条約では、第3段階への移行として、各国が一定の経済的基準に到達していることを条件としている。

● 1999年　単一通貨「ユーロ」の導入

1998年、第3段階に移行する11か国が選定され、11か国の通貨とユーロの固定レートが定められた。その1年後に11か国にユーロが導入され、単一通貨政策が欧州中央銀行の下で行われることになった。さらに3年の移行期間後、各国の通貨は廃止されている。

3．ユーロ導入国の推移

1999年に11か国で導入された後、さらに8か国で導入され、現在19か国でユーロが使われている。ユーロ導入国は、次の表に示すとおりである。

図表 4　ユーロ導入国の推移

導入年	国名
1999年	フランス、イタリア、ベルギー、オランダ、ルクセンブルク、ドイツ、オーストリア、フィンランド、アイルランド、ポルトガル、スペイン
2001年	ギリシャ
2007年	スロベニア
2008年	キプロス、マルタ
2009年	スロバキア
2011年	エストニア
2014年	ラトビア
2015年	リトアニア

※2019年現在、欧州連合加盟国のうち、デンマーク・スウェーデン・ブルガリア・チェコ・ハンガリー・ポーランド・ルーマニア・クロアチアは、ユーロを導入していない。

4．ユーロ為替レートの推移

1999年にユーロが導入されたとき、ユーロの円に対する為替レートは1ユーロ＝94円まで下がった。そのため、各国にユーロに対する不安感が高まったが、2002年以降ユーロ経済の安定とともにユーロ高が続き、一時1ユーロ＝171円まで上がった。

2009年のリーマン・ショックでは欧州中央銀行の融資により金融危機を回避したものの、2010年のギリシャに端を発する欧州債務危機により、ユーロ崩壊の懸念が高まった。その後、2012年には、欧州中央銀行が重債務国の短期国債をほぼ無制限に買い入れることを発表したため、ユーロに対する不安が大きく緩和された。
しかし、2016年にイギリスの国民投票によりEU離脱が事実上決定すると、1ユーロ＝114円まで下がった。その後、EU主要国の中央銀行が協調姿勢を示したことから値動きは冷静さを取り戻し、現在はEU離脱決定前の1ユーロ＝125円台まで回復するまでになっている。

ユーロが導入されてから現在までの為替レートの変動は、次の図の示すとおりである。

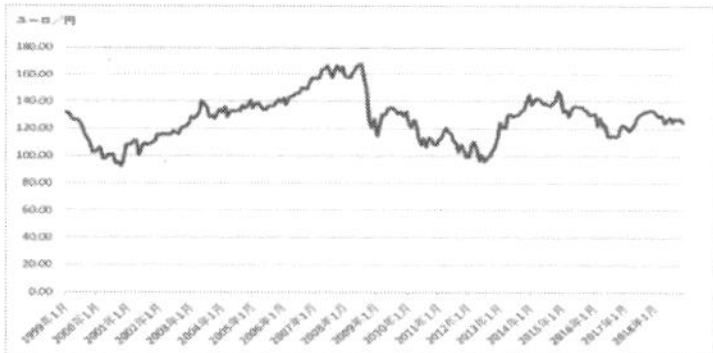

図表 5　ユーロ導入以降のユーロ／円為替レートの推移

〈参考文献〉
田中永吉（2010年）『世界金融危機を乗り切るためには』新兆社
山本直義（1999年）『ユーロ導入で変わる欧州の未来』経済再生社
和田学（2015年）『現代欧州経済』経論社

表の作成　　Excelグラフを図として貼り付け

2　画像の挿入

自分で描いたイラストやデジタルカメラで撮影した写真などを画像ファイルとして保存しておくと、文書に挿入できます。

▶▶1　画像の挿入

文書に、フォルダー「文書作成編」の画像「ユーロ写真」を挿入しましょう。

OPEN **フォルダー「文書作成編」の文書「図や表の挿入」を開いておきましょう。**

①「　「ユーロ(€)」は…」の前にカーソルを移動します。
※先頭の空白の前に移動します。
②《挿入》タブ→《図》グループの 画像 (ファイルから)をクリックします。
③《図の挿入》ダイアログボックスが表示されます。
④ファイルの場所を選択します。
⑤一覧から「ユーロ写真」を選択します。
⑥《挿入》をクリックします。
⑦画像が挿入されます。
※画像の周囲に○(ハンドル)が表示され、選択されていることを確認しておきましょう。

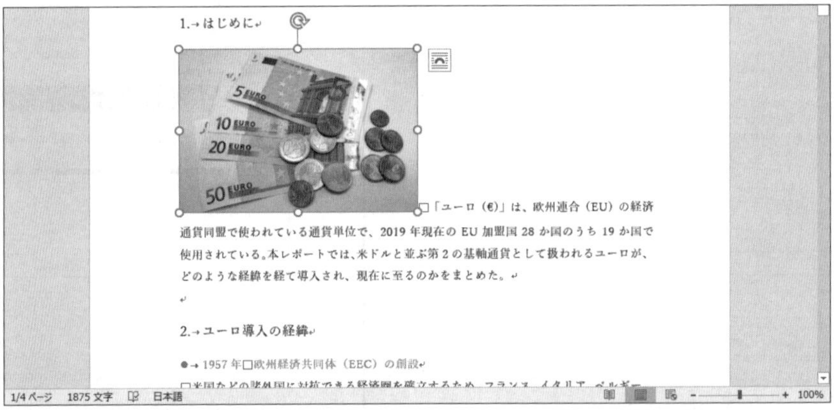

More　オンライン画像

オンライン画像 (オンライン画像)を使うと、パソコンに保存されている画像以外にも、インターネット上にある画像を文書に取り込むこともできます。「オンライン画像」とは、インターネット上にあるイラストや写真などの画像のことです。画像のキーワードを入力すると、インターネット上から目的にあった画像を検索でき、ダウンロードして挿入します。ただし、ほとんどの画像には著作権が存在するので、安易に文書に転用するのは禁物です。画像を転用する際には、画像を提供しているWebサイトで利用可否を確認しましょう。
オンライン画像を挿入する方法は、次のとおりです。
◆《挿入》タブ→《図》グループの オンライン画像 (オンライン画像)

▶▶2　文字列の折り返し

画像を挿入した直後は、画像は文字と同じ扱いとなり、行内に配置されます。
文書内の自由な場所に配置するには、**「文字列の折り返し」**を設定します。
文字列の折り返しを**「四角形」**に設定しましょう。

①画像が選択されていることを確認します。
② (レイアウトオプション)をクリックします。

③《レイアウトオプション》が表示されます。

④《文字列の折り返し》の　（四角形）をクリックします。

⑤画像の周囲に本文が回り込みます。

⑥《レイアウトオプション》の ×（閉じる）をクリックします。

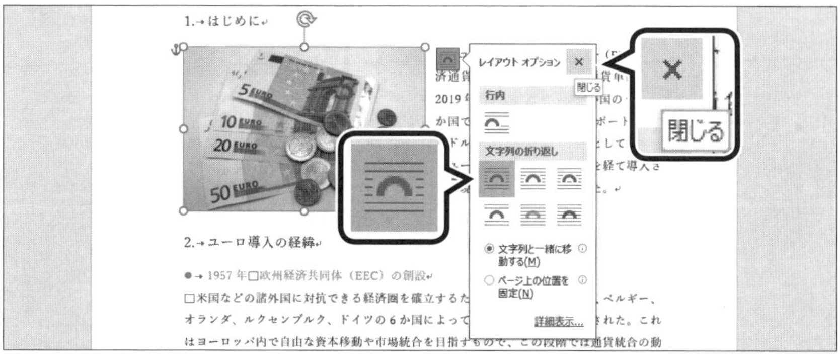

Point!

文字列の折り返し

文字列の折り返しには、次のようなものがあります。

●行内

文字と同じ扱いで画像が配置されます。1行の中に文字と画像が配置されます。

●四角形

●狭く

●内部

文字が画像の周囲に回り込んで配置されます。

●上下

文字が行単位で画像を避けて配置されます。

●背面

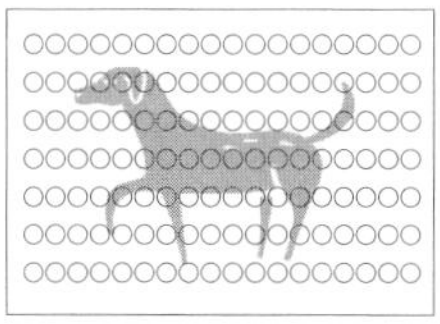

●前面

文字と画像が重なって表示されます。

▶▶3　画像の移動とサイズ変更

文字の折り返しを「四角形」に設定した画像は、文書内で自由に移動したり、サイズを変更したりできます。

画像を移動するには、画像を選択してドラッグします。画像のサイズを変更するには、周囲の枠線上にある○（ハンドル）をドラッグします。

画像の位置とサイズを調整しましょう。

①画像が選択されていることを確認します。

②画像をポイントします。

③マウスポインターの形が に変わったら、図のようにドラッグします。

※ドラッグ中、マウスポインターの形が に変わります。

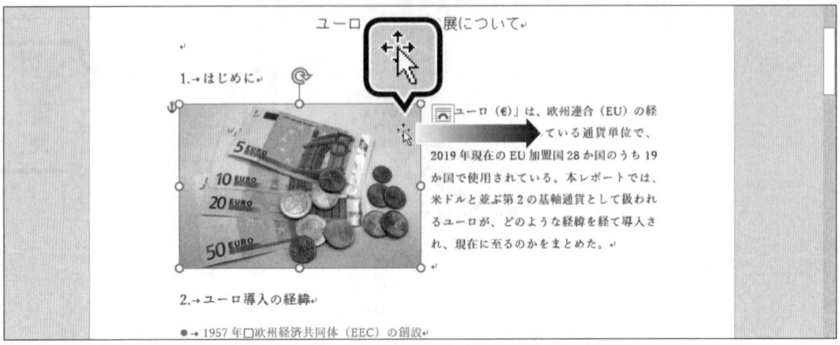

④画像が移動します。

⑤画像の左下の○（ハンドル）をポイントします。

⑥マウスポインターの形が に変わったら、図のようにドラッグします。

※ドラッグ中、マウスポインターの形が＋に変わります。

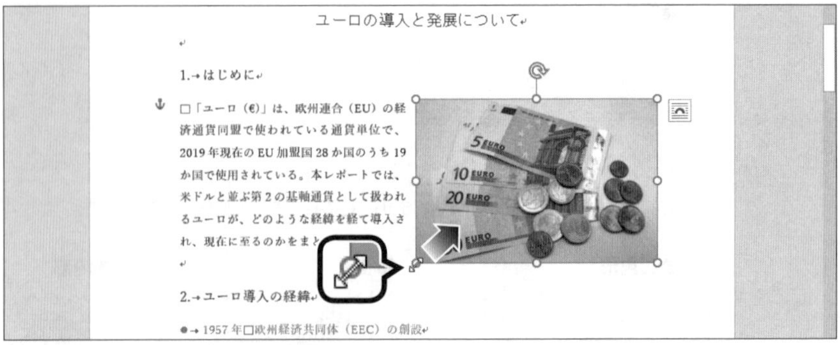

⑦画像のサイズが変更されます。

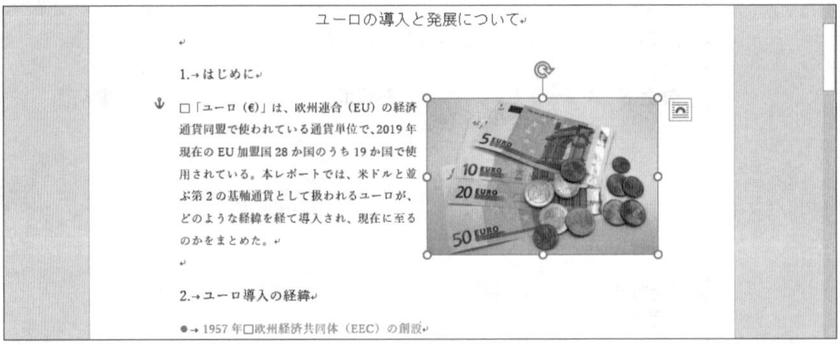

Point!

画像の削除

画像を削除する方法は、次のとおりです。

◆画像を選択→ Delete

Point! 配置ガイド

「配置ガイド」とは、画像を余白や用紙の端などにドラッグしたときに表示される緑色の線のことです。画像と文章の配置をそろえたり、サイズを調整したりするときに役立ちます。

More 図の調整

《書式》タブ→《調整》グループでは、次のように画像を加工できます。

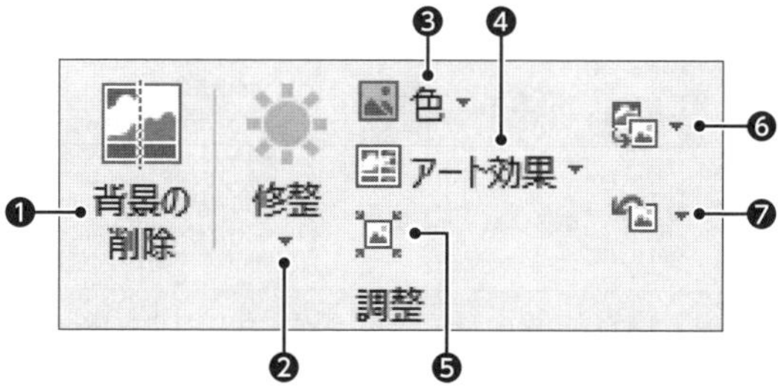

❶背景の削除
画像の中の背景を削除できます。

❷修整
画像の明るさやコントラスト、鮮明度を調整できます。

❸色
画像の彩度やトーン、色味などを調整できます。

❹アート効果
スケッチや線画、マーカーなどのアート効果を画像に加えることができます。

❺図の圧縮
圧縮に関する設定や印刷用、Webページ・プロジェクター用、電子メール用など、用途に応じて画像の解像度を調整します。

❻図の変更
現在、挿入されている画像を別の画像に置き換えます。設定されている書式やサイズは、そのまま保持されます。

❼図のリセット
設定した書式や変更したサイズをリセットして、画像をもとの状態に戻します。

3 SmartArtグラフィックの作成

「SmartArtグラフィック」とは、複数の図形や矢印などを組み合わせて、情報の相互関係を視覚的にわかりやすく表現したものです。
SmartArtグラフィックには「手順」や「階層構造」などの分類があり、チャートやプロセス図など目的に応じて種類を選択するだけで、簡単に図表を作成できます。

▶▶1 SmartArtグラフィックの作成

SmartArtグラフィック「上向き矢印」を作成しましょう。

①「●1989年　ドロール報告書の発表」内の「…具体的なスケジュールが提案された。」の次の行にカーソルを移動します。

②《挿入》タブ→《図》グループの（SmartArtグラフィックの挿入）をクリックします。

③《SmartArtグラフィックの選択》ダイアログボックスが表示されます。

④左側の一覧から《手順》を選択します。

⑤中央の一覧から《上向き矢印》を選択します。

※表示されていない場合は、スクロールして調整します。

⑥《OK》をクリックします。

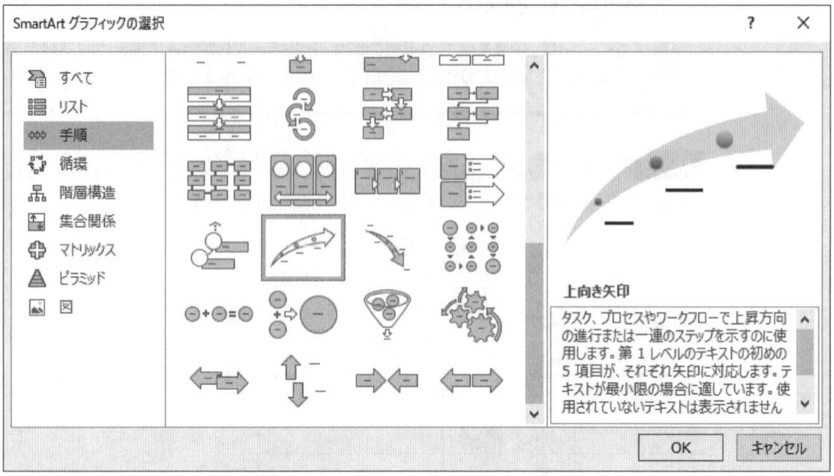

⑦SmartArtグラフィックが作成され、テキストウィンドウにカーソルが表示されます。

※SmartArtグラフィックの周囲に○（ハンドル）が表示され、選択されていることを確認しておきましょう。

※テキストウィンドウが表示されない場合は、《SmartArtツール》の《デザイン》タブ→《グラフィックの作成》グループの テキスト ウィンドウ （テキストウィンドウ）をクリックしておきましょう。

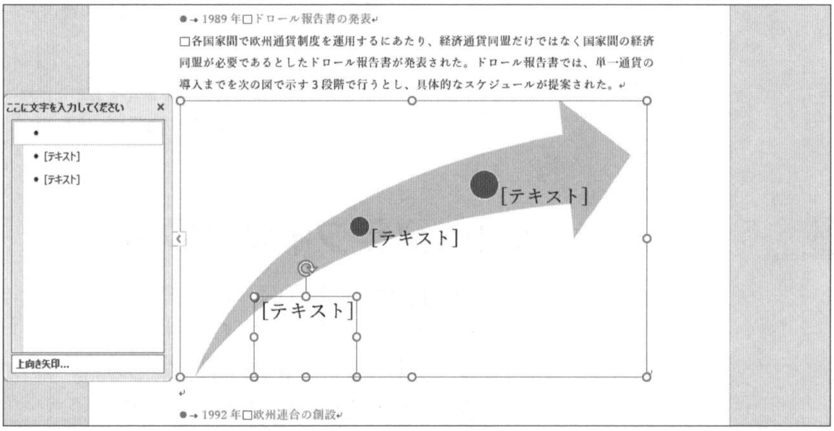

▶▶2 テキストウィンドウの利用

SmartArtグラフィックの図形に直接文字を入力することもできますが、「テキストウィンドウ」を使って文字を入力すると、図形の追加や削除、レベルの上げ下げなどを簡単に行うことができます。

テキストウィンドウを使って、次のような項目を入力しましょう。

- **第1段階**
  - **市場統合の促進**
- **第2段階**
  - **欧州中央銀行（ECB）の創設**
- **第3段階**
  - **単一通貨の導入**

※英数字は半角で入力します。

①テキストウィンドウの1行目にカーソルが表示されていることを確認します。

②**「第1段階」**と入力します。

※SmartArtグラフィック内にも、自動的に文字が表示されます。

③ Enter を押して、改行します。

※SmartArtグラフィック内に、図形が追加されます。

④《SmartArtツール》の《デザイン》タブ→《グラフィックの作成》グループの → レベル下げ（選択対象のレベル下げ）をクリックします。

⑤テキストウィンドウの2行目に**「市場統合の促進」**と入力します。

⑥ ↓ を押して、テキストウィンドウの3行目にカーソルを移動します。

⑦**「第2段階」**と入力します。

⑧同様に、その他の項目を入力します。

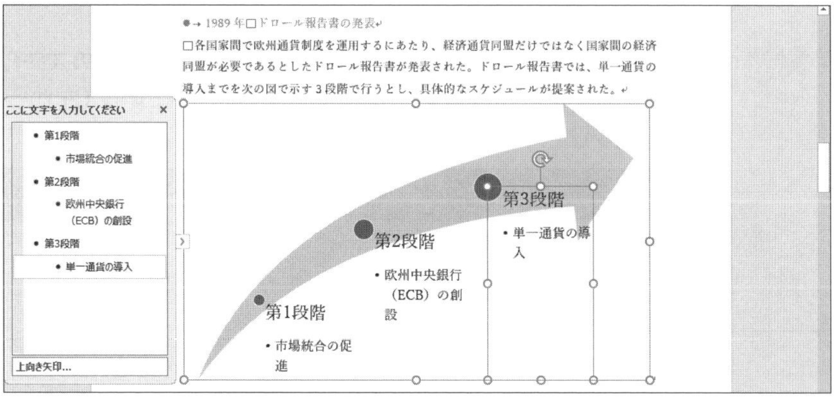

※テキストウィンドウの ✕（閉じる）をクリックして、テキストウィンドウを閉じておきましょう。

Point! 箇条書きの追加・削除

項目の最後で Enter を押すと、新しい行が表示されます。不要な項目を削除するには、Back Space を押します。

Point! 箇条書きのレベル上げ

箇条書きのレベルを上げる方法は、次のとおりです。

◆レベルを上げる行にカーソルを移動→《SmartArtツール》の《デザイン》タブ→《グラフィックの作成》グループの ← レベル上げ（選択対象のレベル上げ）

More キー操作によるレベルの上げ・下げ

テキストウィンドウでは、キー操作でも箇条書きのレベル上げやレベル下げを行うことができます。Tab を押すと、カーソルのある項目の箇条書きのレベルが下がります。レベルを上げるには、Shift ＋ Tab を押します。

Point! 文字のコピーと移動

入力されている文字をほかの場所にコピーしたり移動したりする方法は、次のとおりです。

文字のコピー

◆コピー元の文字を選択→《ホーム》タブ→《クリップボード》グループの（コピー）→コピー先にカーソルを移動→《クリップボード》グループの（貼り付け）

文字の移動

◆移動元の文字を選択→《ホーム》タブ→《クリップボード》グループの（切り取り）→移動先にカーソルを移動→《クリップボード》グループの（貼り付け）

▶▶3 SmartArtのスタイルの適用

「SmartArtのスタイル」とは、SmartArtグラフィックを装飾するための書式の組み合わせです。様々な色のパターンやデザインが用意されており、SmartArtグラフィックの見栄えを瞬時にアレンジできます。
作成したSmartArtグラフィックには、自動的にスタイルが適用されますが、あとからスタイルの種類を変更することもできます。
SmartArtグラフィックの色を**「枠線のみ-アクセント1」**、スタイルを**「白枠」**に変更しましょう。

①SmartArtグラフィックが選択されていることを確認します。

②**《SmartArtツール》**の**《デザイン》**タブ→**《SmartArtのスタイル》**グループの 色の変更 (色の変更)→**《アクセント1》**の**《枠線のみ-アクセント1》**(左から1番目)をクリックします。

③**《SmartArtツール》**の**《デザイン》**タブ→**《SmartArtのスタイル》**グループの ▼ (その他)→**《ドキュメントに最適なスタイル》**の**《白枠》**(左から2番目、上から1番目)をクリックします。

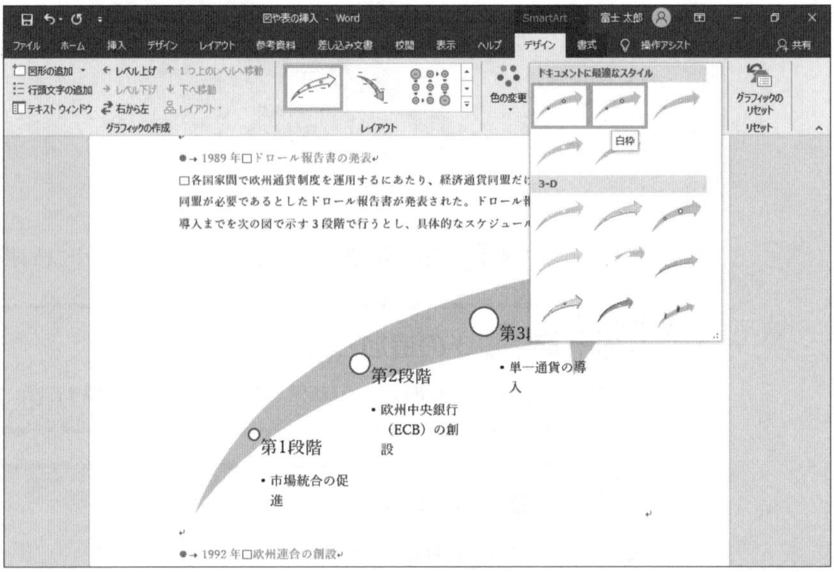

④SmartArtグラフィックにスタイルが適用されます。

▶▶4 SmartArtグラフィック内の文字の書式設定

SmartArtグラフィック内のすべての文字のフォントサイズを「**10**」ポイントに設定しましょう。
SmartArtグラフィック内のすべての文字を対象にする場合、あらかじめSmartArtグラフィック全体を選択しておきます。

①SmartArtグラフィックが選択されていることを確認します。

②SmartArtグラフィックの周囲の枠線をクリックします。

③SmartArtグラフィック全体が選択されます。

※一部の図形が選択されている場合は、その図形だけが設定の対象になるので注意しましょう。

④**《ホーム》**タブ→**《フォント》**グループの 12+ (フォントサイズ)の ▼ →**《10》**をクリックします。

⑤SmartArtグラフィック内のフォントサイズが設定されます。

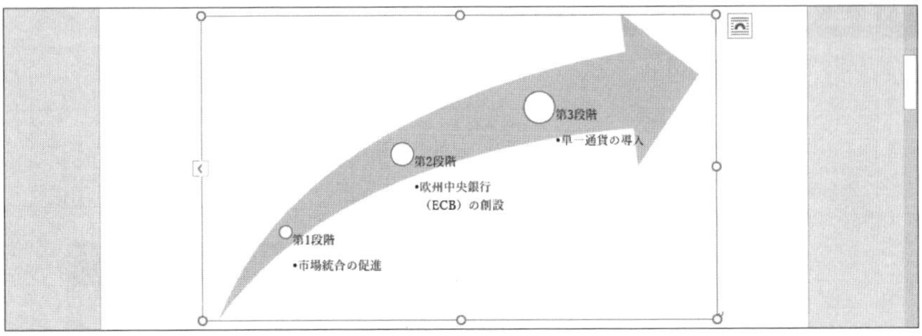

▶▶5 SmartArtグラフィックのサイズ変更

作成したSmartArtグラフィックは文書内で移動したり、サイズを変更したりできます。SmartArtグラフィックを移動するには、周囲の枠線をドラッグします。SmartArtグラフィックのサイズを変更するには、枠線上にある○（ハンドル）をドラッグします。

SmartArtグラフィックのサイズを変更しましょう。

①SmartArtグラフィックが選択されていることを確認します。

②SmartArtグラフィックの下中央の○（ハンドル）をポイントします。

③マウスポインターの形が⇕に変わったら、図のようにドラッグします。

※ドラッグ中、マウスポインターの形が＋に変わります。

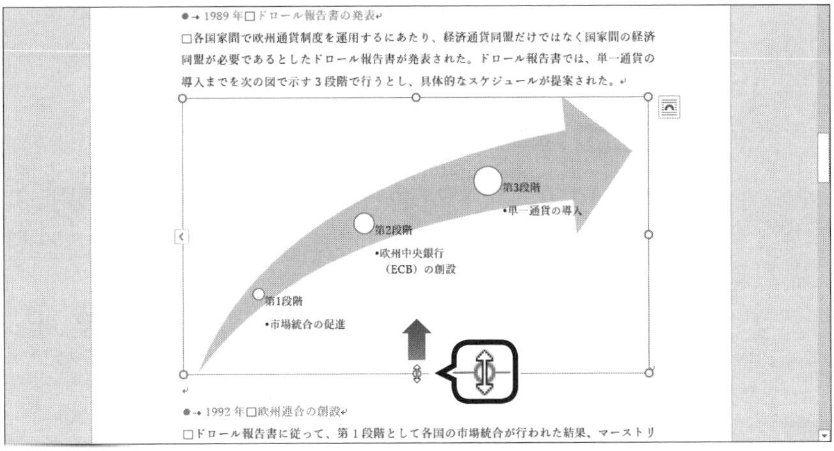

④SmartArtグラフィックのサイズが変更されます。

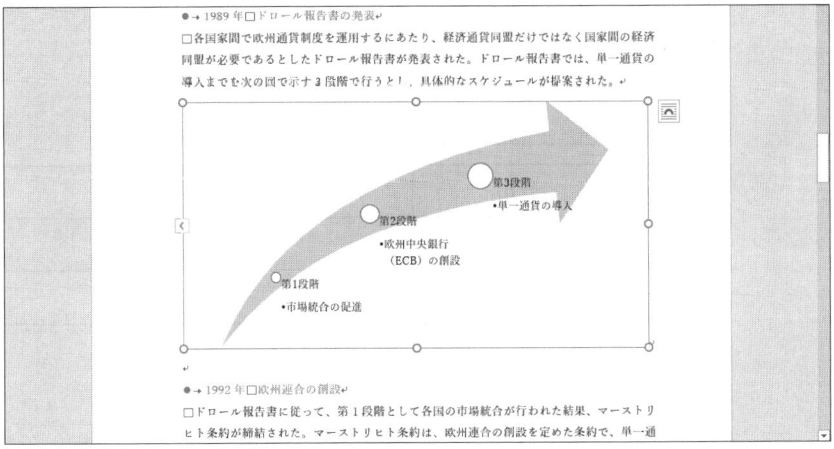

Let's Try ためしてみよう【5】

●完成図

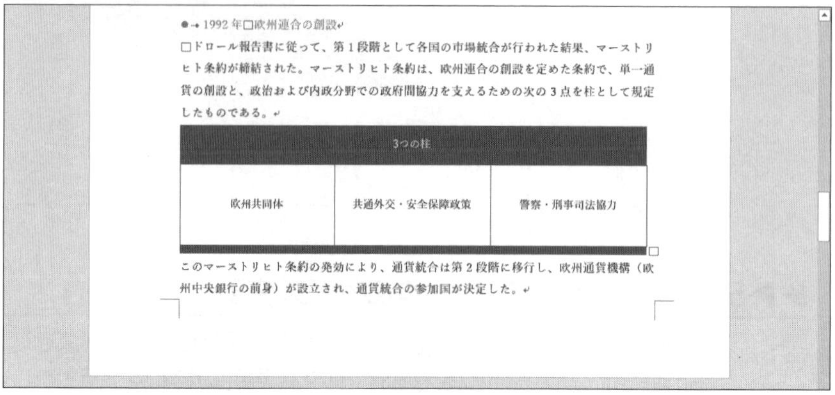
●→1992年□欧州連合の創設↵
□ドロール報告書に従って、第1段階として各国の市場統合が行われた結果、マーストリヒト条約が締結された。マーストリヒト条約は、欧州連合の創設を定めた条約で、単一通貨の創設と、政治および内政分野での政府間協力を支えるための次の3点を柱として規定したものである。↵

3つの柱		
欧州共同体	共通外交・安全保障政策	警察・刑事司法協力

このマーストリヒト条約の発効により、通貨統合は第2段階に移行し、欧州通貨機構（欧州中央銀行の前身）が設立され、通貨統合の参加国が決定した。↵

①「●1992年　欧州連合の創設」内の「…規定したものである。」の下にSmartArtグラフィック「表型リスト」を作成し、テキストウィンドウを使って、次のように項目を入力しましょう。

- 3つの柱
  - 欧州共同体
  - 共通外交・安全保障政策
  - 警察・刑事司法協力

※数字は半角で入力します。

Hint 《表型リスト》は《リスト》に分類されます。

②SmartArtグラフィックに色「枠線のみ-アクセント1」を適用しましょう。

③SmartArtグラフィック内のすべての文字のフォントサイズを「10」ポイントに設定しましょう。

④完成図を参考に、SmartArtグラフィックのサイズを調整しましょう。

4　表の作成

「表」を使うと、項目ごとにデータを整列して表示でき、内容が読み取りやすくなります。表は罫線で囲まれた「列」と「行」で構成されます。また、罫線で囲まれたひとつのマス目を「セル」といいます。

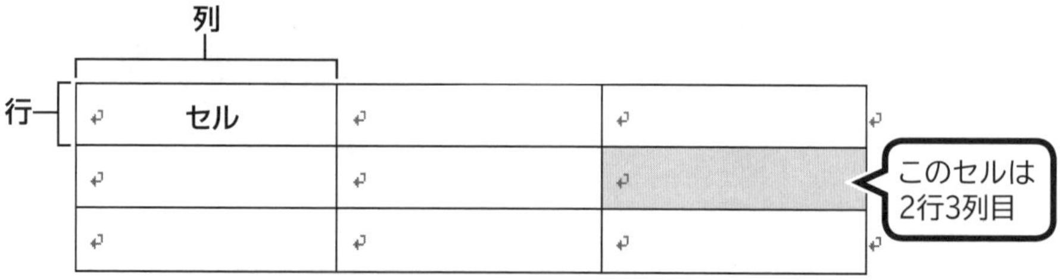

▶▶1 表の作成

9行2列の表を作成しましょう。

①「3. ユーロ導入国の推移」内の「※2019年現在、…」の前にカーソルを移動します。

②《挿入》タブ→《表》グループの （表の追加）→《表の挿入》をクリックします。

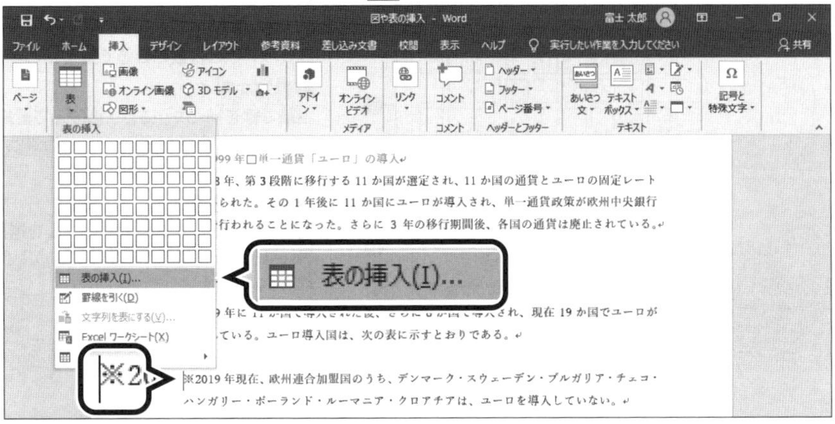

③《表の挿入》ダイアログボックスが表示されます。

④《列数》を「2」、《行数》を「9」に設定します。

⑤《OK》をクリックします。

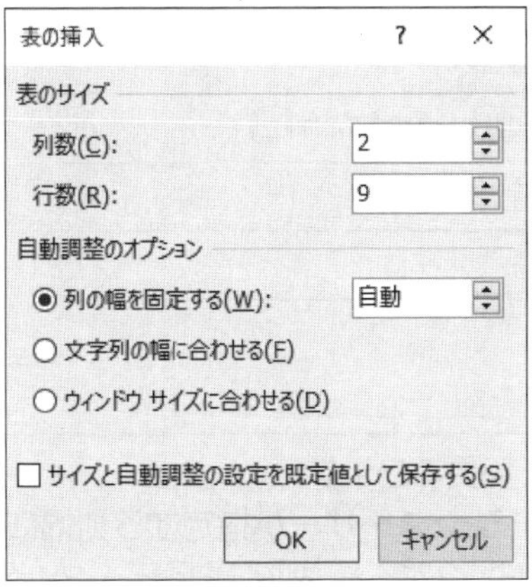

⑥表が作成されます。

⑦図のように文字を入力します。

導入年	国名
1999 年	フランス、イタリア、ベルギー、オランダ、ルクセンブルク、ドイツ、オーストリア、フィンランド、アイルランド、ポルトガル、スペイン
2001 年	ギリシャ
2007 年	スロベニア
2008 年	キプロス、マルタ
2009 年	スロバキア
2011 年	エストニア
2014 年	ラトビア
2015 年	リトアニア

※数字は半角で入力します。

※文字を入力・確定後 Enter を押すと、改行されてセルが縦方向に広がるので注意しましょう。
間違えて改行した場合は、 Back Space を押します。

More 表の作成方法

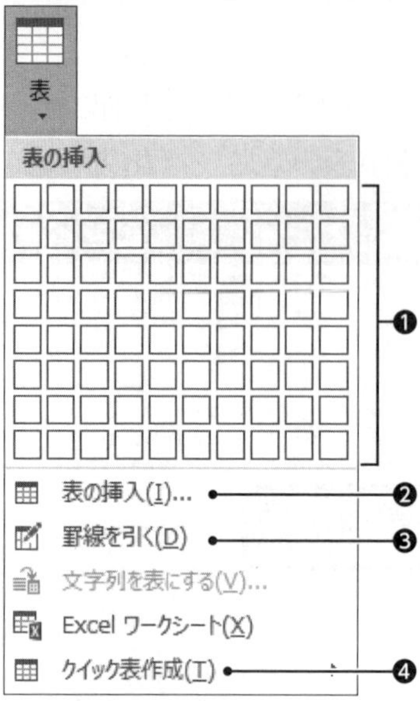

表を作成するには、《挿入》タブ→《表》グループの（表の追加）を使い、次のような方法で作成します。

❶マス目
必要な行数と列数をマス目で指定して、表を作成します。縦8行、横10列までの表を作成できます。

❷表の挿入
必要な列数と行数を数値で指定して、表を作成します。

❸罫線を引く
鉛筆で線を描くように、ドラッグして罫線を引いて、表を作成します。部分的に高さが異なったり、行ごとに列数が異なったりする表を作成する場合に便利です。

❹クイック表作成
完成イメージに近い表のサンプルを選択して、表を作成します。表にはイメージがつかみやすいように、サンプルデータが入力されます。

More 表内のカーソルの移動

表内でカーソルを移動する場合は、次のキーで操作します。

移動方向	キー
右のセルへ移動	[Tab]または[→]
左のセルへ移動	[Shift]+[Tab]または[←]
上のセルへ移動	[↑]
下のセルへ移動	[↓]

▶▶2 列幅の変更

列の境界線を利用して、列幅を変更できます。
列の右側の境界線をドラッグすると、ユーザーが指定する列幅になります。
列の右側の境界線をダブルクリックすると、列の最長データに合わせて列幅が自動的に調整されます。
文字の長さに合わせて、列幅を自動的に調整しましょう。

①表の1列目の右側の境界線をポイントします。

②マウスポインターの形が✛||✛に変わったら、ダブルクリックします。

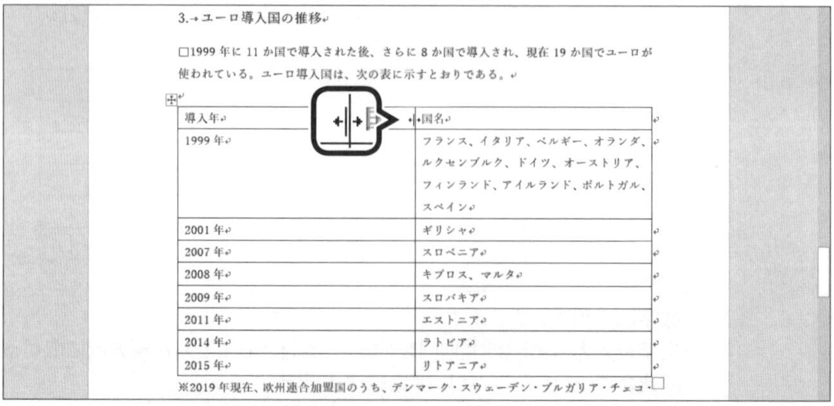

3.→ユーロ導入国の推移

□1999年に11か国で導入された後、さらに8か国で導入され、現在19か国でユーロが使われている。ユーロ導入国は、次の表に示すとおりである。

導入年	国名
1999年	フランス、イタリア、ベルギー、オランダ、ルクセンブルク、ドイツ、オーストリア、フィンランド、アイルランド、ポルトガル、スペイン
2001年	ギリシャ
2007年	スロベニア
2008年	キプロス、マルタ
2009年	スロバキア
2011年	エストニア
2014年	ラトビア
2015年	リトアニア

※2019年現在、欧州連合加盟国のうち、デンマーク・スウェーデン・ブルガリア・チェコ・

③同様に、2列目の右側の境界線をダブルクリックし、列幅を変更します。

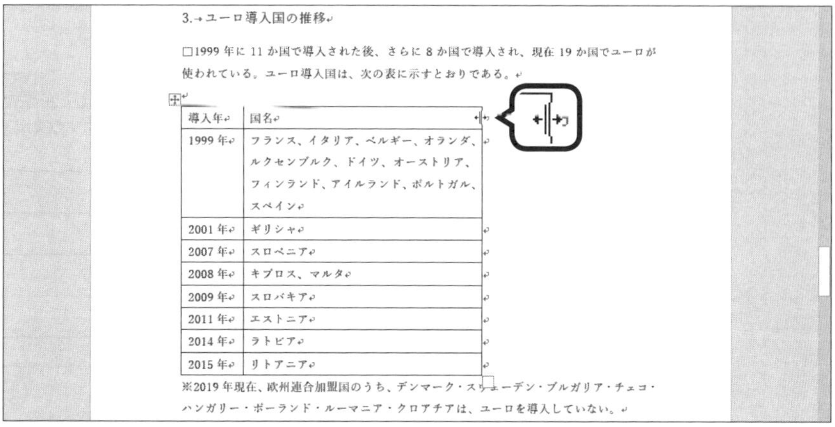

More 列幅を数値で指定する

列幅を数値で指定する方法は、次のとおりです。

◆列を選択→《表ツール》の《レイアウト》タブ→《セルのサイズ》グループの（列の幅の設定）で設定

More 列の幅を揃える

複数の列の幅を均等に揃える方法は、次のとおりです。

◆列を選択→《表ツール》の《レイアウト》タブ→《セルのサイズ》グループの（幅を揃える）

▶▶3 表内の文字の配置

セル内の文字は、水平方向および垂直方向でそれぞれ配置を変更できます。
初期の設定では、水平方向は左揃え、垂直方向は上揃えになっています。
表の1行目の項目名を水平方向・垂直方向ともに中央揃えにしましょう。

①表の1行目を選択します。

②《表ツール》の《レイアウト》タブ→《配置》グループの（中央揃え）をクリックします。

③文字がセル内で中央揃えになります。

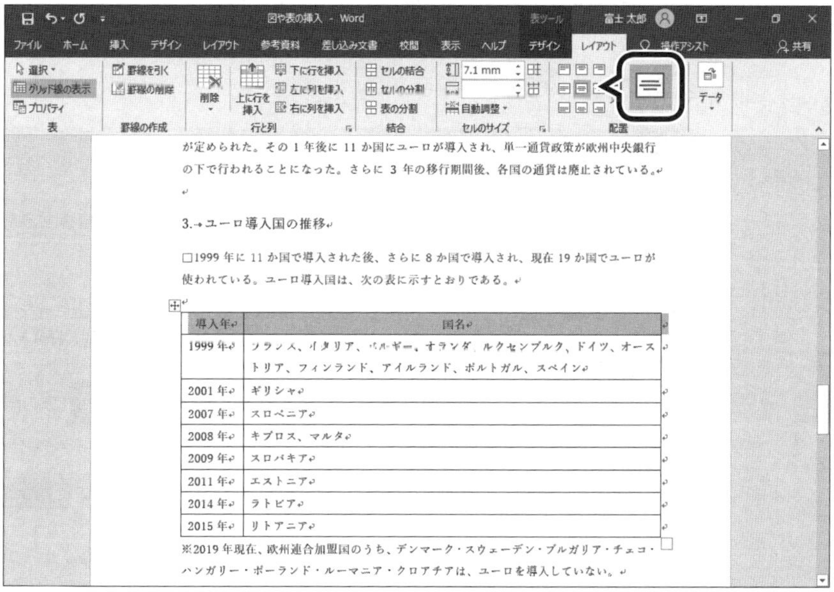

表の選択

表の各部を選択する方法は、次のとおりです。

選択対象	操作方法
表全体	表内をポイント→表の左上の⊕（表の移動ハンドル）をマウスポインターの形が↖の状態でクリック
セル	セル内の左端をマウスポインターの形が↗の状態でクリック
セル範囲	開始セルから終了セルまでドラッグ
行	行の左側をマウスポインターの形が↗の状態でクリック
列	列の上側をマウスポインターの形が↓の状態でクリック

▶▶4 塗りつぶしの設定

表内のセルに色を塗って、表の見栄えをアレンジできます。
1行目の項目名に「**青、アクセント5、白+基本色60%**」の塗りつぶしを設定しましょう。

①表の1行目を選択します。

②《表ツール》の《デザイン》タブ→《表のスタイル》グループの 塗りつぶし （塗りつぶし）の 塗りつぶし →《テーマの色》の《**青、アクセント5、白+基本色60%**》（左から9番目、上から3番目）をクリックします。

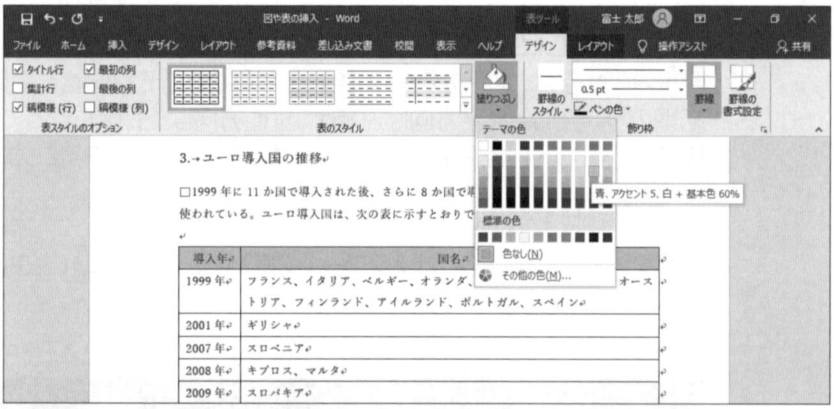

③塗りつぶしが設定されます。

表のレイアウトの編集

作成した表は、あとから行や列を挿入・削除したり、複数のセルをひとつに結合したり、ひとつのセルを複数のセルに分割したりして、レイアウトを編集できます。

行・列の挿入

◆行や列を選択→《表ツール》の《レイアウト》タブ→《行と列》グループの 上に行を挿入 （上に行を挿入）／ 下に行を挿入 （下に行を挿入）／ 左に列を挿入 （左に列を挿入）／ 右に列を挿入 （右に列を挿入）

行・列の削除

◆行や列を選択→《表ツール》の《レイアウト》タブ→《行と列》グループの 表 （表の削除）→《行の削除》／《列の削除》

セルの結合

◆結合するセルを選択→《表ツール》の《レイアウト》タブ→《結合》グループの セルの結合 （セルの結合）

セルの分割

◆分割するセルにカーソルを移動→《表ツール》の《レイアウト》タブ→《結合》グループの セルの分割 （セルの分割）→分割する《列数》と《行数》を指定

5　Excelグラフを図として貼り付け

ほかのアプリのデータをWordの文書に貼り付けることができます。
貼り付ける形式を「図」にすると、画像としてWordの文書に配置されます。
Excelのグラフをコピーして、図として貼り付けましょう。

OPEN

フォルダー「文書作成編」のExcelのブック「ユーロ円相場推移」のシート「相場推移」を開いておきましょう。

①シート「相場推移」が表示されていることを確認します。

②グラフを選択します。

③《ホーム》タブ→《クリップボード》グループの（コピー）をクリックします。

④タスクバーの（Word）をクリックし、Wordのウィンドウに切り替えます。

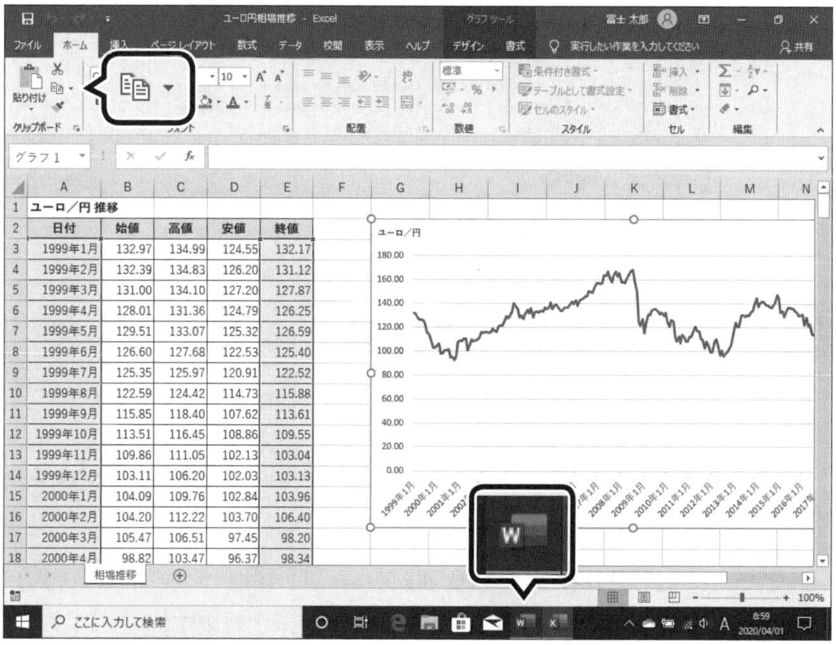

⑤「4.ユーロ為替レートの推移」内の「…次の図の示すとおりである。」の2行下の行にカーソルを移動します。

⑥《ホーム》タブ→《クリップボード》グループの（貼り付け）の→《貼り付けのオプション》の（図）をクリックします。

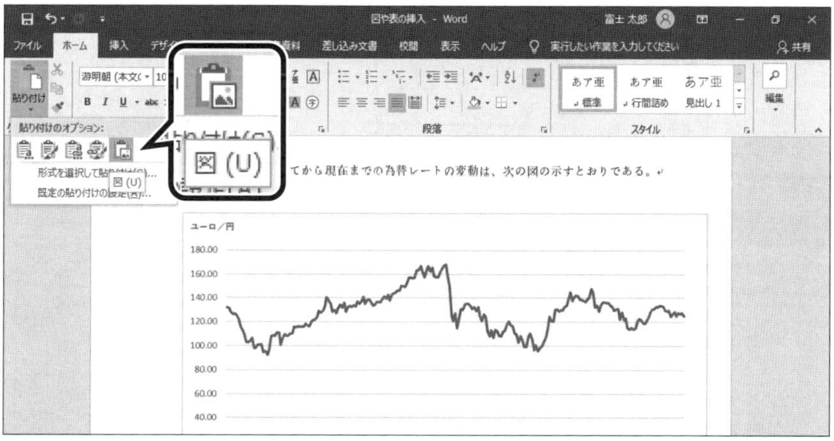

⑦Excelのグラフが Wordの文書に図として貼り付けられます。
※グラフの周囲の○(ハンドル)をドラッグし、サイズを調整しておきましょう。

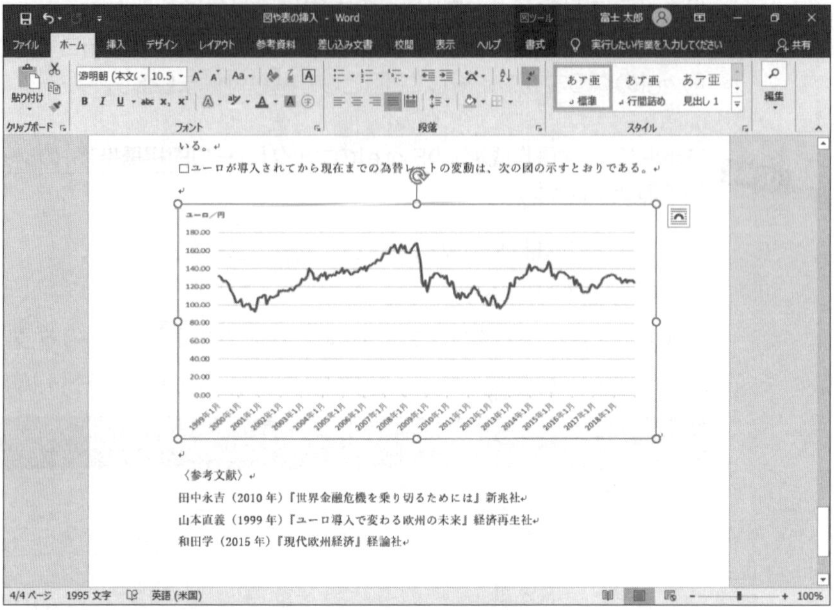

※Excelを終了しておきましょう。

6 図表番号の設定

「図表番号」を使うと、文書内の画像やSmartArtグラフィック、表などに連続した番号を付けることができます。
1ページ目に挿入した画像**「ユーロ写真」**に図表番号を挿入しましょう。

①画像を選択します。
②**《参考資料》**タブ→**《図表》**グループの(図表番号の挿入)をクリックします。
③**《図表番号》**ダイアログボックスが表示されます。
④**《ラベル名》**をクリックします。
⑤**《新しいラベル名》**ダイアログボックスが表示されます。
⑥**《ラベル》**に**「図表」**と入力します。
⑦**《OK》**をクリックします。

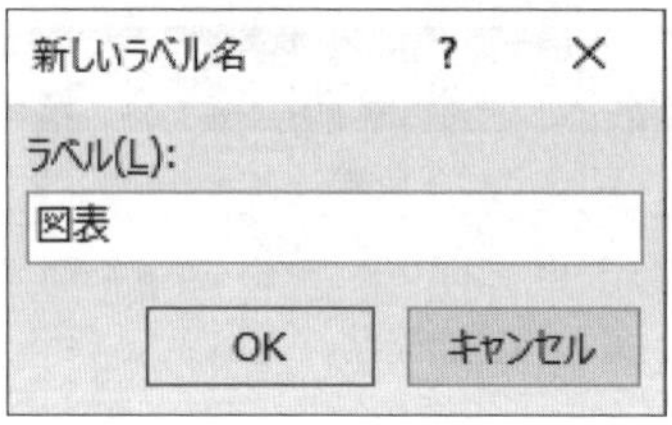

⑧《図表番号》ダイアログボックスに戻ります。

⑨《図表番号》の「図表 1」の後ろに「□ユーロの写真」と入力します。

※□は全角の空白を表します。

⑩《位置》の ∨ をクリックし、一覧から《選択した項目の下》を選択します。

⑪《OK》をクリックします。

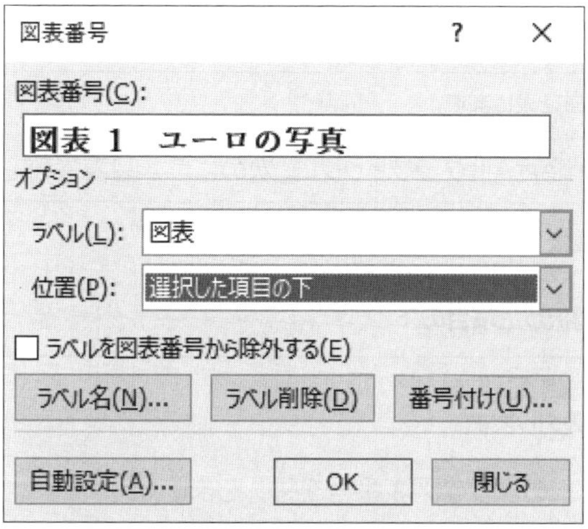

⑫画像の下に図表番号が挿入されます。

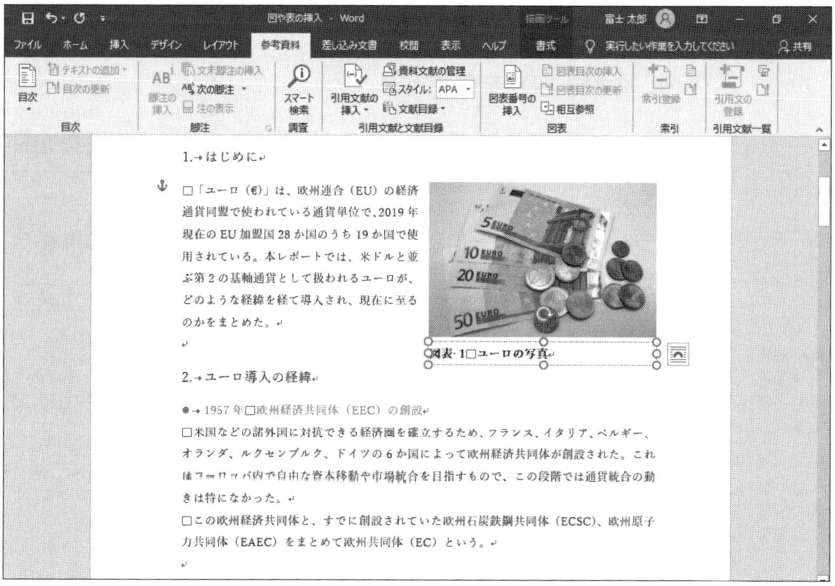

More 図表番号の扱い

図表番号を挿入する図の文字列の折り返しの設定によって、図表番号の扱いが異なります。図の文字列の折り返しが「行内」の場合は、通常の文字として挿入されます。図の文字列の折り返しが「行内」以外の場合は、テキストボックス内の文字として挿入されます。

More テキストボックス

「テキストボックス」を使うと、文章を任意の位置に配置できます。テキストボックスには「横書きテキストボックス」と「縦書きテキストボックス」があります。

テキストボックスを作成する方法は、次のとおりです。

◆《挿入》タブ→《テキスト》グループの （テキストボックスの選択）→《横書きテキストボックスの描画》／《縦書きテキストボックスの描画》

Let's Try　ためしてみよう【6】

①上向き矢印のSmartArtグラフィックに、次のような図表番号を挿入しましょう。

ラベル	：図表
ラベル名	：□ドロール報告書による単一通貨導入までの流れ
位置	：選択した項目の下

※□は全角の空白を表します。

②表型リストのSmartArtグラフィックに、次のような図表番号を挿入しましょう。

ラベル	：図表
ラベル名	：□マーストリヒト条約の3つの柱
位置	：選択した項目の下

※□は全角の空白を表します。
※数字は半角で入力します。

③作成した表に、次のような図表番号を挿入しましょう。

ラベル	：図表
ラベル名	：□ユーロ導入国の推移
位置	：選択した項目の上

※□は全角の空白を表します。

④図として貼り付けたExcelグラフに、次のような図表番号を挿入しましょう。

ラベル	：図表
ラベル名	：□ユーロ導入以降のユーロ／円為替レートの推移
位置	：選択した項目の下

※□は全角の空白を表します。

⑤すべての図表番号のフォントサイズを「8」ポイントにしましょう。

※文書に任意の名前を付けて保存し、文書を閉じておきましょう。

Step4 文書を印刷しよう

1 印刷の実行

印刷を実行する前に画面で印刷イメージを確認することができます。
印刷の向きや余白のバランスは適当か、レイアウトが整っているかなどを確認することで、印刷ミスを防止できます。
印刷イメージを確認し、印刷を実行しましょう。

OPEN **フォルダー「文書作成編」の文書「レポートの印刷」を開いておきましょう。**

①《ファイル》タブ→《印刷》をクリックします。

②印刷イメージが表示されます。

③ ▶ (次のページ) をクリックして、すべてのページを確認します。

④《印刷》の《部数》が「1」になっていることを確認します。

⑤《プリンター》に出力するプリンターの名前が表示されていることを確認します。
※表示されていない場合は、▾をクリックし、一覧から選択します。

⑥《印刷》をクリックします。

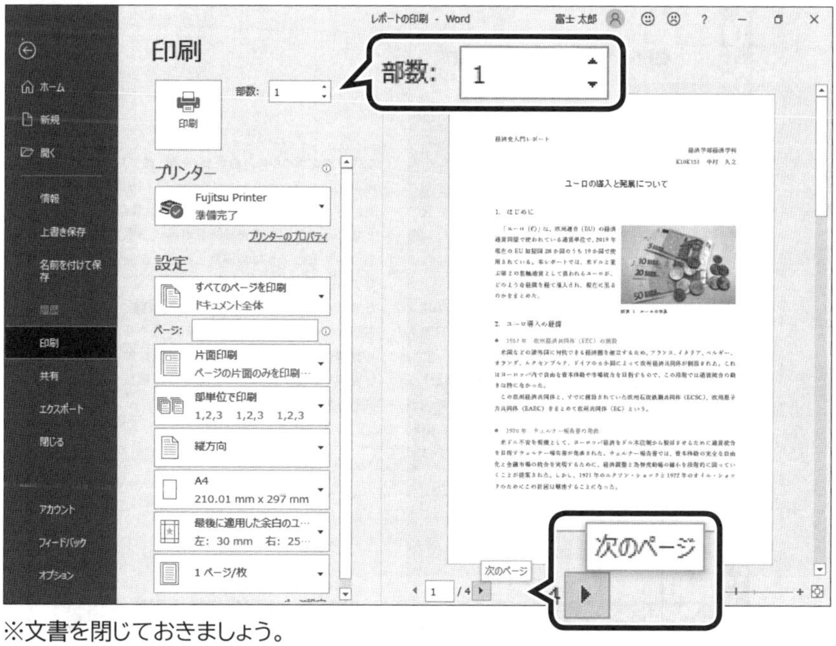

※文書を閉じておきましょう。

More 文書の作成画面に戻る

印刷イメージを確認したあと、印刷を実行せずに文書の作成画面に戻るには、Ⓔをクリックするか、Escを押します。
× (閉じる) をクリックすると、Wordが終了するので注意しましょう。

Step5 表現力をアップする機能を使ってみよう

1 作成する文書の確認

次のような文書を作成しましょう。

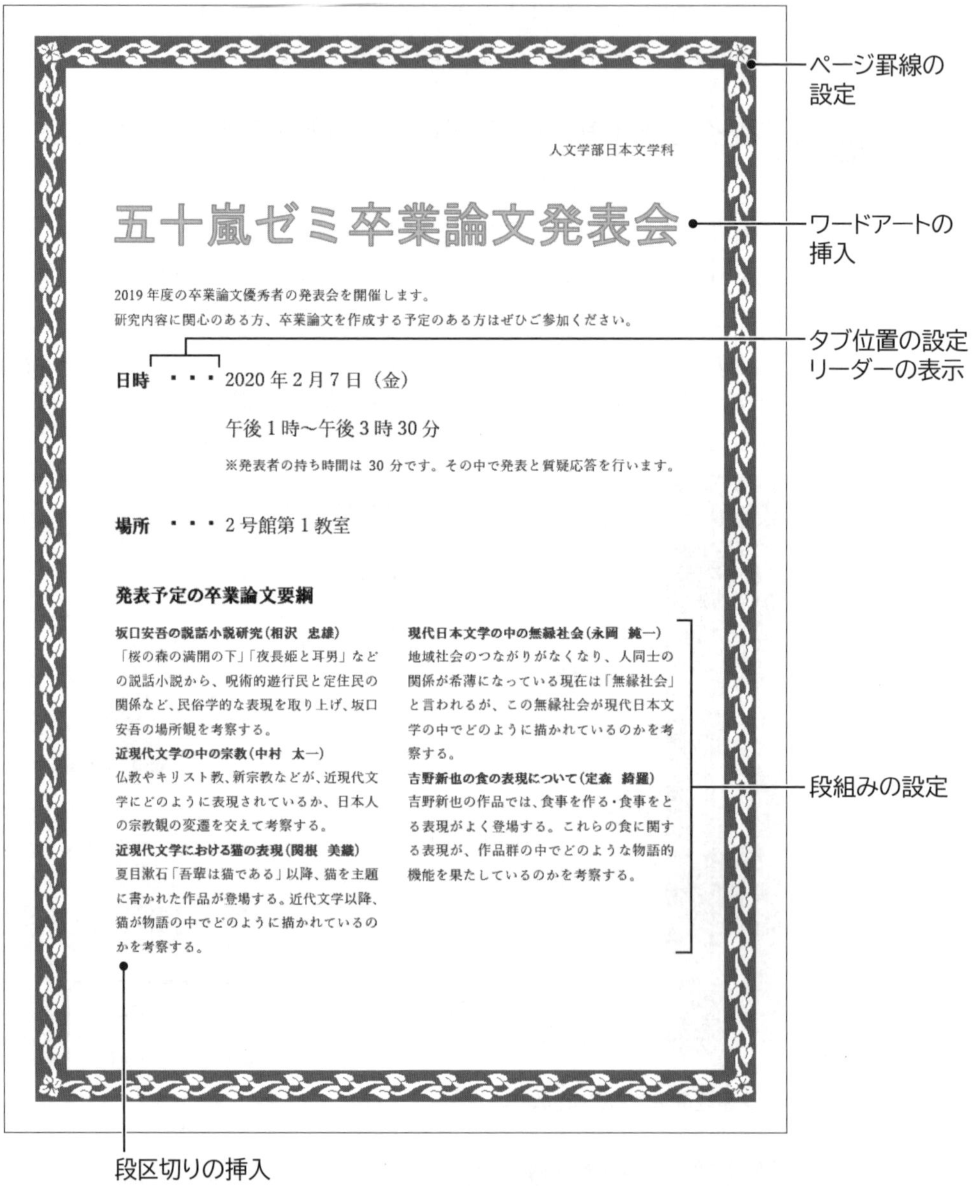

2　ページ罫線の設定

「ページ罫線」を使うと、ページの周囲に罫線を引いて、ページを飾ることができます。
ページ罫線には、線の種類や絵柄が豊富に用意されています。
次のようにページ罫線を設定しましょう。

絵柄	：
色	：オレンジ、アクセント2、黒+基本色25%
線の太さ	：24pt

OPEN　フォルダー「文書作成編」の文書「表現力アップ」を開いておきましょう。

①《デザイン》タブ→《ページの背景》グループの(罫線と網掛け)をクリックします。
②《線種とページ罫線と網かけの設定》ダイアログボックスが表示されます。
③《ページ罫線》タブを選択します。
④左側の《種類》の一覧から《囲む》を選択します。
⑤《絵柄》の をクリックし、一覧から《》を選択します。
⑥《色》の をクリックし、一覧から《テーマの色》の《オレンジ、アクセント2、黒+基本色25%》(左から6番目、上から5番目)を選択します。
⑦《線の太さ》を「24pt」に設定します。
⑧《OK》をクリックします。

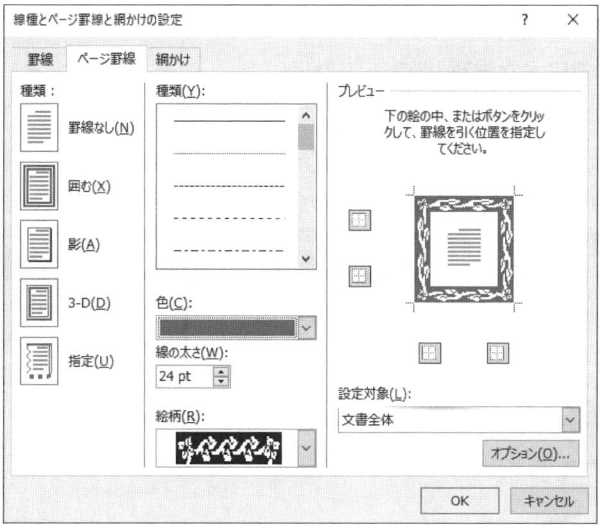

⑨ページ罫線が設定されます。

More 段落罫線

「段落罫線」とは、段落に対して引く罫線のことです。段落罫線を使うと、段落の上下左右に罫線を引いたり、切り取り線などを引いたりできます。段落罫線を引く方法は、次のとおりです。

◆段落にカーソルを移動→《ホーム》タブ→《段落》グループの（罫線）の→《線種とページ罫線と網かけの設定》→《罫線》タブ→左側の《種類》の一覧から《指定》を選択→中央の《種類》の一覧から罫線の種類を選択→《設定対象》の→《段落》→《プレビュー》のをクリックして、罫線を引く位置を指定

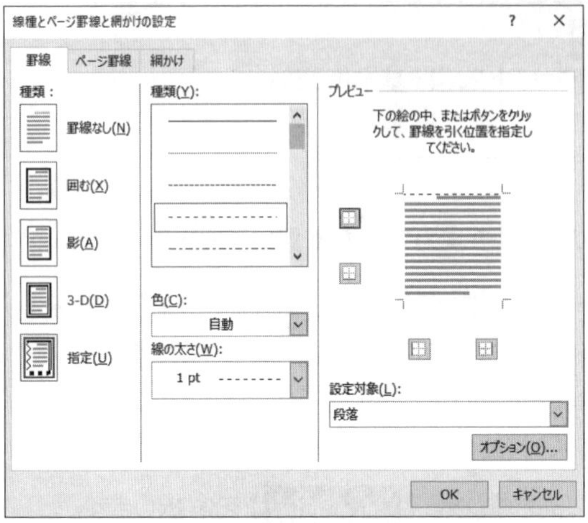

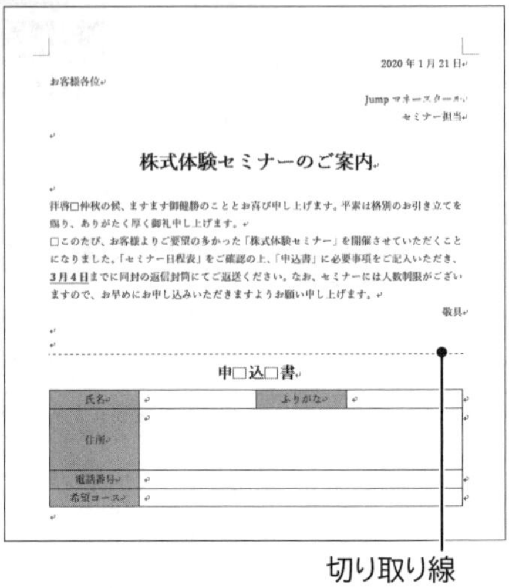

3 ワードアートの挿入

「ワードアート」を使うと、輪郭を付けたり立体的に見せたりして、簡単に文字を装飾できます。インパクトのあるタイトルを配置したいときに便利です。
ワードアートを使って、「五十嵐ゼミ卒業論文発表会」という表題を挿入しましょう。

①「人文学部日本文学科」の2行下の行にカーソルを移動します。

②《挿入》タブ→《テキスト》グループの（ワードアートの挿入）をクリックします。

③「塗りつぶし：オレンジ、アクセントカラー2；輪郭：オレンジ、アクセントカラー2」（左から3番目、上から1番目）をクリックします。

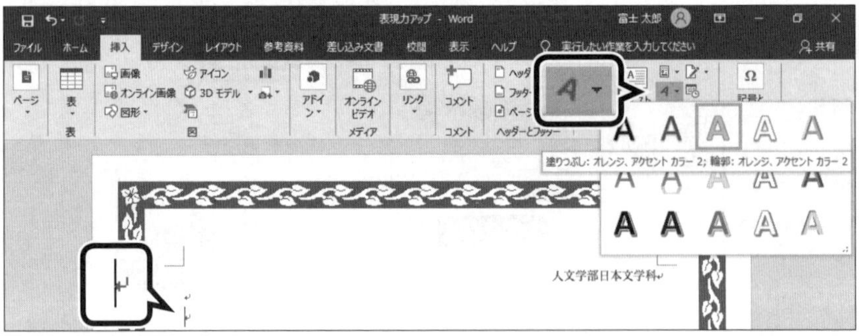

④《ここに文字を入力》が挿入され、選択されていることを確認します。

⑤「五十嵐ゼミ卒業論文発表会」と入力します。

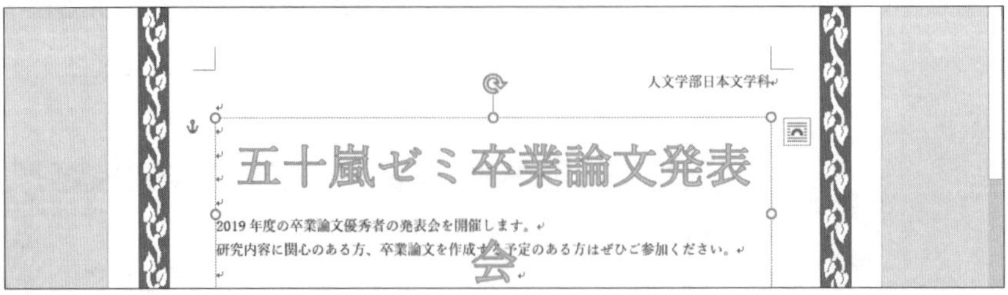

⑥ワードアート以外の場所をクリックし、文字を確定します。

Let's Try ためしてみよう【7】

①挿入したワードアートに、フォント「MSゴシック」を設定し、太字を解除しましょう。

②ワードアートの文字が1行で表示されるように、サイズを調整しましょう。

Point! 文字の効果

《ホーム》タブ→《フォント》グループの［A▾］（文字の効果と体裁）を使うと、入力済みの文字にワードアートと同じような効果を設定できます。

Point! ワードアートの選択

ワードアートを移動したり、書式を設定したりするには、ワードアートを選択して操作します。
ワードアート上をクリックすると、カーソルが表示されます。この状態のとき、文字を編集したり一部の文字の書式を設定したりできます。
さらに、ワードアートの枠線をクリックするとワードアート全体が選択されます。この状態のとき、ワードアートを移動したりすべての文字に書式を設定したりできます。

●ワードアート内にカーソルがある状態

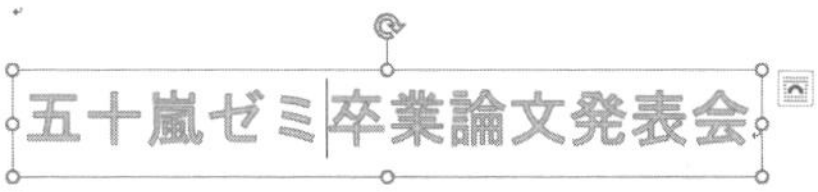

●ワードアート全体が選択されている状態

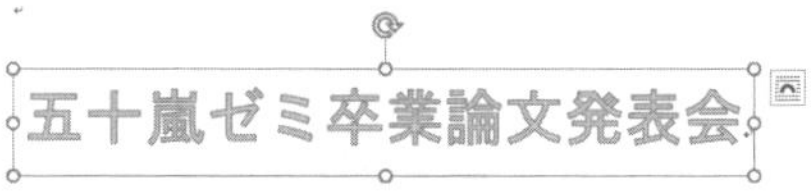

4 段組み

「段組み」を使うと、文章を複数の段に分けて配置できます。

▶▶1 段組みの設定

「坂口安吾の説話小説研究（相沢　忠雄）」から文末までの文章を2段組みにしましょう。

①「坂口安吾の説話小説研究（相沢　忠雄）」から文末までを選択します。

②《レイアウト》タブ→《ページ設定》グループの［段組み▾］（段の追加または削除）→《2段》をクリックします。

③2段組みになります。

※段組みの前にセクション区切りが挿入されていることを確認しましょう。

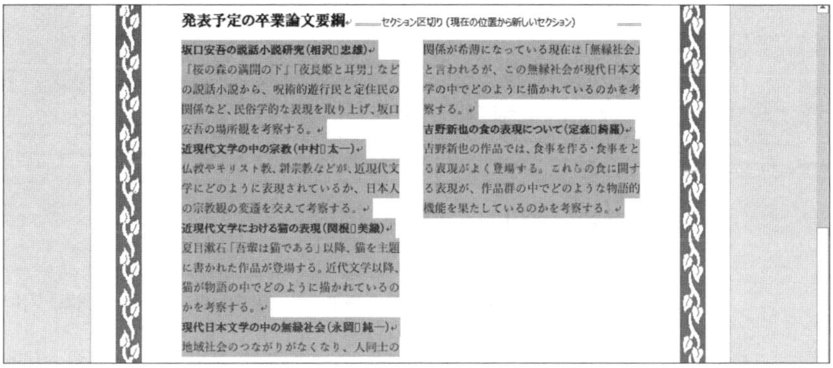

Point! セクションとセクション区切り

通常、文書はひとつのセクションで構成されています。文書内で異なる用紙サイズや印刷の向きを設定したい場合は、セクション区切りを挿入します。
セクション区切りを挿入する方法は、次のとおりです。

◆セクションを区切る位置にカーソルを移動→《レイアウト》タブ→《ページ設定》グループの 区切り （ページ/セクション区切りの挿入）

※段組みを設定すると、自動的にセクション区切りが挿入されます。

▶▶2 段区切りの挿入

段組みにした文章の中で強制的に段を改める場合は、**「段区切り」**を挿入します。
「現代日本文学の中の無縁社会（永岡　純一）」が2段目の先頭になるように、段区切りを挿入しましょう。

①**「現代日本文学の中の無縁社会（永岡　純一）」**の前にカーソルを移動します。

②**《レイアウト》**タブ→**《ページ設定》**グループの 区切り （ページ/セクション区切りの挿入）→**《ページ区切り》**の**《段区切り》**をクリックします。

③段区切りが挿入され、**「現代日本文学の中の無縁社会（永岡　純一）」**が2段目の先頭になります。

More その他の方法（段区切りの挿入）

◆ Ctrl ＋ Shift ＋ Enter

Point! 段組みの解除

段組みを解除する方法は、次のとおりです。

◆段組みを設定した文章内にカーソルを移動→《レイアウト》タブ→《ページ設定》グループの 段組み （段の追加または削除）→《1段》

※段組みを解除すると、セクション区切り・段区切りは残ります。セクション区切り・段区切りを削除するには、セクション区切り・段区切りの前にカーソルを移動して Delete を押します。

5　タブとリーダー

「タブ」を使うと、行内の特定の位置で文字をそろえることができます。文字をそろえるための基準となる位置を「タブ位置」といい、水平ルーラーでユーザーが任意の位置に設定できます。
また、タブ位置でそろえた文字の左側には、「リーダー」と呼ばれる線を表示できます。

▶▶1　タブ位置の設定

ルーラーを表示し、次の文字の先頭を約8字の位置にそろえましょう。

> **2020年2月7日（金）**
> **午後1時～午後3時30分**
> **※発表者の持ち時間は30分です。その中で発表と質疑応答を行います。**

①《表示》タブ→《表示》グループの《ルーラー》を にします。
※《表示》グループが表示されていない場合は、 （表示）をクリックします。

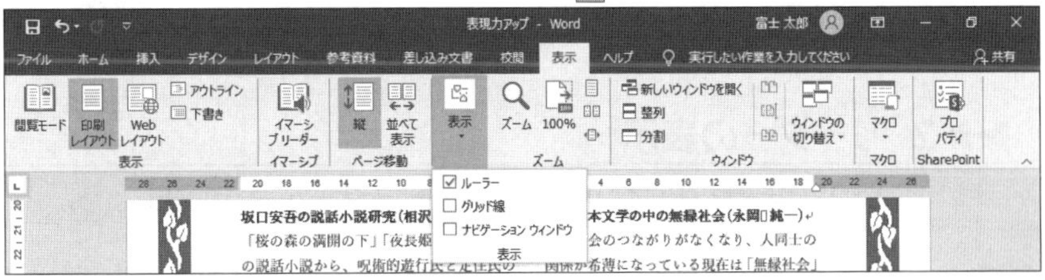

②ルーラーが表示されます。
③「日時2020年2月7日（金）」から「※発表者の持ち時間は30分です。…」までの段落を選択します。
④水平ルーラーの左端のタブの種類が （左揃えタブ）になっていることを確認します。
※ （左揃えタブ）になっていない場合は、何回かクリックします。
⑤水平ルーラーの約8字の位置をクリックします。
※画面の表示倍率によってルーラーの目盛間隔は異なります。
⑥クリックした位置に （タブマーカー）が表示されます。

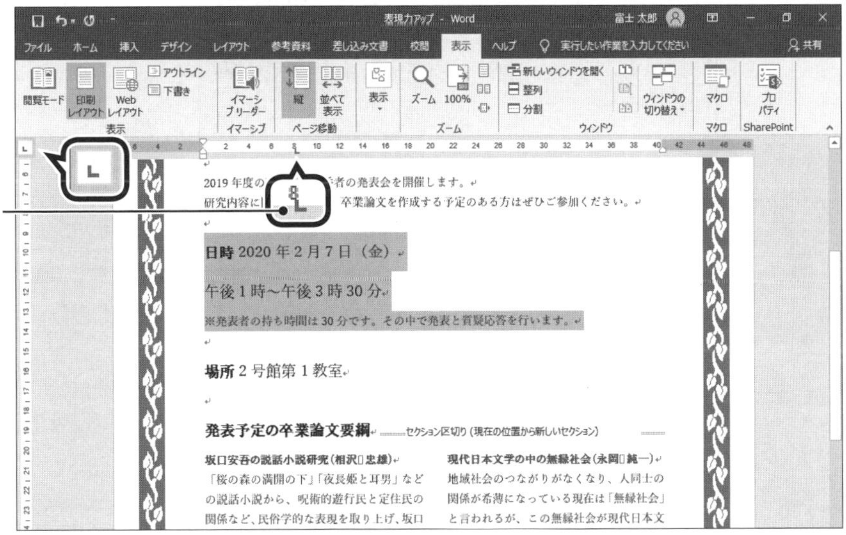

タブマーカー

⑦「2020年2月7日（金）」の前にカーソルを移動します。

⑧ Tab を押します。

⑨ → （タブ）が挿入され、約8字のタブ位置にそろえられます。

⑩同様に、「午後1時～午後3時30分」「※発表者の持ち時間は30分です。…」の前にタブを挿入します。

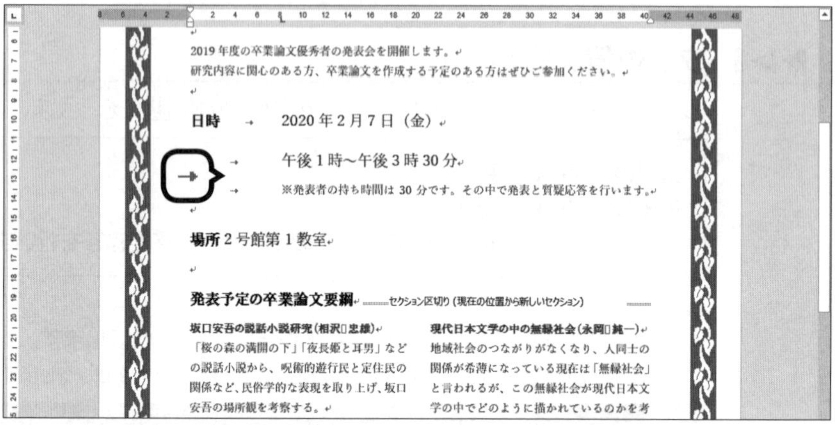

▶▶2 リーダーの表示

「2020年2月7日（金）」の左側に、リーダーを表示しましょう。

①「2020年2月7日（金）」の段落にカーソルを移動します。
※段落内であれば、どこでもかまいません。

②《ホーム》タブ→《段落》グループの （段落の設定）をクリックします。

③《段落》ダイアログボックスが表示されます。

④《タブ設定》をクリックします。

⑤《タブとリーダー》ダイアログボックスが表示されます。

⑥《リーダー》の《……（5）》を◉にします。

⑦《OK》をクリックします。

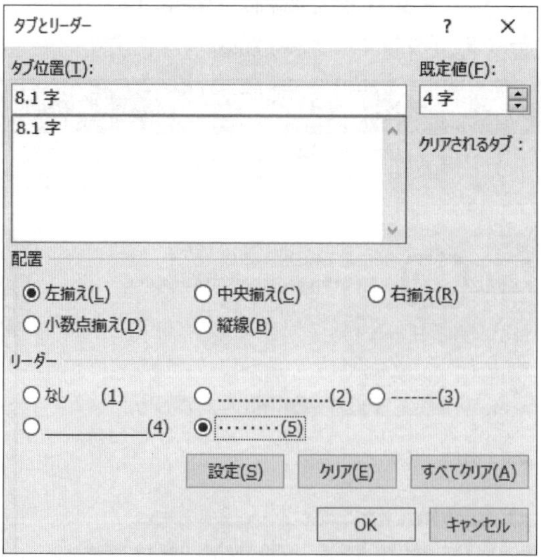

⑧リーダーが表示されます。

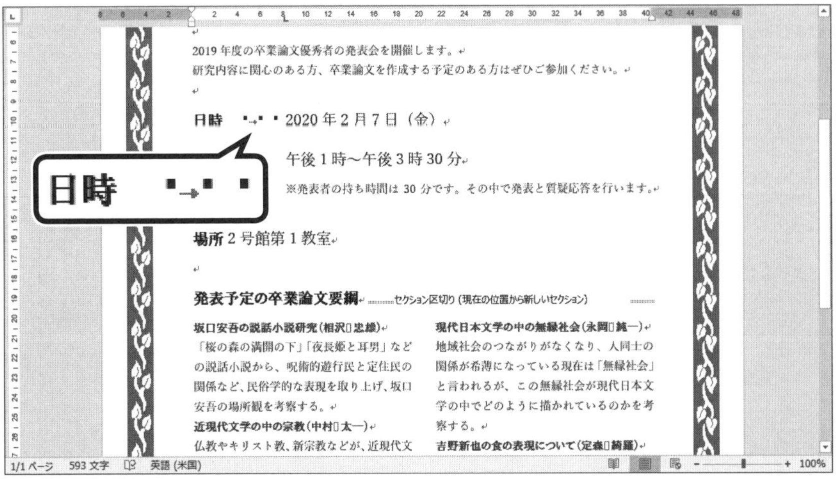

Let's Try

ためしてみよう【8】

①「2号館第1教室」の先頭を約8字の位置にそろえましょう。

②「2号館第1教室」の左側にリーダー「……（5）」を表示しましょう。

※《表示》タブ→《表示》グループの《ルーラー》を□にして、ルーラーを非表示にしておきましょう。

6　PDFファイルとして保存

「PDFファイル」は、パソコンの機種や環境に関わらず、もとのアプリで作成したとおりに正確に表示できます。作成したアプリがなくてもファイルを表示できるので、閲覧用によく利用されています。
文書に「卒業論文発表会」と名前を付けて、PDFファイルとして保存しましょう。

①《ファイル》タブ→《エクスポート》→《PDF/XPSドキュメントの作成》→《PDF/XPSの作成》をクリックします。

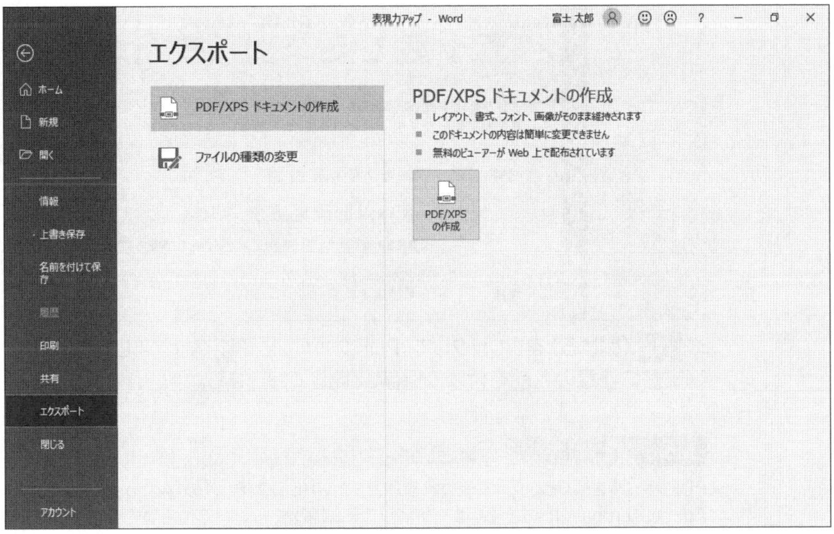

②《PDFまたはXPS形式で発行》ダイアログボックスが表示されます。
③保存先を選択します。
④《ファイル名》に「卒業論文発表会」と入力します。
⑤《ファイルの種類》が《PDF》になっていることを確認します。
⑥《発行後にファイルを開く》を☑にします。
⑦《発行》をクリックします。

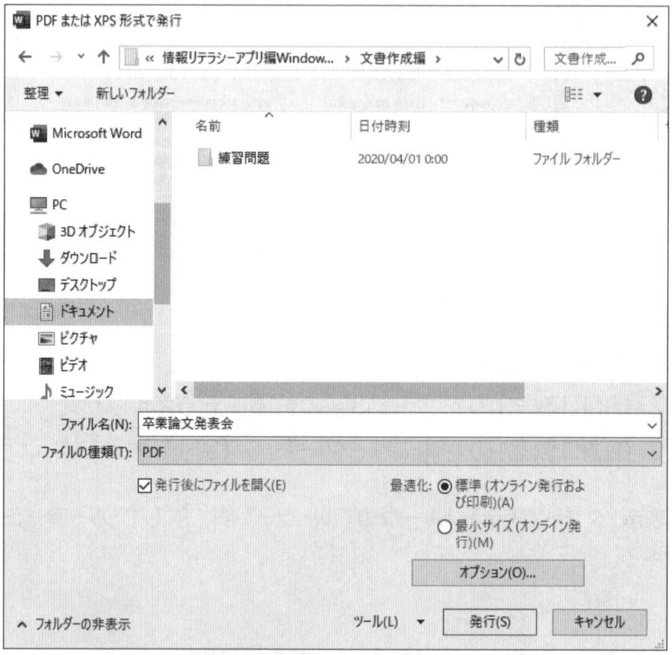

⑧Microsoft Edgeが起動し、PDFファイルが表示されます。

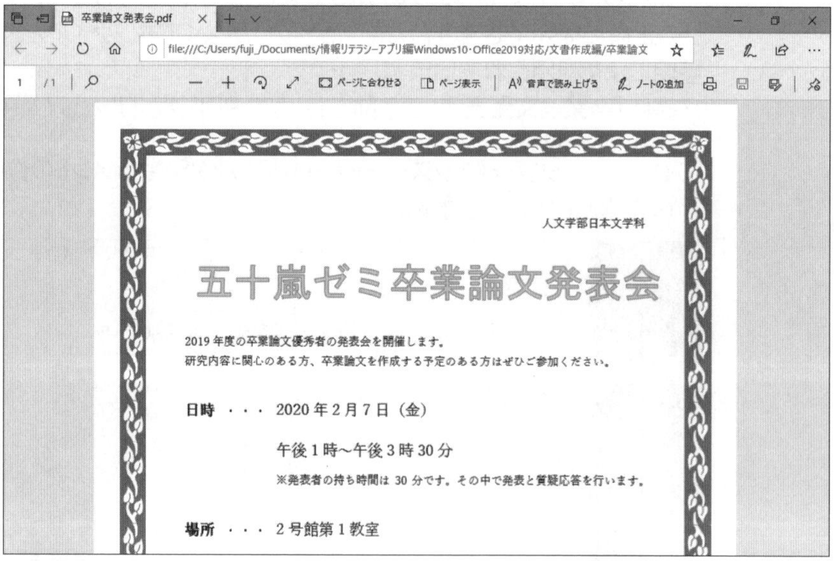

※ × （閉じる）をクリックして、PDFファイルを閉じておきましょう。
※文書に任意の名前を付けて保存し、閉じておきましょう。

More PDFファイルを開く

PDFファイルを開くときによく使われるアプリに、アドビシステムズの「Adobe Acrobat Reader DC」があります。Adobe Acrobat Reader DCは、アドビシステムズのホームページなどから無償でダウンロードできます。

Step6 長文のレポートを編集しよう

1 作成する文書の確認

次のような文書を作成しましょう。

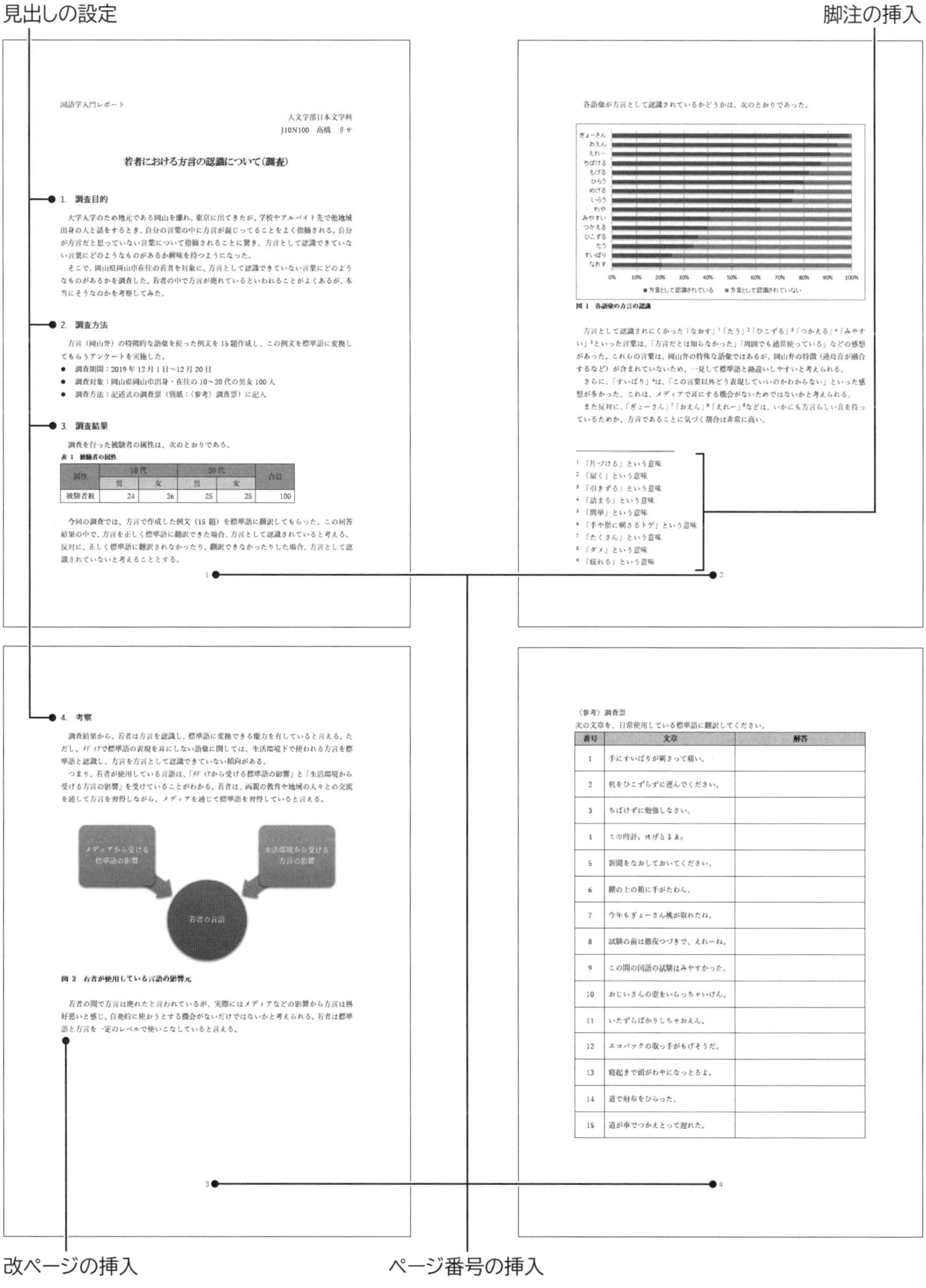

国語学入門レポート

人文学部日本文学科
J10N100 高橋 リサ

若者における方言の認識について(調査)

1. 調査目的

大学入学のため地元である岡山を離れ、東京に出てきたが、学校やアルバイト先で他地域出身の人と話をするとき、自分の言葉の中に方言が混じってることをよく指摘される。自分が方言だと思っていない言葉について指摘されることに驚き、方言として認識できていない言葉にどのようなものがあるか興味を持つようになった。

そこで、岡山県岡山市在住の若者を対象に、方言として認識できていない言葉にどのようなものがあるかを調査した。若者の中で方言が廃れているといわれることがよくあるが、本当にそうなのかを考察してみた。

2. 調査方法

方言(岡山弁)の特徴的な語彙を使った例文を15題作成し、この例文を標準語に変換してもらうアンケートを実施した。

- 調査期間：2019年12月1日～12月20日
- 調査対象：岡山県岡山市出身・在住の10～20代の男女100人
- 調査方法：記述式の調査票(別紙：〈参考〉調査票)に記入

3. 調査結果

調査を行った被験者の属性は、次のとおりである。

表1 被験者の属性

属性	10代		20代		合計
	男	女	男	女	
被験者数	24	26	25	25	100

今回の調査では、方言で作成した例文(15題)を標準語に翻訳してもらった。この回答結果の中で、方言を正しく標準語に翻訳できた場合、方言として認識されていると考える。反対に、正しく標準語に翻訳されなかったり、翻訳できなかったりした場合、方言として認識されていないと考えることとする。

1

各語彙が方言として認識されているかどうかは、次のとおりであった。

図1 各語彙の方言の認識

方言として認識されにくかった「なおす」[1]「たう」[2]「ひこずる」[3]「つかえる」[4]「みやすい」[5]といった言葉は、「方言だとは知らなかった」「周囲でも通常使っている」などの感想があった。これらの言葉は、岡山弁の特殊な語彙ではあるが、岡山弁の特徴(連母音が融合するなど)が含まれていないため、一見して標準語と勘違いしやすいと考えられる。

さらに、「すいばり」[6]は、「この言葉以外どう表現していいのかわからない」といった感想が多かった。これは、メディアで耳にする機会がないためではないかと考えられる。

また反対に、「ぎょーさん」[7]「おえん」[8]「えれー」[9]などは、いかにも方言らしい音を持っているためか、方言であることに気づく割合は非常に高い。

1 「片づける」という意味
2 「届く」という意味
3 「引きずる」という意味
4 「詰まる」という意味
5 「簡単」という意味
6 「手や指に刺さるトゲ」という意味
7 「たくさん」という意味
8 「ダメ」という意味
9 「疲れる」という意味

2

4. 考察

調査結果から、若者は方言を認識し、標準語に変換できる能力を有していると言える。ただし、ﾒﾃﾞｨｱで標準語の表現を耳にしない語彙に関しては、生活環境下で使われる方言を標準語と認識し、方言を方言として認識できていない傾向がある。

つまり、若者が使用している言語は、「ﾒﾃﾞｨｱから受ける標準語の影響」と「生活環境から受ける方言の影響」を受けていることがわかる。若者は、両親の教育や地域の人々との交流を通して方言を習得しながら、メディアを通じて標準語を習得していると言える。

図2 若者が使用している言語の影響元

若者の間で方言は廃れたと言われているが、実際にはメディアなどの影響から方言は格好悪いと感じ、自発的に使おうとする機会がないだけではないかと考えられる。若者は標準語と方言を一定のレベルで使いこなしていると言える。

3

〈参考〉調査票

次の文章を、日常使用している標準語に翻訳してください。

番号	文章	解答
1	手にすいばりが刺さって痛い。	
2	机をひこずらずに運んでください。	
3	ちばけずに勉強しなさい。	
4	この時計、めげとるよ。	
5	新聞をなおしておいてください。	
6	棚の上の箱に手がたわん。	
7	今年もぎょーさん桃が取れたね。	
8	試験の前は徹夜つづきで、えれーね。	
9	この間の国語の試験はみやすかった。	
10	おじいさんの壺をいらっちゃいけん。	
11	いたずらばかりしちゃおえん。	
12	エコバックの取っ手がもげそうだ。	
13	寝起きで頭がわやになっとるよ。	
14	道で財布をひらった。	
15	道が車でつかえとって遅れた。	

4

2　ページ番号の挿入

すべてのページに連続したページ番号を挿入できます。ページ番号は、ページの増減によって自動的に振り直されます。
フッターの中央にページ番号を挿入しましょう。

フォルダー「文書作成編」の文書「長文レポートの編集」を開いておきましょう。

①《挿入》タブ→《ヘッダーとフッター》グループの［ページ番号］（ページ番号の追加）→《ページの下部》→《シンプル》の《番号のみ2》をクリックします。

②ページの下部中央にページ番号が挿入され、ヘッダーやフッターが編集できる状態になります。

③《ヘッダー/フッターツール》の《デザイン》タブ→《閉じる》グループの［ヘッダーとフッターを閉じる］（ヘッダーとフッターを閉じる）をクリックします。

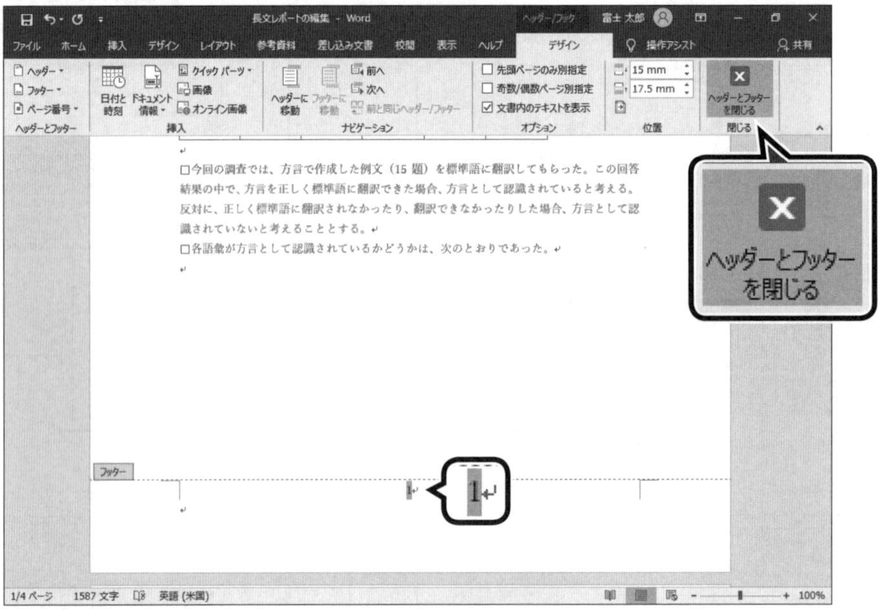

Point! ヘッダーとフッター

「ヘッダー」はページの上部、「フッター」はページの下部にある余白部分の領域です。ヘッダーやフッターに文字や図などを挿入しておくと、すべてのページに同じ内容を印刷できます。
ヘッダーやフッターを設定する方法は、次のとおりです。

◆《挿入》タブ→《ヘッダーとフッター》グループの［ヘッダー］（ヘッダーの追加）／［フッター］（フッターの追加）→《ヘッダーの編集》／《フッターの編集》

3　改ページの挿入

強制的にページを改める場合は、「改ページ」を挿入します。
3ページ目の「〈参考〉調査票」が、4ページ目の先頭になるように改ページを挿入しましょう。

①「〈参考〉調査票」の前にカーソルを移動します。

②《レイアウト》タブ→《ページ設定》グループの 区切り▼ (ページ/セクション区切りの挿入)→《ページ区切り》の《改ページ》をクリックします。

③改ページが挿入され、以降の文章が次のページに送られていることを確認します。

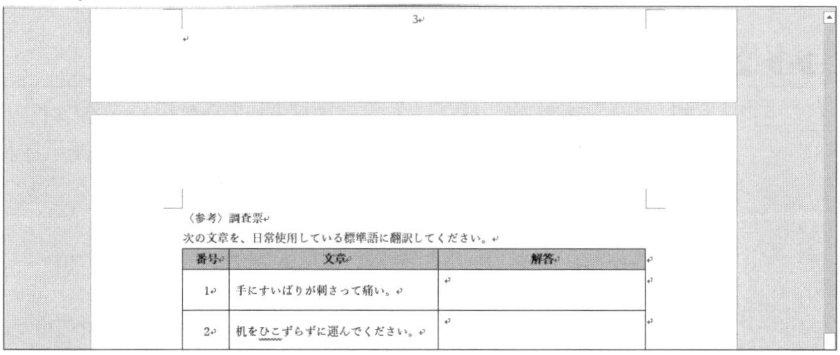

More その他の方法(改ページの挿入)

◆ Ctrl + Enter

4 見出しの設定

論文やレポートなど、ページ数の多い文書の構成を確認したり、変更したりする場合は、文書に階層構造を持たせておくと、文書を管理しやすくなります。
文書に階層構造を持たせるには、**「見出し」**と呼ばれるスタイルを設定します。
見出しを設定すると、見出しと見出しに続く本文をまとめて管理することができます。

▶▶1 行数の表示

カーソルの位置を確認しやすいようにステータスバーに行数を表示しましょう。

①ステータスバーを右クリックします。

②《行番号》をクリックします。

③ステータスバーにカーソルのある位置の行数が表示されます。

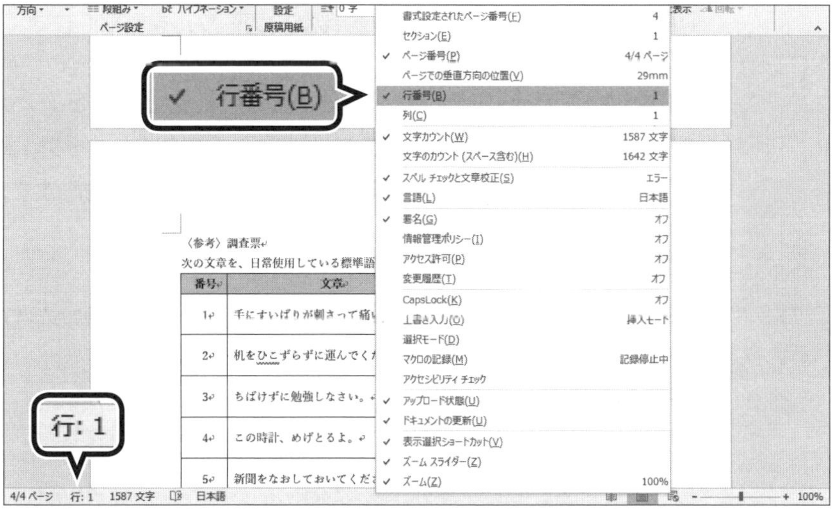

④ショートカットメニュー以外の場所をクリックします。

Point! 行数の非表示

ステータスバーの行数を非表示にする方法は、次のとおりです。

◆ステータスバーを右クリック→《行番号》をオフにする

▶▶2 ナビゲーションウィンドウの表示

「ナビゲーションウィンドウ」とは、文書の構成を確認できるウィンドウです。ナビゲーションウィンドウを使うと、見出しを設定した段落が階層表示され、その見出しをクリックするだけで、目的の場所へジャンプしたり、見出しをドラッグするだけで、見出し単位で文章を入れ替えたりできます。
ナビゲーションウィンドウを表示しましょう。

①《表示》タブ→《表示》グループの《ナビゲーションウィンドウ》を☑にします。
※《表示》グループが表示されていない場合は、（表示）をクリックします。
②ナビゲーションウィンドウが表示されます。
③《見出し》をクリックします。
※見出しを設定する前なので、ナビゲーションウィンドウには何も表示されません。

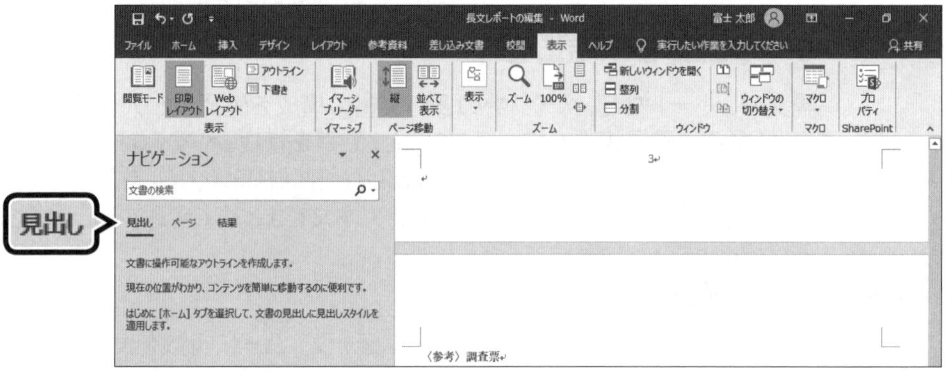

▶▶3 見出しの設定

「調査方法」（1ページ7行目）の段落に「見出し1」を設定しましょう。

①「調査方法」（1ページ7行目）の段落にカーソルを移動します。
※段落内であれば、どこでもかまいません。
②《ホーム》タブ→《スタイル》グループの（見出し1）をクリックします。
③「調査方法」に見出しが設定され、ナビゲーションウィンドウに表示されます。
④「調査結果」（1ページ14行目）の段落にカーソルを移動します。
※段落内であれば、どこでもかまいません。
⑤ F4 を押します。
⑥同様に、「調査目的」（2ページ13行目）、「考察」（2ページ22行目）に見出しを設定します。

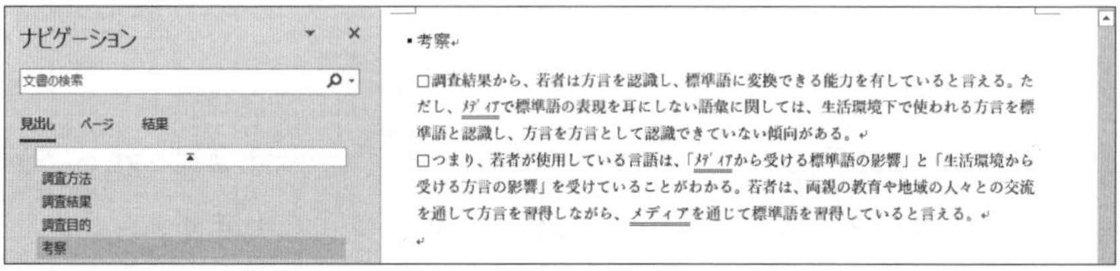

Point! スタイル

「スタイル」とは、フォントやフォントサイズ、下線など複数の書式をまとめて登録し、名前を付けたものです。文字や段落にスタイルを適用すると、複数の書式を瞬時に設定できます。

▶▶4 文章の入れ替え

ナビゲーションウィンドウを使って、見出し「**調査目的**」を見出し「**調査方法**」の前に移動しましょう。

① ナビゲーションウィンドウの「**調査目的**」をクリックします。

② 本文中の見出し「**調査目的**」が表示されます。

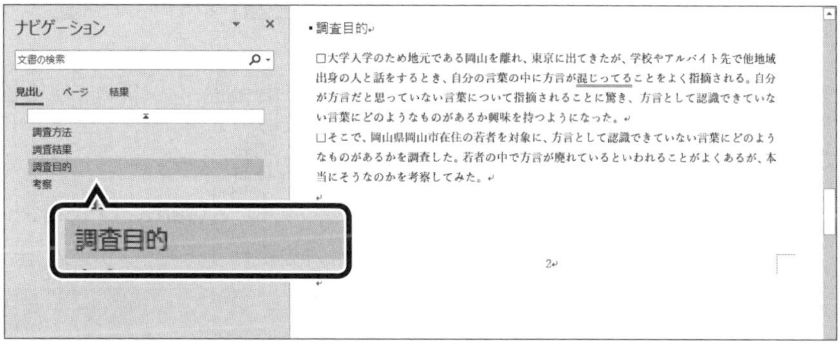

③ ナビゲーションウィンドウの「**調査目的**」を「**調査方法**」の前にドラッグします。
※ドラッグ中、マウスポインターの形が に変わります。

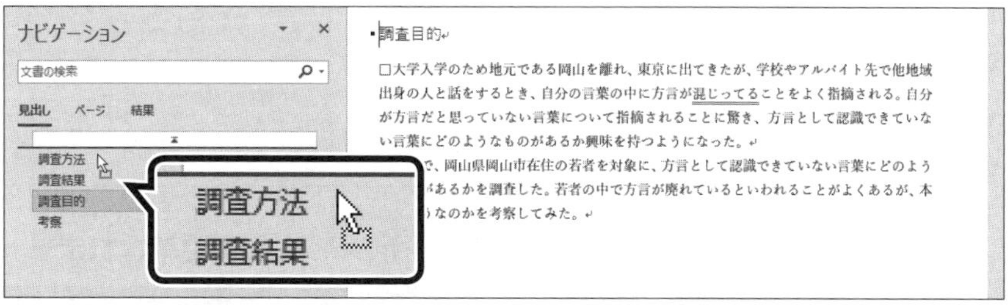

④ ナビゲーションウィンドウの見出しと、本文中の見出しと文章が入れ替わります。

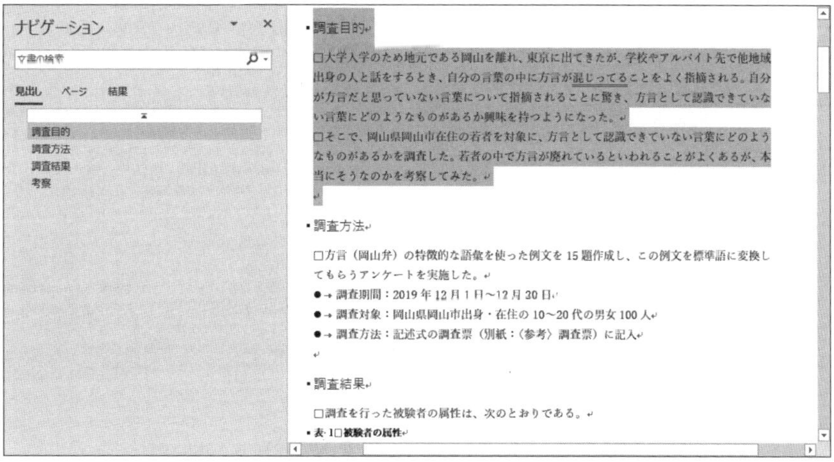

▶▶5 スタイルの更新

スタイルの書式を変更する場合は、スタイルを設定した箇所の書式を変更し、スタイルを更新します。スタイルを更新すると、文書内の同じスタイルを設定した箇所がすべて更新されます。

「調査目的」に次のような書式を設定し、見出し1のスタイルを更新しましょう。

> **段落番号　：「1.2.3.」**
> **フォントの色：濃い青**
> **太字**

①「調査目的」の段落を選択します。

②《ホーム》タブ→《段落》グループの（段落番号）のー→《番号ライブラリ》の《1.2.3.》をクリックします。

③《ホーム》タブ→《フォント》グループの（フォントの色）の→《標準の色》の《濃い青》（左から9番目）をクリックします。

④《ホーム》タブ→《フォント》グループの（太字）をクリックします。

⑤《ホーム》タブ→《スタイル》グループの（見出し1）を右クリックします。

⑥《選択個所と一致するように見出し1を更新する》をクリックします。

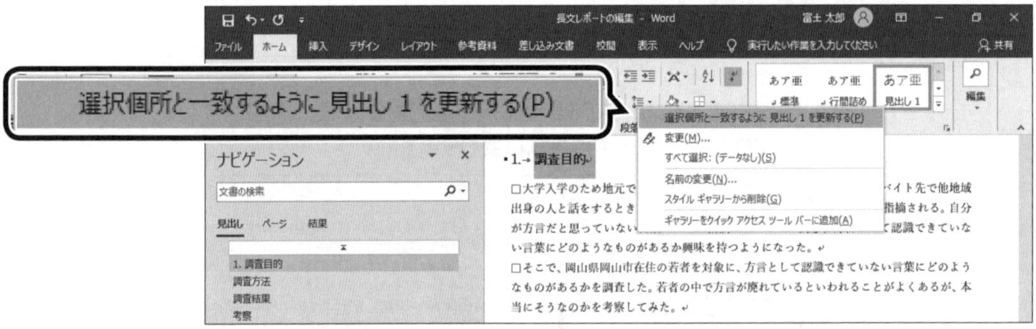

⑦文書内で見出し1を設定した箇所のスタイルが更新されます。

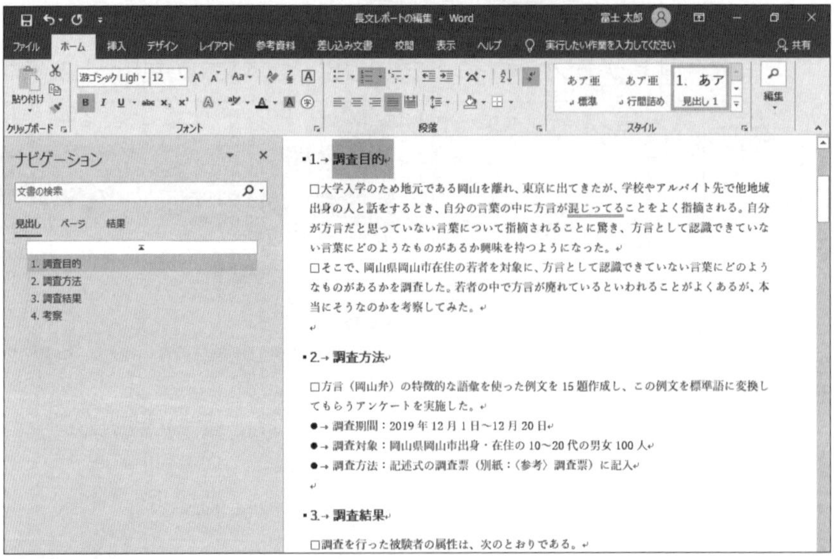

※ナビゲーションウィンドウの（閉じる）をクリックして、ナビゲーションウィンドウを閉じておきましょう。

Point! 目次の作成

見出しのスタイルが設定されている項目を抜き出して、目次を作成できます。
目次を作成する方法は、次のとおりです。
◆目次を作成する位置にカーソルを移動→《参考資料》タブ→《目次》グループの（目次）

Point! 索引の作成

文書内の単語や記号など、索引にする項目をあらかじめ登録しておくと、まとめて索引を作成できます。
索引にする項目を登録する方法は、次のとおりです。
◆索引にする項目を選択→《参考資料》タブ→《索引》グループの（索引登録）

登録した項目をもとに索引を作成する方法は、次のとおりです。
◆索引を作成する位置にカーソルを移動→《参考資料》タブ→《索引》グループの（索引の挿入）

5　脚注の挿入

「脚注」を使うと、本文中に脚注番号を付けて、注釈や引用・参考文献の出典などを記載できます。
「「なおす」」と「「たう」」（2ページ6行目）の後ろにそれぞれ脚注番号を付けて、ページの最後に脚注内容を入力しましょう。

①「「なおす」」の後ろにカーソルを移動します。
②《参考資料》タブ→《脚注》グループの（脚注と文末脚注）をクリックします。
③《脚注と文末脚注》ダイアログボックスが表示されます。
④《脚注》を◉にします。
⑤《脚注》が《ページの最後》になっていることを確認します。
⑥《番号書式》のをクリックし、一覧から半角の《1，2，3･･･》を選択します。
⑦《挿入》をクリックします。

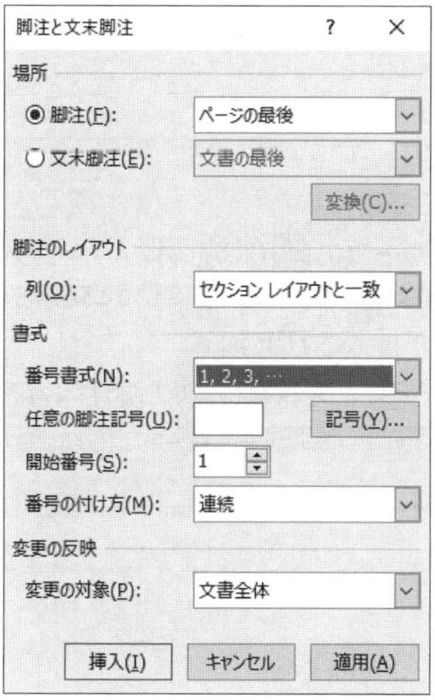

⑧「「なおす」」の後ろに脚注番号が挿入されます。

⑨ページの最後にカーソルがあることを確認し、次の脚注内容を入力します。

「片づける」という意味

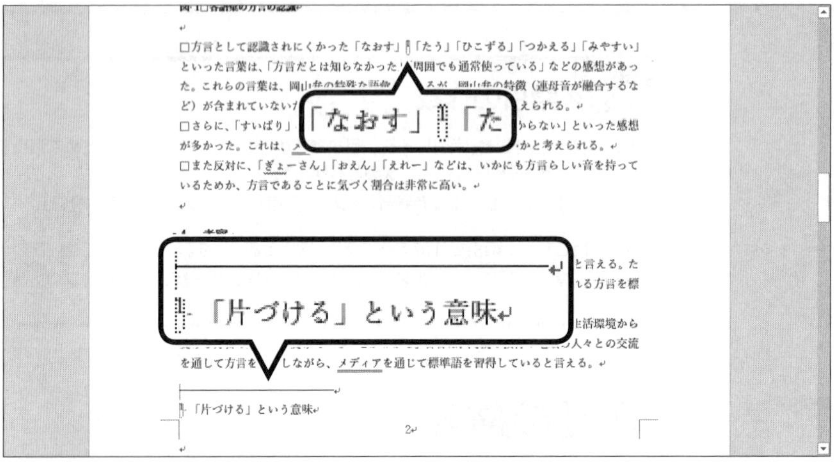

⑩「「なおす」」の後ろの脚注番号をポイントします。

※マウスポインターの形が に変わります。

⑪脚注内容が表示されます。

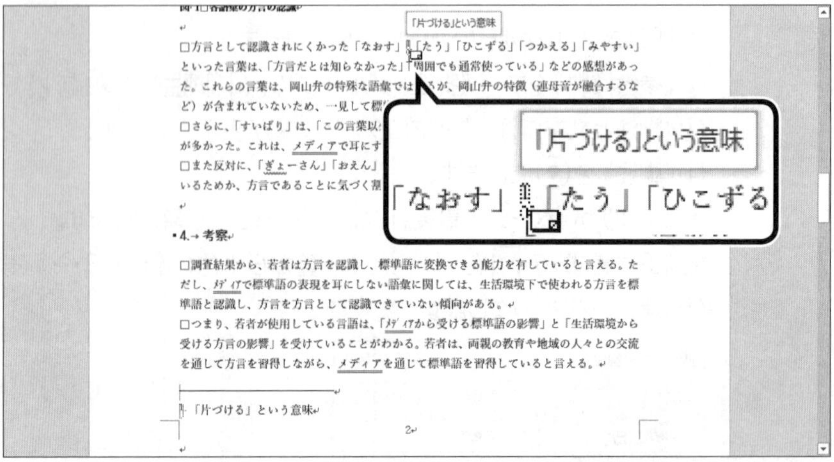

⑫「「たう」」の後ろにカーソルを移動します。

⑬《参考資料》タブ→《脚注》グループの (脚注の挿入)をクリックします。

※2つ目以降の脚注を挿入する場合は、 (脚注の挿入)を使うと効率的です。

⑭「「たう」」の後ろに脚注番号が挿入されます。

⑮ページの最後にカーソルがあることを確認し、次の脚注内容を入力します。

「届く」という意味

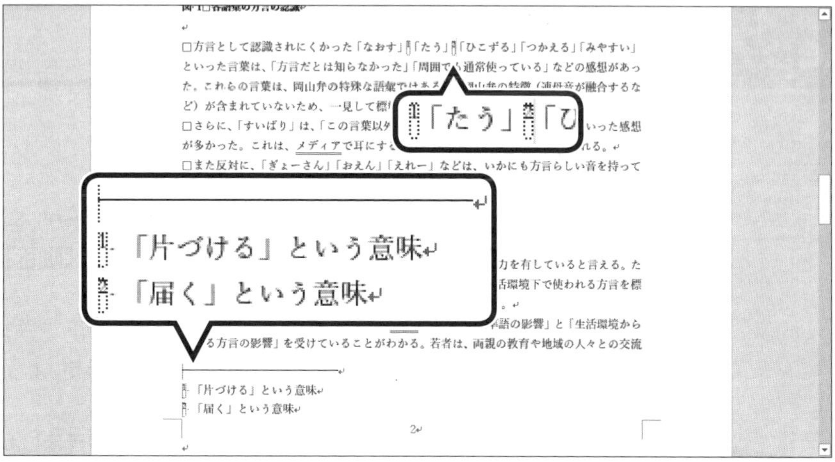

Let's Try ためしてみよう【9】

① 次の言葉に脚注番号を半角で付けて、ページの最後に次のような脚注内容を入力しましょう。

脚注番号の位置	脚注内容
「ひこずる」の後ろ（2ページ6行目）	「引きずる」という意味
「つかえる」の後ろ（2ページ6行目）	「詰まる」という意味
「みやすい」の後ろ（2ページ7行目）	「簡単」という意味
「すいばり」の後ろ（2ページ10行目）	「手や指に刺さるトゲ」という意味
「ぎょーさん」の後ろ（2ページ12行目）	「たくさん」という意味
「おえん」の後ろ（2ページ12行目）	「ダメ」という意味
「えれー」の後ろ（2ページ12行目）	「疲れる」という意味

※文書に任意の名前を付けて保存し、文書を閉じておきましょう。

Point! 文末脚注

文書やセクションの最後に、脚注内容をまとめて表示させる場合は、「文末脚注」を使います。

Point! 引用文献一覧の作成

引用を行った場合、引用箇所には文献名を記載します。文献名を登録しておくと、まとめて引用文献の一覧を作成できます。
文献名を登録して引用箇所に表示する方法は、次のとおりです。

◆文献名を表示する箇所にカーソルを移動→《参考資料》タブ→《引用文献と文献目録》グループの（引用文献の挿入）→《新しい資料文献の追加》

登録した文献名をもとに引用文献の一覧を作成する方法は、次のとおりです。

◆引用文献を作成する位置にカーソルを移動→《参考資料》タブ→《引用文献と文献目録》グループの 文献目録 （文献目録）→《文献目録の挿入》

Step7 文書を校閲しよう

1　自動文章校正

「自動文章校正」とは、文法が誤っている可能性のある箇所が、自動的にチェックされ、青色の二重線が表示される機能です。青色の二重線は画面に表示されるだけで、印刷はされません。
二重線部分を右クリックすると、修正候補が表示され、修正できます。
「混じってる」（1ページ9行目）を「混じっている」に修正しましょう。

フォルダー「文書作成編」の文書「レポートの校閲」を開いておきましょう。

①「混じってる」に青色の二重線が表示されていることを確認します。
②「混じってる」の文字上を右クリックします。
※青色の二重線上であれば、どこでもかまいません。
③《「い」抜き　混じっている》をクリックします。

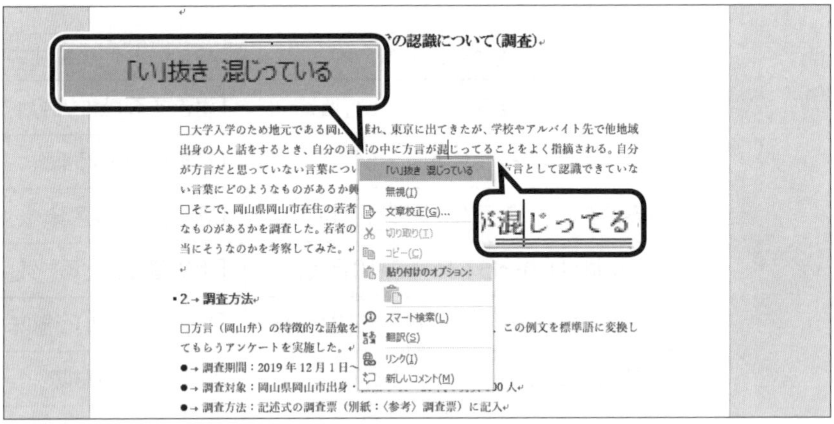

④「混じっている」に修正され、青色の二重線が消えます。

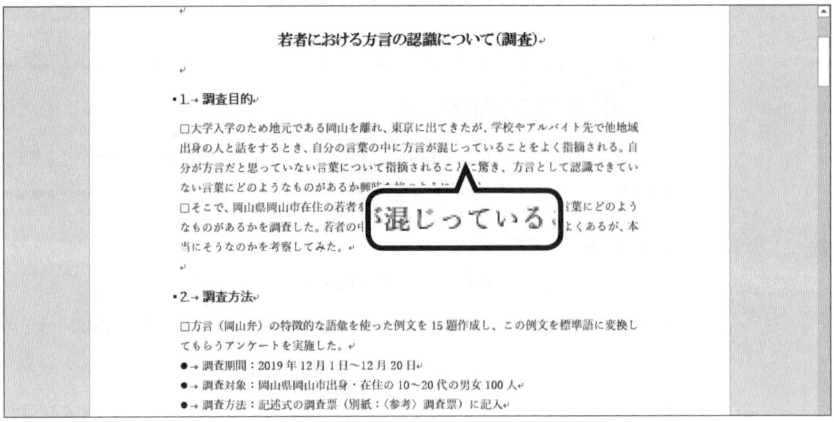

More　自動文章校正の設定の変更

自動文章校正では、基本的に「通常の文」として校正された結果を青色の二重線で表示します。通常の文以外にも「くだけた文」や「公用文」などが設定できます。くだけた文に設定されていると、「い抜き」などの文章は校正されません。
自動文章校正の設定を変更する方法は、次のとおりです。

◆《ファイル》タブ→《オプション》→《文章校正》→《Wordのスペルチェックと文章校正》の《文書のスタイル》の 通常の文 ▼ の ▼ →一覧から選択

2　表記ゆれチェック

「インターネット」（全角）と「ｲﾝﾀｰﾈｯﾄ」（半角）や、「ウイルス」と「ウィルス」などのような表記ゆれがある場合は、自動的にチェックされ、青色の二重線が表示されます。
「表記ゆれチェック」を使うと、チェックされた箇所をひとつずつ修正したり、まとめて修正したりできます。
表記ゆれチェックを使って、表記ゆれをまとめて修正しましょう。

①《校閲》タブ→《言語》グループの 表記ゆれチェック （表記ゆれチェック）をクリックします。
※《言語》グループが表示されていない場合は、（言語）をクリックします。
②《表記ゆれチェック》ダイアログボックスが表示されます。
③《対象となる表記の一覧》に表記ゆれのある文章が表示されます。
④《修正候補》の一覧から全角の「メディア」を選択します。
⑤《すべて修正》をクリックします。

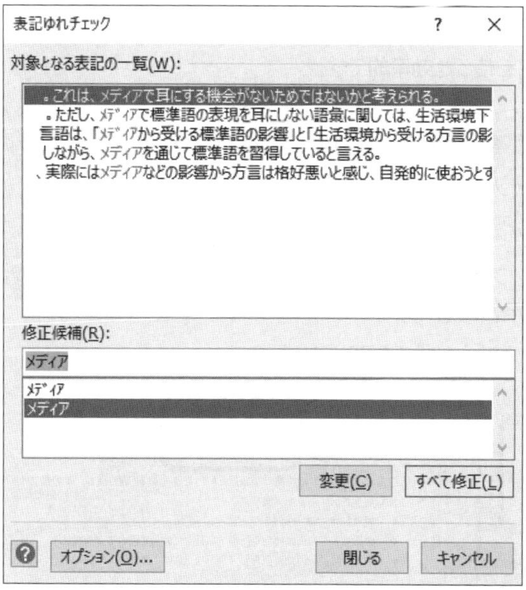

⑥《対象となる表記の一覧》がすべて全角の「メディア」に修正されます。
⑦《閉じる》をクリックします。
⑧図のようなメッセージが表示されたら、《OK》をクリックします。

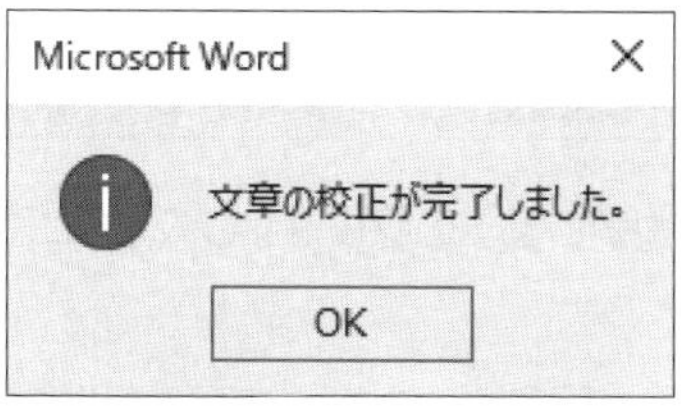

⑨全角の「メディア」に修正され、青色の二重線が消えます。

Point! 自動スペルチェック

スペルミスの可能性のある単語には赤色の波線、スペルは正しくても文法上、間違っている可能性がある単語には青色の二重線が付きます。
波線や二重線部分を右クリックすると、修正候補が表示され、修正できます。

Point! **スペルチェックと文章校正**

「スペルチェックと文章校正」を使うと、すべての文章校正や表記ゆれチェック、スペルチェックなどを一括して行えます。ひとつずつ確認する手間が省けるので効率的です。
◆《校閲》タブ→《文章校正》グループの［スペルチェックと文章校正］（スペルチェックと文章校正）

3　検索と置換

文書内から特定の文字や書式を検索したり、検索結果を別の文字や書式に置き換えたりできます。

▶▶1　検索

検索はナビゲーションウィンドウを使って行います。
文書内から**「岡山弁」**という文字を検索しましょう。

①文頭にカーソルを移動します。
※［Ctrl］+［Home］を使うと効率的です。
②《ホーム》タブ→《編集》グループの［検索］（検索）をクリックします。
※《編集》グループが表示されていない場合は、［編集］（編集）をクリックします。
③ナビゲーションウィンドウが表示されます。
④ナビゲーションウィンドウの検索ボックスに**「岡山弁」**と入力します。
⑤ナビゲーションウィンドウに検索結果が**《3件》**と表示され、検索した文字が含まれる文章が表示されます。
⑥本文中の該当する文字が強調されます。

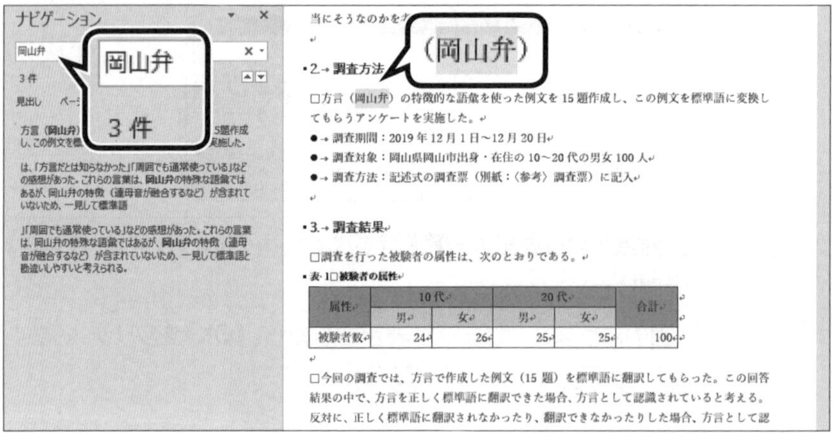

⑦ナビゲーションウィンドウの［×］（閉じる）をクリックして、ナビゲーションウィンドウを閉じます。

More **その他の方法（検索）**

◆［Ctrl］+［F］

▶▶2　置換

「置換」を使うと、文書内の文字を一括して別の文字に置き換えたり、ひとつずつ確認しながら置き換えたりできます。
文書内の「変換」という文字を「翻訳」にまとめて置換しましょう。

①文頭にカーソルを移動します。
※Ctrl＋Homeを使うと効率的です。

②《ホーム》タブ→《編集》グループの 置換（置換）をクリックします。
※《編集》グループが表示されていない場合は、（編集）をクリックします。

③《検索と置換》ダイアログボックスが表示されます。

④《置換》タブを選択します。

⑤《検索する文字列》に「変換」と入力します。
※前回検索した文字が残っているので、上書きします。

⑥《置換後の文字列》に「翻訳」と入力します。

⑦《すべて置換》をクリックします。

⑧図のようなメッセージが表示されたら、《OK》をクリックします。

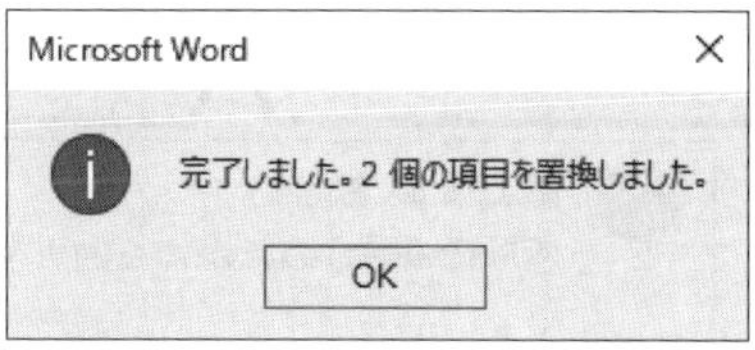

⑨《閉じる》をクリックします。

More その他の方法（置換）

◆Ctrl＋H

Point! 書式の置換

文書内から特定の書式を検索したり、その書式を別の書式に置換したりできます。

◆《ホーム》タブ→《編集》グループの 置換（置換）→《置換》タブ→《検索する文字列》にカーソルを移動→《オプション》→《書式》を使って検索対象の書式を設定→《置換後の文字列》にカーソルを移動→《書式》を使って置換後の書式を設定

4 コメントの利用

「コメント」とは、文書内の文字や表、図などに付けることができるメモのことです。自分が論文やレポートを作成しているときに、あとで調べようとしたことをメモしたり、ほかの人が作成したレポートに対して意見や感想などを書き込んだりするときに使います。

▶▶1 コメントの挿入

「岡山弁の特徴」（2ページ8行目）に「連母音の融合のほかにも例を挙げてはどうでしょう。」というコメントを挿入しましょう。

①「岡山弁の特徴」を選択します。

②《校閲》タブ→《コメント》グループの 新しいコメント （コメントの挿入）をクリックします。

③文書の右側にコメントの吹き出しが表示されます。

④「連母音の融合のほかにも例を挙げてはどうでしょう。」と入力します。

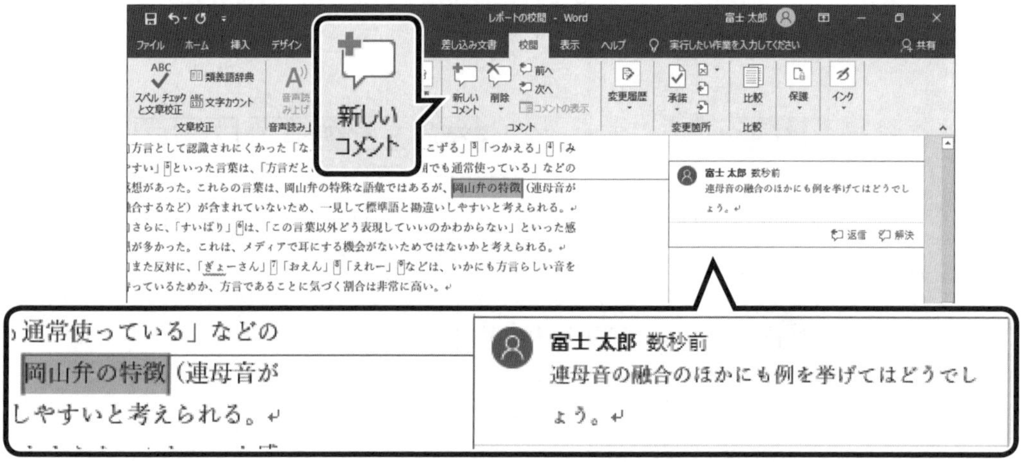

⑤コメント以外の場所をクリックし、コメントを確定します。

More ユーザー名の変更

コメントを挿入すると、コメント内にコメント作成者としてユーザー名が表示されます。
コメント作成者として表示されるユーザー名を変更する方法は、次のとおりです。

◆《校閲》タブ→《変更履歴》グループの （変更履歴オプション）→《ユーザー名の変更》→《Microsoft Officeのユーザー設定》の《ユーザー名》を変更

※MicrosoftアカウントをつかってOfficeにサインインしている場合は、《Officeへのサインイン状態にかかわらず、常にこれらの設定を使用する》を☑にします。

More コメントへの返答

挿入されているコメントに対して、返答できるので、コメントを介して意見交換や質疑応答ができます。
コメントに返答する方法は、次のとおりです。

◆コメントをポイント→ 返信 →文字を入力

Point! コメントの表示・非表示

挿入したコメントは、必要に応じて表示したり非表示にしたりできます。
コメントの表示・非表示を切り替える方法は、次のとおりです。

◆《校閲》タブ→《コメント》グループの コメントの表示 （コメントの表示）

▶▶2 コメントの削除

「岡山弁の特徴」に挿入したコメントを削除しましょう。

①コメントをクリックします。

②《校閲》タブ→《コメント》グループの（コメントの削除）をクリックします。

③コメントが削除されます。

More その他の方法（コメントの削除）

◆コメントを右クリック→《コメントの削除》

Point! コメントの印刷

コメントを表示した状態で印刷すると、画面同様にコメントが印刷されます。
コメントを印刷せずに、本文の内容だけを印刷する方法は、次のとおりです。
◆《ファイル》タブ→《印刷》→《設定》の すべてのページを印刷 ドキュメント全体 →《変更履歴/コメントの印刷》をオフにする

5 変更履歴の利用

「変更履歴」とは、文書の変更箇所やその内容を記録したものです。
文書にいつ・だれが・どのような編集を加えたのか確認できるので、作成した文書をほかの人に校閲してもらうときに変更履歴を利用すると便利です。
校閲された内容はひとつひとつ確認しながら承諾したり、もとに戻したりできます。

ユーザーA：作成者
ユーザーB：チェック者

1 文書の作成

ユーザーAは文書を作成し、ユーザーBに提出します。

2 文書の校閲

ユーザーBは変更履歴の記録を開始し、文書をチェックします。チェックが終了したら、変更履歴の記録を終了します。この間に編集した内容はすべて変更履歴として記録されます。

3 変更履歴の反映

ユーザーAは、変更履歴を確認し、変更内容を承諾したり、もとに戻したりして反映します。

▶▶1 変更履歴の記録開始

変更履歴の記録を開始してから文書に変更を加えると、その行の左端に赤色の線が表示されます。
変更履歴の記録を開始しましょう。

①《校閲》タブ→《変更履歴》グループの（変更履歴の記録）をクリックします。

※《変更履歴》グループが表示されていない場合は、（変更履歴）をクリックします。

②（変更履歴の記録）が濃いグレーになり、変更履歴の記録が開始されます。

▶▶2 文書の編集

次のように文書を編集しましょう。

- 「若者における方言の認識について（調査）」（1ページ5行目）のフォントの色を「青、アクセント5、黒+基本色25%」にする
- 「調査を行った」（1ページ24行目）を削除する
- 「図1　各語彙の方言」（2ページ4行目）の後ろに「として」を入力する

①「若者における方言の認識について（調査）」を選択します。

②《ホーム》タブ→《フォント》グループの（フォントの色）の→《テーマの色》の《青、アクセント5、黒+基本色25%》（左から9番目、上から5番目）をクリックします。

③変更した行の左端に赤色の線が表示されます。

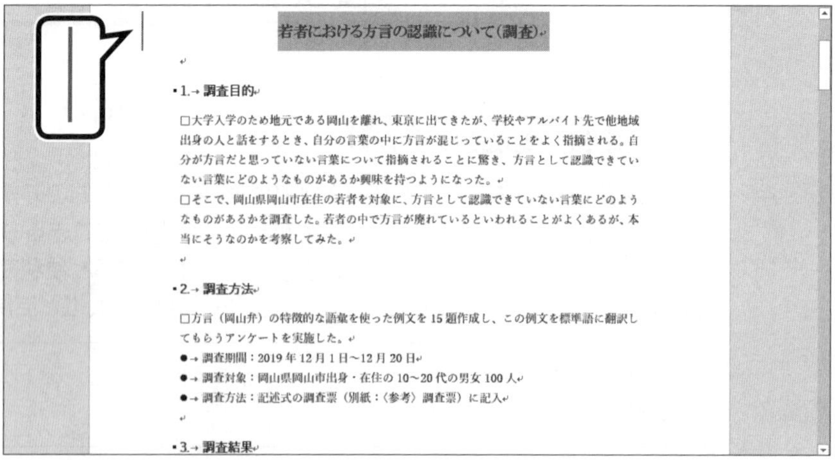

若者における方言の認識について（調査）

1. 調査目的

□大学入学のため地元である岡山を離れ、東京に出てきたが、学校やアルバイト先で他地域出身の人と話をするとき、自分の言葉の中に方言が混じっていることをよく指摘される。自分が方言だと思っていない言葉について指摘されることに驚き、方言として認識できていない言葉にどのようなものがあるか興味を持つようになった。

□そこで、岡山県岡山市在住の若者を対象に、方言として認識できていない言葉にどのようなものがあるかを調査した。若者の中で方言が廃れているといわれることがよくあるが、本当にそうなのかを考察してみた。

2. 調査方法

□方言（岡山弁）の特徴的な語彙を使った例文を15題作成し、この例文を標準語に翻訳してもらうアンケートを実施した。

- 調査期間：2019年12月1日～12月20日
- 調査対象：岡山県岡山市出身・在住の10～20代の男女100人
- 調査方法：記述式の調査票（別紙：〈参考〉調査票）に記入

3. 調査結果

④「調査を行った」を選択します。

⑤ Delete を押します。

⑥削除した行の左端に赤色の線が表示されます。

⑦「図1　各語彙の方言」の後ろにカーソルを移動し、「として」と入力します。

⑧入力した行の左端に赤色の線が表示されます。

▶▶3 変更履歴の記録終了

変更履歴の記録を終了しましょう。

①《校閲》タブ→《変更履歴》グループの（変更履歴の記録）をクリックします。

※《変更履歴》グループが表示されていない場合は、（変更履歴）をクリックします。

②（変更履歴の記録）が標準の色に戻り、記録が終了します。

▶▶4 変更履歴の表示

行の左端の赤色の線をクリックすると、変更履歴が表示されます。
変更履歴を表示して、変更内容を確認しましょう。

①「若者における方言の認識について（調査）」の行の左端の赤色の線をクリックします。

②変更履歴が表示されます。
※赤色の線が灰色に変わります。

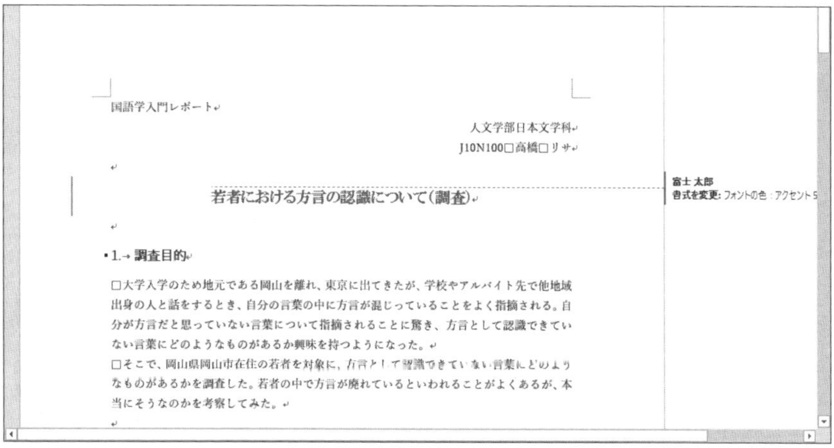

③スクロールして、その他の変更履歴を確認します。

Point! 変更内容の表示の切り替え

初期の設定では、変更履歴は「シンプルな変更履歴」で表示されます。《校閲》タブ→《変更履歴》グループの［シンプルな変更履歴/…］（変更内容の表示）の［▾］をクリックすると、表示方法を変更できます。

表示方法	表示結果
シンプルな変更履歴/コメント	変更した行の左端に赤色の線が表示されます。
すべての変更履歴/コメント	変更した行の左端に灰色の線が表示され、変更履歴がすべて表示されます。
変更履歴/コメントなし	変更履歴は非表示になり、変更後の文書が表示されます。
初版	変更履歴は非表示になり、変更前の文書が表示されます。

▶▶5 変更履歴の反映

変更箇所を確認しながら変更内容を承諾したり、もとに戻したりします。
変更箇所を次のように反映しましょう。

変更箇所	処理方法
若者における方言の認識について（調査）	もとに戻す
調査を行った	反映
図1　各語彙の方言として	反映

①文頭にカーソルを移動します。

※[Ctrl]+[Home]を使うと効率的です。

②《校閲》タブ→《変更箇所》グループの（次の変更箇所）をクリックします。

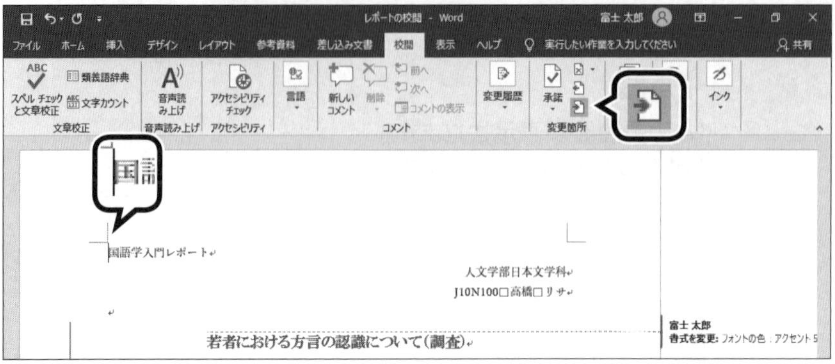

③1つ目の変更箇所が選択されます。

④《校閲》タブ→《変更箇所》グループの（元に戻して次へ進む）をクリックします。

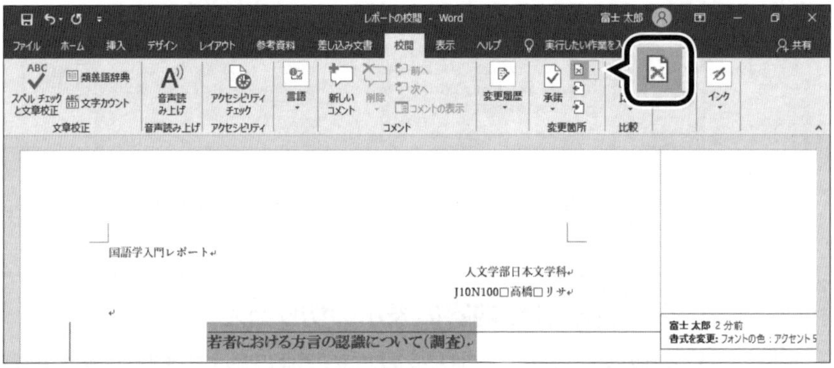

⑤変更内容がもとに戻り、変更履歴が非表示になります。

⑥2つ目の変更箇所が選択されます。

⑦《校閲》タブ→《変更箇所》グループの（承諾して次へ進む）をクリックします。

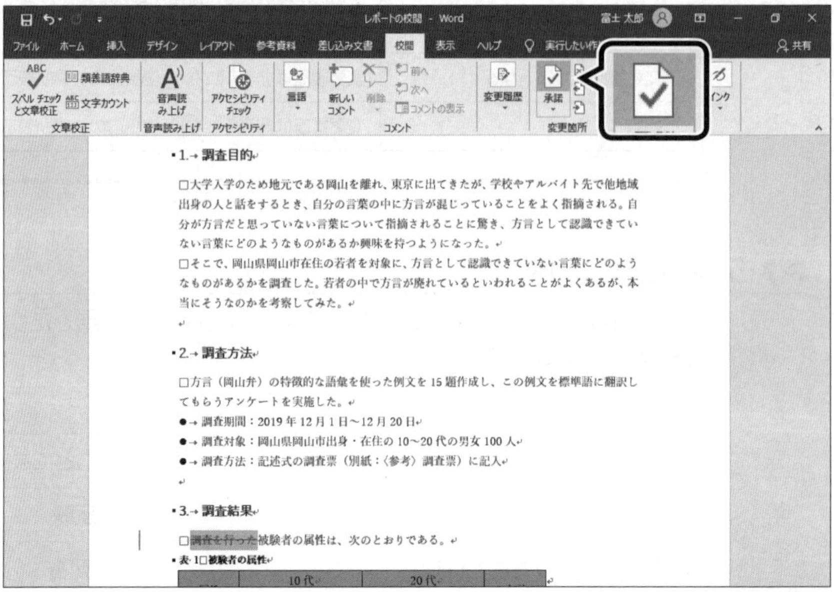

⑧変更内容が反映され、文字が削除されます。
⑨3つ目の変更箇所が選択されます。
⑩《校閲》タブ→《変更箇所》グループの　（承諾して次へ進む）をクリックします。
⑪図のようなメッセージが表示されたら、《OK》をクリックします。

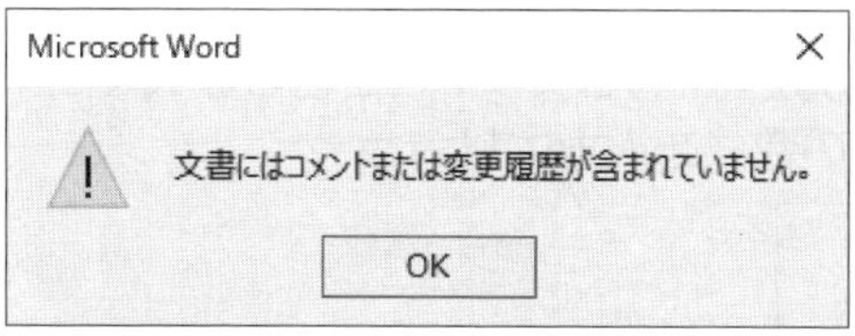

⑫変更内容が反映されます。
※選択を解除しておきましょう。

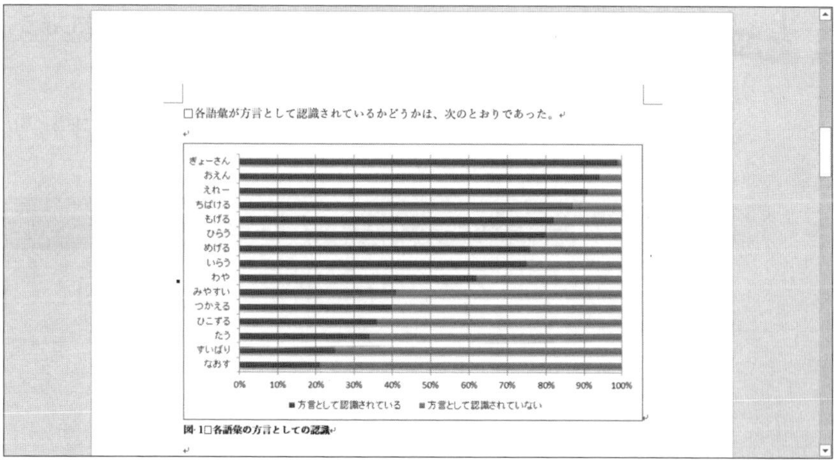

※文書に任意の名前を付けて保存し、文書を閉じておきましょう。
※ステータスバーの行数を非表示にしておきましょう。

Point!

変更履歴の表示

初期の設定では、変更した内容はすべて表示されますが、文字の挿入や削除に関するものだけを表示したり、書式設定に関するものだけを表示したりするなど種類を選択することもできます。
また、複数の人が校閲した場合は、校閲者ごとに確認することもできます。

◆《校閲》タブ→《変更履歴》グループの 変更履歴とコメントの表示▾（変更履歴とコメントの表示）

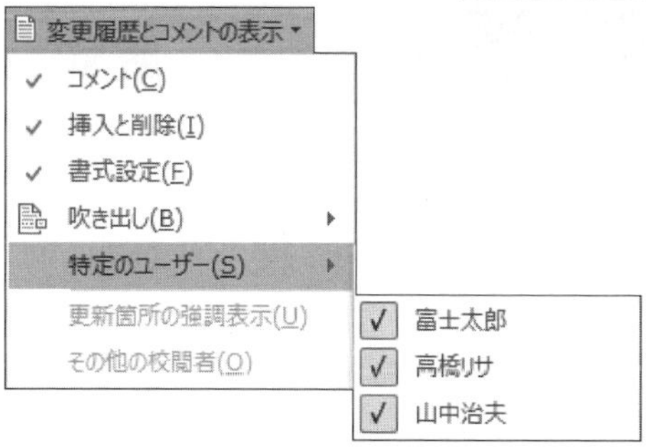

参考学習1 数式を入力しよう

1 数式ツール

「数式ツール」を使うと、分数や上付き文字などを含む数式を簡単に入力できます。
数式ツールを使って、次の数式を入力しましょう。

$$\mathrm{x} = \frac{a^2 \pm 4}{2ab} - 2b$$

フォルダー「文書作成編」の文書「数式の入力」を開いておきましょう。

①文末にカーソルを移動します。

②《挿入》タブ→ (記号と特殊文字)→《記号と特殊文字》グループの π (数式の挿入)をクリックします。

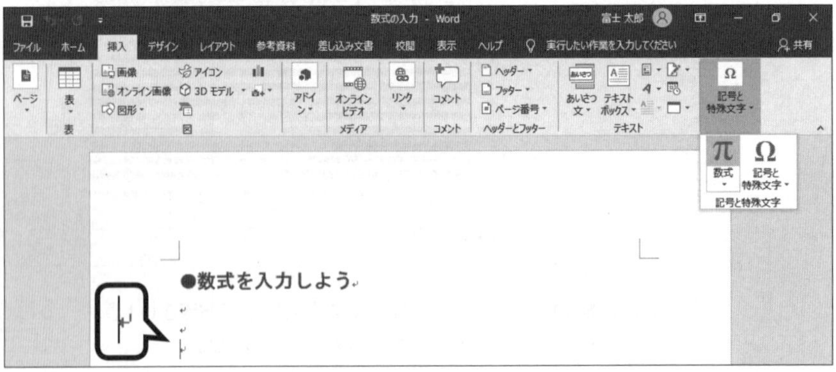

③《ここに数式を入力します。》が挿入され、選択されていることを確認します。

④「x=」と半角で入力します。

※日本語入力をオフにしておきましょう。

⑤《数式ツール》の《デザイン》タブ→《構造》グループの (分数)→《分数》の《分数(縦)》(左から1番目)をクリックします。

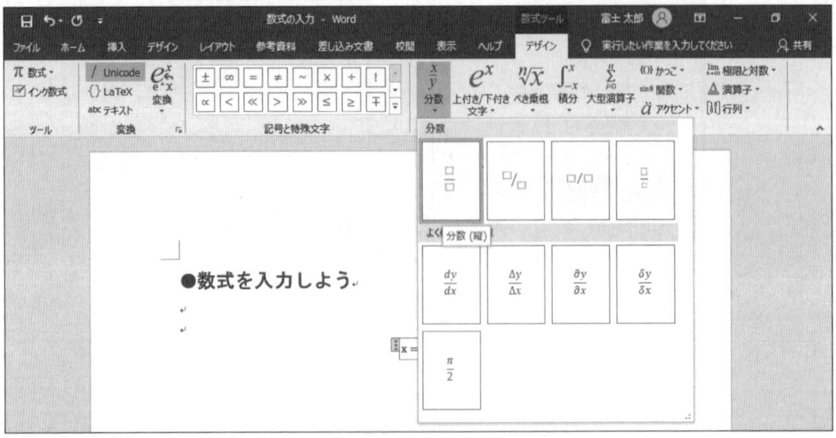

⑥分母と分子を表す枠が挿入されます。

⑦分母の枠を選択します。

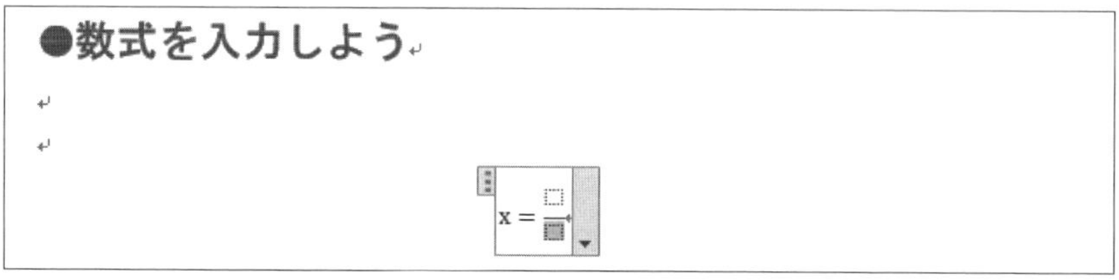

⑧「$2ab$」と入力します。

⑨分子の枠を選択します。

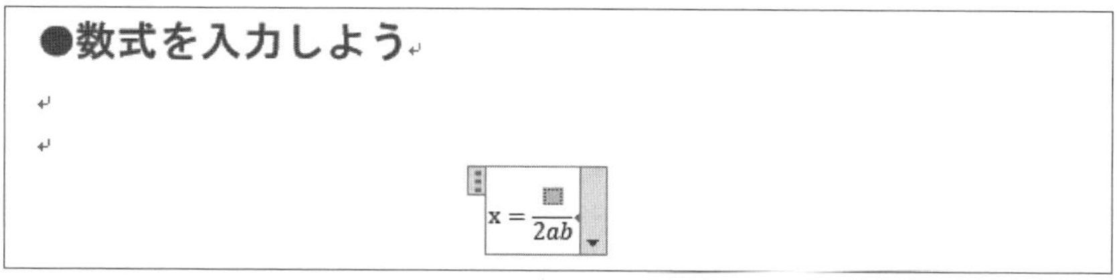

⑩《数式ツール》の《デザイン》タブ→《構造》グループの e^x 上付き/下付き文字（上付き/下付き文字）→《上付き/下付き文字》の《上付き文字》（左から1番目）をクリックします。

⑪分子の右上に、べき乗を表す枠が挿入されます。

⑫分子の左側の枠を選択します。

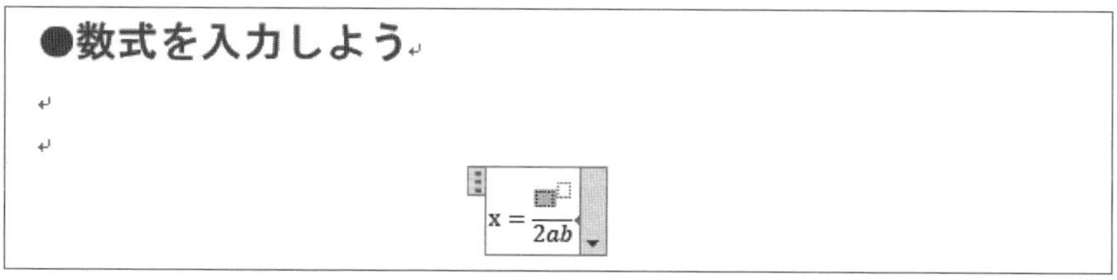

⑬「a」と入力します。

⑭分子の右側の枠を選択します。

⑮「2」と入力します。

⑯ → を押して、「a^2」の後ろにカーソルを移動します。

※文字はカーソルのある位置に入力されます。カーソルの位置に注意しましょう。

⑰《数式ツール》の《デザイン》タブ→《記号と特殊文字》グループの ± （プラスマイナス）をクリックします。

※ ± （プラスマイナス）が表示されていない場合は、《記号と特殊文字》グループの ▼ （その他）→タイトル部分をクリックし、《基本数式》を選択します。

⑱「4」と入力します。

⑲ → を何度か押して、「$\frac{a^2 \pm 4}{2ab}$」の後ろにカーソルを移動します。

⑳「$-2b$」と入力します。

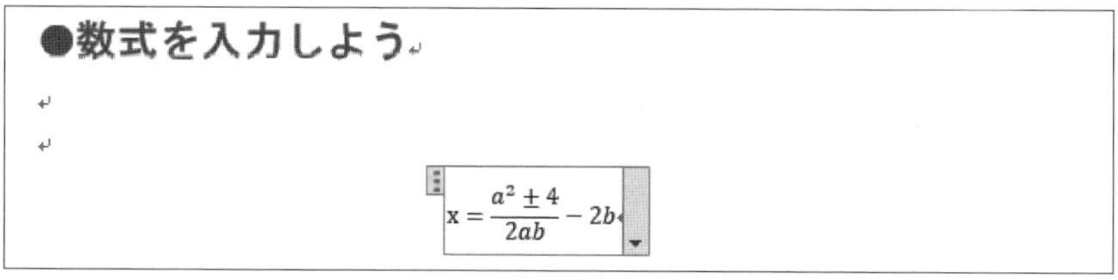

㉑数式以外の場所をクリックし、数式を確定します。

※文書に任意の名前を付けて保存し、文書を閉じておきましょう。

Point! 独立数式と文中数式

文字の入力されていない段落で数式を挿入すると、数式は「独立数式」で表示されます。
文章の途中に数式を挿入すると、数式は「文中数式」で表示されます。
独立数式と文中数式を切り替える方法は、次のとおりです。
◆数式を選択→ (数式オプション)→《文中数式に変更》／《独立数式に変更》

More その他の構造

数式ツールでは、分数や上付き文字など以外にも、べき乗根や積分、かっこなどの構造も挿入できます。
例:

$$\int \frac{1}{(2x+a)} dx \qquad \frac{-b\pm\sqrt{b^2-4ac}}{2a}$$

More 標準テキスト

《数式ツール》の《デザイン》タブ→《変換》グループの abc テキスト (テキスト)を使うと、数学文字の書式を適用するかどうかを設定できます。

●ボタンがオンのとき
数学文字の書式が適用されない

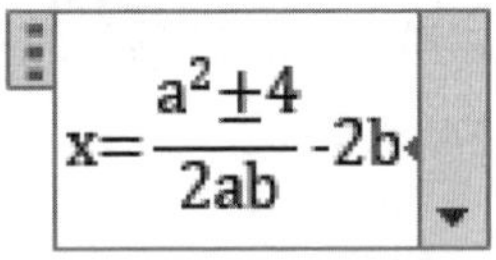

●ボタンがオフのとき
数学文字の書式が適用される

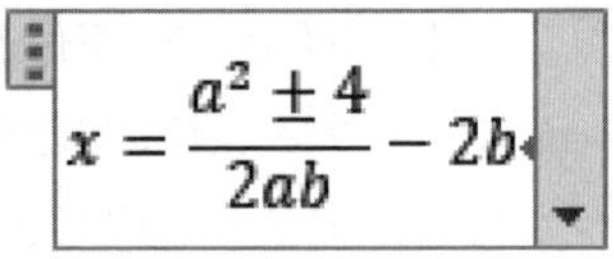

※設定するときは、数式の枠の をクリックし、数式全体を選択します。

More インク数式

Word 2019には、数式を手書きすると、自動的に判別して入力できる「インク数式」という機能があります。
インク数式を利用する方法は、次のとおりです。
◆《挿入》タブ→ (記号と特殊文字)→《記号と特殊文字》グループの (数式の挿入)の →《インク数式》

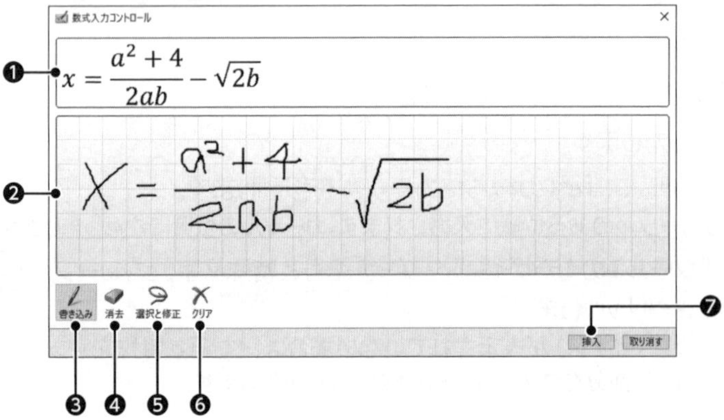

❶手書きした数式が判別され、プレビューが表示されます。
❷マウスでドラッグしたり、タッチで手書きしたりして数式を入力します。
❸数式を書き込みます。
❹書き込んだ数式の一部をドラッグして消去します。
❺間違って認識された数式を選択し修正します。
❻書き込んだ数式をすべて消去します。
❼書き込んだ数式を文書中に挿入します。

参考学習2 タッチで操作しよう

1 タッチ機能

タブレットやタッチ対応パソコンを使っている場合は、キーボードやマウスの代わりに、ディスプレイを指で触って操作することが可能です。

2 タッチモード

画面を「タッチモード」に切り替えると、リボンに配置されたボタンの間隔が広がり、指でボタンが押しやすくなります。

Point! マウスモード

タッチモードに対して、マウス操作に適した標準の画面を「マウスモード」といいます。

●マウスモードのリボン

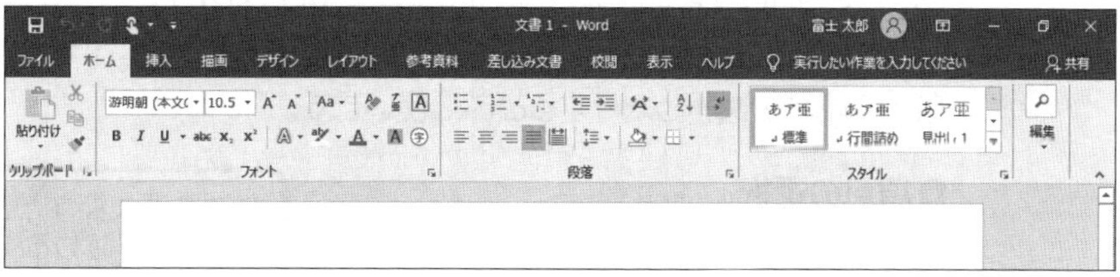

●タッチモードのリボン

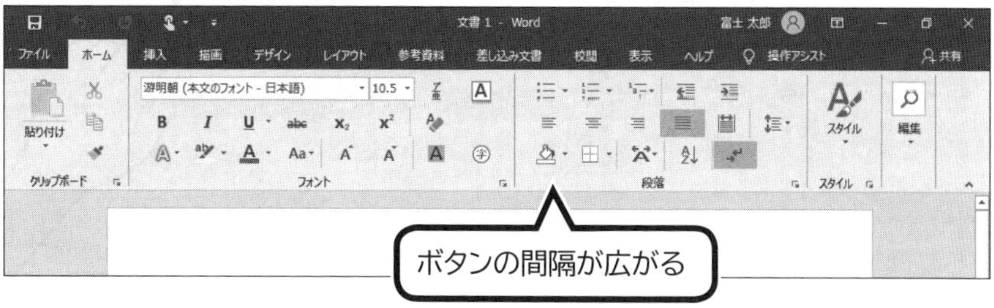

マウスモードからタッチモードに切り替えるには、クイックアクセスツールバーの（タッチ/マウスモードの切り替え）を使います。
マウスモードからタッチモードに切り替えましょう。

①クイックアクセスツールバーの（タッチ/マウスモードの切り替え）をタップします。
※表示されていない場合は、クイックアクセスツールバーの（クイックアクセスツールバーのユーザー設定）→《タッチ/マウスモードの切り替え》をタップします。
②《タッチ》をタップします。

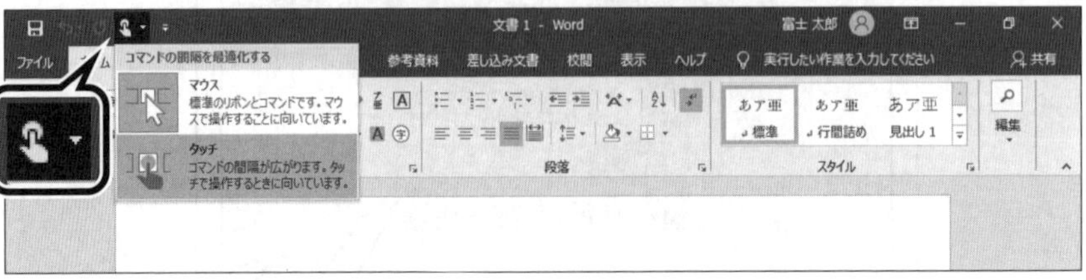

③タッチモードに切り替わります。
④ボタンの間隔が広がっていることを確認します。

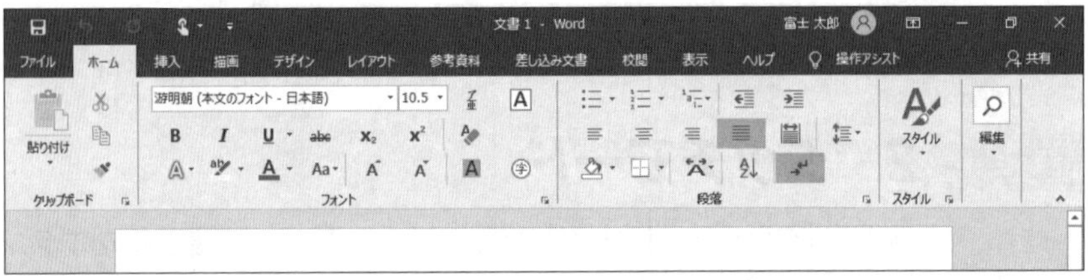

3　タッチ基本操作

Word 2019によるタッチ操作を確認しましょう。

▶▶1　タップ

マウスでクリックする操作は、タッチモードでは「タップ」という操作にほぼ置き換えることができます。タップとは、項目を軽く押す操作です。コマンドを実行したり、一覧から項目を選択したりするときに使います。

●項目の選択

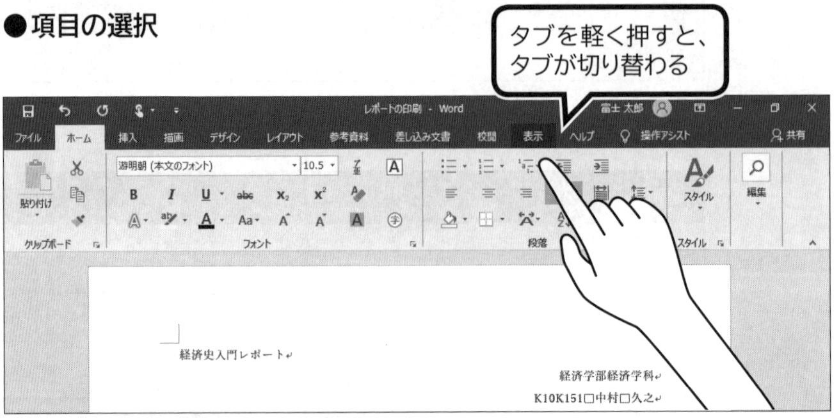

▶▶2 スワイプ

「スワイプ」とは、指を目的の方向に払うように動かす操作です。
画面をスクロールするときに使います。指が画面に軽く触れた状態で払うと、大きくスクロールします。指が画面にしっかり触れた状態でなぞるように動かすと、動かした分だけスクロールします。

●画面のスクロール

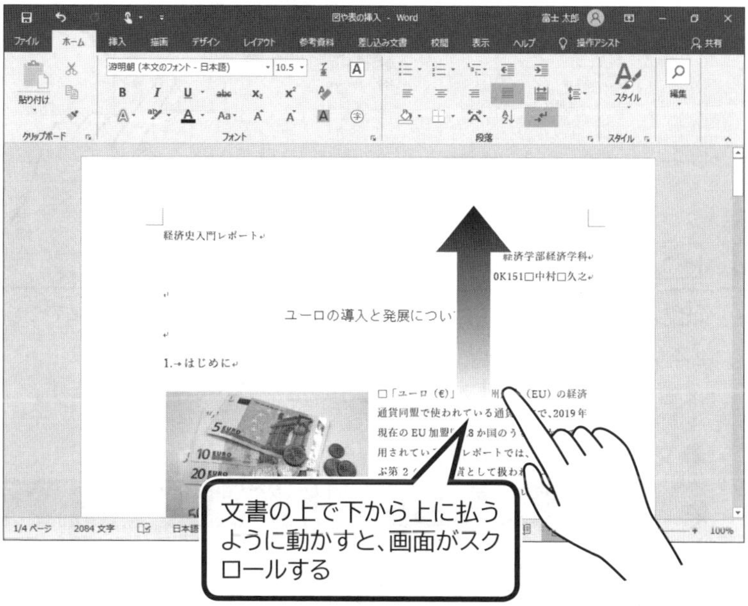

▶▶3 スライド

「スライド」とは、操作対象を選択して、引きずるように動かす操作です。
マウスを使って机上でドラッグする操作を、指を使ってディスプレイ上で行います。
図形や画像などを移動したり、サイズを変更したりするときなどに使います。

●画像の移動

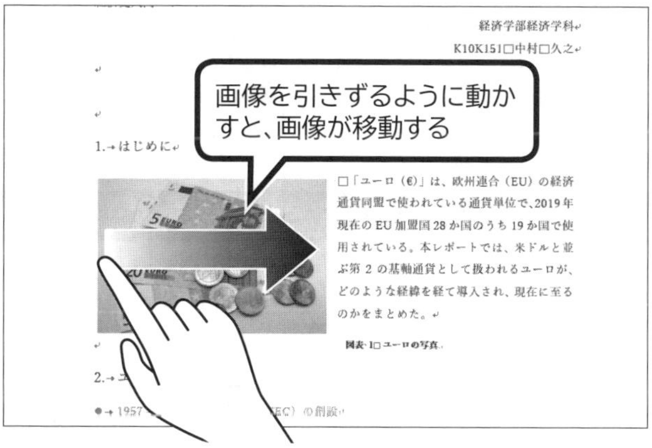

Point! 長押し

マウスを右クリックする操作は、タッチで「長押し」という操作に置き換えることができます。長押しは、操作対象を選択して、長めに押したままにすることです。
文字を選択したり、ミニツールバーを表示したりするときなどに使います。

●画像のサイズ変更

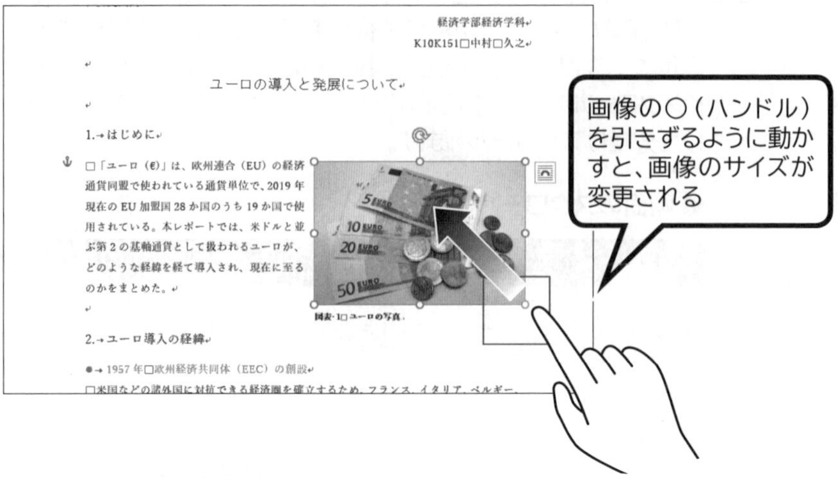

▶▶4 ピンチとストレッチ

「ピンチ」とは、2本の指を使って、指と指の間を狭める操作です。「ストレッチ」とは、2本の指を使って、指と指の間を広げる操作です。
文書の表示倍率を拡大したり縮小したりするときに使います。

●文書の表示倍率の拡大

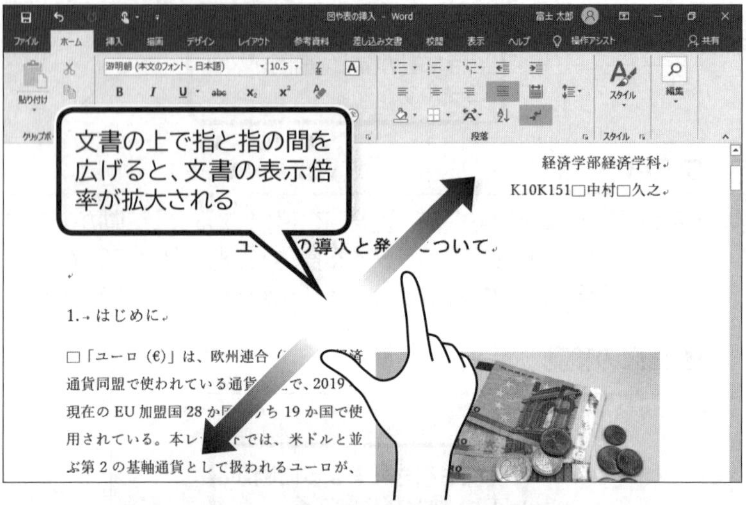

●文書の表示倍率の縮小

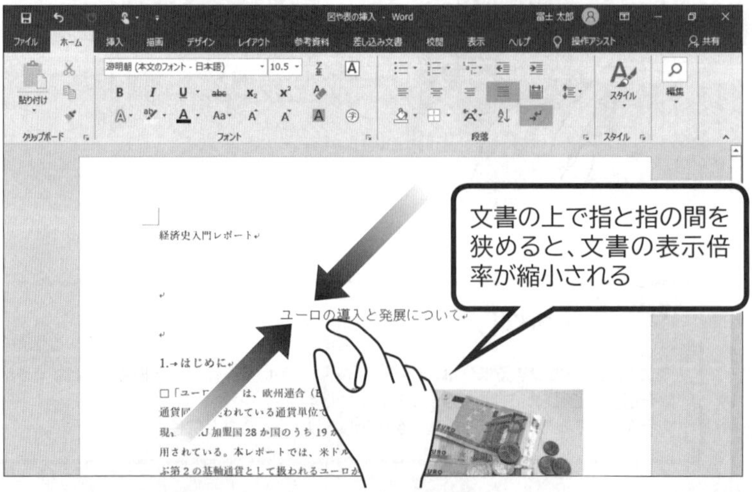

4　タッチキーボード

タッチ操作で文書に文字を入力したり、図形に文字を追加したりする場合には、「タッチキーボード」を使います。
タッチキーボードはタスクバーの（タッチキーボード）をタップして表示します。

●文書に文字を入力するとき

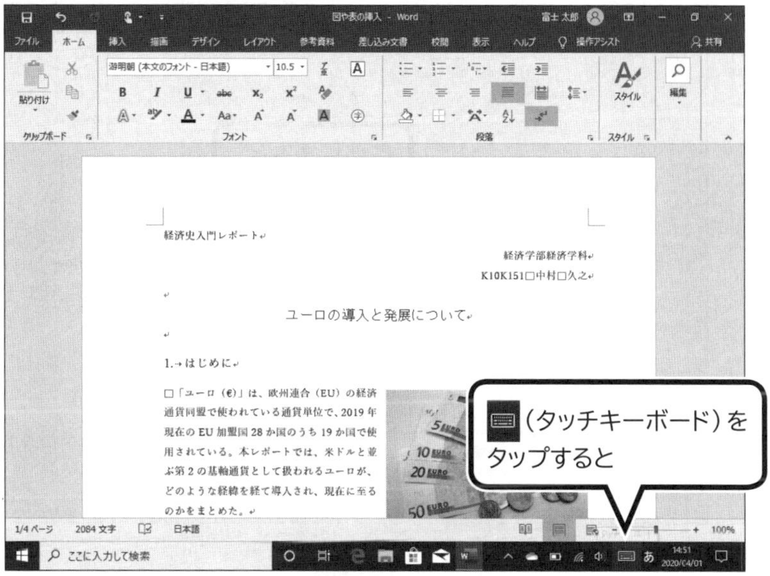

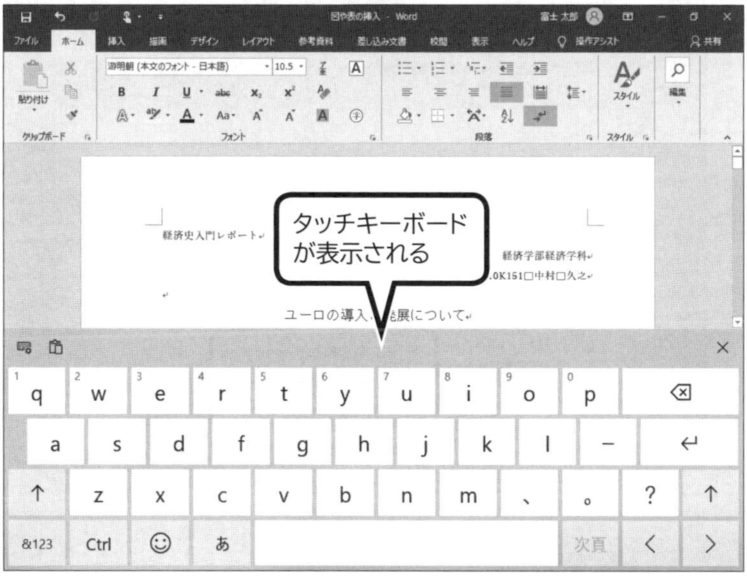

5　文字の選択

タッチ操作で単語を選択する場合は、文字を長押しします。複数の単語や段落などを選択する場合は、単語を選択して表示される○（範囲選択ハンドル）をドラッグして選択範囲を調整します。

●単語を選択するとき

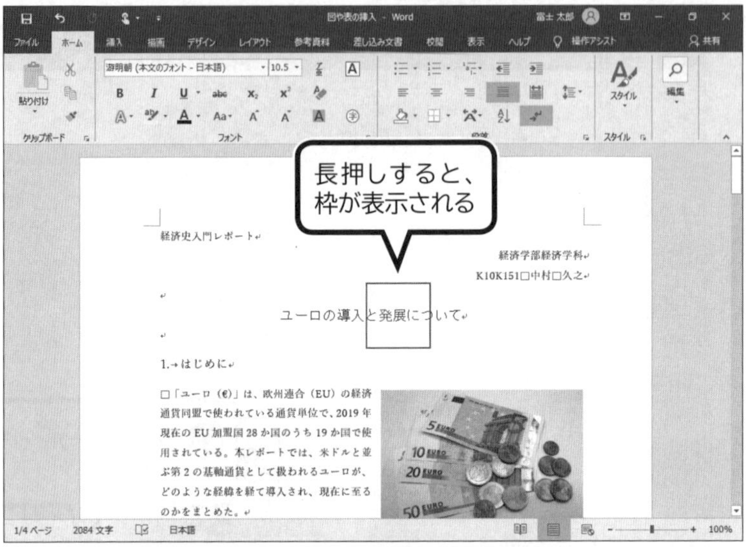

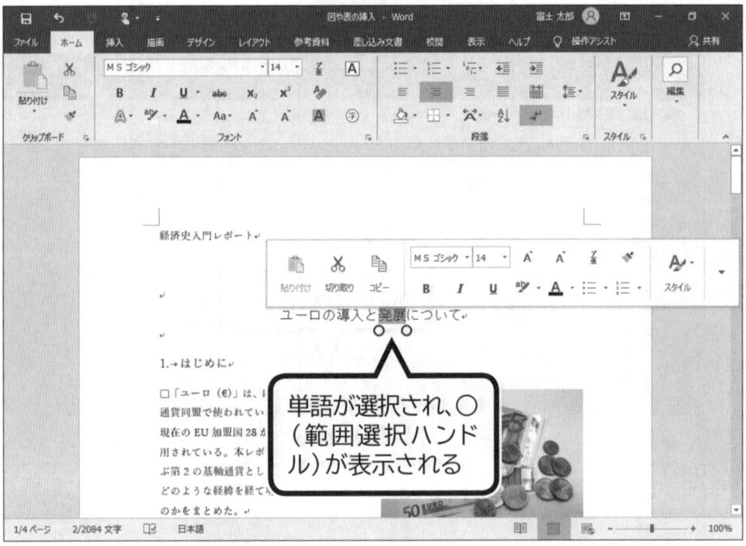

●複数の単語を選択するとき

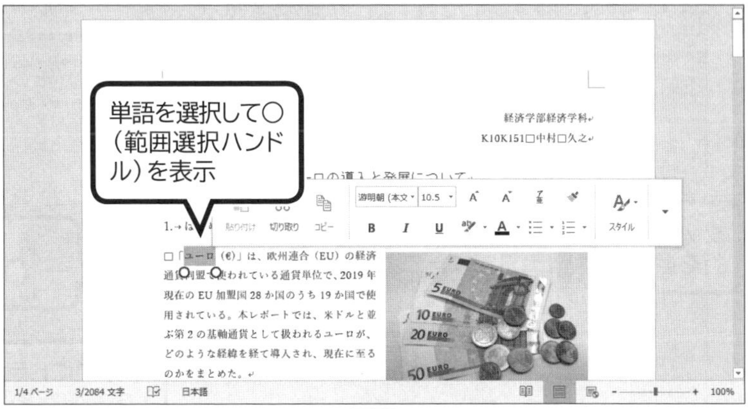

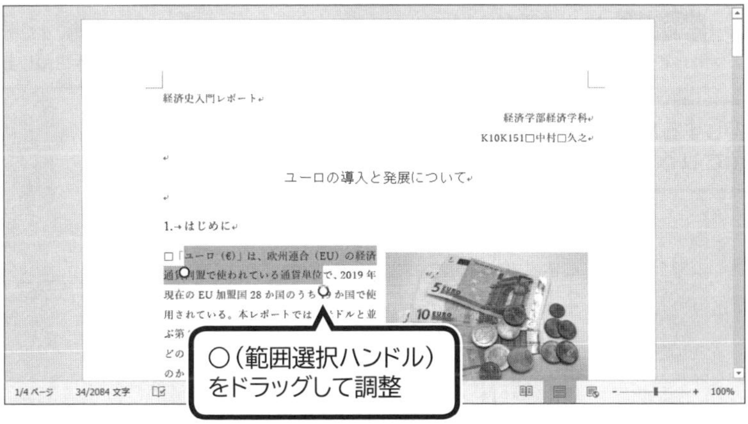

6　表の選択

タッチ操作で表を選択する場合は、表内をタップして表示されるタッチ操作用の選択ツールを使います。

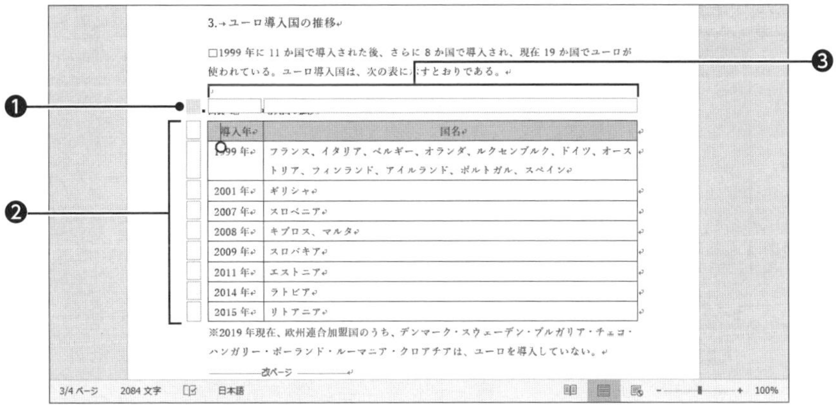

❶表全体を選択します。
❷行を選択します。
❸列を選択します。

More 複数列・複数行の選択

複数列や複数行を選択する場合は、最初の行または列を選択し、○（範囲選択ハンドル）をドラッグします。

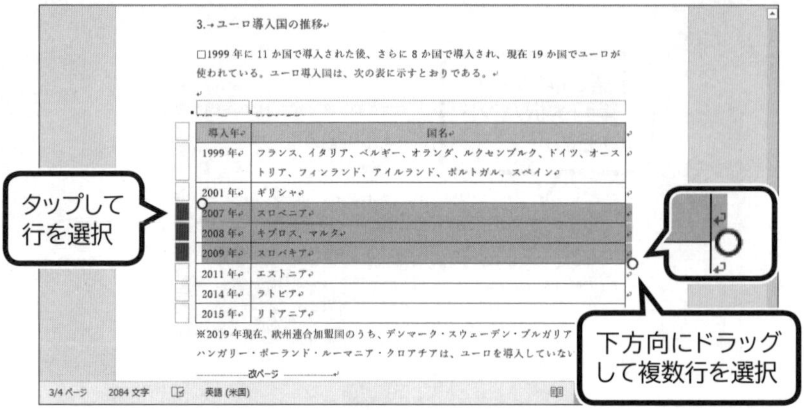

More セルの選択

セルを選択するには、セル内の文字のない場所を長押しして、枠が表示されたら手を離します。

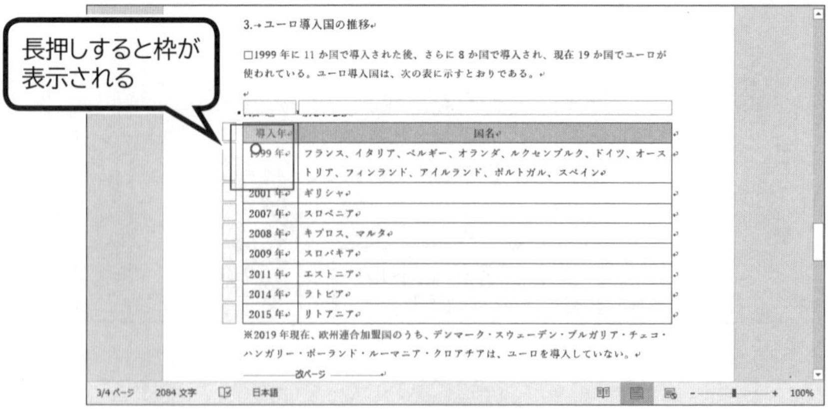

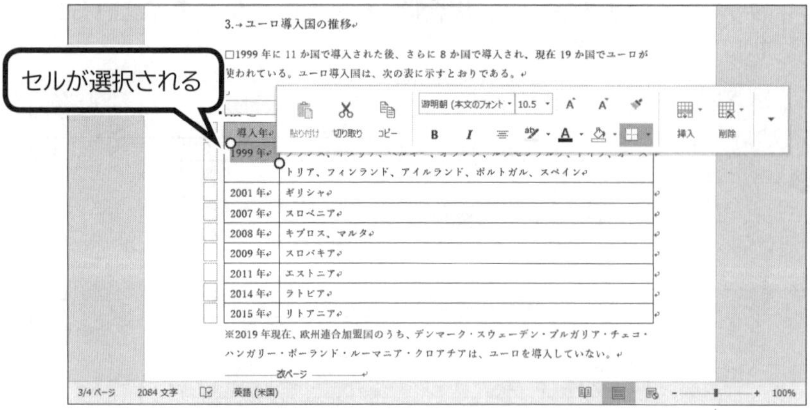

※複数のセルを選択する場合は、表示された○（範囲選択ハンドル）をドラッグします。

付録　ビジネス文書の書き方

1　ビジネス文書とは

「ビジネス文書」とは、会社の日常業務で発生する連絡事項や依頼事項、各種の案内、報告など企業や官公庁（自治体）などで扱う文書のことです。
紙で印刷されたものはもちろん、メールなどもビジネス文書に含まれます。
※本書では、一般的なビジネス文書について記述しています。企業内で独自の文書規定がある場合などは、その規定に従ってください。

2　ビジネス文書の種類

ビジネス文書は、「社内文書」「社外文書」「その他の業務で使用するメモや資料」に分類されます。

●社内文書

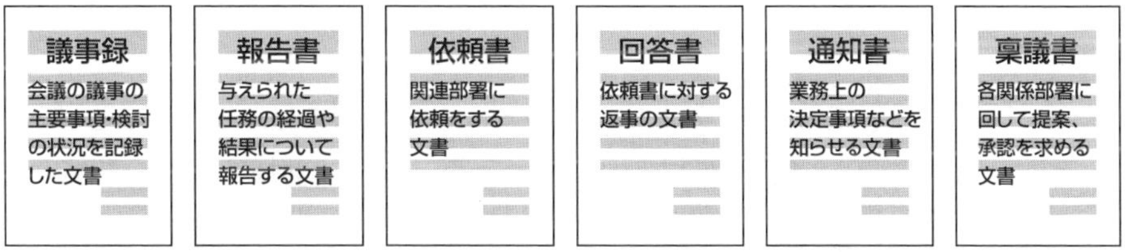

●社外文書

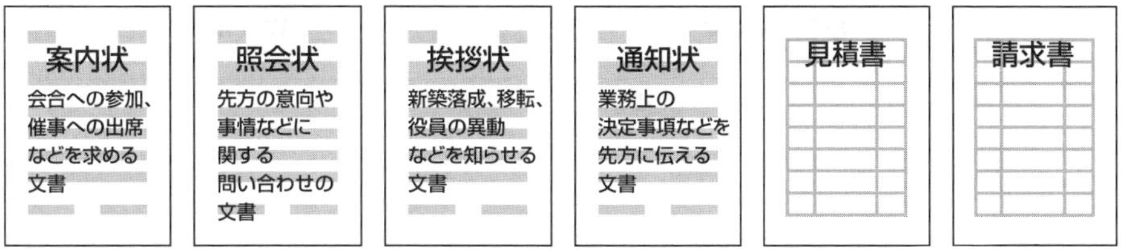

●その他の業務で使用するメモや資料

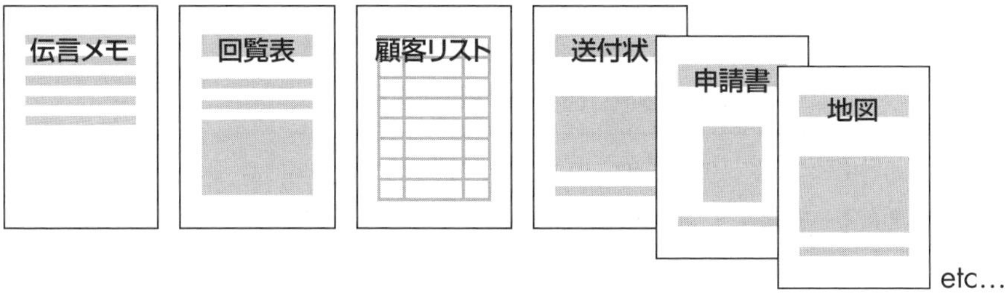

3　ビジネス文書のポイント

ビジネス文書を作成するときのポイントは、次のとおりです。

●正確であること（「事実」「意見」などが明確に区別され、わかりやすい）
●簡潔であること（必要なことが要領よくまとまっている）
●適時であること（タイミングがよい）
●表記法に従うこと（文字、文体、句読点の使い方が正しい）
●経済的であること（迅速かつ効率的に作成ができ、扱いが簡単である）
●客観的であること（個人的な判断にかたよっていない）

4　ビジネス文書の留意点

ビジネス文書を作成するときの留意点は、次のとおりです。

▶▶1　文字、文体

①漢字は、原則として常用漢字を使います。数字は、原則としてアラビア数字を使います。

※地名、人名、会社名などの固有名詞は常用漢字以外でも使うことができます。

②社内向けには常体、敬体を使い、社外向けには敬体、特別敬体を使います。

●常体　・・・だ。・・・する。
●敬体　・・・です。・・・します。
●特別敬体・・・でございます。・・・いたします。

▶▶2　書式

書式は、原則として横書きとします。
ただし、次の文書は縦書きとする場合もあります。

●法令などで特に定められているもの
●表彰状、祝辞、弔辞に類するもの

▶▶3　1件1文書

ひとつのテーマにひとつの文書を対応させます。

※通常、テーマ別にファイリングするため、1件1文書の形式が便利です。

▶▶4　文書の用紙

用紙は、原則としてA4版を縦長に使います。
また、原則として1枚に収め、2枚以上にわたる場合は左上をとじ、ページ番号を下部中央に付けます。

5　社内文書

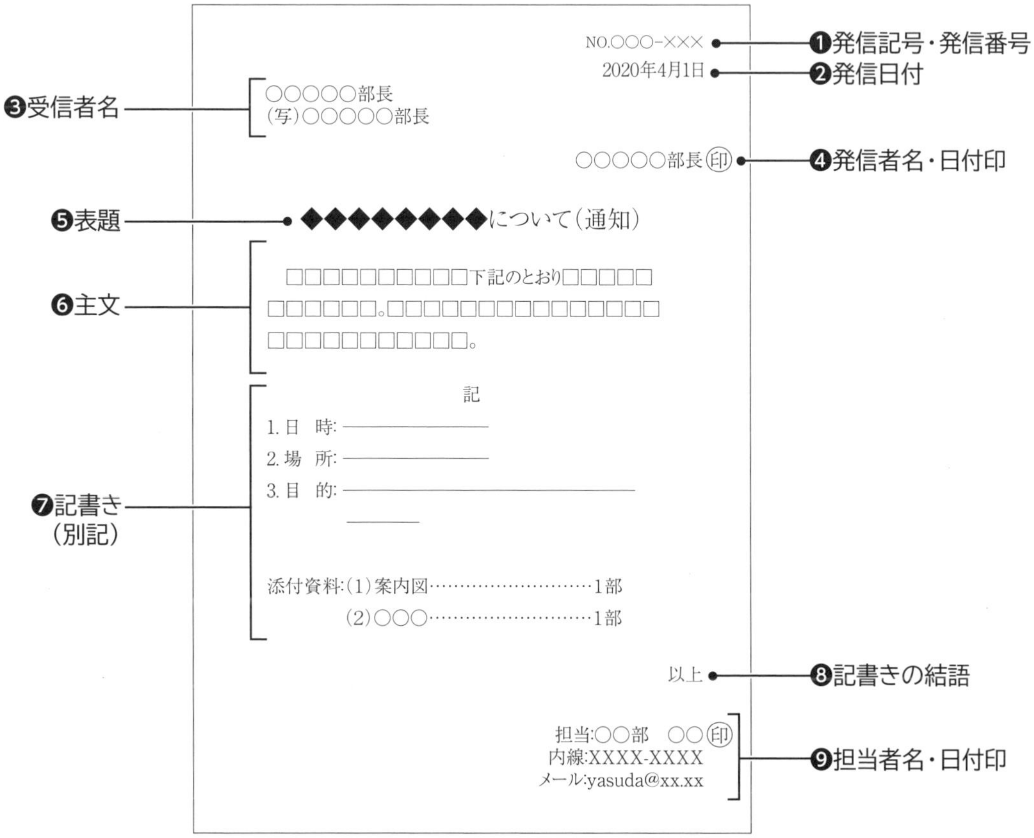

NO.○○○-×××
2020年4月1日

○○○○○部長
（写）○○○○○部長

○○○○○部長㊞

◆◆◆◆◆◆◆◆◆について（通知）

□□□□□□□□□□下記のとおり□□□□□
□□□□□□。□□□□□□□□□□□□□□
□□□□□□□□□□□。

記

1. 日　時：

2. 場　所：

3. 目　的：

添付資料：（1）案内図……………………1部
（2）○○○……………………1部

以上

担当：○○部　○○㊞
内線：XXXX-XXXX
メール：yasuda@xx.xx

❶発信記号・発信番号

発信元では、必要に応じて文書の発信番号を管理します。発信番号は文書の右上に記述します。省略する場合もあります。

❷発信日付

原則として、発信当日の年月日を記述します。西暦とするか和暦とするかは、組織内の規定に合わせます。

❸受信者名

左端を主文の左端とそろえます。
受信者名は、原則として役職名だけ、または部署名と個人名を記述します。
※受信者の部署名や役職名は最新の情報を確認し、間違えないように注意しましょう。
送付先が多い場合は、「**関係者　各位**」などと記述します。

❹発信者名・日付印

発信者名は所属長の部署名と役職名を、本文の右上、受信者名より下の行に記述します。
書面について発信者が確認したことを明示するための押印は日付印を使います。

❺表題

本文の内容がひと目でわかるような件名にします。中央に本文より大きい文字で記述します。
※本文の内容により、「通知」「回答」「報告」などを（　）書きで記述します。

❻主文

記書き（別記）がある場合は、「**下記のとおり**」と記述します。

❼記書き（別記）

主文において「**下記のとおり**」とした場合は、主文の下に中央揃えで「**記**」を記述します。記書きは、見出し記号を付けて箇条書きにします。

❽記書きの結語

「**以上**」でしめくくり、右端に記述します。

❾担当者名・日付印

担当者の部署名、氏名、内線番号、メールアドレスなどの連絡先を右端に記述し、担当者の日付印を押します。

6　社外文書

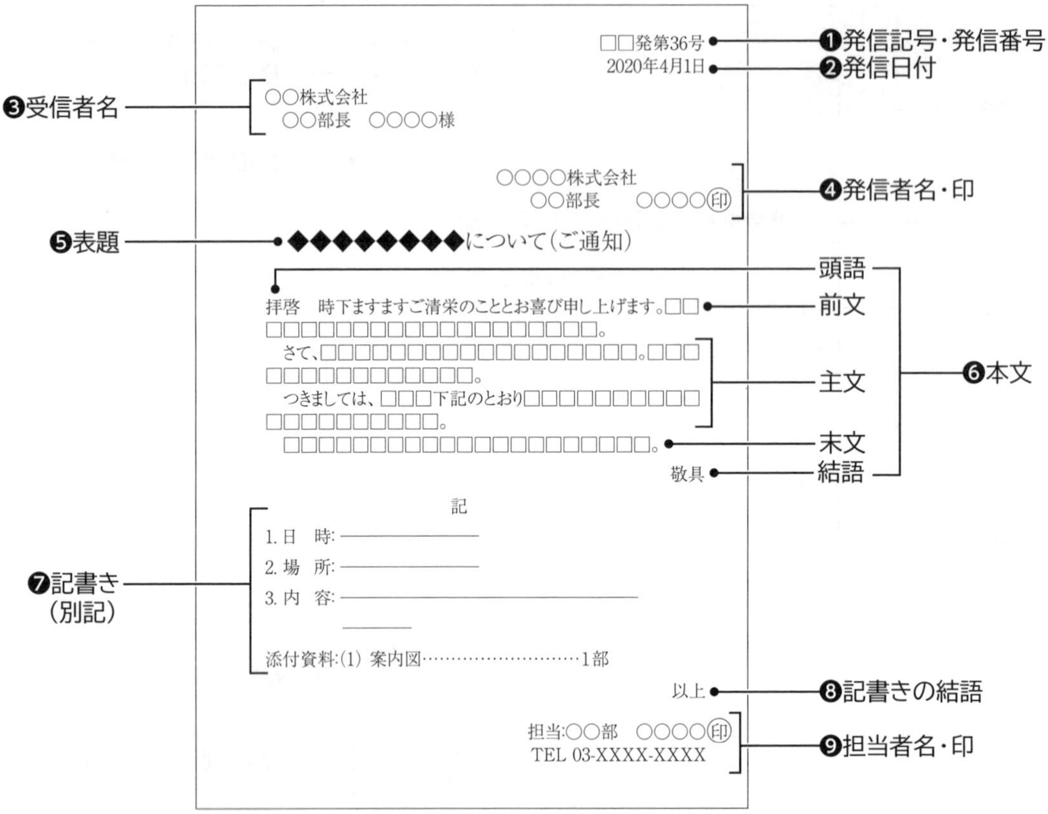

❶発信記号・発信番号

発信元では、必要に応じて文書の発信番号を管理します。発信番号は文書の右上に記述します。省略する場合もあります。

❷発信日付

原則として、発信当日の年月日を記述します。西暦とするか和暦とするかは、送付先の慣行などに合わせます。

❸受信者名

左端を本文の左端とそろえます。
会社名は、正式名称を記述します。略称の（株）、K.K.などは使いません。
受信者名は、原則として役職名と個人名を併記します。
送付先が複数の場合は、原則として送付先ごとに作成します。
受信者の敬称は、次のとおりです。

宛て先	敬称
官庁、会社などの団体にあてる	御中
役職名、個人名にあてる	様
会社や個人などを特定しない複数にあてる	各位

❹発信者名・印

発信者名は原則として所属長にし、本文の右上、受信者名より下の行に記述します。
発信者の印は、原則として会社所有の社印を押印します。社印がない場合は、認印を押印します。
※日付印は使いません。

<例>

> **山田電子産業株式会社**
> **東京支店　販売部長　佐藤　太郎　㊞**

※案内状、挨拶状など、多数印刷し配付する場合やメールの場合は押印しなくてもかまいません。

❺表題

本文の内容がひと目でわかるような件名にします。（　）書きの記述には敬体を使い、相手発信の関連文書については「貴信」を添えます。

<例>

> **契約条件の変更ついて（ご回答）**
> **（貴信2020年3月1日付、営業発第77関連）**

❻本文

本文は、次のように記述します。

◆頭語

「拝啓」や「謹啓」などを使います。

◆前文

時候の挨拶や相手の繁栄を祝う言葉を添えます。

◆主文

前文の次の行に改行して記述します。
わかりやすく、簡潔に記述します。文は短く区切り、あいまいな表現や重複する表現は避け、結論を先に記述します。また適切な敬語を使います。

◆末文

主文をしめくくります。本文の末尾に改行して記述します。

◆結語

頭語に対応する「敬具」、「謹白」などの結語を使います。

❼記書き（別記）

主文において「下記のとおり」とした場合は、主文の下に中央揃えで「記」を記述します。記書きは、見出し記号を付けて箇条書きにします。

❽記書きの結語

「以上」でしめくくり、右端に記述します。

❾担当者名・印

明示する必要がある場合は、「以上」の下に担当者の部署名、氏名、電話番号、メールアドレスなどの連絡先を右端に記述し、担当者の認印を押印します。
※日付印は使いません。

Point! 頭語・結語

頭語と結語には、次のようなものがあります。文書の種類に応じて使い分けましょう。

文書の種類	頭　語	結　語
一般的な場合	拝啓	敬具
	謹啓	謹白　敬白　謹言
取り急ぎ要件のみ書く場合	前略	草々
返信の場合	拝復	敬具　敬白

Point! 時候の挨拶

時候の挨拶には、次のようなものがあります。
相手の立場や地位、相手との関係を考慮しながら、使い分けましょう。

月	一般的な挨拶の例	やや打ち解けた挨拶の例
1月	新春の候、厳寒の候、大寒の候	寒さ厳しき折から
2月	余寒の候、梅花の候、立春の候	立春とは名ばかりですが
3月	早春の候、浅春の候、春分の候	日増しに暖かくなりましたが
4月	陽春の候、春暖の候、桜花の候	うららかなよい季節を迎え
5月	新緑の候、薫風の候、初夏の候	青葉薫るころとなりましたが
6月	梅雨の候、短夜の候、向暑の候	うっとうしい日々が続きますが
7月	盛夏の候、炎暑の候、酷暑の候	暑さ厳しき折から
8月	残暑の候、晩夏の候、秋暑の候	風の音にも秋の訪れを感じる季節となり
9月	初秋の候、秋雨の候、新涼の候	さわやかなよい季節を迎え
10月	秋冷の候、仲秋の候、錦秋の候	さわやかな晴天の続くこのごろ
11月	晩秋の候、向寒の候、初霜の候	秋もいちだんと深まってまいりましたが
12月	寒冷の候、師走の候、初冬の候	暮れも押し迫ってまいりましたが

練習問題

練習問題 1

次のような文書を作成しましょう。
※設定する項目名が一覧にない場合は、任意の項目を選択してください。

OPEN

フォルダー「文書作成編」のフォルダー「練習問題」の文書「練習問題1」を開いておきましょう。

毎年恒例となりました、エフ・オー・エム テニスサークル対抗戦を下記のとおり開催します。
日ごろの練習の成果を発揮し、優勝を目指してがんばりましょう！

記

1. 日　　時　　2020年5月10日（日）午前9時～午後4時
2. 場　　所　　FOMグラウンド　テニスコート
3. 種　　目　　チーム戦（男子・女子・ミックス　ダブルス各1ペア）
4. 中込方法　　参加申込書に必要事項を記入の上、事務局宛に提出してください。
5. 申込期限　　2020年4月10日（金）

以上

担当　対抗戦事務局（fom-jimu@xx.xx）

参加申込書

●サークル名：

種目	氏名	メール
男子ダブルス		
女子ダブルス		
ミックスダブルス		

① 次のようにページのレイアウトを設定しましょう。

用紙サイズ	：A4
印刷の向き	：縦
余白	：上 20mm　下 20mm　左 20mm　右 20mm

②「エフ・オー・エム テニスサークル連合」と「担当　対抗戦事務局（fom-jimu@xx.xx）」をそれぞれ右揃えにしましょう。

③「エフ・オー・エム　テニスサークル連合」に、文字の効果と体裁の「**塗りつぶし：青、アクセントカラー5；輪郭：白、背景色1；影（ぼかしなし）：青、アクセントカラー5**」を設定しましょう。次に、太字を解除しましょう。

Hint 《ホーム》タブ→《フォント》グループの （文字の効果と体裁）を使います。

④「**テニスサークル**」と「**対抗戦のお知らせ**」に次のような書式を設定しましょう。

> **フォント　　　：MSPゴシック**
> **フォントサイズ：36ポイント**

⑤フォルダー「**練習問題**」の画像「**テニスサークル**」を挿入しましょう。

⑥画像の文字列の折り返しを「**背面**」に設定し、完成図を参考にサイズと位置を調整しましょう。

⑦記書き内の項目に「**1.2.3.**」の段落番号を設定しましょう。

⑧完成図を参考に、「**参加申込書**」の段落に段落罫線を引きましょう。

⑨「**参加申込書**」に次のような書式を設定しましょう。

> **フォントサイズ：14ポイント**
> **太字**
> **中央揃え**

⑩「**●サークル名：　　　　　**」の行に次のような書式を設定しましょう。

> **フォントサイズ：12ポイント**
> **下線**

⑪文末に7行3列の表を作成し、次のように文字を入力しましょう。

Hint 《挿入》タブ→《表》グループの （表の追加）→表のマス目を使います。

種目	氏名	メール
男子ダブルス		
女子ダブルス		
ミックスダブルス		

⑫表の1行目に次のような書式を設定しましょう。

> **塗りつぶし　：青、アクセント1、白+基本色60%**
> **中央揃え（セル内で中央）**

⑬「**男子ダブルス**」のセルと下側のセル、「**女子ダブルス**」のセルと下側のセル、「**ミックスダブルス**」のセルと下側のセルをそれぞれ結合しましょう。

⑭文書を2部印刷しましょう。

※文書に任意の名前を付けて保存し、文書を閉じておきましょう。

練習問題 2

次のような文書を作成しましょう。
※設定する項目名が一覧にない場合は、任意の項目を選択してください。

OPEN

Wordを起動し、新しい文書を作成しておきましょう。

もっと便利に　お得に
インターネット
ショッピングのおすすめ

普段のお買い物がインターネットで手軽にできることをご存知ですか？
FOM スーパーでは、便利でお得なインターネットショッピング専用パックをご用意しています。

Aパック　産地直送野菜セット　2,000円（税別）

・ジャガイモやタマネギ、ニンジンなどのいろいろな野菜を1週間分まとめて産地直送でお届けします。

Bパック　重いものセット　2,500円（税別）

・毎日使う醤油や酒、米などの重いものをお届けします。

Cパック　日用品セット　2,200円（税別）

・洗剤や掃除道具、トイレットペーパーなどのかさばる日用品をまとめてお届けします。

今すぐアクセス！　https://www.fomsuper.xx.xx/

<お問い合わせ先>　FOM スーパー　カスタマーセンター
TEL　03-5555-XXXX

①次のようにページのレイアウトを設定しましょう。

ページサイズ ：A4 **用紙の向き　：縦**

②次のように文字を入力しましょう。

もっと便利に□お得に ↵ **インターネット** ↵ **ショッピングのおすすめ** ↵ ↵ **普段のお買い物がインターネットで手軽にできることをご存知ですか?** ↵ **FOMスーパーでは、便利でお得なインターネットショッピング専用パックをご用意しています。** ↵ ↵ ↵ **今すぐアクセス!□https://www.fomsuper.xx.xx/** ↵ ↵ **<お問い合わせ先>□FOMスーパー□カスタマーセンター** ↵ **TEL□03-5555-XXXX**

※□は全角の空白を表します。
※ ↵ は改行を表します。
※英数字・記号は半角で入力します。
※「https://www.fomsuper.xx.xx/」と入力して改行すると、自動的にハイパーリンクが設定され、文字が青色になり下線が表示されます。

③「もっと便利に　お得に」「インターネット」「ショッピングのおすすめ」に次のような書式を設定しましょう。

フォント　　　：MSゴシック **フォントサイズ：36ポイント**

④③で書式設定した文字のうち、「便利」「お得」「インターネット」「ショッピング」のフォントの色を「濃い赤」に設定しましょう。

⑤「今すぐアクセス!…」の上の行にSmartArtグラフィック「縦方向箇条書きリスト」を作成しましょう。

Hint 《縦方向箇条書きリスト》は《リスト》に分類されます。

⑥ テキストウィンドウを使って、SmartArtグラフィックに次のような項目を入力しましょう。

・Aパック□産地直送野菜セット□2,000円（税別）
　・ジャガイモやタマネギ、ニンジンなどのいろいろな野菜を1週間分まとめて産地直送でお届けします。
・Bパック□重いものセット□2,500円（税別）
　・毎日使う醤油や酒、米などの重いものをお届けします。
・Cパック□日用品セット□2,200円（税別）
　・洗剤や掃除道具、トイレットペーパーなどのかさばる日用品をまとめてお届けします。

※□は全角の空白を表します。
※英数字・記号は半角で入力します。

Hint 箇条書きは Enter で追加し、レベルの設定には、《SmartArtツール》の《デザイン》タブ→《グラフィックの作成》グループの ← レベル上げ （選択対象のレベル上げ）または → レベル下げ （選択対象のレベル下げ）を使います。

⑦ SmartArtグラフィックに色「カラフル-アクセント5から6」、スタイル「立体グラデーション」を適用しましょう。

⑧ SmartArtグラフィック内のすべての文字に次のような書式を設定しましょう。

フォント　　　：MSゴシック
フォントサイズ：16ポイント

⑨「https://www.fomsuper.xx.xx/」に次のような書式を設定しましょう。

フォントサイズ：22ポイント
フォントの色　：濃い赤

⑩「<お問い合わせ先>　FOMスーパー　カスタマーセンター」と「TEL　03-5555-XXXX」をそれぞれ右揃えにしましょう。

⑪ 文書に「インターネットショッピング」と名前を付けて、PDFファイルとして保存しましょう。

※文書に任意の名前を付けて保存し、文書を閉じておきましょう。

練習問題 3

次のような文書を作成しましょう。
※設定する項目名が一覧にない場合は、任意の項目を選択してください。

OPEN フォルダー「文書作成編」のフォルダー「練習問題」の文書「練習問題3」を開いておきましょう。

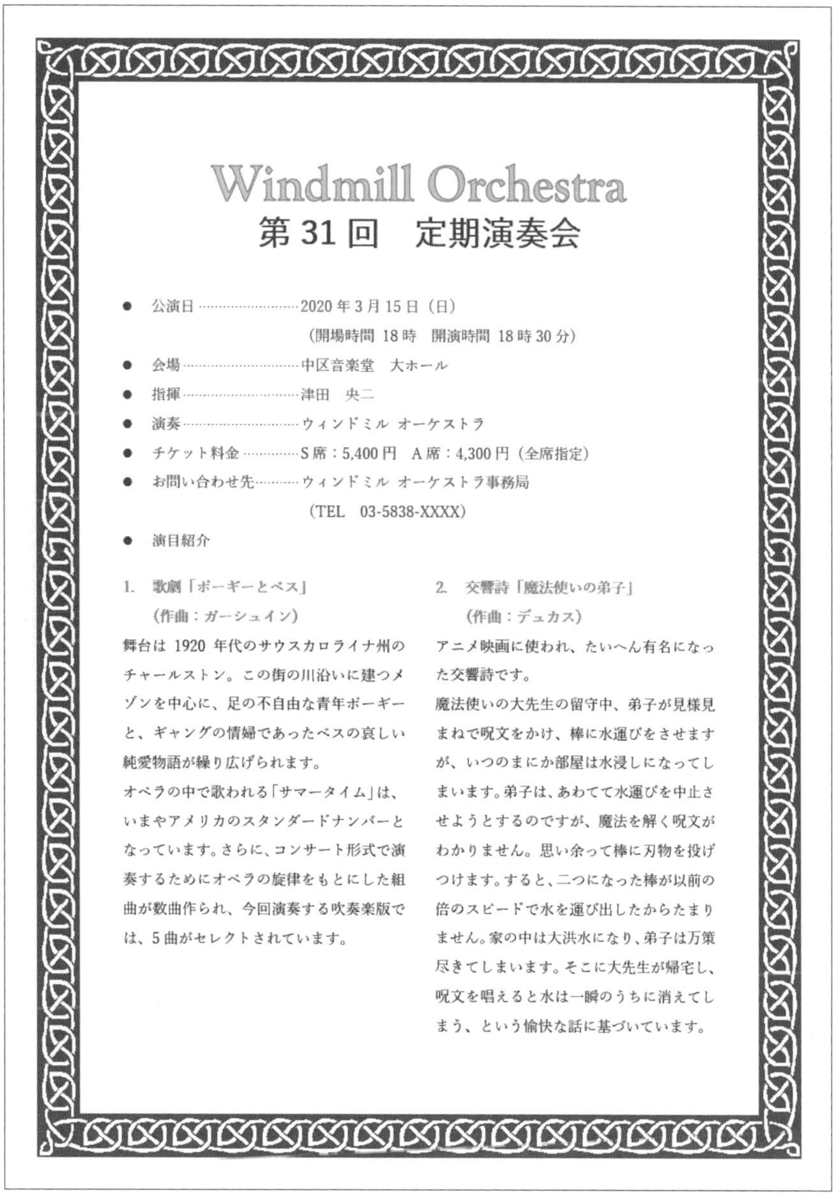
Windmill Orchestra
第 31 回　定期演奏会

- 公演日……………………2020 年 3 月 15 日（日）
  （開場時間 18 時　開演時間 18 時 30 分）
- 会場………………………中区音楽堂　大ホール
- 指揮………………………津田　央二
- 演奏………………………ウィンドミル オーケストラ
- チケット料金……………S 席：5,400 円　A 席：4,300 円（全席指定）
- お問い合わせ先…………ウィンドミル オーケストラ事務局
  （TEL　03-5838-XXXX）
- 演目紹介

1. 歌劇「ポーギーとベス」
（作曲：ガーシュイン）
舞台は 1920 年代のサウスカロライナ州のチャールストン。この街の川沿いに建つメゾンを中心に、足の不自由な青年ポーギーと、ギャングの情婦であったベスの哀しい純愛物語が繰り広げられます。
オペラの中で歌われる「サマータイム」は、いまやアメリカのスタンダードナンバーとなっています。さらに、コンサート形式で演奏するためにオペラの旋律をもとにした組曲が数曲作られ、今回演奏する吹奏楽版では、5 曲がセレクトされています。

2. 交響詩「魔法使いの弟子」
（作曲：デュカス）
アニメ映画に使われ、たいへん有名になった交響詩です。
魔法使いの大先生の留守中、弟子が見様見まねで呪文をかけ、棒に水運びをさせますが、いつのまにか部屋は水浸しになってしまいます。弟子は、あわてて水運びを中止させようとするのですが、魔法を解く呪文がわかりません。思い余って棒に刃物を投げつけます。すると、二つになった棒が以前の倍のスピードで水を運び出したからたまりません。家の中は大洪水になり、弟子は万策尽きてしまいます。そこに大先生が帰宅し、呪文を唱えると水は一瞬のうちに消えてしまう、という愉快な話に基づいています。

① 次のようなページ罫線を設定しましょう。

絵柄	：
色	：濃い赤
線の太さ	：31pt

② ワードアートを使って、「Windmill␣Orchestra」という文字を挿入しましょう。
ワードアートのスタイルは「塗りつぶし：オレンジ、アクセントカラー2；輪郭：オレンジ、アクセントカラー2」にします。
※␣は半角の空白を表します。
※英字は半角で入力します。

③ ワードアートのフォントを「Goudy Old Style」に設定しましょう。

④ 完成図を参考に、ワードアートの位置を調整しましょう。

⑤ 次の段落に行頭文字「●」の箇条書きを設定しましょう。

公演日2020年3月15日（日）
会場中区音楽堂　大ホール
指揮津田　央二
演奏ウィンドミル オーケストラ
チケット料金S席：5,400円　A席：4,300円（全席指定）
お問い合わせ先ウィンドミル オーケストラ事務局
演目紹介

⑥ ルーラーを表示し、次の文字の先頭を約12字の位置にそろえましょう。

2020年3月15日（日）
（開場時間 18：00　開演時間 18：30）
中区音楽堂　大ホール
津田　央二
ウィンドミル オーケストラ
S席：5,400円　A席：4,300円（全席指定）
ウィンドミル オーケストラ事務局
（TEL　03-5838-XXXX）

⑦ 次の文字の左側に、リーダー「……（5）」を表示しましょう。

2020年3月15日（日）
中区音楽堂　大ホール
津田　央二
ウィンドミル オーケストラ
S席：5,400円　A席：4,300円（全席指定）
ウィンドミル オーケストラ事務局

⑧ 「1.歌劇「ポーギーとベス」」から文末までの文章を2段組みにしましょう。

⑨ 「2.交響詩「魔法使いの弟子」」が2段目の先頭になるように、段区切りを挿入しましょう。

⑩ 「（作曲：ガーシュイン）」と「（作曲：デュカス）」の段落の左インデントをそれぞれ「1.5字」に設定しましょう。

Hint 《レイアウト》タブ→《段落》グループを使います。

※文書に任意の名前を付けて保存し、文書を閉じておきましょう。

練習問題 4

次のような文書を作成しましょう。

OPEN フォルダー「文書作成編」のフォルダー「練習問題」の文書「練習問題4」を開いておきましょう。

1ページ目

言語情報伝達論レポート

社会学部コミュニケーション学科
S10C189　山崎　由美子

現代における外来語の役割と影響

1．はじめに

私は、「ひとつの事物に複数の語や表現が対応する場合」のひとつとして取り上げられた「外来語」に興味を持ち、本レポートにて述べていくことにした。現在、日本ではたくさんの外来語が使われ、その種類も増え続けている。なぜこのように外来語が好んで使用されているのか、また、外来語を多用することによる影響にはどのようなものがあるのか、以下に述べていく。本レポートにおいては、日本における外来語についてのみ扱うものとする。

2．外来語の歴史

「外来語」とは、一般に日本以外の国から入ってきた言葉が国語化されたものを指す。その輸入元の国は多岐に渡り、また、日本の外交の変化に伴い、時代を追うごとに変わってきている。言葉の輸入について最も古い時代に遡れば、中国や韓国から言葉が入ってきており、アイヌ語など日本国土内の少数民族の言葉が日本全土で一般化した例がある。

しかし、これらは非常に古い時代に日本に入り定着したため、外来語とは呼ばれないことが多い。現在、外来語として認識されるのは、オランダやポルトガルとの国交が始まって以来の言葉である。

明治時代に入り、開国により外国との国交が盛んになると、一気に外来語の数が増える。これまでのオランダ語やポルトガル語に代わり、新興勢力の英語由来の言葉が加速度的に浸透する。江戸時代に用いられた「ソップ」「ターフル」「ボートル」が「スープ」「テーブル」「バター」に取って代わられたほどである。小説においても、「実に是は有用（ユウスフル）ぢや。（中略）歴史（ヒストリー）を読んだり、史論（ヒストリカル・エツセイ）を草する時には…」[1]とわざわざルビを使い、積極的に外来語を使用するものも

第二次世界大戦に突入すると、外来語排斥の時代となった。明治時代から
て流行した外来語は、敵性語として次のように無理矢理漢字に変換された。

表 1　第二次世界大戦期に漢字に変換された外来語の例

外来語	漢字への変換
サイダー	噴出水
パーマ	電髪
マイクロホン	送話器
コロッケ	油揚げ肉饅頭

[1] 坪内逍遥（明治 18-19 年）『当世書生気質』

1

2ページ目

言語情報伝達論レポート

3．現在使われている外来語の成り立ち

現在使われている外来語にどのような成り立ちがあるか、代表的なものをみていく。

複数の国から別々に入ってきた例として、ポルトガル語の「カルタ」、英語の「カード」、ドイツ語の「カルテ」、フランス語の「（ア・ラ・）カルト」がある。もとは同じ意味であるが、輸入の経路が異なったためそれぞれが全く別のものを指す言葉として使われている。

ゆれ・混乱の例として、「ヒエラルキー（位階制度）」がある。ドイツ語では、「ヒエラルヒー」、英語では「ハイアラーキー」であるところを見ると、これは両語の混用であると考えられる。外国人から見れば間違った発音であるが、現在では辞書に載るほど一般化している言葉であるため、日本では正しい言葉であると認めざるを得ない。

さらに、外来語はカタカナで表記すると長くなってしまうものが多いので、次のように短縮して和製英語を作ることが多い。

表 2　和製英語の例

短縮前の言葉	和製英語
アメリカンフットボール	アメフト
ワードプロセッサー	ワープロ
パーソナルコンピューター	パソコン

また、「sunglasses」を「サングラス」、「corned beef」を「コーンビーフ」といったように、複数形の「s」や「es」、過去分詞形の「ed」を省略する例も多い。

4．現代における外来語

では、なぜこのようにたくさんの外来語が使われるようになったのか。なぜ漢字を使った日本風の言葉にせず、カタカナ言葉なのか。まず、もともと日本になかった言葉を言い表すのにはそのまま借用してしまえば一番手っ取り早いという、便宜上の理由が挙げられる。さらに、それに加えてやはりカタカナ言葉を使用することによって、かっこいい、新鮮味がある、インパクトがある、しゃれた感じがする、高級だ、といったようなプラスのイメージになることが多いからであろう。

例えば、アパートやマンションを選ぶ場合、「○○荘」「集合住宅」「長屋」と書かれた建物よりも、カタカナ言葉で書かれた建物のほうが豪華で広い現代的なイメージを持ちやすい。最近では「パレス（Palace-宮殿）」「レジデンス（Residence-宮殿）」「メゾン（Maison-家）」「ハイム（Heim-家）」「カーサ（Casa 家）」と名称も多岐に渡り、それらの言葉の頭に「ロイヤル」「ゴールデン」「グランド」「プリンス」などを付け、さらに豪華さを加えようとしたものを多く見かける。

また、政治の世界においても同様に、カタカナ言葉が多く使われている。小泉元首相はカタカナ言葉の氾濫を嫌い、「バックオフィス（内部管理事務）」や「アウトソーシング（民間委託）」などの言葉は国民にとってわかりにくいと指摘した。一方、安倍首相は第一次安倍内閣の所信表明演説において「セーフティーネット」「カントリー・アイデンティティー」

2

3ページ目

言語情報伝達論レポート

など 109 回、小泉元首相の時の 4 倍もの分量のカタカナ言葉を使用し、わかりにくいとの指摘を受けた。

確かに、次々と増える外来語はわかりにくいものが多い。そこで、独立行政法人 国立国語研究所を中心として、官報や新聞など、公共性の高い文書に使用される外来語について、次のようにわかりやすい言葉を作って言い換えようという動きもある。

表 3　官報や新聞などで言い換えられた外来語の例

外来語	言い換えられた言葉
アクセシビリティー	利用しやすさ
オーガナイザー	まとめ役
オフサイトセンター	原子力防災センター
コージェネレーション	熱電供給

5．外来語を使用するにあたっての注意事項

これら現在使われている外来語を使用するにあたって、外来語はあくまで日本独自の言葉であって「外国語」ではないため、日本国内でしか通用しないということを認識しておくべきである。アメリカに行って、「テレビ」「コンビニ」「パソコン」「ファミレス」「カーナビ」等の単語を使用しても会話が成り立たない。

言葉が通じないのはまだ良い方である。誤解されて伝わった場合、今後の人間関係に影響を及ぼす可能性もある。誤解される可能性があるのは、外来語と外国語で意味するものが違う場合である。例えば、食べ放題は、日本語で「バイキング」であるが、英語で「biking」は自転車に乗ることを指す言葉である。英語圏の友人をバイキングに誘おうと「Let's go biking on Sunday.」と話すと、サイクリングに誘われたものとしてとらえられてしまう。

6．まとめ

このように、現代において外来語は日常のさまざまな場面で使用されており、我々は特に何かを意識することなく当然のものとして使用している。外来語は新鮮さやかっこよさなどのプラスのイメージを与えることが多いが、外来語が過剰に使用され、わかりにくさや混乱を招いていることも事実である。

特に、企業や行政は専門知識を持たない一般消費者・国民に対し、伝えるべき情報をわかりやすく伝える義務があるのではなかろうか。外来語が氾濫している現代だからこそ、今一度本当に使うべき言葉は一体何であるのか、考え直す必要がある。政府を中心とした今後の「言い換え」の動向に注目していきたい。

〈参考文献〉

- 木村早雲（1978 年）『日本語と外来語』和語研究社
- 新宮稜平（1981 年）『外来語の歴史』実新社
- 田井中淳吉（2000 年）『和製英語の世界』通観書店

3

①表記ゆれチェックを使って、半角の「ｶﾀｶﾅ」を全角の「カタカナ」にすべて修正しましょう。

②フッターの中央にページ番号を挿入しましょう。

③ヘッダーの左側に「言語情報伝達論レポート」という文字を挿入しましょう。

④次の段落に「見出し1」を設定しましょう。

はじめに
外来語の歴史
現在使われている外来語の成り立ち
外来語を使用するにあたっての注意事項
現代における外来語
まとめ

⑤ナビゲーションウィンドウを使って、「現代における外来語」を「外来語を使用するにあたっての注意事項」の前に移動しましょう。

⑥「はじめに」に「1.2.3.…」の段落番号を設定しましょう。

⑦「1.はじめに」に次のような書式を設定しましょう。

フォント	：MSゴシック
フォントの色	：濃い青
太字	

⑧見出し1のスタイルを、「1.はじめに」に設定されている書式に更新しましょう。

⑨「2.外来語の歴史」内の「草する時には…」」（1ページ25～26行目）の後ろに次のような脚注を挿入しましょう。

脚注位置	：ページの最後
番号書式	：1，2，3・・・（全角）
脚注内容	：坪内逍遥（明治18-19年）『当世書生気質』

※「『』」は「かっこ」と入力して変換します。
※行数を確認するには、ステータスバーに行番号を表示すると効率的です。

⑩文書内の3つの表に次のような図表番号をそれぞれ挿入しましょう。

1ページ目の表

ラベル	：表
ラベル名	：□第二次世界大戦期に漢字に変換された外来語の例
位置	：選択した項目の上

2ページ目の表

ラベル	：表
ラベル名	：□和製英語の例
位置	：選択した項目の上

3ページ目の表

ラベル	：表
ラベル名	：□官報や新聞などで言い換えられた外来語の例
位置	：選択した項目の上

※□は全角の空白を表します。

⑪挿入した図表番号のフォントサイズを「9」ポイントに設定しましょう。

⑫文書全体の文字数と行数を確認しましょう。

※文書に任意の名前を付けて保存し、文書を閉じておきましょう。

練習問題 5

数式ツールを使って、次のような数式を入力しましょう。

OPEN

フォルダー「文書作成編」のフォルダー「練習問題」の文書「練習問題5」を開いておきましょう。

①

$$y^2 + z = \frac{c}{a}$$

②

$$\alpha - \beta = \sqrt{x}$$

③

$$\int_a^b f(x)\,dx$$

④

$$\int \frac{1}{(2x+3)^2}\,dx$$

⑤

$$\begin{cases} ax + by = p \\ cx + dy = q \end{cases}$$

※文書に任意の名前を付けて保存し、文書を閉じておきましょう。

Excel

■表計算編■

表計算ソフトを活用しよう

Excel 2019

Step1　Excelについて……E-1
Step2　データを入力しよう……E-3
Step3　表を作成しよう……E-9
Step4　表を編集しよう……E-17
Step5　表を印刷しよう……E-24
Step6　グラフを作成しよう……E-30
Step7　データベースを操作しよう……E-36
Step8　複数のシートを操作しよう……E-51
Step9　関数を使いこなそう……E-55
Step10　ユーザー定義の表示形式を設定しよう……E-71
Step11　条件付き書式を設定しよう……E-76
Step12　高度なグラフを作成しよう……E-80
Step13　ピボットテーブルを作成しよう……E-91
Step14　データベースを活用しよう……E-98
Step15　マクロを作成しよう……E-105
参考学習　ExcelのデータをWordに取り込もう……E-114
付　録　関数一覧……E-120
練習問題　……E-127

Step1 Excelについて

1　Excelの特長

Excelは、表計算からグラフ作成、データ管理まで様々な機能を兼ね備えた統合型の表計算ソフトです。
Excelには、主に次のような特長があります。

●表の作成・計算

様々な編集機能で見栄えのする表を作成できます。また、豊富な関数が用意されており、高度な計算を瞬時に行うことができます。

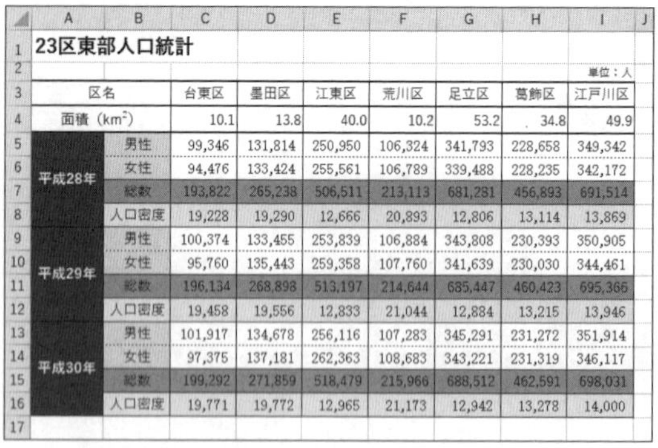

23区東部人口統計

単位：人

区名		台東区	墨田区	江東区	荒川区	足立区	葛飾区	江戸川区
面積（km²）		10.1	13.8	40.0	10.2	53.2	34.8	49.9
平成28年	男性	99,346	131,814	250,950	106,324	341,793	228,658	349,342
	女性	94,476	133,424	255,561	106,789	339,488	228,235	342,172
	総数	193,822	265,238	506,511	213,113	681,281	456,893	691,514
	人口密度	19,228	19,290	12,666	20,893	12,806	13,114	13,869
平成29年	男性	100,374	133,455	253,839	106,884	343,808	230,393	350,905
	女性	95,760	135,443	259,358	107,760	341,639	230,030	344,461
	総数	196,134	268,898	513,197	214,644	685,447	460,423	695,366
	人口密度	19,458	19,556	12,833	21,044	12,884	13,215	13,946
平成30年	男性	101,917	134,678	256,116	107,283	345,291	231,272	351,914
	女性	97,375	137,181	262,363	108,683	343,221	231,319	346,117
	総数	199,292	271,859	518,479	215,966	688,512	462,591	698,031
	人口密度	19,771	19,772	12,965	21,173	12,942	13,278	14,000

●グラフの作成

表のデータをもとにグラフを簡単に作成できます。グラフを使うと、データを視覚的に表示できるので、データを比較したり傾向を把握したりするのに便利です。

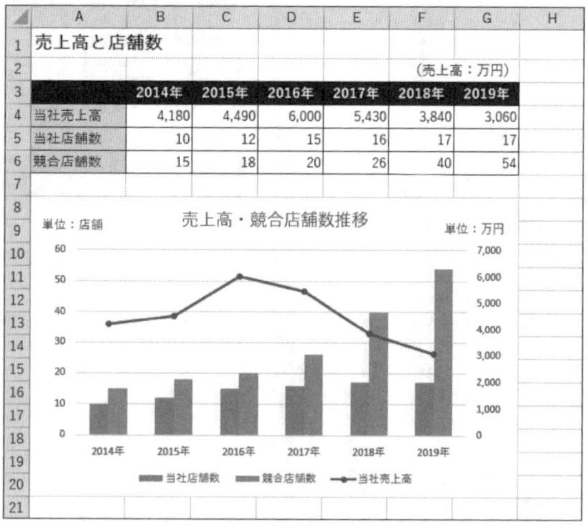

売上高と店舗数

（売上高：万円）

	2014年	2015年	2016年	2017年	2018年	2019年
当社売上高	4,180	4,490	6,000	5,430	3,840	3,060
当社店舗数	10	12	15	16	17	17
競合店舗数	15	18	20	26	40	54

●データの管理（データベース機能）

目的に応じて表のデータを並べ替えたり、必要なデータだけを取り出したりできます。
住所録や売上台帳などの大量なデータを管理するのに便利です。

横浜市沿線別住宅情報

管理No	沿線	最寄駅	徒歩（分）	賃料	管理費	毎月支払額
7	東横線		5	¥120,000	¥6,000	¥126,000
8	東横線		2	¥130,000	¥6,000	¥136,000
9	東横線	大倉山	8	¥65,000	¥8,000	¥73,000
11	東横線	綱島	4	¥200,000	¥15,000	¥215,000
16	東横線	菊名	6	¥80,000	¥5,500	¥85,500
18	東横線	大倉山	9	¥180,000	¥8,000	¥188,000
20	東横線	綱島	17	¥320,000	¥15,000	¥335,000
21	東横線	日吉	14	¥100,000	¥6,000	¥106,000
26	東横線	綱島	6	¥180,000	¥0	¥180,000
27	東横線	日吉	12	¥160,000	¥12,000	¥172,000

●データの分析（ピボットテーブル）

データの項目名を自由に配置して、集計表や集計グラフを簡単に作成できます。データの分析に適しています。

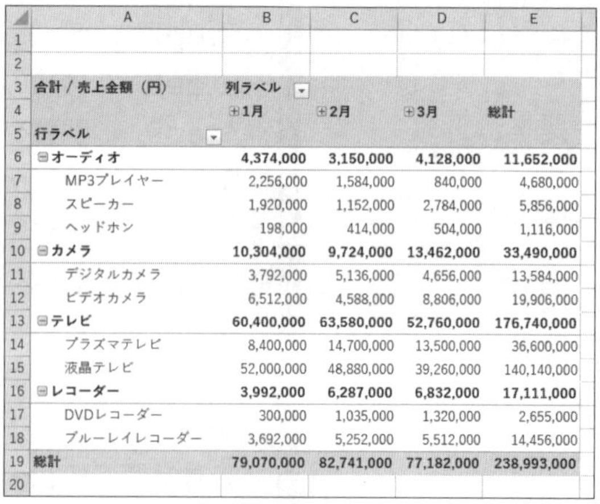

合計 / 売上金額（円）	列ラベル			
	⊞1月	⊞2月	⊞3月	総計
行ラベル				
⊟オーディオ	4,374,000	3,150,000	4,128,000	11,652,000
MP3プレイヤー	2,256,000	1,584,000	840,000	4,680,000
スピーカー	1,920,000	1,152,000	2,784,000	5,856,000
ヘッドホン	198,000	414,000	504,000	1,116,000
⊟カメラ	10,304,000	9,724,000	13,462,000	33,490,000
デジタルカメラ	3,792,000	5,136,000	4,656,000	13,584,000
ビデオカメラ	6,512,000	4,588,000	8,806,000	19,906,000
⊟テレビ	60,400,000	63,580,000	52,760,000	176,740,000
プラズマテレビ	8,400,000	14,700,000	13,500,000	36,600,000
液晶テレビ	52,000,000	48,880,000	39,260,000	140,140,000
⊟レコーダー	3,992,000	6,287,000	6,832,000	17,111,000
DVDレコーダー	300,000	1,035,000	1,320,000	2,655,000
ブルーレイレコーダー	3,692,000	5,252,000	5,512,000	14,456,000
総計	79,070,000	82,741,000	77,182,000	238,993,000

2　Excelの画面構成

Excelの各部の名称と役割は、次のとおりです。

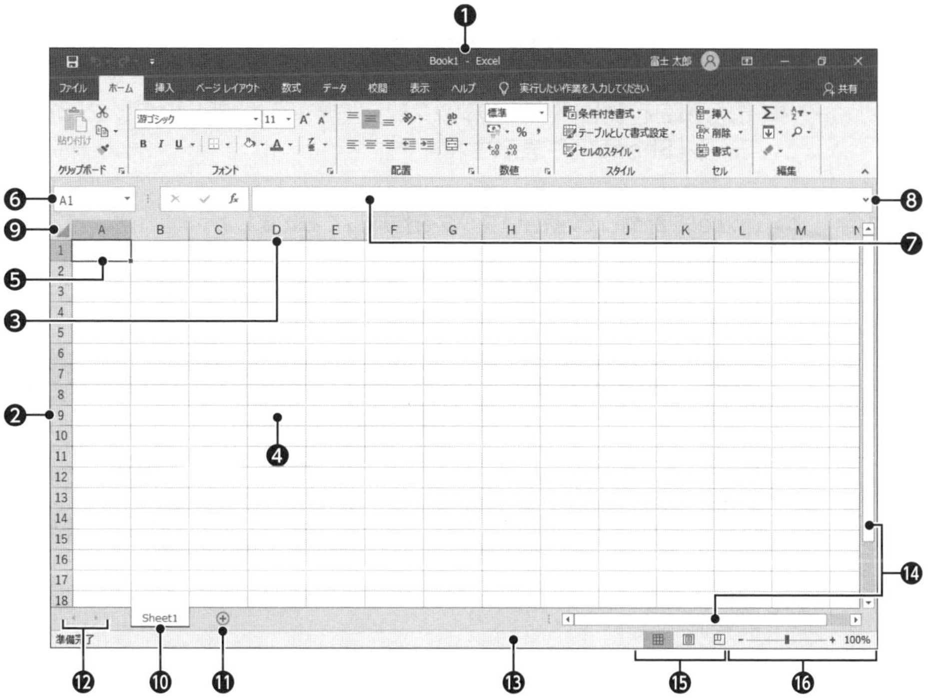

❶ **タイトルバー**

ブック名とアプリ名が表示されます。

❷ **行番号**

シートの行番号を示します。行番号【1】から行番号【1048576】まで1,048,576行あります。

❸ **列番号**

シートの列番号を示します。列番号【A】から列番号【XFD】まで16,384列あります。

❹ **セル**

列と行が交わるひとつひとつのマス目のことです。列番号と行番号で位置を表します。例えば、D列の9行目のセルは【D9】で表します。

❺ **アクティブセル**

処理の対象になっているセルのことです。

❻ **名前ボックス**

アクティブセルの位置などが表示されます。

❼ **数式バー**

アクティブセルの内容などが表示されます。

❽ **数式バーの展開**

数式バーを展開して表示領域を拡大します。

※数式バーを展開すると、[⌄]から[⌃]に切り替わります。クリックすると、数式バーが折りたたまれて表示領域がもとのサイズに戻ります。

❾ **全セル選択ボタン**

シート内のすべてのセルを選択するときに使います。

❿ **シート見出し**

シートを識別するための見出しです。

⓫ **新しいシート**

新しいシートを挿入するときに使います。

⓬ **見出しスクロールボタン**

シート見出しの表示領域を移動するときに使います。

⓭ **ステータスバー**

現在の作業状況や処理手順が表示されます。

⓮ **スクロールバー**

シートの表示領域を移動するときに使います。

⓯ **表示選択ショートカット**

画面の表示モードを切り替えるときに使います。

⓰ **ズーム**

シートの表示倍率を変更するときに使います。

Step2 データを入力しよう

1 ブックの新規作成

Excelを起動し、《空白のブック》を選択すると、新しいブック「Book1」が開かれ、シート「Sheet1」が表示されます。

OPEN

Excelを起動して、新しいブックを作成しておきましょう。

① タイトルバーに「Book1」と表示され、シート「Sheet1」が表示されていることを確認します。

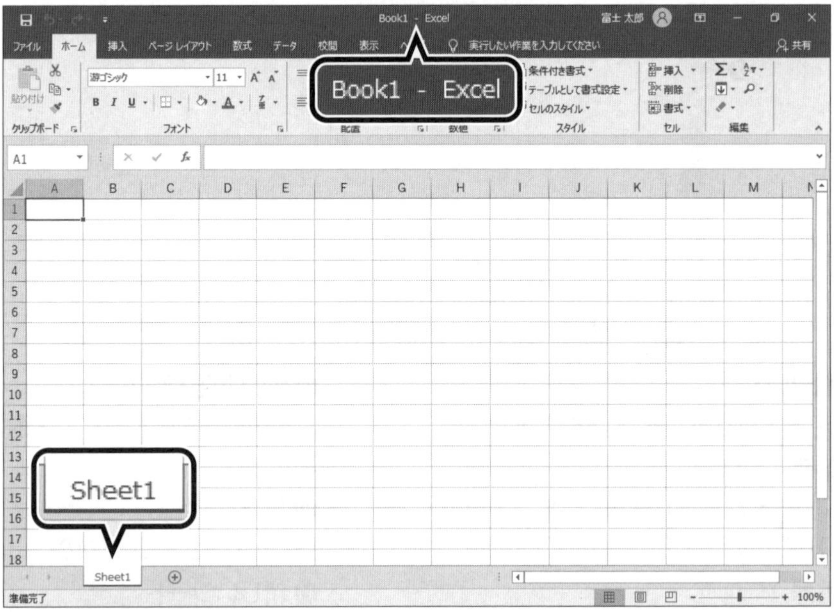

Point! ブックとシート

Excelでは、ファイルのことを「ブック」といいます。初期の設定では、ブックには1枚の「シート」が用意されており、必要に応じて挿入したり削除したりできます。処理の対象になっているシートを「アクティブシート」といいます。

2 データの入力

Excelで扱うデータには**「文字列」**と**「数値」**があります。

種類	計算対象	セル内の配置
文字列	計算対象とならない	左揃えで表示
数値	計算対象となる	右揃えで表示

※日付や数式は「数値」に含まれます。

※文字列は基本的に計算対象になりませんが、文字列を扱う関数で処理対象となることがあります。

▶▶1 文字列の入力

セル【B3】に「都市名」と入力しましょう。

①セル【B3】を選択します。

②名前ボックスに「B3」と表示されます。

③「都市名」と入力します。

④数式バーにデータが表示されます。

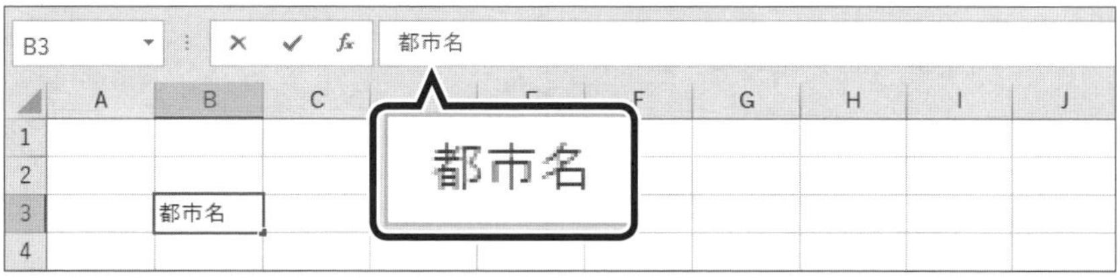

⑤ Enter を押します。

⑥入力した文字列が左揃えで表示され、アクティブセルが【B4】に移動します。

※ Enter を押してデータを確定すると、アクティブセルが下に移動します。

	A	B	C	D	E	F	G	H	I	J
1										
2										
3		都市名								
4										
5										

⑦図のようにデータを入力します。

	A	B	C	D	E	F	G	H	I	J
1		2018年降水量データ								
2					ミリメートル					
3		都市名	A市	B市	C市					
4		1月								
5										
6										
7		合計								
8		平均								
9		最高								
10		最低								
11										
12										

Point! 長い文字列の入力

列幅より長い文字列を入力すると、次のようにシート上に表示されます。

●右隣のセルにデータが入力されていない場合

列幅を超える部分は隣のセルに表示されます。

	A	B	C	D
1		2018年降水量データ		
2				

●右隣のセルにデータが入力されている場合

列幅を超える部分は表示されません。

	A	B	C	D
1		2018年降ｽ	4月1日	
2				

※セルに格納されているデータは数式バーで確認できます。

More 文字列の改行

セル内の文字列を任意の位置で改行するには、改行位置で Alt + Enter を押します。改行すると、行の高さは自動的に調整されます。

▶▶2 数値の入力

セル【C4】に「48.4」と入力しましょう。

①セル【C4】を選択します。

②「48.4」と入力します。

③ Enter を押します。

④入力した数値が右揃えで表示されます。

	A	B	C	D	E	F	G	H	I	J
1		2018年降水量データ								
2					ミリメートル					
3		都市名	A市	B市	C市					
4		1月	48.4							
5										
6										
7		合計								
8		平均								
9		最高								
10		最低								
11										

⑤図のようにデータを入力します。

	A	B	C	D	E	F	G	H	I	J
1		2018年降水量データ								
2					ミリメートル					
3		都市名	A市	B市	C市					
4		1月	48.4	25.9	55.6					
5			55.2	51.4	70.1					
6			30.3	45.5	33.8					
7		合計								
8		平均								
9		最高								
10		最低								
11										

More 入力中のデータの取り消し

入力中に ← や → を押すとデータが確定されます。確定前にデータを取り消すには、 Back Space または Esc を使います。

Back Space :一文字ずつ取り消す

Esc :すべて取り消す

Point! 日付の入力

日付は、「2020/4/1」のように年月日を「/」(スラッシュ)または「-」(ハイフン)で区切って入力します。この規則で日付を入力すると、「令和2年4月1日」のように表示形式を変更したり、日付をもとに計算したりできます。

3　データの自動入力（オートフィル）

「オートフィル」は、セルの右下の■（フィルハンドル）を使って連続性のあるデータを隣接するセルに入力する機能です。
オートフィルを使って、セル【B4】の「1月」をもとに「2月」「3月」と連続するデータを入力しましょう。

①セル【B4】を選択します。

②セル右下の■（フィルハンドル）をポイントします。

③マウスポインターの形が＋に変わったら、セル【B6】までドラッグします。
※ドラッグ中、入力される内容がポップヒントに表示されます。

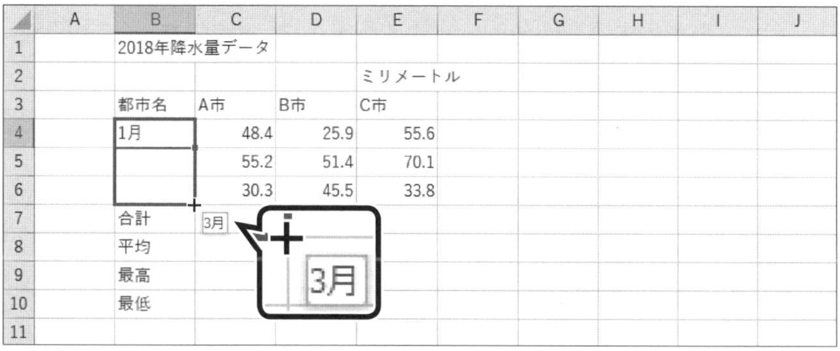

	A	B	C	D	E	F	G	H	I	J
1		2018年降水量データ								
2					ミリメートル					
3		都市名	A市	B市	C市					
4		1月	48.4	25.9	55.6					
5			55.2	51.4	70.1					
6			30.3	45.5	33.8					
7		合計								
8		平均								
9		最高								
10		最低								
11										

④連続するデータが入力されます。

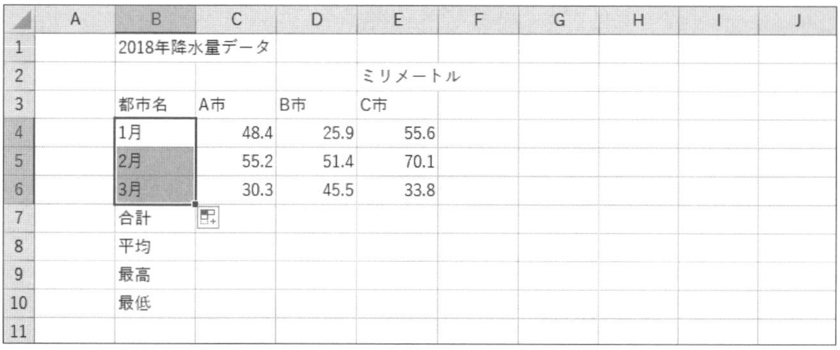

	A	B	C	D	E	F	G	H	I	J
1		2018年降水量データ								
2					ミリメートル					
3		都市名	A市	B市	C市					
4		1月	48.4	25.9	55.6					
5		2月	55.2	51.4	70.1					
6		3月	30.3	45.5	33.8					
7		合計								
8		平均								
9		最高								
10		最低								
11										

※月は「1月」～「12月」まで増加し、「12月」を過ぎると「1月」に戻ります。

More 連続データの入力

同様の手順で、「月曜日」～「日曜日」、「第1四半期」～「第4四半期」、「1月1日」～「12月31日」なども入力できます。

More オートフィルオプション

オートフィルを実行すると、（オートフィルオプション）が表示されます。ポイントするとからに変わります。クリックして表示される一覧から、データのコピーに変更したり、書式の有無を指定したりできます。

4　データの修正

セルに入力したデータを修正しましょう。

▶▶1　上書き修正

セルの内容を変更する場合は、入力したデータの上から新しいデータを入力しなおします。
セル【E2】の「ミリメートル」を「単位：mm」に上書きして修正しましょう。

①セル【E2】を選択します。

②「単位:mm」と入力します。

③ Enter を押します。

④データが修正されます。

	A	B	C	D	E	F	G	H	I	J
1		2018年降水量データ								
2					単位:mm					
3		都市名	A市	B市	C市					
4		1月	48.4	25.9	55.6					

▶▶2 編集状態での修正

セルの内容を部分的に変更する場合は、対象のセルを編集できる状態にしてデータを修正します。
セル【B1】の「2018年降水量データ」を「2019年降水量データ」に修正しましょう。

①セル【B1】をダブルクリックします。

②編集状態になり、セル内にカーソルが表示されます。

③「2018」を「2019」に修正します。
※編集状態では、← →でカーソルを移動できます。
※数式バーをクリックして、数式バー上で修正することもできます。

④ Enter を押します。

⑤データが修正されます。

	A	B	C	D	E	F	G	H	I	J
1		2019年降水量データ								
2					単位:mm					
3		都市名	A市	B市	C市					

5 データの消去

セル範囲【B9:B10】の項目名を消去しましょう。

①セル範囲【B9:B10】を選択します。

② Delete を押します。

③データが消去されます。

	A	B	C	D	E	F	G	H	I	J
1		2019年降水量データ								
2					単位:mm					
3		都市名	A市	B市	C市					
4		1月	48.4	25.9	55.6					
5		2月	55.2	51.4	70.1					
6		3月	30.3	45.5	33.8					
7		合計								
8		平均								
9										
10										
11										

※任意のセルをクリックし、選択を解除しておきましょう。

Point! セル・セル範囲の選択

セル・セル範囲を選択する方法は、次のとおりです。

選択対象	操作方法
セル	セルをクリック
セル範囲	開始セルから終了セルまでドラッグ 開始セルをクリック→Shiftを押しながら終了セルをクリック
複数のセル範囲	1つ目のセル範囲を選択→Ctrlを押しながら、2つ目以降のセル範囲を選択
行	行番号をクリック
隣接する複数行	行番号をドラッグ
列	列番号をクリック
隣接する複数列	列番号をドラッグ

More 範囲選択の一部解除

範囲選択後に、一部の選択範囲を解除するには、Ctrlを押しながら解除する範囲をクリック、またはドラッグします。

例：セル範囲【B2：F5】を選択→Ctrlを押しながらセル範囲【D3：E4】を選択して解除

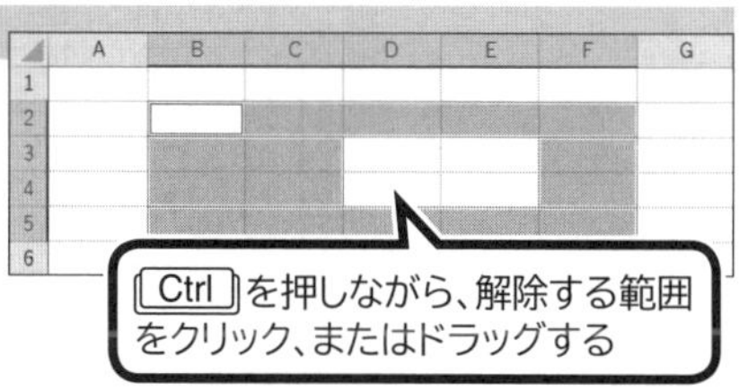

Point! データのコピー・移動

データをほかのセルにコピーしたり移動したりする方法は、次のとおりです。

データのコピー

◆コピー元のセルを選択→《ホーム》タブ→《クリップボード》グループの（コピー）→コピー先のセルを選択→《ホーム》タブ→《クリップボード》グループの（貼り付け）

データの移動

データをほかのセルに移動する方法は、次のとおりです。

◆移動元のセルを選択→《ホーム》タブ→《クリップボード》グループの（切り取り）→移動先のセルを選択→《ホーム》タブ→《クリップボード》グループの（貼り付け）

6 ブックの保存

作成したブックを残しておきたいときは、ブックに名前を付けて保存します。
作成したブックに「データの入力完成」と名前を付けて保存しましょう。

①セル【A1】を選択します。

②《ファイル》タブ→《名前を付けて保存》→《参照》をクリックします。

③《名前を付けて保存》ダイアログボックスが表示されます。

④保存先を選択します。

⑤《ファイル名》に「データの入力完成」と入力します。

⑥《保存》をクリックします。

⑦タイトルバーにブックの名前が表示されていることを確認します。

※ブックを閉じておきましょう。

Point! アクティブシートとアクティブセルの保存

ブックを保存すると、アクティブシートとアクティブセルの位置も合わせて保存されます。次に作業するときに便利なシートとセルを選択し、ブックを保存しましょう。

Step3 表を作成しよう

1 作成する表の確認

次のような表を作成しましょう。

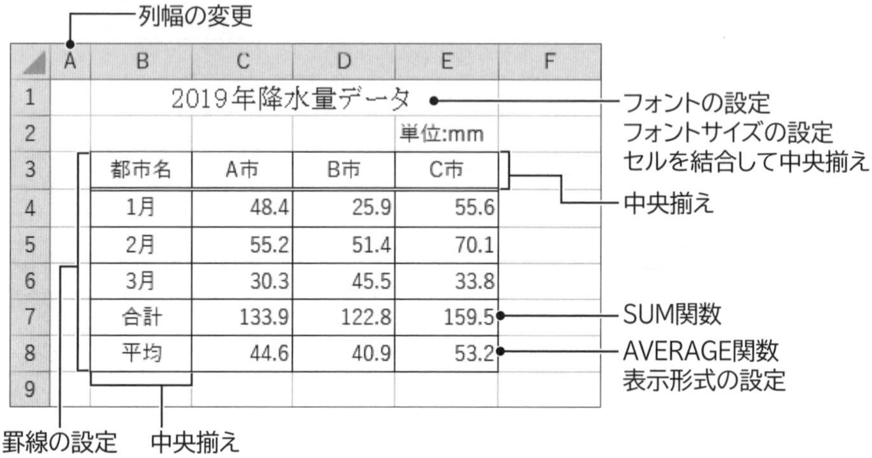

	A	B	C	D	E	F
1		2019年降水量データ				
2					単位:mm	
3		都市名	A市	B市	C市	
4		1月	48.4	25.9	55.6	
5		2月	55.2	51.4	70.1	
6		3月	30.3	45.5	33.8	
7		合計	133.9	122.8	159.5	
8		平均	44.6	40.9	53.2	
9						

2 罫線の設定

セルの周囲に罫線を設定できます。罫線を設定すると、セルの区切りが明らかになります。
表全体に格子線を引きましょう。
また、表の項目名の下に二重線を引きましょう。

OPEN フォルダー「表計算編」のブック「表の作成」のシート「Sheet1」を開いておきましょう。

① セル範囲【B3:E8】を選択します。

②《ホーム》タブ→《フォント》グループの（下罫線）の→《格子》をクリックします。

③表全体に格子線が引かれます。

※ボタンが直前に選択した（格子）に変わります。

④ セル範囲【B3:E3】を選択します。

⑤《ホーム》タブ→《フォント》グループの（格子）の→《下二重罫線》をクリックします。

⑥ セル範囲の下に二重線が引かれます。

※任意のセルをクリックし、選択を解除しておきましょう。

	A	B	C	D	E	F	G	H	I	J
1		2019年降水量データ								
2					単位:mm					
3		都市名	A市	B市	C市					
4		1月	48.4	25.9	55.6					
5		2月	55.2	51.4	70.1					
6		3月	30.3	45.5	33.8					
7		合計								
8		平均								
9										

3　数式の入力

「**数式**」を使うと、入力されている値をもとに計算を行い、計算結果を表示できます。数式は先頭に「=」（等号）を入力し、続けてセルを参照しながら演算記号を使って入力します。
セルを参照して数式を入力しておくと、セルの値が変更された場合でも、自動的に再計算が行われ、計算結果に反映されます。

例えば、「A市」の「1月」から「3月」の合計を求める数式は、次のようになります。

```
=C4+C5+C6
```

Point!　演算記号

数式で使う演算記号には、次のようなものがあります。

計算方法	演算記号	読み	一般的な数式	入力する数式
加算	+	プラス	2+3	=2+3
減算	−	マイナス	2−3	=2−3
乗算	*	アスタリスク	2×3	=2*3
除算	/	スラッシュ	2÷3	=2/3
べき乗	^	キャレット	2^3	=2^3

4　関数の入力

「**関数**」とは、あらかじめ定義されている数式です。演算記号を使って数式を入力する代わりに、かっこ内に必要な「**引数**《ひきすう》」を指定することによって計算を行います。

=関数名（引数1,引数2,…）

❶ =　❷ 関数名　❸ （引数1,引数2,…）

❶先頭に「=」（等号）を入力します。

❷関数名を入力します。
※関数名は、英大文字で入力しても英小文字で入力してもかまいません。

❸引数をかっこで囲み、各引数は「,」（カンマ）で区切ります。
※関数によって、指定する引数は異なります。

例えば、「A市」の「1月」から「3月」の合計を求める関数は、次のようになります。

```
=SUM(C4:C6)
```

▶▶1 合計を求める（SUM関数）

合計を求めるには「SUM関数」を使います。Σ（合計）を使うと、SUM関数が自動的に入力され、簡単に合計が求められます。
セル【C7】に「A市」の合計を求めましょう。

> **=SUM（数値1，数値2，・・・）**
> 　　　　引数1　　引数2
>
> 例：
> =SUM（A1：A10）
> セル範囲【A1：A10】の合計を求めます。
> =SUM（A1：A10, C1：C10, E1：E10）
> セル範囲【A1：A10】とセル範囲【C1：C10】、セル範囲【E1：E10】の合計を求めます。
>
> ※引数には、対象のセル、セル範囲、数値などを指定します。
> ※引数の「：」（コロン）は連続したセル、「,」（カンマ）は離れたセルを表します。

①セル【C7】を選択します。
②《ホーム》タブ→《編集》グループの Σ（合計）をクリックします。
③合計するセル範囲が点線で囲まれます。
④数式バーに「=SUM（C4：C6）」と表示されていることを確認します。

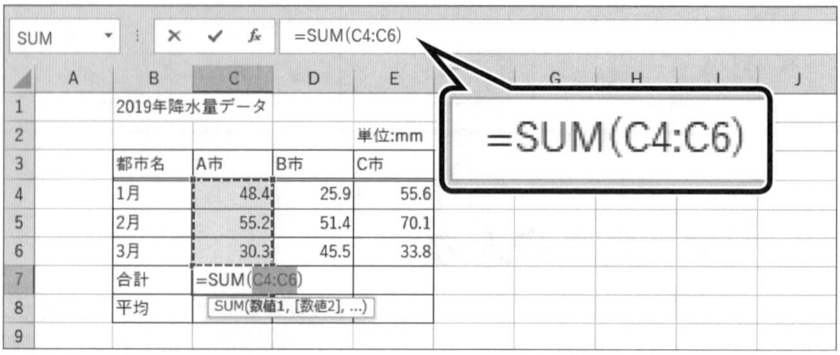

⑤ Enter を押します。
※ Σ（合計）を再度クリックして確定することもできます。
⑥SUM関数が入力され、合計が求められます。

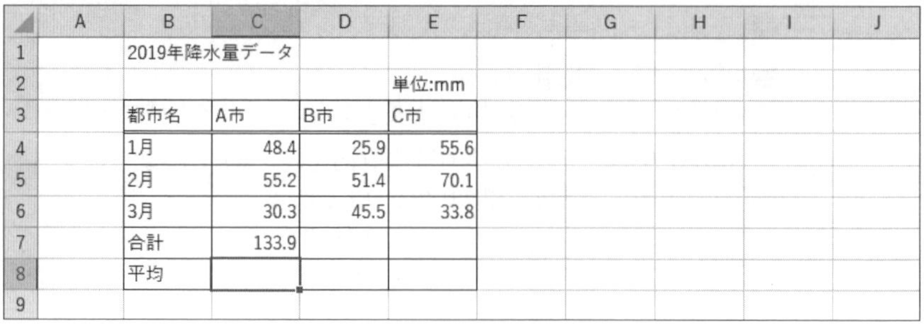

▶▶2 数式のコピー

オートフィルを使って、「A市」の数式をコピーして「B市」と「C市」の合計を求めましょう。
数式が入力されているセルをコピーすると、コピー先に合わせてセル参照が自動的に調整されます。

①セル【C7】を選択し、セル右下の■(フィルハンドル)をセル【E7】までドラッグします。

②数式がコピーされ、合計が求められます。

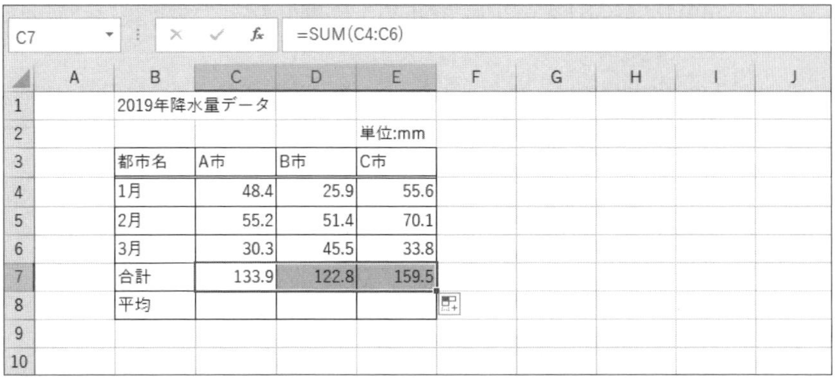

※セル【D7】とセル【E7】をそれぞれ選択し、数式バーで数式を確認しておきましょう。

▶▶3 平均を求める(AVERAGE関数)

平均を求めるには「AVERAGE関数」を使います。
セル【C8】に「A市」の平均を求めましょう。

> **=AVERAGE(数値1,数値2,・・・)**
> 　　　　　　　引数1　　引数2
>
> 例:
> =AVERAGE(A1:A10)
> セル範囲【A1:A10】の平均を求めます。
> =AVERAGE(A1:A10,C1:C10,E1:E10)
> セル範囲【A1:A10】とセル範囲【C1:C10】、セル範囲【E1:E10】の平均を求めます。
>
> ※引数には、対象のセル、セル範囲、数値などを指定します。

①セル【C8】を選択します。

②《ホーム》タブ→《編集》グループの[Σ▾](合計)の[▾]→《平均》をクリックします。

③平均するセル範囲が点線で囲まれます。

④数式バーに「=AVERAGE(C4:C7)」と表示されていることを確認します。

⑤平均するセル範囲【C4:C6】をドラッグします。

⑥数式バーに「=AVERAGE(C4:C6)」と表示されていることを確認します。

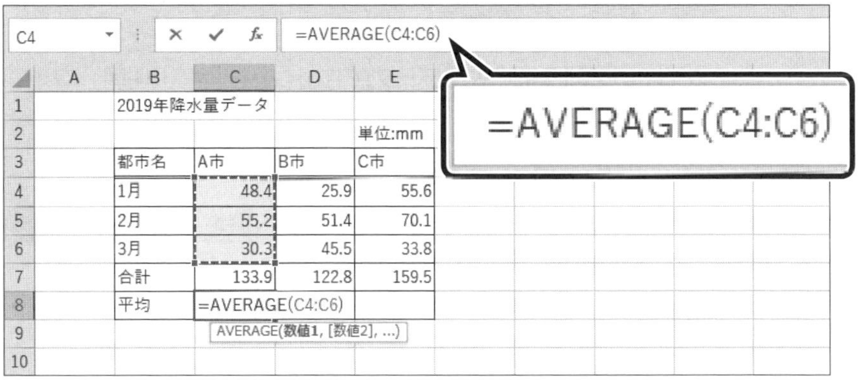

⑦ Enter を押します。
※ Σ (合計)を再度クリックして確定することもできます。

⑧ AVERAGE関数が入力され、平均が求められます。

⑨ セル【C8】を選択し、セル右下の■(フィルハンドル)をセル【E8】までドラッグします。

⑩ 数式がコピーされ、平均が求められます。

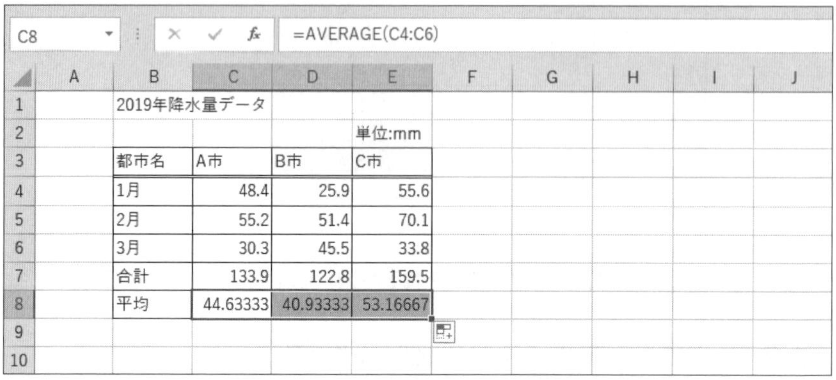

※セル【D8】とセル【E8】をそれぞれ選択し、数式バーで数式を確認しておきましょう。

More MAX関数

引数の数値の中から最大値を求めることができます。

=MAX(**数値1**, **数値2**, ・・・)
引数1 引数2

※引数には、対象のセル、セル範囲、数値などを指定します。

More MIN関数

引数の数値の中から最小値を求めることができます。

=MIN(**数値1**, **数値2**, ・・・)
引数1 引数2

※引数には、対象のセル、セル範囲、数値などを指定します。

5　フォント書式の設定

初期の設定では、入力データのフォントは「游ゴシック」、フォントサイズは「11」ポイントになっています。フォントやフォントサイズは変更できます。
タイトル「2019年降水量データ」のフォントを「MSP明朝」、フォントサイズを「14」ポイントに設定しましょう。

① セル【B1】を選択します。

②《ホーム》タブ→《フォント》グループの 游ゴシック (フォント)の ▾ →《MSP明朝》をクリックします。

③《ホーム》タブ→《フォント》グループの 11 (フォントサイズ)の ▾ →《14》をクリックします。

④ フォントとフォントサイズが設定されます。

	A	B	C	D	E	F	G	H	I	J
1		2019年降水量データ								
2					単位:mm					
3		都市名	A市	B市	C市					
4		1月	48.4	25.9	55.6					
5		2月	55.2	51.4	70.1					
6		3月	30.3	45.5	33.8					

Point!

セルの文字の色と背景の色の設定

セルに入力されている文字の色を設定するには、《ホーム》タブ→《フォント》グループの（フォントの色）を使います。セルの背景の色を設定するには、《ホーム》タブ→《フォント》グループの（塗りつぶしの色）を使います。

6 配置の設定

データを入力すると、文字列はセル内で左揃え、数値はセル内で右揃えの状態で表示されます。セル内の文字列の配置は変更できます。

▶▶1 中央揃え

項目名をセル内で中央揃えに設定しましょう。

① セル範囲【B3:E3】を選択します。

② Ctrl を押しながらセル範囲【B4:B8】を選択します。

③《ホーム》タブ→《配置》グループの（中央揃え）をクリックします。

④ 中央揃えが設定されます。

	A	B	C	D	E	F	G	H	I	J
1		2019年降水量データ								
2					単位:mm					
3		都市名	A市	B市	C市					
4		1月	48.4	25.9	55.6					
5		2月	55.2	51.4	70.1					
6		3月	30.3	45.5	33.8					
7		合計	133.9	122.8	159.5					
8		平均	44.63333	40.93333	53.16667					
9										

More 垂直方向の配置

データの垂直方向の配置を設定するには、《ホーム》タブ→《配置》グループの（上揃え）や（上下中央揃え）、（下揃え）を使います。行の高さを大きくした場合やセルを縦方向に結合した場合に使います。

▶▶2 セルを結合して中央揃え

複数のセルを結合して、文字列をその結合したセルの中央に配置できます。
セル範囲【B1:E1】を結合し、タイトル「2019年降水量データ」を結合したセルの中央に配置しましょう。

① セル範囲【B1:E1】を選択します。

②《ホーム》タブ→《配置》グループの（セルを結合して中央揃え）をクリックします。

③セルが結合され、結合したセルの中央に文字列が配置されます。

	A	B	C	D	E	F	G	H	I	J
1		2019年降水量データ								
2					単位:mm					
3		都市名	A市	B市	C市					
4		1月	48.4	25.9	55.6					
5		2月	55.2	51.4	70.1					
6		3月	30.3	45.5	33.8					

More 文字列全体の表示

列幅より長い文字列をセル内に表示する方法には、次のようなものがあります。

折り返して全体を表示

列幅に合わせて文字列を折り返して全体を表示します。

◆セルを選択→《ホーム》タブ→《配置》グループの (折り返して全体を表示する)

	A	B
1	2019年降水量データ	
2		

→

	A	B
1	2019年降水量 データ	
2		

縮小して全体を表示

列幅に合わせて自動的にフォントサイズを縮小して、全体を表示します。

◆セルを選択→《ホーム》タブ→《配置》グループの (配置の設定)→《配置》タブ→《✔縮小して全体を表示する》

	A	B
1	2019年降水量データ	
2		

→

	A	B
1	2019年降水量データ	
2		

7 表示形式の設定

セルに「表示形式」を設定すると、シート上の見た目を変更できます。例えば、数値に3桁区切りカンマを付けて表示したり、小数点以下の桁数をそろえたりして、数値を読み取りやすくできます。表示形式を設定しても、セルに格納されているもとの数値は変更されません。

「平均」の数値を小数点第1位までの表示に変更しましょう。

①セル範囲【C8:E8】を選択します。

②《ホーム》タブ→《数値》グループの (小数点以下の表示桁数を減らす)を4回クリックします。

※クリックするごとに、小数点以下が1桁ずつ非表示になります。

③小数点第1位までの表示になります。

※小数点第2位を四捨五入して小数点第1位までを表示します。

	A	B	C	D	E	F	G	H	I	J
1		2019年降水量データ								
2					単位:mm					
3		都市名	A市	B市	C市					
4		1月	48.4	25.9	55.6					
5		2月	55.2	51.4	70.1					
6		3月	30.3	45.5	33.8					
7		合計	133.9	122.8	159.5					
8		平均	44.6	40.9	53.2					
9										

Point! 小数点以下の表示桁数を増やす

(小数点以下の表示桁数を増やす)をクリックすると、数値の小数点以下の桁数が1桁ずつ増えます。

Point! 通貨記号と3桁区切りカンマ

数値に通貨記号と3桁区切りカンマを付けるには、《ホーム》タブ→《数値》グループの（通貨表示形式）を使います。数値に3桁区切りカンマだけを付けるには、《ホーム》タブ→《数値》グループの（桁区切りスタイル）を使います。

8　列幅の変更

列幅は自由に変更できます。初期の設定では、列幅は「8.38」文字になっています。列幅を変更するには、列番号の右側の境界線をドラッグします。
A列の列幅を狭くしましょう。

①列番号【A】の右側の境界線をポイントします。

②マウスポインターの形が ✛ に変わったら、左方向にドラッグします。（目安：3.00（29ピクセル））

※境界線をポイントしてマウスの左ボタンを押したままの状態にすると、ポップヒントに列幅が表示されます。

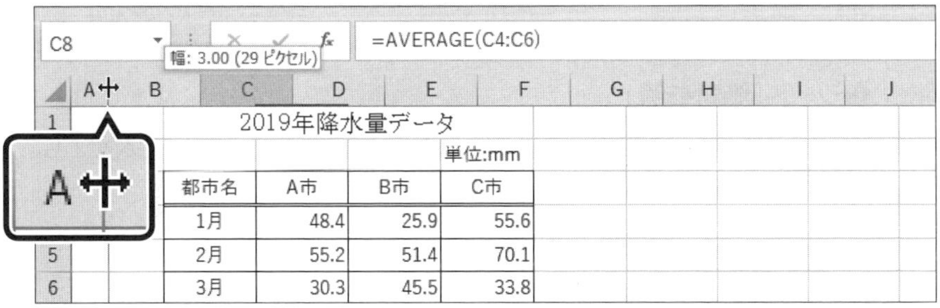

③列幅が変更されます。

※ブックに任意の名前を付けて保存し、ブックを閉じておきましょう。

More その他の方法（列幅の変更）

列の最長データに合わせて列幅を自動的に調整できます。

◆列番号の右側の境界線をダブルクリック

列幅を数値で指定できます。

◆列番号を右クリック→《列の幅》→《列の幅》に値を入力

Point! 行の高さの変更

初期の設定では、行の高さは「18.75」ポイントになっています。行の高さは自由に変更できます。
行の高さを変更する方法は、次のとおりです。

◆行番号を右クリック→《行の高さ》→《行の高さ》に値を入力

Point! 行や列の挿入・削除

足りない行や列を挿入したり、不要な行や列を削除したり、あとから表の構成を変更できます。
行や列を挿入する方法は、次のとおりです。

◆行番号や列番号を右クリック→《挿入》

行や列を削除する方法は、次のとおりです。

◆行番号や列番号を右クリック→《削除》

Step4 表を編集しよう

1 作成する表の確認

次のような表を作成しましょう。

●シート「相対参照」

	A	B	C	D	E	F	G	H	I	J
1	アルバイト週給計算									
2										
3	名前	時給	2月3日	2月4日	2月5日	2月6日	2月7日	週勤務時間	週給	
4			月	火	水	木	金			
5	佐々木　健太	¥1,350	7.0	7.0	7.5	7.0	7.0	35.5	¥47,925	
6	大野　英子	¥1,350	5.0		5.0		5.0	15.0	¥20,250	
7	花田　真理	¥1,300	5.5	5.5	7.0	5.5	6.5	30.0	¥39,000	
8	野村　剛史	¥1,300		6.0		6.0		12.0	¥15,600	
9	吉沢　あかね	¥1,300	7.5	7.5	7.5	7.5		30.0	¥39,000	
10	宗川　純一	¥1,250	7.0	7.0	6.5		6.5	27.0	¥33,750	
11	竹内　彬	¥1,100				8.0	8.0	16.0	¥17,600	
12										

相対参照の数式の入力

●シート「絶対参照」

	A	B	C	D	E	F	G	H	I
1	アルバイト週給計算								
2									
3	時給	¥1,300							
4									
5	名前	2月3日	2月4日	2月5日	2月6日	2月7日	週勤務時間	週給	
6		月	火	水	木	金			
7	佐々木　健太	7.0	7.0	7.5	7.0	7.0	35.5	¥46,150	
8	大野　英子	5.0		5.0		5.0	15.0	¥19,500	
9	花田　真理	5.5	5.5	7.0	5.5	6.5	30.0	¥39,000	
10	野村　剛史		6.0		6.0		12.0	¥15,600	
11	吉沢　あかね	7.5	7.5	7.5	7.5		30.0	¥39,000	
12	宗川　純一	7.0	7.0	6.5		6.5	27.0	¥35,100	
13	竹内　彬				8.0	8.0	16.0	¥20,800	
14									

絶対参照の数式の入力

●シート「書式のコピー」

書式のコピー　　データと列幅のコピー

	A	B	C	D	E	F	G	H	I
1	23区東部人口統計								
2									単位：人
3	区名		台東区	墨田区	江東区	荒川区	足立区	葛飾区	江戸川区
4	面積（km²）		10.1	13.8	40.0	10.2	53.2	34.8	49.9
5	平成28年	男性	99,346	131,814	250,950	106,324	341,793	228,658	349,342
6		女性	94,476	133,424	255,561	106,789	339,488	228,235	342,172
7		総数	193,822	265,238	506,511	213,113	681,281	456,893	691,514
8		人口密度	19,228	19,290	12,666	20,893	12,806	13,114	13,869
9	平成29年	男性	100,374	133,455	253,839	106,884	343,808	230,393	350,905
10		女性	95.760	135.443	259.358	107.760	341.639	230.030	344.461
11		総数	196,134	268,898	513,197	214,644	685,447	460,423	695,366
12		人口密度	19,458	19,556	12,833	21,044	12,884	13,215	13,946
13	平成30年	男性	101,917	134,678	256,116	107,283	345,291	231,272	351,914
14		女性	97,375	137,181	262,363	108,683	343,221	231,319	346,117
15		総数	199,292	271,859	518,479	215,966	688,512	462,591	698,031
16		人口密度	19,771	19,772	12,965	21,173	12,942	13,278	14,000
17									

	J	K	L	M	N
1		女性人口推移			
2					
3		区名	平成28年度	平成29年度	平成30年度
4		台東区	94,476	95,760	97,375
5		墨田区	133,424	135,443	137,181
6		江東区	255,561	259,358	262,363
7		荒川区	106,789	107,760	108,683
8		足立区	339,488	341,639	343,221
9		葛飾区	228,235	230,030	231,319
10		江戸川区	342,172	344,461	346,117

	O	P	Q	R	S
1		女性人口推移			
2					
3		区名	平成28年度	平成29年度	平成30年度
4		台東区	94,476	95,760	97,375
5		墨田区	133,424	135,443	137,181
6		江東区	255,561	259,358	262,363
7		荒川区	106,789	107,760	108,683
8		足立区	339,488	341,639	343,221
9		葛飾区	228,235	230,030	231,319
10		江戸川区	342,172	344,461	346,117

書式のコピー

行と列を入れ替えてコピー

2　相対参照と絶対参照

数式は「=A1*A2」のように、セルを参照して入力するのが一般的です。
セルの参照には、「相対参照」と「絶対参照」があります。

●相対参照

「相対参照」は、セルの位置を相対的に参照する形式です。数式をコピーすると、セルの参照は自動的に調整されます。
図のセル【D2】に入力されている「=B2*C2」の「B2」や「C2」は相対参照です。数式をコピーすると、コピーの方向に応じて「=B3*C3」「=B4*C4」のように自動的に調整されます。

	A	B	C	D	
1	商品名	定価	掛け率	販売価格	
2	スーツ	¥56,000	80%	¥44,800	=B2*C2
3	コート	¥75,000	60%	¥45,000	=B3*C3
4	シャツ	¥15,000	70%	¥10,500	=B4*C4

●絶対参照

「絶対参照」は、特定の位置にあるセルを必ず参照する形式です。数式をコピーしても、セルの参照は固定されたままで調整されません。セルを絶対参照にするには、「$」を付けます。
図のセル【C4】に入力されている「=B4*$B$1」の「$B$1」は絶対参照です。数式をコピーしても、「=B5*$B$1」「=B6*$B$1」のように「$B$1」は常に固定されます。

	A	B	C	
1	掛け率	75%		
2				
3	商品名	定価	販売価格	
4	スーツ	¥56,000	¥42,000	=B4*$B$1
5	コート	¥75,000	¥56,250	=B5*$B$1
6	シャツ	¥15,000	¥11,250	=B6*$B$1

▶▶1　相対参照

相対参照を使って、「週給」を求める数式を入力し、コピーしましょう。
「週給」は、「週勤務時間×時給」で求めます。

OPEN
フォルダー「表計算編」のブック「表の編集」のシート「相対参照」を開いておきましょう。

①セル【I5】を選択します。

②「=」を入力します。

③セル【H5】を選択します。

④「*」を入力します。

⑤セル【B5】を選択します。

⑥数式バーに「=H5＊B5」と表示されていることを確認します。

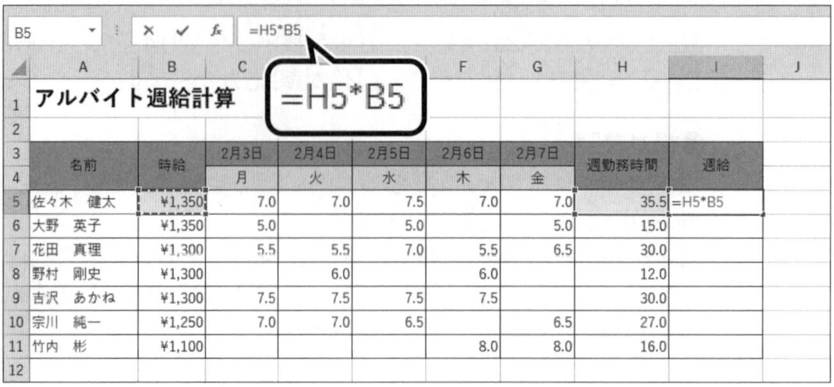
B5 | =H5*B5

	A	B	C	D	E	F	G	H	I	J
1	アルバイト週給計算									
2										
3	名前	時給	2月3日	2月4日	2月5日	2月6日	2月7日	週勤務時間	週給	
4			月	火	水	木	金			
5	佐々木　健太	¥1,350	7.0	7.0	7.5	7.0	7.0	35.5	=H5*B5	
6	大野　英子	¥1,350	5.0		5.0		5.0	15.0		
7	花田　真理	¥1,300	5.5	5.5	7.0	5.5	6.5	30.0		
8	野村　剛史	¥1,300		6.0		6.0		12.0		
9	吉沢　あかね	¥1,300	7.5	7.5	7.5	7.5		30.0		
10	宗川　純一	¥1,250	7.0	7.0	6.5		6.5	27.0		
11	竹内　彬	¥1,100				8.0	8.0	16.0		
12										

⑦ Enter を押します。

⑧「週給」が求められます。

※「週給」欄には、あらかじめ通貨の表示形式が設定されています。

⑨セル【I5】を選択し、セル右下の■（フィルハンドル）をダブルクリックします。

※■（フィルハンドル）をダブルクリックすると、表の最終行を自動的に認識し、数式がコピーされます。

⑩セル【I11】まで数式がコピーされます。

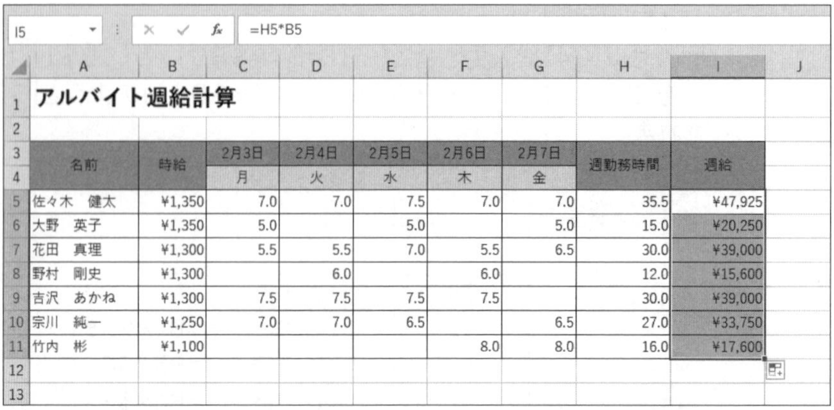
I5 | =H5*B5

	A	B	C	D	E	F	G	H	I	J
1	アルバイト週給計算									
2										
3	名前	時給	2月3日	2月4日	2月5日	2月6日	2月7日	週勤務時間	週給	
4			月	火	水	木	金			
5	佐々木　健太	¥1,350	7.0	7.0	7.5	7.0	7.0	35.5	¥47,925	
6	大野　英子	¥1,350	5.0		5.0		5.0	15.0	¥20,250	
7	花田　真理	¥1,300	5.5	5.5	7.0	5.5	6.5	30.0	¥39,000	
8	野村　剛史	¥1,300		6.0		6.0		12.0	¥15,600	
9	吉沢　あかね	¥1,300	7.5	7.5	7.5	7.5		30.0	¥39,000	
10	宗川　純一	¥1,250	7.0	7.0	6.5		6.5	27.0	¥33,750	
11	竹内　彬	¥1,100				8.0	8.0	16.0	¥17,600	
12										
13										

※セル【I6】を選択し、数式が「=H6＊B6」になり、セルの参照が自動的に調整されていることを確認しておきましょう。また、その他のセルも確認しておきましょう。

More 数式のエラー

数式にエラーがあるかもしれない場合、数式を入力したセルに（エラーチェック）とセル左上に（エラーインジケータ）が表示されます。
（エラーチェック）をクリックすると表示される一覧から、エラーを確認したりエラーに対処したりできます。

▶▶2 絶対参照

絶対参照を使って、「週給」を求める数式を入力し、コピーしましょう。
「週給」は、「週勤務時間×時給」で求めます。

OPEN **シート「絶対参照」に切り替えておきましょう。**

①セル【H7】を選択します。

②「=」を入力します。

③セル【G7】を選択します。

④「＊」を入力します。

⑤ セル【B3】を選択します。

⑥数式バーに「=G7＊B3」と表示されていることを確認します。

⑦ F4 を押します。

※数式の入力中に F4 を押すと、セル番地に「$」が自動的に付きます。

⑧数式バーに「=G7＊$B$3」と表示されていることを確認します。

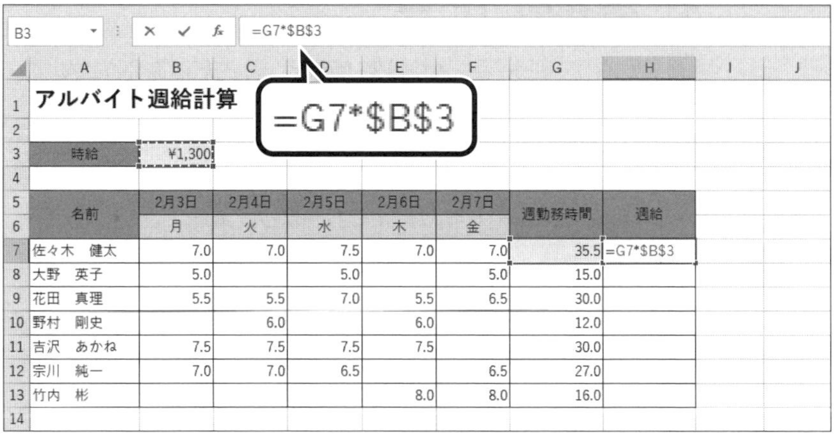

	A	B	C	D	E	F	G	H	I	J
1	アルバイト週給計算									
2										
3	時給	¥1,300								
4										
5	名前	2月3日	2月4日	2月5日	2月6日	2月7日	週勤務時間	週給		
6		月	火	水	木	金				
7	佐々木　健太	7.0	7.0	7.5	7.0	7.0	35.5	=G7*$B$3		
8	大野　英子	5.0		5.0		5.0	15.0			
9	花田　真理	5.5	5.5	7.0	5.5	6.5	30.0			
10	野村　剛史		6.0		6.0		12.0			
11	吉沢　あかね	7.5	7.5	7.5	7.5		30.0			
12	宗川　純一	7.0	7.0	6.5		6.5	27.0			
13	竹内　彬				8.0	8.0	16.0			
14										

⑨ Enter を押します。

⑩「週給」が求められます。

※「週給」欄には、あらかじめ通貨の表示形式が設定されています。

⑪ セル【H7】を選択し、セル右下の■（フィルハンドル）をダブルクリックします。

⑫ セル【H13】まで数式がコピーされます。

	A	B	C	D	E	F	G	H	I	J
1	アルバイト週給計算									
2										
3	時給	¥1,300								
4										
5	名前	2月3日	2月4日	2月5日	2月6日	2月7日	週勤務時間	週給		
6		月	火	水	木	金				
7	佐々木　健太	7.0	7.0	7.5	7.0	7.0	35.5	¥46,150		
8	大野　英子	5.0		5.0		5.0	15.0	¥19,500		
9	花田　真理	5.5	5.5	7.0	5.5	6.5	30.0	¥39,000		
10	野村　剛史		6.0		6.0		12.0	¥15,600		
11	吉沢　あかね	7.5	7.5	7.5	7.5		30.0	¥39,000		
12	宗川　純一	7.0	7.0	6.5		6.5	27.0	¥35,100		
13	竹内　彬				8.0	8.0	16.0	¥20,800		
14										
15										

※セル【H8】を選択し、数式が「=G8＊$B$3」になり、「$B$3」のセルの参照が固定であることを確認しておきましょう。また、その他のセルも確認しておきましょう。

More 複合参照

相対参照と絶対参照を組み合わせることができます。このようなセルの参照を「複合参照」といいます。

例：列は絶対参照、行は相対参照

$A1

コピーすると、「$A2」「$A3」「$A4」…のように、列は固定で、行は自動調整されます。

例：列は相対参照、行は絶対参照

A$1

コピーすると、「B$1」「C$1」「D$1」…のように、列は自動調整され、行は固定です。

Point! $の入力

「$」は直接入力してもかまいませんが、F4 を使うと簡単に入力できます。
F4 を連続して押すと、「$B$3」（列行ともに固定）、「B$3」（行だけ固定）、「$B3」（列だけ固定）、「B3」（固定しない）の順番で切り替わります。

3 書式のコピー

（書式のコピー/貼り付け）を使うと、書式だけを別のセルにコピーできます。
セル【A1】の書式をセル【K1】にコピーしましょう。
また、セル範囲【B7：I8】の書式を、複数のセル範囲に連続してコピーしましょう。

OPEN

シート「書式のコピー」に切り替えておきましょう。

① セル【A1】を選択します。

②《ホーム》タブ→《クリップボード》グループの（書式のコピー/貼り付け）をクリックします。

※マウスポインターの形がになります。

③ セル【K1】をクリックします。

④ 書式がコピーされます。

⑤ セル範囲【B7：I8】を選択します。

⑥《ホーム》タブ→《クリップボード》グループの（書式のコピー/貼り付け）をダブルクリックします。

※ボタンをダブルクリックすると、連続してコピーできます。

⑦ セル【B11】をクリックします。

⑧ 続けて、セル【B15】をクリックします。

⑨ 連続して書式がコピーされます。

	A	B	C	D	E	F	G	H	I
1	23区東部人口統計								
2									単位：人
3	区名		台東区	墨田区	江東区	荒川区	足立区	葛飾区	江戸川区
4	面積（km^2）		10.1	13.8	40.0	10.2	53.2	34.8	49.9
5	平成28年	男性	99,346	131,814	250,950	106,324	341,793	228,658	349,342
6		女性	94,476	133,424	255,561	106,789	339,488	228,235	342,172
7		総数	193,822	265,238	506,511	213,113	681,281	456,893	691,514
8		人口密度	19,228	19,290	12,666	20,893	12,806	13,114	13,869
9	平成29年	男性	100,374	133,455	253,839	106,884	343,808	230,393	350,905
10		女性	95,760	135,443	259,358	107,760	341,639	230,030	344,461
11		総数	196,134	268,898	513,197	214,644	685,447	460,423	695,366
12		人口密度	19,458	19,556	12,833	21,044	12,884	13,215	13,946
13	平成30年	男性	101,917	134,678	256,116	107,283	345,291	231,272	351,914
14		女性	97,375	137,181	262,363	108,683	343,221	231,319	346,117
15		総数	199,292	271,859	518,479	215,966	688,512	462,591	698,031
16		人口密度	19,771	19,772	12,965	21,173	12,942	13,278	14,000
17									

	K	L	M
1	女性人口推移		
2			
3	区名	平成28年度	平成29年度
4	台東区	94,476	
5	墨田区	133,424	
6	江東区	255,561	
7	荒川区	106,789	
8	足立区	339,488	
9	葛飾区	228,235	
10	江戸川区	342,172	

⑩《ホーム》タブ→《クリップボード》グループの（書式のコピー/貼り付け）をクリックして、書式のコピーを終了します。

※ Esc を押してもかまいません。

4　行と列を入れ替えてコピー

データの行方向と列方向を入れ替えて、データをコピーできます。
セル範囲【C10:I10】とセル範囲【C14:I14】のデータの行と列を入れ替えてコピーしましょう。

①セル範囲【C10:I10】を選択します。
②《ホーム》タブ→《クリップボード》グループの（コピー）をクリックします。
③セル【M4】を選択します。
④《ホーム》タブ→《クリップボード》グループの（貼り付け）の→《貼り付け》の（行/列の入れ替え）をクリックします。

⑤行と列が入れ替わってコピーされます。
⑥同様に、セル範囲【C14:I14】のデータを、セル【N4】に行と列を入れ替えてコピーします。
※ Esc を押して、点滅する線を非表示にしておきましょう。

5　データと列幅のコピー

データをセル単位でコピーしても、列幅はコピーされませんが、列単位でコピーすると、列幅も合わせてコピーされます。
「女性人口推移」の表全体を列単位で別の場所にコピーしましょう。

①列番号【J:N】を選択します。
②《ホーム》タブ→《クリップボード》グループの（コピー）をクリックします。
③セル【O1】を選択します。
④《ホーム》タブ→《クリップボード》グループの（貼り付け）をクリックします。
⑤データと列幅がコピーされます。

※Escを押して、点滅する線を非表示にしておきましょう。
※ブックに任意の名前を付けて保存し、ブックを閉じておきましょう。

More　貼り付けのオプション

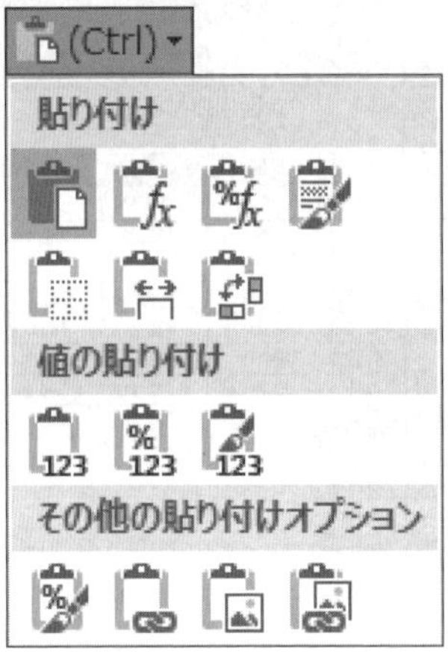

「コピー」と「貼り付け」を実行すると、(Ctrl)▼（貼り付けのオプション）が表示されます。ボタンをクリックすると表示される一覧から、もとの書式のままコピーするか、貼り付け先の書式に合わせてコピーするかなど選択できます。
(Ctrl)▼（貼り付けのオプション）を使わない場合、Escを押すと画面から消えます。

Step5 表を印刷しよう

1 印刷する表の確認

次のように表を印刷しましょう。

用紙サイズと用紙の向きの設定

2020/4/1

ヘッダーの設定

売上明細一覧(3月分)

伝票No.	売上日	顧客コード	顧客名	商品コード	商品名	単価	数量	売上金額
2003001	2020/3/2	180	名古屋特選館	1110	オリエンタルシリーズ・シングルベッド	160,000	4	640,000
2003002	2020/3/2	130	東京家具販売	1080	オリエンタルシリーズ・チェスト5段	85,000	2	170,000
2003003	2020/3/3	150	みどり家具	2060	大和飛鳥シリーズ・チェスト	180,000	3	540,000
2003004	2020/3/3	160	富士商会	1030	オリエンタルシリーズ・リクライニングチェア	88,000	4	352,000
2003005	2020/3/4	110	山の手デパート	1110	オリエンタルシリーズ・シングルベッド	160,000	4	640,000
2003006	2020/3/4	200	広島家具販売	3020	天使シリーズ・チャイルドデスク	38,000	4	152,000
2003007	2020/3/4	190	ファニチャーNY	2060	大和飛鳥シリーズ・チェスト	180,000	4	720,000
2003008	2020/3/5	190	ファニチャーNY	2030	大和飛鳥シリーズ・1人掛けソファ	220,000	1	220,000
2003009	2020/3/6	190	ファニチャーNY	1010	オリエンタルシリーズ・リビングソファ	128,000	2	256,000
2003010	2020/3/6	160	富士商会	1050	オリエンタルシリーズ・ラブソファー	98,000	3	294,000
2003011	2020/3/6	180	名古屋特選館	2050	大和飛鳥シリーズ・チェア	50,000	3	150,000
2003012	2020/3/9	140	サクラファニチャー	1110	オリエンタルシリーズ・シングルベッド	160,000	3	480,000
2003013	2020/3/9	200	広島家具販売	2030	大和飛鳥シリーズ・1人掛けソファ	220,000	2	440,000
2003014	2020/3/10	150	みどり家具	2030	大和飛鳥シリーズ・1人掛けソファ	220,000	5	1,100,000
2003015	2020/3/10	130	東京家具販売	3010	天使シリーズ・チャイルドベッド	54,000	1	54,000
2003016	2020/3/11	160	富士商会	1030	オリエンタルシリーズ・リクライニングチェア	88,000	1	88,000
2003017	2020/3/11	180	名古屋特選館	1090	オリエンタルシリーズ・チェスト3段	50,000	2	100,000
2003018	2020/3/11	180	名古屋特選館	2040	大和飛鳥シリーズ・テーブル	140,000	3	420,000
2003019	2020/3/12	170	油木家具センター	3020	天使シリーズ・チャイルドデスク	38,000	5	190,000
2003020	2020/3/12	130	東京家具販売	1110	オリエンタルシリーズ・シングルベッド	160,000	4	640,000
2003021	2020/3/12	140	サクラファニチャー	2060	大和飛鳥シリーズ・チェスト	180,000	4	720,000
2003022	2020/3/12	160	富士商会	2060	大和飛鳥シリーズ・チェスト	180,000	5	900,000
2003023	2020/3/13	190	ファニチャーNY	1030	オリエンタルシリーズ・リクライニングチェア	88,000	5	440,000

1

フッターの設定

2020/4/1

売上明細一覧(3月分)

伝票No.	売上日	顧客コード	顧客名	商品コード	商品名	単価	数量	売上金額
2003024	2020/3/13	170	油木家具センター	1040	オリエンタルシリーズ・ロッキングチェア	65,000	3	195,000
2003025	2020/3/13	180	名古屋特選館	1040	オリエンタルシリーズ・ロッキングチェア	65,000	2	130,000
2003026	2020/3/16	130	東京家具販売	2070	大和飛鳥シリーズ・衝立	80,000	4	320,000
2003027	2020/3/16	110	山の手デパート	2030	大和飛鳥シリーズ・1人掛けソファ	220,000	1	220,000
2003028	2020/3/17	160	富士商会	1020	オリエンタルシリーズ・リビングテーブル	58,000	5	290,000
2003029	2020/3/17	190	ファニチャーNY	1040	オリエンタルシリーズ・ロッキングチェア	65,000	2	130,000
2003030	2020/3/18	160	富士商会	3010	天使シリーズ・チャイルドベッド	54,000	3	162,000
2003031	2020/3/18	200	広島家具販売	2060	大和飛鳥シリーズ・チェスト	180,000	4	720,000
2003032	2020/3/19	200	広島家具販売	2011	大和飛鳥シリーズ・3人掛けソファ	280,000	3	840,000
2003033	2020/3/19	150	みどり家具	2070	大和飛鳥シリーズ・衝立	80,000	1	80,000
2003034	2020/3/20	170	油木家具センター	1040	オリエンタルシリーズ・ロッキングチェア	65,000	2	130,000
2003035	2020/3/20	190	ファニチャーNY	1010	オリエンタルシリーズ・リビングソファ	128,000	1	128,000
2003036	2020/3/20	110	山の手デパート	1040	オリエンタルシリーズ・ロッキングチェア	65,000	4	260,000
2003037	2020/3/20	110	山の手デパート	2030	大和飛鳥シリーズ・1人掛けソファ	220,000	3	660,000
2003038	2020/3/23	130	東京家具販売	1050	オリエンタルシリーズ・ラブソファー	98,000	1	98,000
2003039	2020/3/23	140	サクラファニチャー	2050	大和飛鳥シリーズ・チェア	50,000	2	100,000
2003040	2020/3/23	170	油木家具センター	3020	天使シリーズ・チャイルドデスク	38,000	2	76,000
2003041	2020/3/23	160	富士商会	1050	オリエンタルシリーズ・ラブソファー	98,000	3	294,000
2003042	2020/3/24	180	名古屋特選館	1030	オリエンタルシリーズ・リクライニングチェア	88,000	3	264,000
2003043	2020/3/24	180	名古屋特選館	2030	大和飛鳥シリーズ・1人掛けソファ	220,000	1	220,000
2003044	2020/3/24	180	名古屋特選館	1010	オリエンタルシリーズ・リビングソファ	128,000	1	128,000
2003045	2020/3/24	190	ファニチャーNY	3020	天使シリーズ・チャイルドデスク	38,000	2	76,000
2003046	2020/3/25	160	富士商会	2011	大和飛鳥シリーズ・3人掛けソファ	280,000	4	1,120,000

2

2020/4/1

売上明細一覧(3月分)

伝票No.	売上日	顧客コード	顧客名	商品コード	商品名	単価	数量	売上金額
2003047	2020/3/25	170	油木家具センター	2030	大和飛鳥シリーズ・1人掛けソファ	220,000	1	220,000
2003048	2020/3/25	180	名古屋特選館	2040	大和飛鳥シリーズ・テーブル	140,000	1	140,000
2003049	2020/3/26	190	ファニチャーNY	2011	大和飛鳥シリーズ・3人掛けソファ	280,000	2	560,000
2003050	2020/3/26	200	広島家具販売	3020	天使シリーズ・チャイルドデスク	38,000	2	76,000
2003051	2020/3/27	200	広島家具販売	2030	大和飛鳥シリーズ・1人掛けソファ	220,000	1	220,000
2003052	2020/3/27	180	名古屋特選館	2040	大和飛鳥シリーズ・テーブル	140,000	4	560,000
2003053	2020/3/27	170	油木家具センター	2011	大和飛鳥シリーズ・3人掛けソファ	280,000	2	560,000
2003054	2020/3/30	180	名古屋特選館	2040	大和飛鳥シリーズ・テーブル	140,000	1	140,000
2003055	2020/3/30	190	ファニチャーNY	2011	大和飛鳥シリーズ・3人掛けソファ	280,000	1	280,000
2003056	2020/3/31	200	広島家具販売	3020	天使シリーズ・チャイルドデスク	38,000	2	76,000
2003057	2020/3/31	200	広島家具販売	2011	大和飛鳥シリーズ・3人掛けソファ	280,000	3	840,000

3

印刷タイトルの設定

2　ページレイアウトモードへの切り替え

「ページレイアウト」は、印刷結果に近いイメージを確認できる表示モードです。ページレイアウトに切り替えると、用紙1ページにデータがどのように印刷されるかを確認したり、ヘッダー/フッターや余白を直接設定したりできます。
標準モードからページレイアウトモードに切り替えましょう。

フォルダー「表計算編」のブック「表の印刷」のシート「Sheet1」を開いておきましょう。

①ステータスバーの　（ページレイアウト）をクリックします。
②ページレイアウトモードに切り替わります。
③ズームの－（縮小）を何回かクリックし、表示倍率を40%にします。

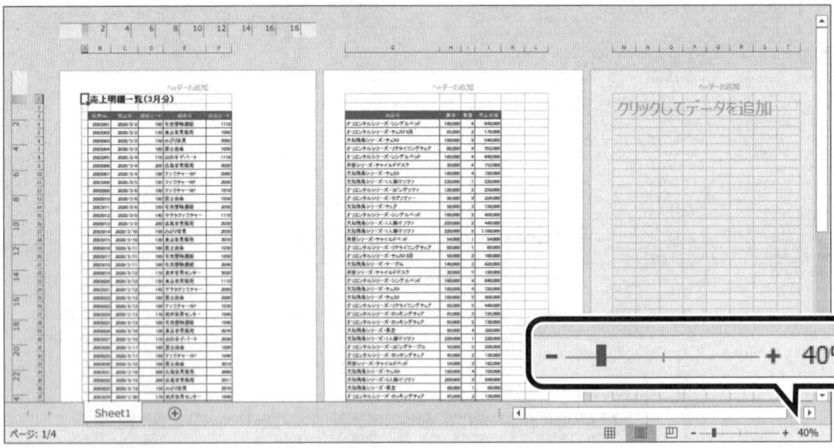

※シートをスクロールし、1枚のシートが複数のページに分かれていることを確認しておきましょう。

3　用紙サイズと用紙の向きの設定

A4用紙の横方向に印刷されるようにページを設定しましょう。

①《ページレイアウト》タブ→《ページ設定》グループの　（ページサイズの選択）→《A4》をクリックします。
②《ページレイアウト》タブ→《ページ設定》グループの　（ページの向きを変更）→《横》をクリックします。
③A4用紙の横方向に設定されます。

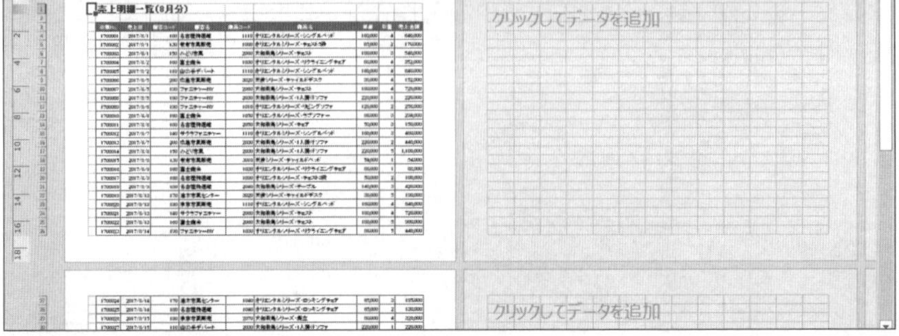

Point! 余白の設定

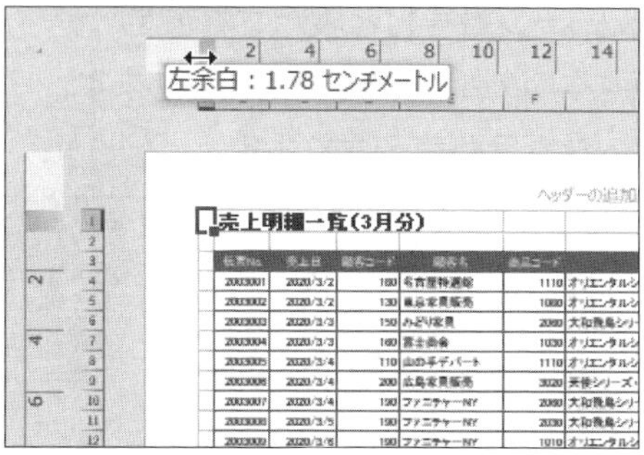

《ページレイアウト》タブ→《ページ設定》グループの（余白の調整）を使うと、用紙の余白を設定できます。また、ページレイアウトモードでルーラーの境界線をドラッグして余白を変更することもできます。

4　ヘッダーとフッターの設定

ページ上部の余白を「ヘッダー」、ページ下部の余白を「フッター」といいます。ヘッダーやフッターを設定すると、すべてのページに共通のデータを印刷できます。
ヘッダーの右側に現在の日付、フッターの中央にページ番号をそれぞれ挿入しましょう。
※ヘッダーとフッターを確認しやすいように、表示倍率を80%にしておきましょう。

① ヘッダーの右側をクリックし、カーソルを表示します。
②《デザイン》タブ→《ヘッダー/フッター要素》グループの（現在の日付）をクリックします。
③ ヘッダーの右側に「&[日付]」と表示されます。

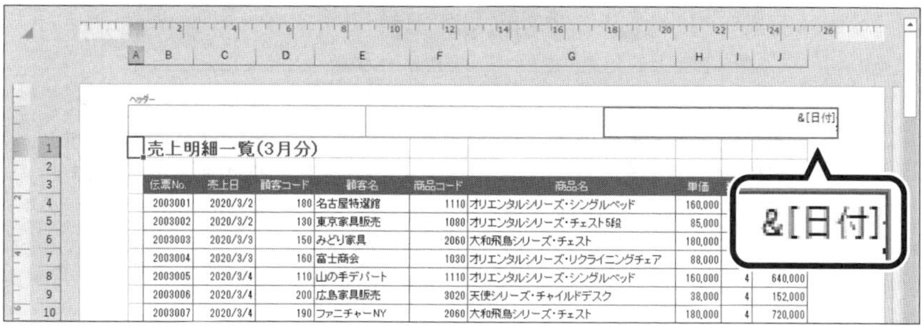

④ ヘッダー以外の場所をクリックし、ヘッダーを確定します。
⑤ ヘッダーの右側に現在の日付が表示されます。

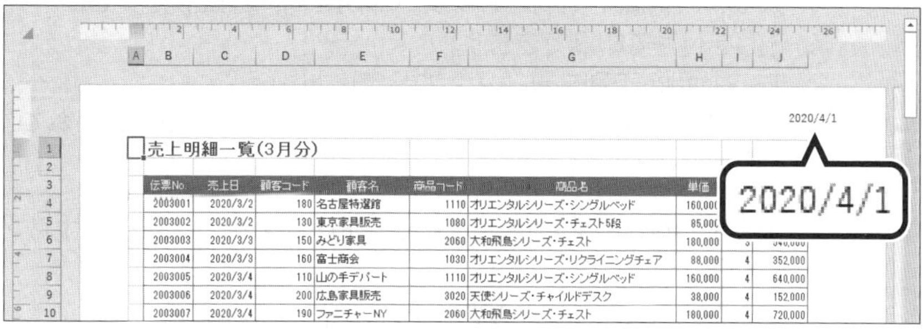

⑥ シートをスクロールし、フッターを表示します。
⑦ フッターの中央をクリックし、カーソルを表示します。

⑧《デザイン》タブ→《ヘッダー/フッター要素》グループの（ページ番号）をクリックします。

⑨フッターの中央に「&[ページ番号]」と表示されます。

⑩フッター以外の場所をクリックし、フッターを確定します。

⑪フッターの中央にページ番号が表示されます。

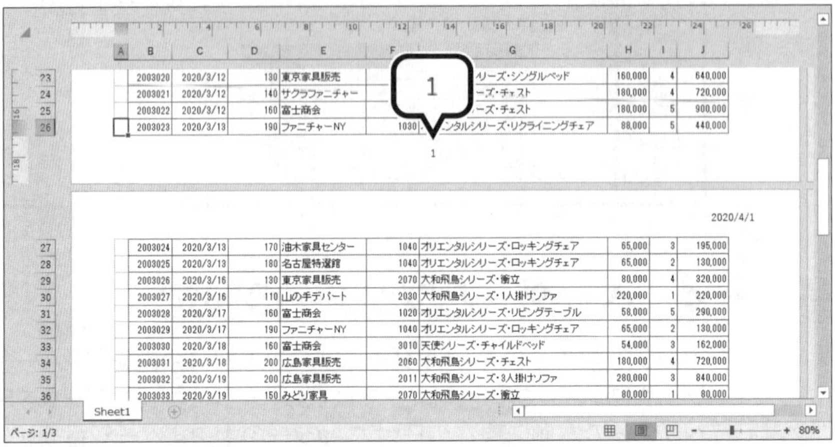

※シートをスクロールし、2ページ目以降にヘッダーとフッターが表示されていることを確認しておきましょう。

More ヘッダー/フッター要素

《デザイン》タブの《ヘッダー/フッター要素》グループのボタンを使うと、ヘッダーやフッターに様々な要素を挿入できます。

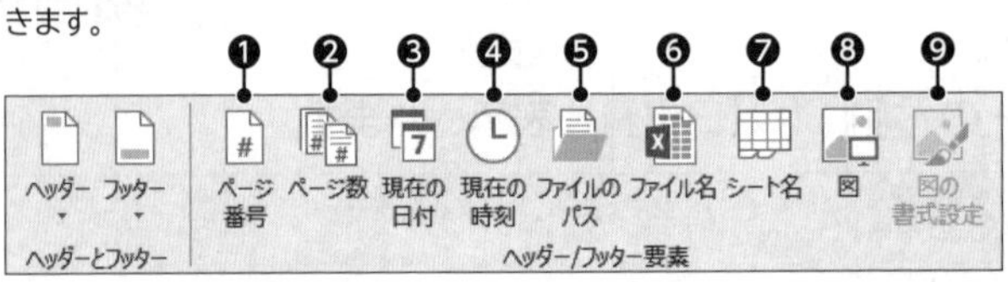

❶ページ番号を挿入します。
❷総ページ数を挿入します。
❸現在の日付を挿入します。
❹現在の時刻を挿入します。
❺保存場所のパスを含めてブック名を挿入します。
❻ブック名を挿入します。
❼シート名を挿入します。
❽図（画像）を挿入します。
❾図を挿入した場合、図のサイズや明るさなどを設定します。

5 印刷タイトルの設定

複数のページに分かれて印刷される表では、2ページ目以降に行や列の項目名が入らない状態で印刷されます。**「印刷タイトル」**を設定すると、各ページに共通の見出しを付けて印刷できます。

1～3行目を印刷タイトルとして設定しましょう。

※シートをスクロールし、2ページ目以降にタイトルや項目名が表示されていないことを確認しておきましょう。

①《ページレイアウト》タブ→《ページ設定》グループの（印刷タイトル）をクリックします。

②《ページ設定》ダイアログボックスが表示されます。

③《シート》タブを選択します。

④《印刷タイトル》の《タイトル行》のボックスをクリックし、カーソルを表示します。

⑤行番号【1】から行番号【3】をドラッグします。
※ドラッグ中、《ページ設定》ダイアログボックスのサイズが縮小されます。
⑥《タイトル行》に「$1:$3」と表示されます。
⑦《OK》をクリックします。

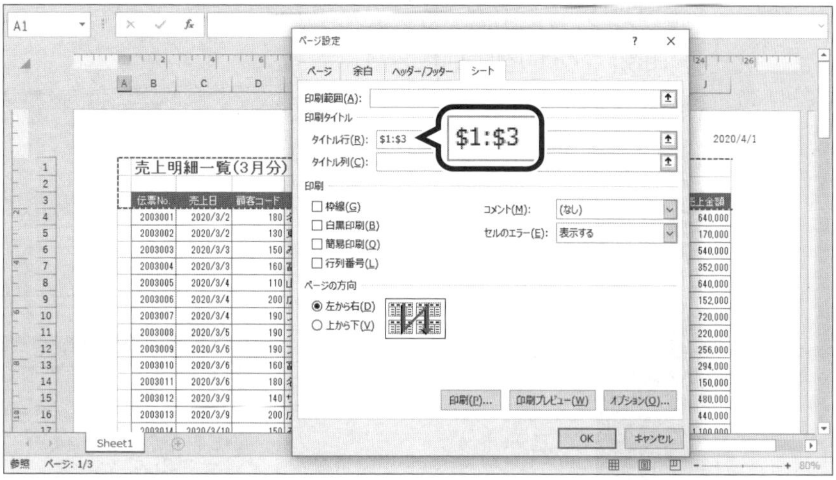

⑧印刷タイトルが設定されます。
※シートをスクロールし、2ページ目以降にタイトルと項目名が表示されていることを確認しておきましょう。

Point! ページ設定

用紙サイズや用紙の向き、余白、ヘッダー、フッター、印刷タイトルなどページに関する設定を一括して行う場合は、《ページ設定》ダイアログボックスを使うと効率的です。
《ページ設定》ダイアログボックスを表示する方法は、次のとおりです。
◆《ページレイアウト》タブ→《ページ設定》グループの（ページ設定）

More 改ページの挿入

改ページを挿入すると、指定の位置でページを区切ることができます。
改ページを挿入する方法は、次のとおりです。
◆改ページを挿入する行番号または列番号を選択→《ページレイアウト》タブ→《ページ設定》グループの（改ページ）→《改ページの挿入》

6 印刷の実行

印刷イメージを確認し、印刷を実行しましょう。
実際に用紙に印刷する前に、用紙からはみ出していないか、印刷の向きが適当かなどを確認することで、印刷ミスを防ぐことができます。

①《ファイル》タブ→《印刷》をクリックします。

②印刷イメージを確認します。

※ ▶ (次のページ)をクリックして、2ページ目と3ページ目も確認しておきましょう。

③《印刷》の《部数》が「1」になっていることを確認します。

④《プリンター》に出力するプリンターの名前が表示されていることを確認します。

⑤《印刷》をクリックします。

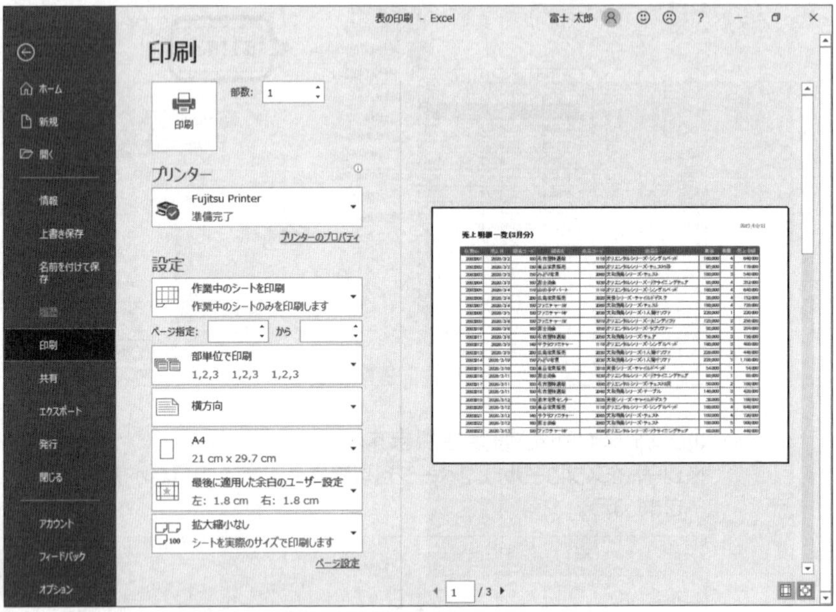

※ブックに任意の名前を付けて保存し、ブックを閉じておきましょう。

Point! 改ページプレビュー

「改ページプレビュー」は、印刷範囲や改ページ位置をひと目で確認できる表示モードです。大きな表を1ページに収めて印刷したり、ページごとに印刷する領域を設定したりする場合に利用します。

改ページプレビューに切り替える方法は、次のとおりです。

◆ステータスバーの 四 (改ページプレビュー)

改ページプレビューでは、印刷範囲が太線、ページ区切りは太い点線で表示されます。それぞれドラッグして、印刷する領域を変更できます。

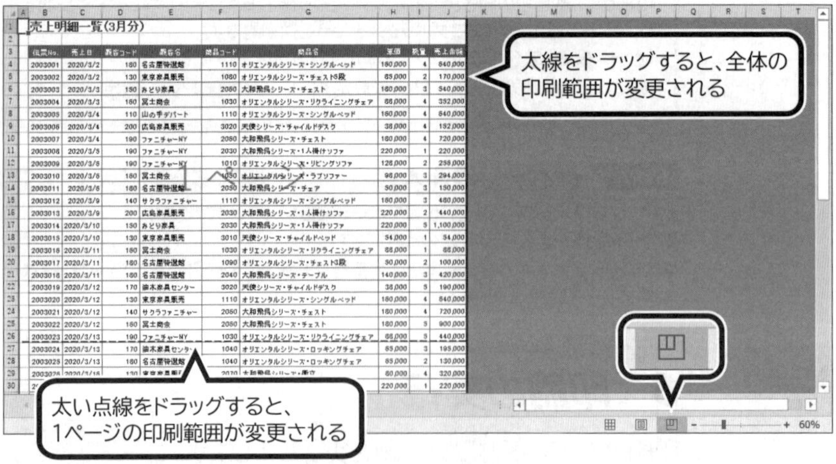

Step6 グラフを作成しよう

1 作成するグラフの確認

次のようなグラフを作成しましょう。

2019年降水量データ

単位：mm

県名	A県	B県	C県
1月	144.9	48.6	71.8
2月	116	60.2	89.5
3月	69.5	114.5	180.2
4月	60.7	130.3	217.8
5月	78.8	128	250.3
6月	82.2	164.9	417.5
7月	102.6	161.5	303.9
8月	129.3	155.1	269.1
9月	119.8	208.5	336.9
10月	106	163.1	179.7
11月	131.7	92.5	88.7
12月	148.6	39.6	51.8
合計	1290.1	1466.8	2457.2
平均	107.5	122.2	204.8

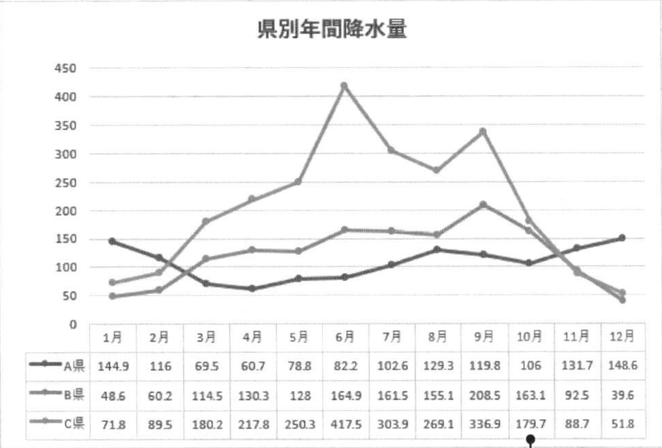

グラフの作成
グラフの移動
グラフのサイズ変更
グラフのレイアウトの変更

2 グラフ機能

表のデータをもとに、簡単にグラフを作成できます。グラフはデータを視覚的に表現できるため、データを比較したり傾向を分析したりするのに適しています。
Excelには、縦棒・横棒・折れ線・円などの基本のグラフが用意されています。さらに、基本の各グラフには、形状をアレンジしたパターンが複数用意されています。

▶▶1 グラフの作成手順

グラフのもとになるセル範囲とグラフの種類を選択するだけで、簡単にグラフを作成できます。
グラフを作成する基本的な手順は、次のとおりです。

1 もとになるセル範囲を選択する

グラフのもとになるデータが入力されているセル範囲を選択します。

2 グラフの種類を選択する

グラフの種類・パターンを選択し、グラフを作成します。

▶▶2 グラフの構成要素

グラフを構成する要素には、次のようなものがあります。

●縦棒グラフ

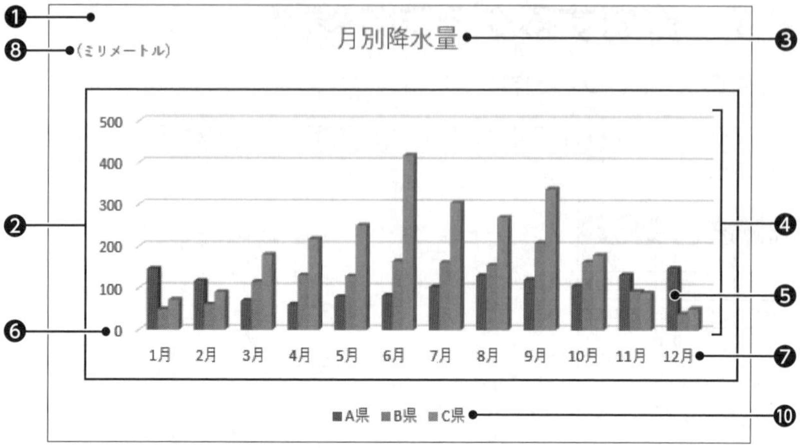

●円グラフ

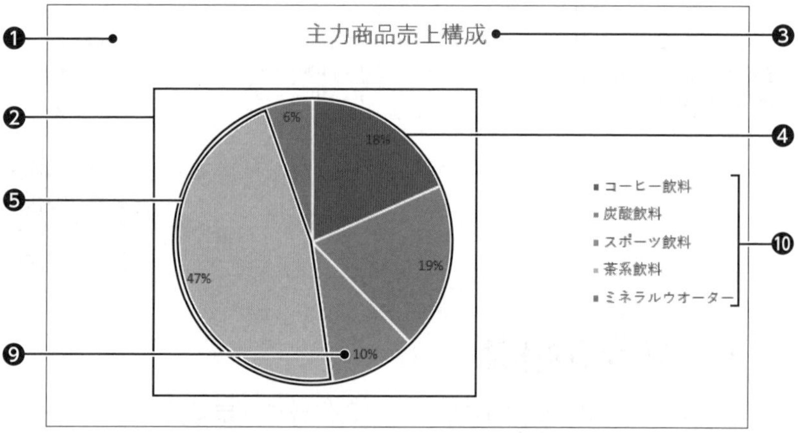

❶グラフエリア

グラフ全体の領域です。すべての要素が含まれます。

❷プロットエリア

棒グラフや円グラフの領域です。

❸グラフタイトル

グラフのタイトルです。

❹データ系列

もとになる数値を視覚的に表す棒や円です。

❺データ要素

もとになる数値を視覚的に表す個々の要素です。

❻値軸

データ系列の数値を表す軸です。

❼項目軸

データ系列の項目を表す軸です。

❽軸ラベル

軸を説明する文字列です。

❾データラベル

データ要素を説明する文字列です。

❿凡例

データ系列やデータ要素に割り当てられた色を識別するための情報です。

More グラフ要素の選択

グラフ要素を選択する場合は、要素を直接クリックします。要素が小さくてクリックしにくい場合は、リボンを使います。

◆グラフを選択→《書式》タブ→《現在の選択範囲》グループの グラフ エリア ▾ (グラフ要素)の ▾ →一覧から選択

3 グラフの作成

表のデータをもとに、年間の降水量の変化を示す折れ線グラフを作成しましょう。

フォルダー「表計算編」のブック「グラフの作成」のシート「Sheet1」を開いておきましょう。

①セル範囲【B3:E15】を選択します。

②《挿入》タブ→《グラフ》グループの （折れ線/面グラフの挿入）→《2-D折れ線》の《マーカー付き折れ線》（左から4番目、上から1番目）をクリックします。

③折れ線グラフが作成されます。

※グラフの周囲に枠線と○（ハンドル）が表示され、選択されていることを確認しておきましょう。
※グラフには、あらかじめスタイルが適用されています。

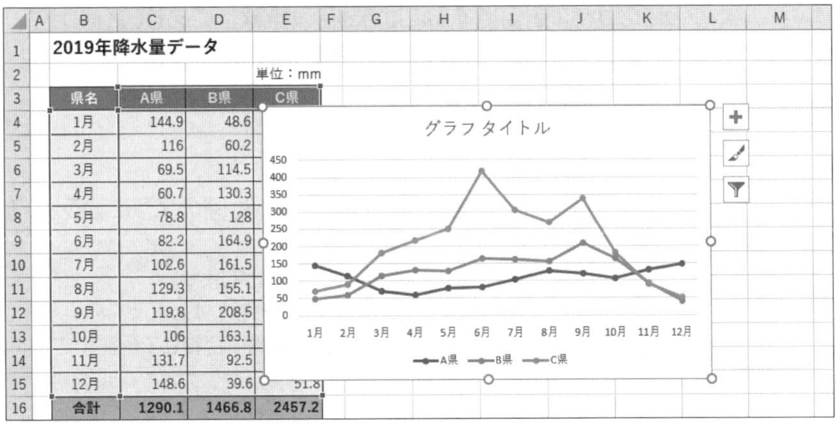

Point! グラフスタイルの適用

「グラフスタイル」とは、グラフを装飾するための書式の組み合わせです。前景色、背景色、枠線などがあらかじめ設定されており、グラフの体裁を瞬時に整えることができます。作成したグラフには、自動的にスタイルが適用されますが、あとからスタイルの種類を変更できます。

◆グラフを選択→《デザイン》タブ→《グラフスタイル》グループの （その他）

Point! グラフの種類の変更

グラフを作成したあとに、グラフの種類を変更できます。

◆グラフを選択→《デザイン》タブ→《種類》グループの （グラフの種類の変更）

More グラフのデータ範囲の変更

作成したグラフのデータ範囲をあとから変更できます。
データ範囲を変更する方法は、次のとおりです。

◆グラフを選択→《デザイン》タブ→《データ》グループの （データの選択）→《グラフデータの範囲》が反転していることを確認→セル範囲を選択

4 グラフタイトルの入力

グラフタイトルに「県別年間降水量」と入力しましょう。

①グラフタイトルを選択します。

②グラフタイトルの文字上をクリックして、カーソルを表示します。

③「県別年間降水量」に修正します。

④ グラフタイトル以外の場所をクリックして、グラフタイトルを確定します。

Let's Try

ためしてみよう【1】

① グラフタイトルに太字を設定しましょう。

5　グラフの移動とサイズ変更

シート上に配置したグラフは移動したり、サイズを変更したりできます。
グラフを移動するには、グラフエリアをドラッグします。
グラフのサイズを変更するには、周囲の枠線上にある○（ハンドル）をドラッグします。
シート上のグラフの位置とサイズを調整しましょう。

① グラフを選択します。

② グラフエリアをポイントします。

③ マウスポインターの形が に変わったら、図のようにドラッグします。
（目安：セル【G3】）

※ポップヒントが《グラフエリア》の状態でドラッグします。
※ドラッグ中、マウスポインターの形が に変わります。
※ Alt を押しながらドラッグすると、セルの枠線に合わせて配置できます。

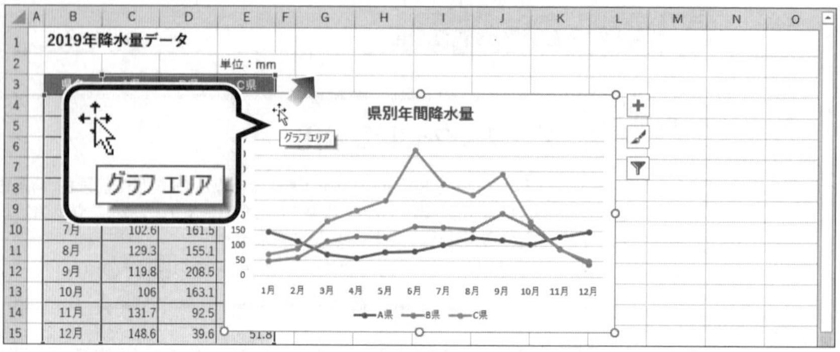

④ グラフが移動します。

⑤ グラフの右下の○（ハンドル）をポイントします。

⑥ マウスポインターの形が に変わったら、図のようにドラッグします。
（目安：セル【N17】）

※ドラッグ中、マウスポインターの形が ＋ に変わります。

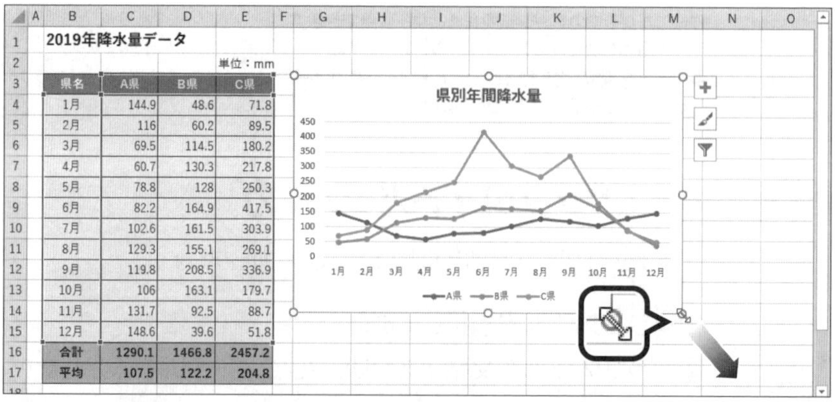

⑦グラフのサイズが変更されます。

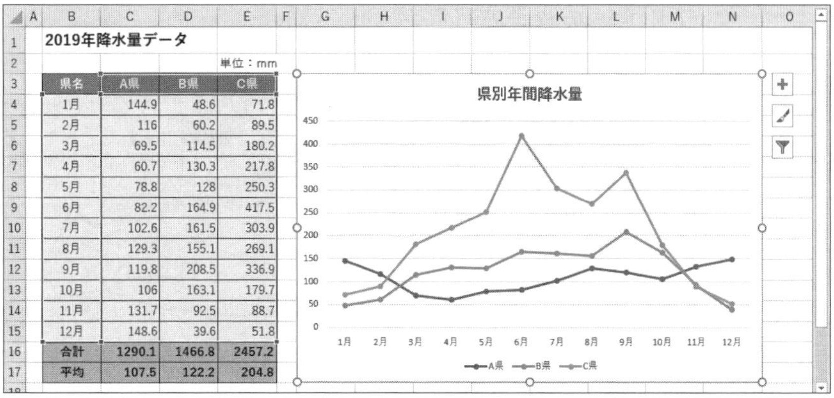

6 グラフのレイアウトの変更

グラフにはいくつかの「**レイアウト**」があらかじめ用意されており、それぞれ表示される要素やその配置が異なります。
グラフのレイアウトを変更し、データテーブルを追加しましょう。

①グラフが選択されていることを確認します。

②《**デザイン**》タブ→《**グラフのレイアウト**》グループの（クイックレイアウト）→《**レイアウト5**》をクリックします。

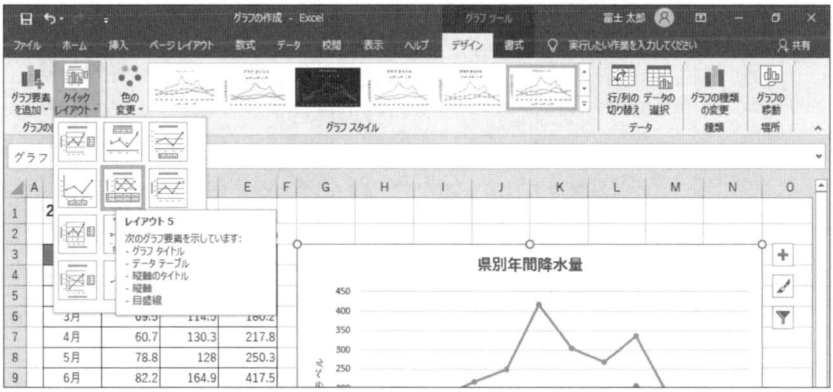

③グラフのレイアウトが変更され、データテーブルと軸ラベルが追加されます。

④《**軸ラベル**》を選択します。

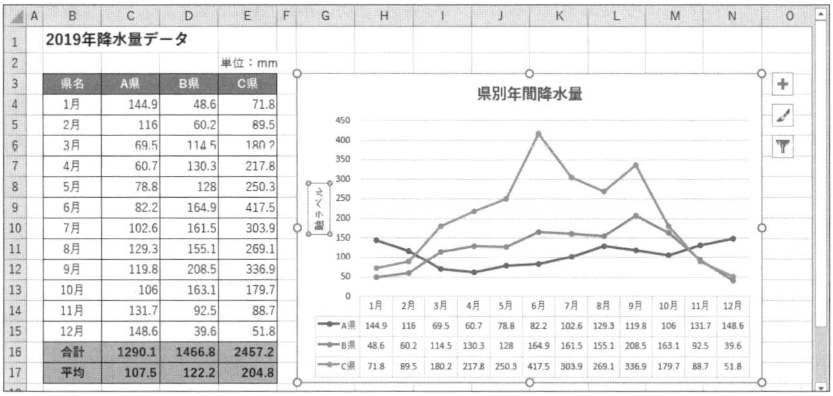

表計算編

⑤ Delete を押します。

⑥軸ラベルが削除されます。

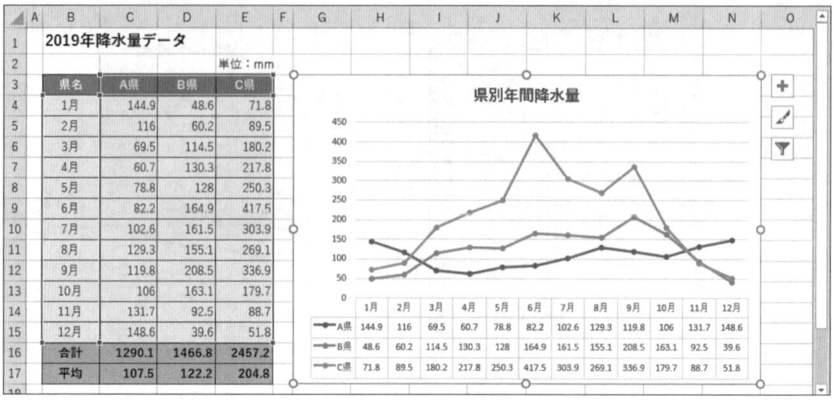

※ブックに任意の名前を付けて保存し、ブックを閉じておきましょう。

Point!

データテーブル

グラフエリアにグラフのもとになっている表を表示することができます。この表を「データテーブル」といいます。データテーブルを表示すると、グラフともとのデータを比較しやすくなります。

More グラフ書式コントロール

グラフを選択すると、グラフの右側に「グラフ書式コントロール」という3つのボタンが表示されます。
ボタンの名称と役割は、次のとおりです。

❶グラフ要素
グラフのタイトルや凡例などのグラフ要素の表示・非表示を切り替えたり、表示位置を変更したりします。

❷グラフスタイル
グラフのスタイルや配色を変更します。

❸グラフフィルター
グラフに表示するデータを絞り込みます。

Point!

グラフの印刷

グラフを選択した状態で印刷すると、グラフだけが用紙全体に印刷されます。

Step7 データベースを操作しよう

1　データベース機能

住所録、名簿、売上台帳などのように関連するデータをまとめたものを「データベース」といいます。このデータベースを管理・運用する機能が「データベース機能」です。
データベース機能を使うと、大量のデータを効率よく管理できます。
データベース機能には、次のようなものがあります。

●並べ替え

指定したキー（基準）に従って、データを並べ替えます。

●フィルター

条件を満たすデータを抽出します。

●集計

データをグループに分類して、グループごとに集計します。

2　データベース用の表

データベース機能を利用するには、データベースを「フィールド」と「レコード」から構成される表にする必要があります。
データベース用の表では、1件分のデータを横1行で管理します。

管理No.	沿線	最寄駅	徒歩（分）	賃料	管理費	毎月支払額	間取り	築年月
1	市営地下鉄	中川	5	¥78,000	¥3,000	¥81,000	1LDK	2011年4月
2	田園都市線	青葉台	13	¥175,000	¥0	¥175,000	4LDK	2016年6月
3	市営地下鉄	センター南	10	¥90,000	¥0	¥90,000	1LDK	2010年3月
4	市営地下鉄	新横浜	15	¥79,000	¥9,000	¥88,000	1DK	2008年8月
5	田園都市線	あざみ野	10	¥69,000	¥0	¥69,000	1DK	2011年5月
6	根岸線	関内	10	¥72,000	¥1,500	¥73,500	1DK	2005年3月
7	東横線	日吉	5	¥120,000	¥6,000	¥126,000	2LDK	2009年8月
8	東横線	菊名	2	¥130,000	¥6,000	¥136,000	3LDK	2012年5月
9	東横線	大倉山	8	¥65,000	¥8,000	¥73,000	2DK	2004年8月
10	根岸線	石川町	7	¥49,000	¥5,000	¥54,000	2DK	2013年7月
11	東横線	綱島	4	¥200,000	¥15,000	¥215,000	3DK	2017年9月
12	田園都市線	青葉台	4	¥150,000	¥9,000	¥159,000	3LDK	2006年5月
13	市営地下鉄	センター南	1	¥100,000	¥0	¥100,000	3LDK	2017年7月
14	市営地下鉄	新横浜	3	¥100,000	¥12,000	¥112,000	3LDK	2008年9月
15	田園都市線	あざみ野	18	¥130,000	¥9,000	¥139,000	4LDK	2011年12月
16	東横線	菊名	6	¥80,000	¥5,500	¥85,500	2LDK	2007年9月
17	市営地下鉄	中川	15	¥55,000	¥3,000	¥58,000	2DK	2010年2月
18	東横線	大倉山	9	¥180,000	¥8,000	¥188,000	3DK	2008年3月
19	根岸線	石川町	6	¥150,000	¥7,000	¥157,000	3DK	2003年6月

❶列見出し（フィールド名）

データを分類する項目名です。列見出しはレコード部分と異なる書式にします。

❷フィールド

列単位のデータです。列見出しに対応した同じ種類のデータを入力します。

❸レコード

行単位のデータです。1件分のデータを入力します。

3 データの並べ替え

「並べ替え」を使うと、レコードを指定したキー(基準)に従って、並べ替えることができます。
並べ替えの順序には、「昇順」と「降順」があります。

●昇順

データ	順序
数値	0→9
英字	A→Z
日付	古→新
かな	あ→ん
JISコード	小→大

●降順

データ	順序
数値	9→0
英字	Z→A
日付	新→古
かな	ん→あ
JISコード	大→小

※空白セルは、昇順でも降順でも表の末尾に並びます。

▶▶1 ひとつの基準で並べ替え

並べ替えのキーがひとつの場合には、(昇順)や(降順)を使うと簡単です。
「賃料」が高い順に並べ替えましょう。
次に、もとの「管理No.」順に並べ替えましょう。

フォルダー「表計算編」のブック「データベースの操作」のシート「並べ替えとフィルター」を開いておきましょう。

①セル【E3】を選択します。
※表内のE列のセルであれば、どこでもかまいません。

②《データ》タブ→《並べ替えとフィルター》グループの(降順)をクリックします。

③「賃料」が高い順に並び替わります。

	A	B	C	D	E	F	G	H	I
1	横浜市沿線別住宅情報								
2									
3	管理No.	沿線	最寄駅	徒歩(分)	賃料	管理費	毎月支払額	間取り	築年月
4	20	東横線	綱島	17	¥320,000	¥15,000	¥335,000	5LDK	2007年3月
5	11	東横線	綱島	4	¥200,000	¥15,000	¥215,000	3DK	2017年9月
6	23	市営地下鉄	センター南	11	¥198,000	¥13,000	¥211,000	4LDK	2018年6月
7	18	東横線	大倉山	9	¥180,000	¥8,000	¥188,000	3DK	2006年3月
8	26	東横線	綱島	6	¥180,000	¥0	¥180,000	4LDK	2013年1月
9	2	田園都市線	青葉台	13	¥175,000	¥0	¥175,000	4LDK	2016年6月
10	24	市営地下鉄	センター南	5	¥175,000	¥15,000	¥190,000	4LDK	2007年9月
11	27	東横線	日吉	12	¥160,000	¥12,000	¥172,000	4LDK	2015年8月
12	12	田園都市線	青葉台	4	¥150,000	¥9,000	¥159,000	3LDK	2006年5月
13	19	根岸線	石川町	6	¥150,000	¥7,000	¥157,000	3DK	2003年6月
14	25	根岸線	関内	15	¥150,000	¥15,000	¥165,000	3LDK	2010年2月
15	8	東横線	菊名	2	¥130,000	¥6,000	¥136,000	3LDK	2012年5月
16	15	田園都市線	あざみ野	18	¥130,000	¥9,000	¥139,000	4LDK	2011年12月
17	7	東横線	日吉	5	¥120,000	¥6,000	¥126,000	2LDK	2009年8月

④セル【A3】を選択します。
※表内のA列のセルであれば、どこでもかまいません。

⑤《データ》タブ→《並べ替えとフィルター》グループの（昇順）をクリックします。

⑥「管理No.」順に並び替わります。

	A	B	C	D	E	F	G	H	I
1	横浜市沿線別住宅情報								
2									
3	管理No.	沿線	最寄駅	徒歩（分）	賃料	管理費	毎月支払額	間取り	築年月
4	1	市営地下鉄	中川	5	¥78,000	¥3,000	¥81,000	1LDK	2011年4月
5	2	田園都市線	青葉台	13	¥175,000	¥0	¥175,000	4LDK	2016年6月
6	3	市営地下鉄	センター南	10	¥90,000	¥0	¥90,000	1LDK	2010年3月
7	4	市営地下鉄	新横浜	15	¥79,000	¥9,000	¥88,000	1DK	2008年8月
8	5	田園都市線	あざみ野	10	¥69,000	¥0	¥69,000	1DK	2011年5月
9	6	根岸線	関内	10	¥72,000	¥1,500	¥73,500	1DK	2005年3月
10	7	東横線	日吉	5	¥120,000	¥6,000	¥126,000	2LDK	2009年8月
11	8	東横線	菊名	2	¥130,000	¥6,000	¥136,000	3LDK	2012年5月
12	9	東横線	大倉山	8	¥65,000	¥8,000	¥73,000	2DK	2004年8月
13	10	根岸線	石川町	7	¥49,000	¥5,000	¥54,000	2DK	2013年7月
14	11	東横線	綱島	4	¥200,000	¥15,000	¥215,000	3DK	2017年9月
15	12	田園都市線	青葉台	4	¥150,000	¥9,000	¥159,000	3LDK	2006年5月
16	13	市営地下鉄	センター南	1	¥100,000	¥0	¥100,000	3LDK	2017年7月
17	14	市営地下鉄	新横浜	3	¥100,000	¥12,000	¥112,000	3LDK	2008年9月

Point!

表のセル範囲の認識

表内の任意のセルを選択して並べ替えを実行すると、自動的にセル範囲が認識されます。表のセル範囲を正しく認識させるには、隣接するセルを空白にしておきます。

▶▶2 複数の基準で並べ替え

複数のキーで並べ替えるには、（並べ替え）を使います。
「間取り」を昇順に並べ替え、さらに「間取り」が同じ場合は「毎月支払額」を大きい順で並べ替えましょう。

①セル【A3】が選択されていることを確認します。
※表内のセルであれば、どこでもかまいません。

②《データ》タブ→《並べ替えとフィルター》グループの（並べ替え）をクリックします。

③《並べ替え》ダイアログボックスが表示されます。

④《先頭行をデータの見出しとして使用する》を☑にします。
※表の先頭行に列見出しがある場合は☑、列見出しがない場合は☐にします。

⑤《最優先されるキー》のをクリックし、一覧から「間取り」を選択します。

⑥《並べ替えのキー》が《セルの値》になっていることを確認します。

⑦《順序》が《昇順》になっていることを確認します。

⑧《レベルの追加》をクリックします。

⑨《次に優先されるキー》のをクリックし、一覧から「毎月支払額」を選択します。

⑩《並べ替えのキー》が《セルの値》になっていることを確認します。

⑪《順序》の ⌄ をクリックし、一覧から《大きい順》を選択します。

⑫《OK》をクリックします。

⑬データが並び替わります。

	A	B	C	D	E	F	G	H	I
1	横浜市沿線別住宅情報								
2									
3	管理No.	沿線	最寄駅	徒歩（分）	賃料	管理費	毎月支払額	間取り	築年月
4	4	市営地下鉄	新横浜	15	¥79,000	¥9,000	¥88,000	1DK	2008年8月
5	6	根岸線	関内	10	¥72,000	¥1,500	¥73,500	1DK	2005年3月
6	5	田園都市線	あざみ野	10	¥69,000	¥0	¥69,000	1DK	2011年5月
7	3	市営地下鉄	センター南	10	¥90,000	¥0	¥90,000	1LDK	2010年3月
8	1	市営地下鉄	中川	5	¥78,000	¥3,000	¥81,000	1LDK	2011年4月
9	22	田園都市線	青葉台	8	¥58,000	¥2,000	¥60,000	1LDK	2005年8月
10	9	東横線	大倉山	8	¥65,000	¥8,000	¥73,000	2DK	2004年8月
11	17	市営地下鉄	中川	15	¥55,000	¥3,000	¥58,000	2DK	2010年2月
12	10	根岸線	石川町	7	¥49,000	¥5,000	¥54,000	2DK	2013年7月
13	7	東横線	日吉	5	¥120,000	¥6,000	¥126,000	2LDK	2009年8月
14	16	東横線	菊名	6	¥80,000	¥5,500	¥85,500	2LDK	2007年9月
15	11	東横線	綱島	4	¥200,000	¥15,000	¥215,000	3DK	2017年9月
16	18	東横線	大倉山	9	¥180,000	¥8,000	¥188,000	3DK	2006年3月
17	19	根岸線	石川町	6	¥150,000	¥7,000	¥157,000	3DK	2003年6月

※「管理No.」順に並べ替えておきましょう。

More 色で並べ替え

セルにフォントの色、または塗りつぶしの色が設定されている場合、その色をキーにデータを並べ替え、同じ色が付いているデータをまとめることができます。
色で並べ替える方法は、次のとおりです。

◆セルを選択→《データ》タブ→《並べ替えとフィルター》グループの （並べ替え）→《最優先されるキー》からキーとなる列を選択→《並べ替えのキー》から《セルの色》または《フォントの色》を選択→《順序》から色を選択→《順序》から《上》または《下》を選択

4 データの抽出

「フィルター」を使うと、条件を満たすレコードだけを抽出できます。
条件を満たすレコードだけが表示され、条件を満たさないレコードは一時的に非表示になります。

▶▶1 フィルターの実行

フィルターを使って、「沿線」が「東横線」のレコードを抽出しましょう。

①セル【A3】を選択します。
※表内のセルであれば、どこでもかまいません。

②《データ》タブ→《並べ替えとフィルター》グループの (フィルター)をクリックします。

③列見出しに が付き、フィルターモードになります。

④「沿線」の をクリックします。

⑤《(すべて選択)》を にします。

※下位の項目がすべて になります。

⑥「東横線」を にします。

⑦《OK》をクリックします。

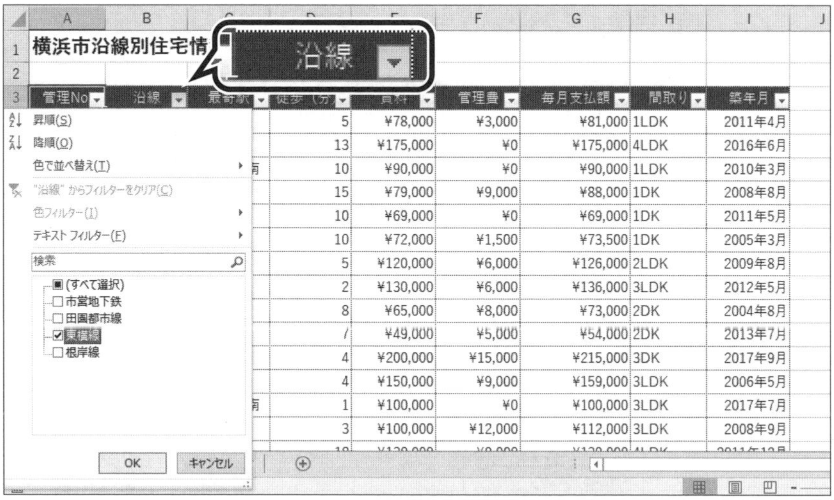

⑧「東横線」のレコードが抽出されます。

⑨「沿線」の が に変わります。

⑩ をポイントすると、指定した条件がポップヒントに表示されます。

⑪抽出されたレコードの行番号が青色で表示されます。また、条件を満たすレコードの件数がステータスバーに表示されます。

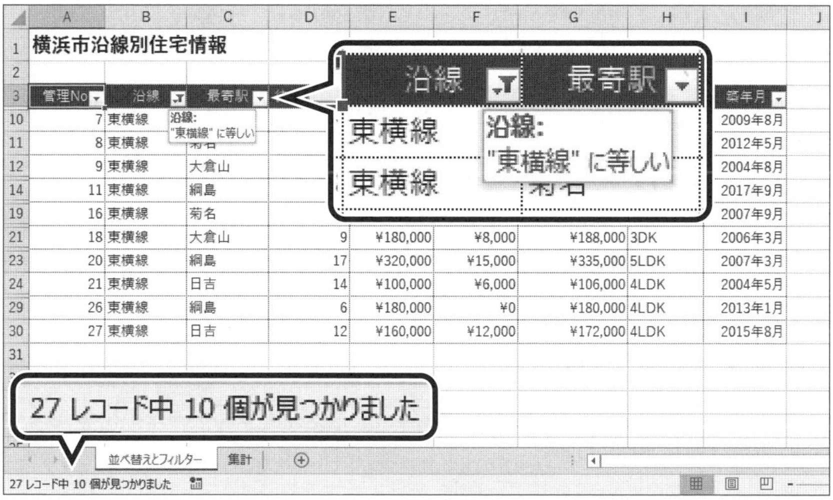

▶▶2 抽出結果の絞り込み

現在の抽出結果をもとに、さらに「間取り」が「4LDK」と「5LDK」のレコードに絞り込みましょう。

①「間取り」の ▼ をクリックします。

②《(すべて選択)》を □ にします。

③「4LDK」と「5LDK」を ☑ にします。

④《OK》をクリックします。

⑤「4LDK」と「5LDK」のレコードに絞り込まれます。

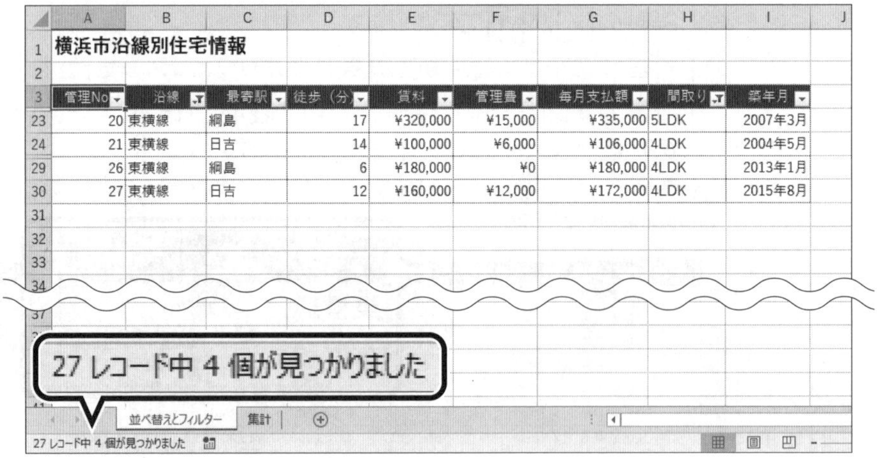

▶▶3 条件のクリア

フィルターに設定した条件をすべてクリアして、非表示になっているレコードを再表示しましょう。

①《データ》タブ→《並べ替えとフィルター》グループの クリア （クリア）をクリックします。

②「沿線」と「間取り」の条件が両方ともクリアされ、すべてのレコードが表示されます。

Point! 列見出しごとに条件をクリアする

列見出しごとに条件をクリアするには、条件をクリアする列見出しの[フィルターボタン]→《（列見出し）からフィルターをクリア》をクリックします。

More 色フィルターの実行

セルにフォントの色や塗りつぶしの色が設定されている場合、その色を条件にフィルターを実行できます。
色フィルターを実行する方法は、次のとおりです。
◆フィルターモードで列見出しの[▼]→《色フィルター》→色を選択

▶▶4 数値フィルターの実行

データの種類が数値のフィールドでは、**「数値フィルター」**が用意されています。
「～以上」「～未満」「～から～まで」のように範囲のある数値を抽出したり、上位または下位の数値を抽出したりできます。
「賃料」が高いレコード5件を抽出しましょう。

①**「賃料」**の[▼]をクリックします。
②**《数値フィルター》**→**《トップテン》**をクリックします。
③**《トップテンオートフィルター》**ダイアログボックスが表示されます。
④左側のボックスが**《上位》**になっていることを確認します。
⑤中央のボックスを**「5」**に設定します。
⑥右側のボックスが**《項目》**になっていることを確認します。
⑦**《OK》**をクリックします。

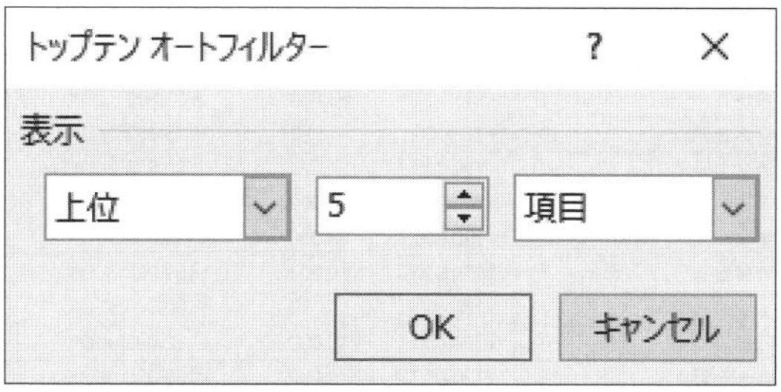

⑧**「賃料」**が高いレコードの上位5件が抽出されます。

	A	B	C	D	E	F	G	H	I
1	横浜市沿線別住宅情報								
2									
3	管理No	沿線	最寄駅	徒歩（分）	賃料	管理費	毎月支払額	間取り	築年月
14	11	東横線	綱島	4	¥200,000	¥15,000	¥215,000	3DK	2017年9月
21	18	東横線	大倉山	9	¥180,000	¥8,000	¥188,000	3DK	2006年3月
23	20	東横線	綱島	17	¥320,000	¥15,000	¥335,000	5LDK	2007年3月
26	23	市営地下鉄	センター南	11	¥198,000	¥13,000	¥211,000	4LDK	2018年6月
29	26	東横線	綱島	6	¥180,000	¥0	¥180,000	4LDK	2013年1月

※条件をクリアしておきましょう。

▶▶5 テキストフィルターの実行

データの種類が文字列のフィールドでは、「テキストフィルター」が用意されています。特定の文字列で始まるレコードや特定の文字列を含むレコードを抽出できます。
「間取り」に「L」が含まれるレコードを抽出しましょう。

①「間取り」の▼をクリックします。
②《テキストフィルター》→《指定の値を含む》をクリックします。
③《オートフィルターオプション》ダイアログボックスが表示されます。
④左上のボックスに「L」と入力します。
⑤右上のボックスが《を含む》になっていることを確認します。
⑥《OK》をクリックします。

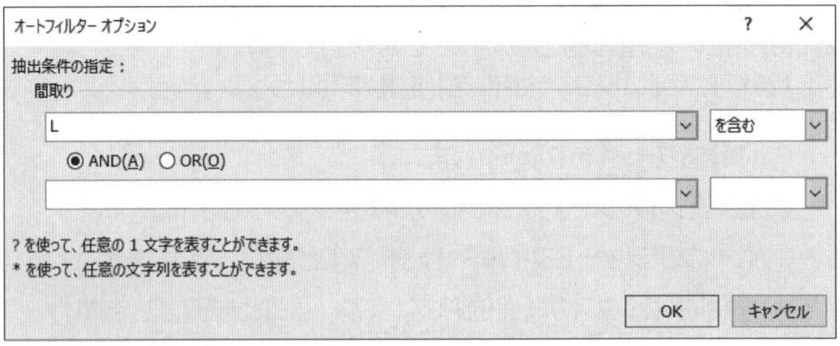

⑦「間取り」に「L」が含まれるレコードが抽出されます。

横浜市沿線別住宅情報

管理No	沿線	最寄駅	徒歩（分）	賃料	管理費	毎月支払額	間取り	築年月
1	市営地下鉄	中川	5	¥78,000	¥3,000	¥81,000	1LDK	2011年4月
2	田園都市線	青葉台	13	¥175,000	¥0	¥175,000	4LDK	2016年6月
3	市営地下鉄	センター南	10	¥90,000	¥0	¥90,000	1LDK	2010年3月
7	東横線	日吉	5	¥120,000	¥6,000	¥126,000	2LDK	2009年8月
8	東横線	菊名	2	¥130,000	¥6,000	¥136,000	3LDK	2012年5月
12	田園都市線	青葉台	4	¥150,000	¥9,000	¥159,000	3LDK	2006年5月
13	市営地下鉄	センター南	1	¥100,000	¥0	¥100,000	3LDK	2017年7月
14	市営地下鉄	新横浜	3	¥100,000	¥12,000	¥112,000	3LDK	2008年9月
15	田園都市線	あざみ野	18	¥130,000	¥9,000	¥139,000	4LDK	2011年12月
16	東横線	菊名	6	¥80,000	¥5,500	¥85,500	2LDK	2007年9月
20	東横線	綱島	17	¥320,000	¥15,000	¥335,000	5LDK	2007年3月
					¥6,000	¥106,000	4LDK	2004年5月
					¥2,000	¥60,000	1LDK	2005年8月
					¥13,000	¥211,000	4LDK	2018年6月

※条件をクリアしておきましょう。

▶▶6 日付フィルターの実行

データの種類が日付のフィールドでは、「日付フィルター」が用意されています。パソコンの日付をもとに「今日」や「昨日」、「今年」や「昨年」のようなレコードを抽出できます。また、ある日付からある日付までのように期間を指定して抽出することもできます。

「築年月」が「2013年」から「2018年」までのレコードを抽出しましょう。

①「築年月」の ▼ をクリックします。

②《日付フィルター》→《指定の範囲内》をクリックします。

③《オートフィルターオプション》ダイアログボックスが表示されます。

④左上のボックスに「2013/1/1」と入力します。

⑤右上のボックスが《以降》になっていることを確認します。

⑥《AND》を◉にします。

⑦左下のボックスに「2018/12/31」と入力します。

⑧右下のボックスが《以前》になっていることを確認します。

⑨《OK》をクリックします。

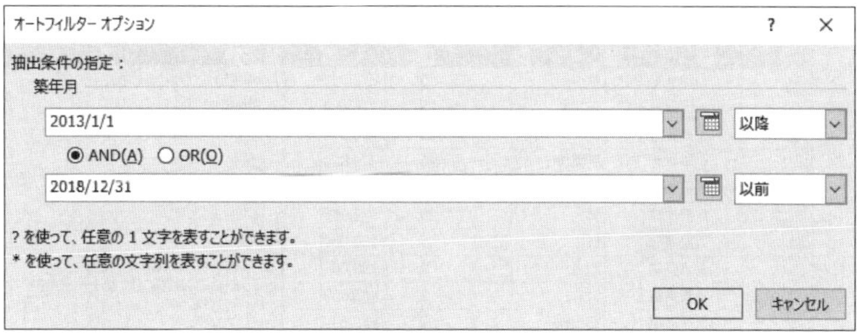

⑩「築年月」が「2013/1/1」から「2018/12/31」までのレコードが抽出されます。

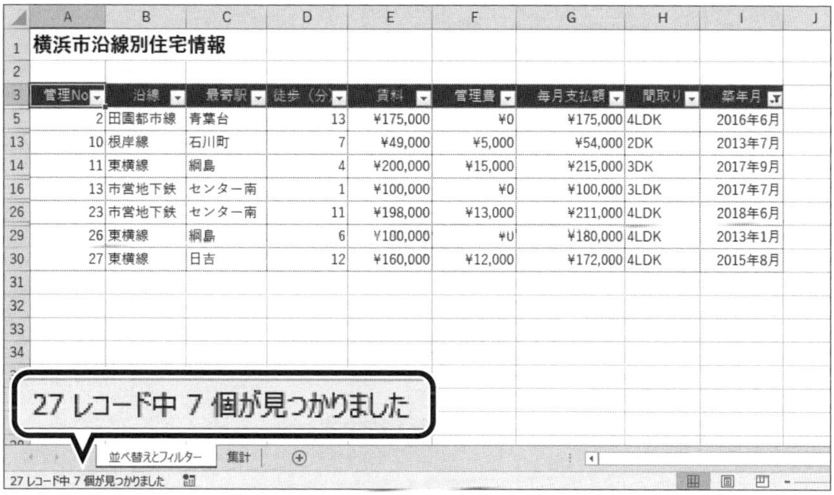

横浜市沿線別住宅情報

管理No	沿線	最寄駅	徒歩（分）	賃料	管理費	毎月支払額	間取り	築年月
2	田園都市線	青葉台	13	¥175,000	¥0	¥175,000	4LDK	2016年6月
10	根岸線	石川町	7	¥49,000	¥5,000	¥54,000	2DK	2013年7月
11	東横線	綱島	4	¥200,000	¥15,000	¥215,000	3DK	2017年9月
13	市営地下鉄	センター南	1	¥100,000	¥0	¥100,000	3LDK	2017年7月
23	市営地下鉄	センター南	11	¥198,000	¥13,000	¥211,000	4LDK	2018年6月
26	東横線	綱島	6	¥100,000	¥0	¥180,000	4LDK	2013年1月
27	東横線	日吉	12	¥160,000	¥12,000	¥172,000	4LDK	2015年8月

ANDとOR

2つの条件を組み合わせる場合は、「AND」または「OR」を使います。

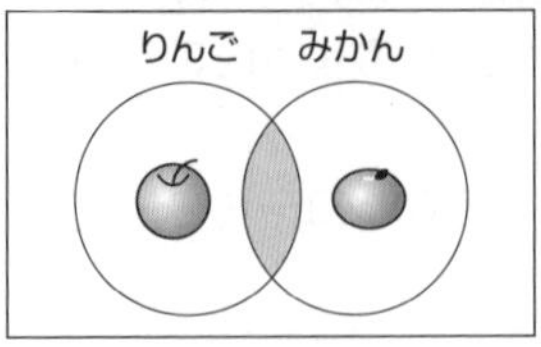

●AND

2つの条件を両方とも満たします。

例：「りんご」と「みかん」の両方とも持っている人

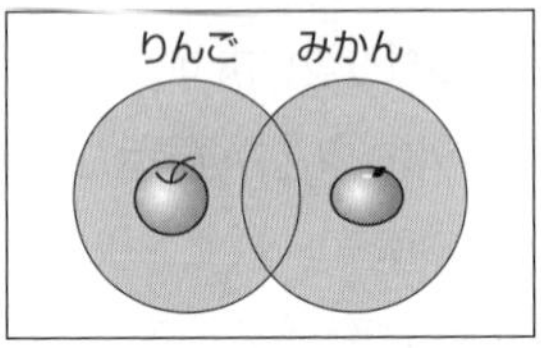

●OR

2つの条件のうち少なくともどちらか一方を満たします。

例：「りんご」か「みかん」のうち、少なくともどちらか一方を持っている人

More 検索ボックスを使ったフィルター

列見出しの▼をクリックすると表示される検索ボックスを使って、特定の文字列を含むレコードを抽出できます。

▶▶7 フィルターモードの解除

フィルターモードを解除しましょう。

①《データ》タブ→《並べ替えとフィルター》グループの（フィルター）をクリックします。

②フィルターモードが解除されます。

5　データの集計

「集計」は、表のデータをグループに分類して、グループごとに集計する機能です。
集計を使うと、項目ごとの合計を求めたり、平均を求めたりできます。
集計を実行する手順は、次のとおりです。

1 グループごとに並べ替える

集計するグループごとに表を並べ替えます。

	A	B	C	D	E	F	G	H
1	贈答品売上一覧							
2								
3	日付	商品分類	商品名	単価	数量	売上合計（円）		
4	4月9日	食品	海苔セット	2,000	15	30,000		
5	4月14日	食品	紅茶セット	1,500	5	7,500		
6	4月16日	食品	かつおパックセット	2,000	8	16,000		
7	5月19日	食品	シュガーセット	1,000	8	8,000		
8	5月27日	食品	海苔セット	2,000	1	2,000		
9	4月7日	寝具	綿毛布	5,000	5	25,000		
10	4月8日	寝具	シーツ	5,000	10	50,000		
11	4月30日	寝具	シーツ	5,000	15	75,000		
12	5月7日	寝具	敷パット	5,000	45	225,000		
13	5月21日	寝具	綿毛布	5,000	3	15,000		
14	4月15日	タオル	フェイスタオル	1,500	6	9,000		
15	4月22日	タオル	バスタオル	4,000	15	60,000		

2 グループごとに集計する

計算の方法を指定して、グループごとに集計します。

	A	B	C	D	E	F	G	H
1	贈答品売上一覧							
2								
3	日付	商品分類	商品名	単価	数量	売上合計（円）		
4	4月9日	食品	海苔セット	2,000	15	30,000		
5	4月14日	食品	紅茶セット	1,500	5	7,500		
6	4月16日	食品	かつおパックセット	2,000	8	16,000		
7	5月19日	食品	シュガーセット	1,000	8	8,000		
8	5月27日	食品	海苔セット	2,000	1	2,000		
9		食品 集計			37	63,500		
10	4月7日	寝具	綿毛布	5,000	5	25,000		
11	4月8日	寝具	シーツ	5,000	10	50,000		
12	4月30日	寝具	シーツ	5,000	15	75,000		
13	5月7日	寝具	敷パット	5,000	45	225,000		
14	5月21日	寝具	綿毛布	5,000	3	15,000		
15		寝具 集計			78	390,000		
16	4月15日	タオル	フェイスタオル	1,500	6	9,000		
17	4月22日	タオル	バスタオル	4,000	15	60,000		
18	4月27日	タオル	ウォッシュタオル	1,500	5	7,500		
19	5月21日	タオル	バスタオル	4,000	2	8,000		
20		タオル 集計			28	84,500		
21		総計			143	538,000		

▶▶1　並べ替え

集計を実行するには、あらかじめ集計するグループごとに表を並べ替えておく必要があります。
表を「開催地区」ごとに並べ替えましょう。

OPEN シート「集計」に切り替えておきましょう。

①セル【C3】を選択します。
※表内のC列のセルであれば、どこでもかまいません。
②《データ》タブ→《並べ替えとフィルター》グループの (昇順) をクリックします。
③「開催地区」ごとに並び替わります。

	A	B	C	D	E	F	G	H	I	J
1	セミナー実施状況									
2										
3	No.	開催日	開催地区	セミナー	分野	参加費	参加者数	金額		
4	6	4月8日	北区	Excel&Word体験	パソコン	1,000	20	20,000		
5	11	4月16日	北区	リラックス・ヨガ	健康	500	32	16,000		
6	14	4月19日	北区	パソコン入門	パソコン	500	23	11,500		
7	17	4月23日	北区	インターネット体験	パソコン	800	23	18,400		
8	18	4月23日	北区	Excel&Word体験	パソコン	1,000	23	23,000		
9	29	5月12日	北区	手話・初級	手話	300	26	7,800		
10	30	5月12日	北区	手話・中級	手話	300	26	7,800		

▶▶2 集計の実行

「開催地区」ごとに「参加者数」と「金額」を合計する集計行を追加しましょう。

①セル【C3】が選択されていることを確認します。

※表内のセルであれば、どこでもかまいません。

②《データ》タブ→《アウトライン》グループの (小計) をクリックします。

※《アウトライン》グループが表示されていない場合は、(アウトライン) をクリックします。

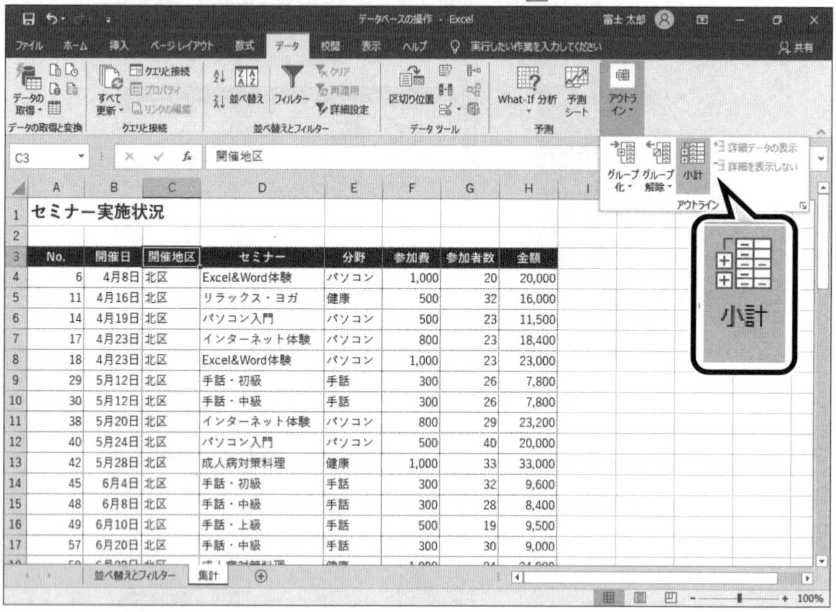

③《集計の設定》ダイアログボックスが表示されます。

④《グループの基準》の をクリックし、一覧から「開催地区」を選択します。

⑤《集計の方法》が《合計》になっていることを確認します。

⑥《集計するフィールド》の「参加者数」と「金額」を ✓ にします。

⑦《OK》をクリックします。

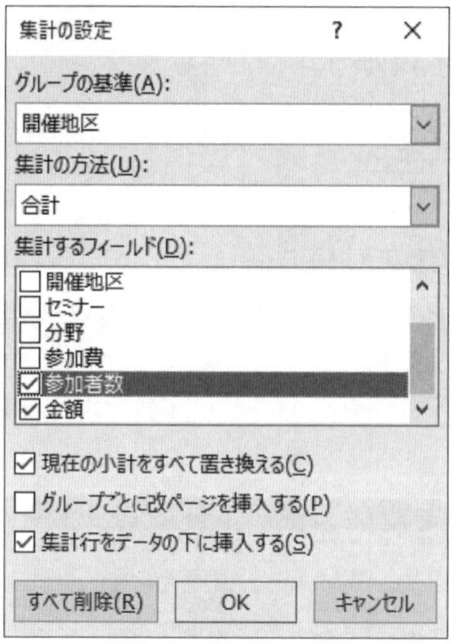

⑧「**開催地区**」ごとに集計行が追加され、「**参加者数**」と「**金額**」の合計が表示されます。

※表の最終行には、全体の合計を表示する集計行が追加されます。

※集計を実行すると、アウトラインが自動的に作成され、行番号の左側にアウトライン記号が表示されます。

	A	B	C	D	E	F	G	H
1	セミナー実施状況							
2								
3	No.	開催日	開催地区	セミナー	分野	参加費	参加者数	金額
4	6	4月8日	北区	Excel&Word体験	パソコン	1,000	20	20,000
5	11	4月16日	北区	リラックス・ヨガ	健康	500	32	16,000
19	60	6月26日	北区	インターネット体験	パソコン	800	24	19,200
20			**北区 集計**				432	260,400
21	4	4月4日	西区	パソコン入門	パソコン	500	16	8,000

More 集計の削除

集計を削除して、もとの表に戻す方法は、次のとおりです。

◆セルを選択→《データ》タブ→《アウトライン》グループの（小計）→《すべて削除》

▶▶3 集計の追加

「**開催地区**」ごとに「**参加者数**」と「**金額**」を平均する集計行を追加しましょう。

①セル【C3】が選択されていることを確認します。

※表内のセルであれば、どこでもかまいません。

②《**データ**》タブ→《**アウトライン**》グループの（小計）をクリックします。

※《アウトライン》グループが表示されていない場合は、（アウトライン）をクリックします。

③《**集計の設定**》ダイアログボックスが表示されます。

④《**グループの基準**》が「**開催地区**」になっていることを確認します。

⑤《**集計の方法**》のをクリックし、一覧から《**平均**》を選択します。

⑥《**集計するフィールド**》の「**参加者数**」と「**金額**」がになっていることを確認します。

⑦《**現在の小計をすべて置き換える**》をにします。

※にすると、既存の集計行が削除され、新規の集計行に置き換わります。にすると、既存の集計行に新規の集計行が追加されます。

⑧《**OK**》をクリックします。

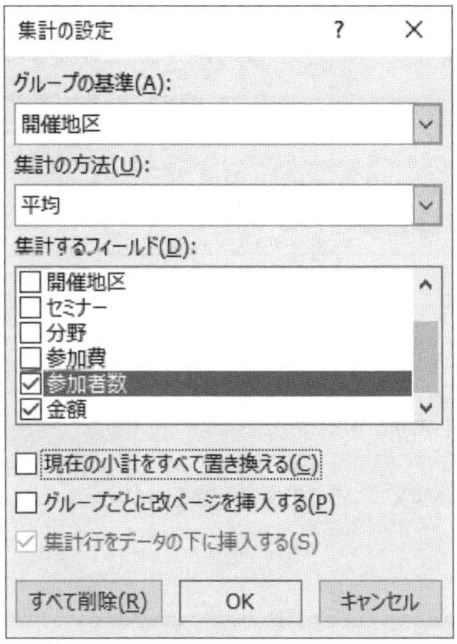

⑨**「開催地区」**ごとに集計行が追加され、**「参加者数」**と**「金額」**の平均が表示されます。

※「統計」の上に、全体の平均を表示する集計行「全体の平均」が追加されます。

	A	B	C	D	E	F	G	H
1	セミナー実施状況							
2								
3	No.	開催日	開催地区	セミナー	分野	参加費	参加者数	金額
4	6	4月8日	北区	Excel&Word体験	パソコン	1,000	20	20,000
5	11	4月16日	北区	リラックス・ヨガ	健康	500	32	16,000
6	14	4月19日	北区	パソコン入門	パソコン	500	23	11,500
7	17	4月23日	北区	インターネット体験	パソコン	800	23	18,400
8	18	4月23日	北区	Excel&Word体験	パソコン	1,000	23	23,000
9	29	5月12日	北区	手話・初級	手話	300	26	7,800
10	30	5月12日	北区	手話・中級	手話	300	26	7,800
11	38	5月20日	北区	インターネット体験	パソコン	800	29	23,200
12	40	5月24日	北区	パソコン入門	パソコン	500	40	20,000
13	42	5月28日	北区	成人病対策料理	健康	1,000	33	33,000
14	45	6月4日	北区	手話・初級	手話	300	32	9,600
15	48	6月8日	北区	手話・中級	手話	300	28	8,400
16	49	6月10日	北区	手話・上級	手話	500	19	9,500
17	57	6月20日	北区	手話・中級	手話	300	30	9,000
18	59	6月22日	北区	成人病対策料理	健康	1,000	24	24,000
19	60	6月26日	北区	インターネット体験	パソコン	800	24	19,200
20			北区 平均				27	16,275
21			北区 集計				432	260,400

※ブックに任意の名前を付けて保存し、ブックを閉じておきましょう。

Point! アウトライン記号

集計を実行すると、表に自動的に「アウトライン」が作成されます。

アウトラインが作成された表は階層化され、行や列にレベルが設定されます。必要に応じて、上位レベルだけを表示したり、全レベルを表示したりできます。

	A	B	C	D	E	F	G	H
1	セミナー実施状況							
2								
3	No.	開催日	開催地区	セミナー	分野	参加費	参加者数	金額
20			北区 平均				27	16,275
21			北区 集計				432	260,400
37			西区 平均				28	18,093
38			西区 集計				420	271,400
53			東区 平均				29	16,279
54			東区 集計				406	227,900
70			南区 平均				27	16,387
71			南区 集計				405	245,800
72			全体の平均				28	16,758
73			総計				1,663	1,005,500

❶選択したレベルのデータを表示します。

❷グループの詳細データを非表示にします。

❸グループの詳細データを表示します。

❹グループの詳細データを非表示にします。

More 集計行の数式

集計行のセルには、「SUBTOTAL関数」が自動的に設定されます。

=SUBTOTAL(集計方法, 参照)
❶ 集計方法　❷ 参照

❶集計方法

集計方法に応じて関数を番号で指定します。

例：

1：AVERAGE　2：COUNT　4：MAX　5：MIN　9：SUM

❷参照

集計するセル範囲を指定します。

More フラッシュフィルの利用

「フラッシュフィル」とは、入力済みのデータをもとに、Excelが入力パターンを読み取り、まだ入力されていない残りのセルに入力パターンに合ったデータを自動で埋め込む機能のことで、次のようなことができます。

・英字の小文字をすべて大文字にする
・電話番号に「-」(ハイフン)を付けて表示する
・姓と名を1つのセルに結合して氏名を表示する
・メールアドレスの「@」より前の部分を取り出す
・日付から月を取り出す

フラッシュフィルを利用するときは、次の点に注意しましょう。

・列内のデータは同じ規則性にする
・表に隣接するセルで操作する
・1列ずつ操作する

フラッシュフィルを利用する方法は、次のとおりです。

◆セルにデータを入力→《データ》タブ→《データツール》グループの (フラッシュフィル)

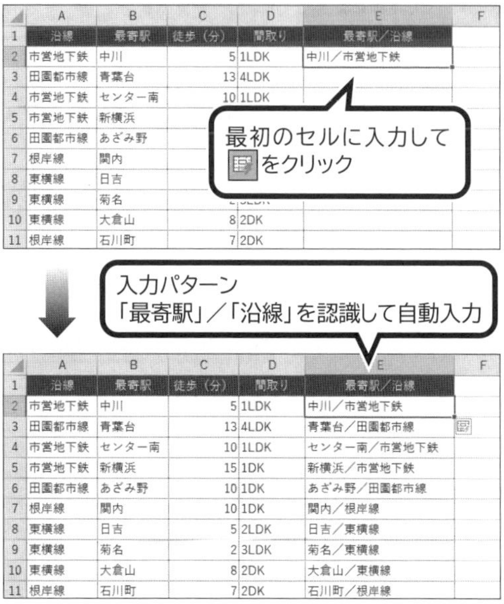

	A	B	C	D	E
1	沿線	最寄駅	徒歩(分)	間取り	最寄駅/沿線
2	市営地下鉄	中川	5	1LDK	中川/市営地下鉄
3	田園都市線	青葉台	13	4LDK	
4	市営地下鉄	センター南	10	1LDK	
5	市営地下鉄	新横浜			
6	田園都市線	あざみ野			
7	根岸線	関内			
8	東横線	日吉			
9	東横線	菊名			
10	東横線	大倉山	8	2DK	
11	根岸線	石川町	7	2DK	

	A	B	C	D	E
1	沿線	最寄駅	徒歩(分)	間取り	最寄駅/沿線
2	市営地下鉄	中川	5	1LDK	中川/市営地下鉄
3	田園都市線	青葉台	13	4LDK	青葉台/田園都市線
4	市営地下鉄	センター南	10	1LDK	センター南/市営地下鉄
5	市営地下鉄	新横浜	15	1DK	新横浜/市営地下鉄
6	田園都市線	あざみ野	10	1DK	あざみ野/田園都市線
7	根岸線	関内	10	1DK	関内/根岸線
8	東横線	日吉	5	2LDK	日吉/東横線
9	東横線	菊名	2	3LDK	菊名/東横線
10	東横線	大倉山	8	2DK	大倉山/東横線
11	根岸線	石川町	7	2DK	石川町/根岸線

More ウィンドウ枠の固定

ウィンドウ枠を固定すると、スクロールしても表のタイトルや見出しを常に表示しておくことができます。
ウィンドウ枠を固定するときに、選択する場所によって、固定方法が異なります。
ウィンドウ枠を固定する方法は、次のとおりです。

◆固定する場所を選択→《表示》タブ→《ウィンドウ》グループの ウィンドウ枠の固定 (ウィンドウ枠の固定)→《ウィンドウ枠の固定》

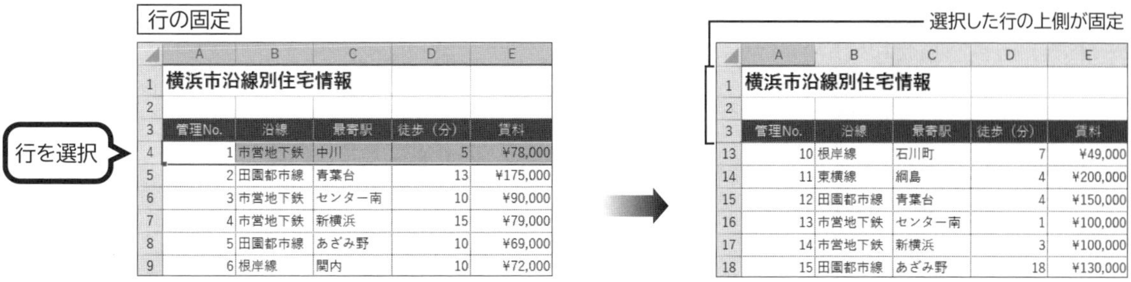

	A	B	C	D	E
1	横浜市沿線別住宅情報				
2					
3	管理No.	沿線	最寄駅	徒歩(分)	賃料
4	1	市営地下鉄	中川	5	¥78,000
5	2	田園都市線	青葉台	13	¥175,000
6	3	市営地下鉄	センター南	10	¥90,000
7	4	市営地下鉄	新横浜	15	¥79,000
8	5	田園都市線	あざみ野	10	¥69,000
9	6	根岸線	関内	10	¥72,000

	A	B	C	D	E
1	横浜市沿線別住宅情報				
2					
3	管理No.	沿線	最寄駅	徒歩(分)	賃料
13	10	根岸線	石川町	7	¥49,000
14	11	東横線	綱島	4	¥200,000
15	12	田園都市線	青葉台	4	¥150,000
16	13	市営地下鉄	センター南	1	¥100,000
17	14	市営地下鉄	新横浜	3	¥100,000
18	15	田園都市線	あざみ野	18	¥130,000

	A	B	C	D	E
1	横浜市沿線別住宅情報				
2					
3	管理No.	沿線	最寄駅	徒歩(分)	賃料
4	1	市営地下鉄	中川	5	¥78,000
5	2	田園都市線	青葉台	13	¥175,000
6	3	市営地下鉄	センター南	10	¥90,000
7	4	市営地下鉄	新横浜	15	¥79,000
8	5	田園都市線	あざみ野	10	¥69,000
9	6	根岸線	関内	10	¥72,000

	A	B	C	G	H
1	横浜市沿線別住宅情報				
2					
3	管理No.	沿線	最寄駅	毎月支払額	間取り
4	1	市営地下鉄	中川	¥81,000	1LDK
5	2	田園都市線	青葉台	¥175,000	4LDK
6	3	市営地下鉄	センター南	¥90,000	1LDK
7	4	市営地下鉄	新横浜	¥88,000	1DK
8	5	田園都市線	あざみ野	¥69,000	1DK
9	6	根岸線	関内	¥73,500	1DK

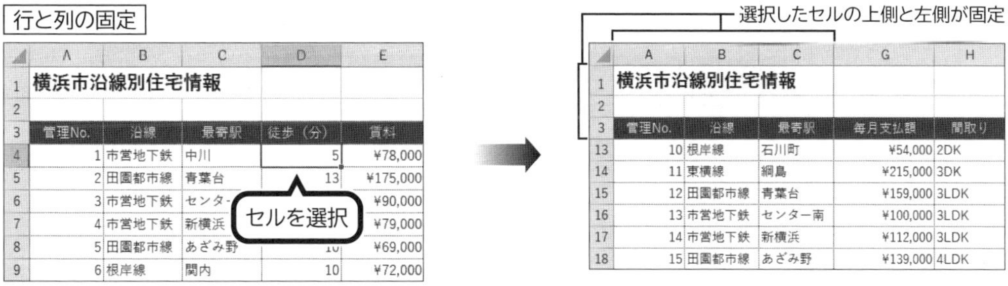

	A	B	C	D	E
1	横浜市沿線別住宅情報				
2					
3	管理No.	沿線	最寄駅	徒歩(分)	賃料
4	1	市営地下鉄	中川	5	¥78,000
5	2	田園都市線	青葉台	13	¥175,000
6	3	市営地下鉄	センタ		¥90,000
7	4	市営地下鉄	新横浜		¥79,000
8	5	田園都市線	あざみ野		¥69,000
9	6	根岸線	関内	10	¥72,000

	A	B	C	G	H
1	横浜市沿線別住宅情報				
2					
3	管理No.	沿線	最寄駅	毎月支払額	間取り
13	10	根岸線	石川町	¥54,000	2DK
14	11	東横線	綱島	¥215,000	3DK
15	12	田園都市線	青葉台	¥159,000	3LDK
16	13	市営地下鉄	センター南	¥100,000	3LDK
17	14	市営地下鉄	新横浜	¥112,000	3LDK
18	15	田園都市線	あざみ野	¥139,000	4LDK

Step8 複数のシートを操作しよう

1 作成するブックの確認

次のようなブックを作成しましょう。

●シート「田中」

	A	B	C	D	E	F	G
1	売上明細表						田中　一郎
2							単位：円
3	分類	第1週	第2週	第3週	第4週	第5週	合計
4	シャープペンシル	20,000	58,000	158,200	642,900	12,800	891,900
5	ボールペン	8,800	2,400	3,600	2,300	2,700	19,800
6	消しゴム	4,800	0	5,800	8,800	0	19,400
7	替え芯	9,800	10,500	8,900	12,500	9,800	51,500
8	蛍光ペン	12,900	29,800	58,600	29,800	0	131,100
9	その他	56,000	12,580	3,600	48,000	59,800	179,980
10	合計	112,300	113,280	238,700	744,300	85,100	1,293,680
11							

田中 | 鈴木 | 中村 | 売上集計

●シート「鈴木」

	A	B	C	D	E	F	G
1	売上明細表						鈴木　典弘
2							単位：円
3	分類	第1週	第2週	第3週	第4週	第5週	合計
4	シャープペンシル	35,000	35,220	3,500	78,900	8,500	161,120
5	ボールペン	25,000	2,400	2,600	4,680	2,700	37,380
6	消しゴム	8,500	0	6,900	0	0	15,400
7	替え芯	5,500	9,700	6,500	8,200	0	29,900
8	蛍光ペン	5,000	35,980	48,980	35,980	26,840	152,780
9	その他	21,000	48,600	4,500	68,200	2,250	144,550
10	合計	100,000	131,900	72,980	195,960	40,290	541,130
11							

田中 | 鈴木 | 中村 | 売上集計

●シート「中村」

	A	B	C	D	E	F	G
1	売上明細表						中村　正弘
2							単位：円
3	分類	第1週	第2週	第3週	第4週	第5週	合計
4	シャープペンシル	35,000	33,900	58,300	38,400	4,600	170,200
5	ボールペン	5,900	6,400	5,800	6,400	1,500	26,000
6	消しゴム	2,800	5,600	0	5,900	700	15,000
7	替え芯	22,400	52,100	14,600	34,900	0	124,000
8	蛍光ペン	8,600	9,800	0	3,500	4,800	26,700
9	その他	46,500	6,500	87,980	24,000	0	164,980
10	合計	121,200	114,300	166,680	113,100	11,600	526,880
11							

田中 | 鈴木 | 中村 | 売上集計

●シート「売上集計」

	A	B	C	D	E	F	G
1	売上明細表						第2営業課
2							単位：円
3	分類	第1週	第2週	第3週	第4週	第5週	合計
4	シャープペンシル	90,000	127,120	220,000	760,200	25,900	1,223,220
5	ボールペン	39,700	11,200	12,000	13,380	6,900	83,180
6	消しゴム	16,100	5,600	12,700	14,700	700	49,800
7	替え芯	37,700	72,300	30,000	55,600	9,800	205,400
8	蛍光ペン	26,500	75,580	107,580	69,280	31,640	310,580
9	その他	123,500	67,680	96,080	140,200	62,050	489,510
10	合計	333,500	359,480	478,360	1,053,360	136,990	2,361,690
11							

田中 | 鈴木 | 中村 | 売上集計

シート間の集計

2　シート間の集計

複数のシートの同じセル位置の数値を集計できます。
シート「田中」からシート「中村」までの「シャープペンシル」の「第1週」の値の合計を、シート「売上集計」に求めましょう。

フォルダー「表計算編」のブック「複数シートの操作」を開き、シート「田中」「鈴木」「中村」「売上集計」をそれぞれ確認しましょう。

①シート「売上集計」のシート見出しをクリックします。
②セル【B4】を選択します。
③《ホーム》タブ→《編集》グループの Σ （合計）をクリックします。
④数式バーに「=SUM()」と表示されます。

⑤シート「田中」のシート見出しをクリックします。
⑥セル【B4】を選択します。
⑦数式バーに「=SUM(田中!B4)」と表示されます。

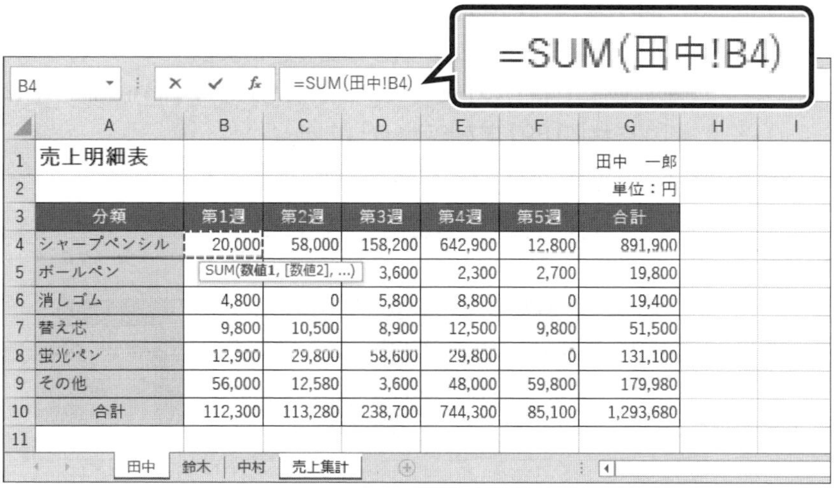

⑧ Shift を押しながらシート「中村」のシート見出しをクリックします。
⑨シート「田中」からシート「中村」までのすべてのシート見出しが選択されます。

⑩数式バーに「=SUM('田中:中村'!B4)」と表示されます。

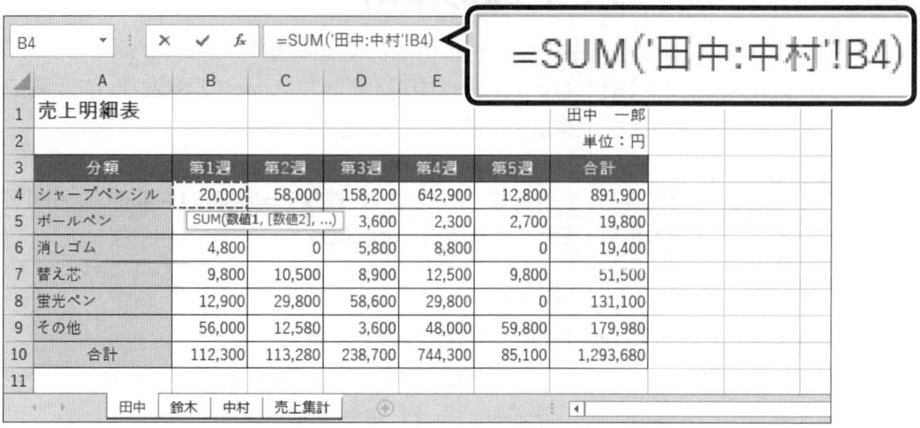

	A	B	C	D	E	F	G
1	売上明細表						田中　一郎
2							単位：円
3	分類	第1週	第2週	第3週	第4週	第5週	合計
4	シャープペンシル	20,000	58,000	158,200	642,900	12,800	891,900
5	ボールペン			3,600	2,300	2,700	19,800
6	消しゴム	4,800	0	5,800	8,800	0	19,400
7	替え芯	9,800	10,500	8,900	12,500	9,800	51,500
8	蛍光ペン	12,900	29,800	58,600	29,800	0	131,100
9	その他	56,000	12,580	3,600	48,000	59,800	179,980
10	合計	112,300	113,280	238,700	744,300	85,100	1,293,680
11							

⑪ Enter を押します。

⑫シート「売上集計」に合計が表示されます。

	A	B	C	D	E	F	G	H	I
1	売上明細表						第2営業課		
2							単位：円		
3	分類	第1週	第2週	第3週	第4週	第5週	合計		
4	シャープペンシル	90,000					90,000		
5	ボールペン						0		
6	消しゴム						0		
7	替え芯						0		
8	蛍光ペン						0		
9	その他						0		
10	合計	90,000	0	0	0	0	90,000		
11									

3　数式のコピー

シート「売上集計」のセル【B4】の数式をコピーしましょう。

①シート「売上集計」が表示されていることを確認します。

②セル【B4】を選択し、セル右下の■（フィルハンドル）をダブルクリックします。

③セル範囲【B5:B9】に数式がコピーされます。

④セル範囲【B4:B9】が選択されている状態で、セル範囲右下の■（フィルハンドル）をセル【F9】までドラッグします。

⑤セル範囲【C4:F9】に数式がコピーされます。

	A	B	C	D	E	F	G	H	I
1	売上明細表						第2営業課		
2							単位：円		
3	分類	第1週	第2週	第3週	第4週	第5週	合計		
4	シャープペンシル	90,000	127,120	220,000	760,200	25,900	1,223,220		
5	ボールペン	39,700	11,200	12,000	13,380	6,900	83,180		
6	消しゴム	16,100	5,600	12,700	14,700	700	49,800		
7	替え芯	37,700	72,300	30,000	55,600	9,800	205,400		
8	蛍光ペン	26,500	75,580	107,580	69,280	31,640	310,580		
9	その他	123,500	67,680	96,080	140,200	62,050	489,510		
10	合計	333,500	359,480	478,360	1,053,360	136,990	2,361,690		
11									

※ブックに任意の名前を付けて保存し、ブックを閉じておきましょう。

Point! グループ

複数のシートを選択すると、「グループ」が設定されます。
グループを設定すると、複数のシートに対してまとめてデータを入力したり、書式を設定したりできます。
グループを設定する方法は、次のとおりです。

連続しているシート

◆先頭のシート見出しをクリック→ Shift を押しながら最終のシート見出しをクリック

連続していないシート

◆1つ目のシート見出しをクリック→ Ctrl を押しながら2つ目以降のシート見出しをクリック

Point! グループの解除

ブック内のすべてのシートがグループに設定されている場合、一番手前のシート以外のシート見出しをクリックして解除します。ブック内の一部のシートがグループに設定されている場合、グループに含まれていないシートのシート見出しをクリックして解除します。

More シートの挿入と削除

シートを挿入するには、シート見出しの右側の ⊕（新しいシート）をクリックします。
シートを削除するには、シート見出しを右クリック→《削除》をクリックします。

More シート名の変更

初期の設定では、シートが1枚用意されていて、「Sheet1」という名前が付けられています。シートを挿入するごとに「Sheet2」「Sheet3」と名前が付きます。シート名は変更できます。
シート名を変更する方法は、次のとおりです。

◆シート見出しをダブルクリック→シート名を入力→ Enter

More シート見出しの色

シートを区別しやすくするために、シート見出しに色を付けることができます。シート見出しの色を設定する方法は、次のとおりです。

◆シート見出しを右クリック→《シート見出しの色》→色を選択

Point! シートの移動とコピー

シートを移動するには、シート見出しをドラッグします。▼の表示された位置に移動されます。

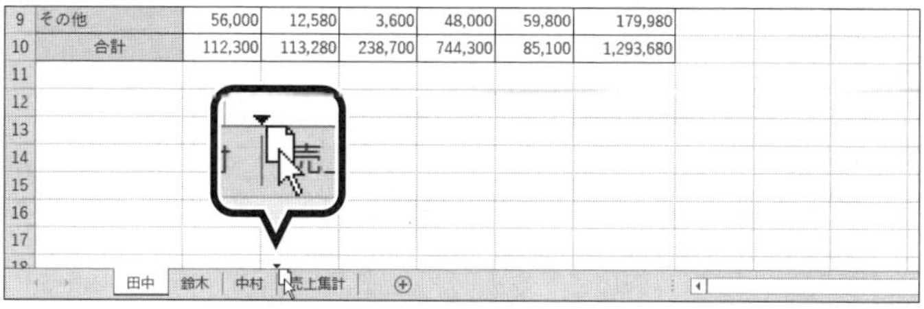

シートをコピーするには、 Ctrl を押しながらシート見出しをドラッグします。▼の表示された位置にコピーされます。

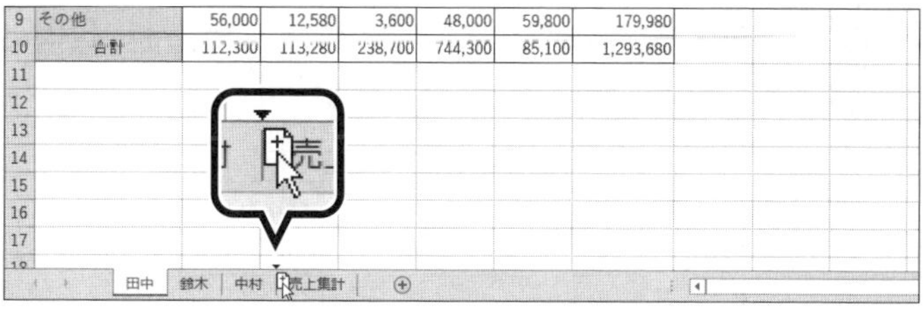

Step9 関数を使いこなそう

1 作成する表の確認

次のような表を作成しましょう。

●シート「関数1」

COUNTA関数
COUNTIF関数
PHONETIC関数

	A	B	C	D	E	F	G	H
1	カード会員リスト							
2		現在の会員数	20					
3	〔内訳〕	一般会員	15					
4		特別会員	5					
5								
6	No.	氏名	フリガナ	住所	電話番号	会員種別		
7	1001	田辺　美夏	タナベ　ミカ	北区上賀茂本町1-X	075-735-XXXX	一般会員		
8	1002	新谷　和也	アラタニ　カズヤ	左京区岡崎北御所町2-X	075-443-XXXX	特別会員		
9	1003	渡部　里香	ワタナベ　リカ	伏見区桃山町5-X	075-112-XXXX	一般会員		
10	1004	岡田　まゆ	オカダ　マユ	東山区宮川筋2-X	075-524-XXXX	一般会員		
11	1005	片山　優奈	カタヤマ　ユウナ	中京区鴨川二条3-1-X	075-428-XXXX	特別会員		
12	1006	浦上　京子	ウラガミ　キョウコ	下京区四条寺町X	075-253-XXXX	一般会員		
13	1007	上島　美香	ウエシマ　ミカ	左京区白川通り清水町 2-3	075-587-XXXX	一般会員		
14	1008	井上　愛	イノウエ　アイ	北区堀川通北大路下ル2-5-	075-533-XXXX	一般会員		
15	1009	山口　純菜	ヤマグチ　ジュンナ	伏見区深草西浦町3-X	075-422-XXXX	一般会員		
16	1010	宮本　さゆり	ミヤモト　サユリ	下京区新町通2-3-X	075-663-XXXX	一般会員		
17	1011	木村　聡	キムラ　サトシ	下京区烏丸塩小路下ル3-X	075-668-XXXX	特別会員		
18	1012	方　博美	カタ　ヒロミ	東山区大和大路通9-1-X	075-731-XXXX	一般会員		
19	1013	小野田　奈々	オノダ　ナナ	中京区三条木屋町1-X	075-211-XXXX	一般会員		
20	1014	岩城　真澄	イワシロ　マスミ	下京区川端町X	075-153-XXXX	一般会員		
21	1015	小林　美月	コバヤシ　ミズキ	伏見区向島庚申町5-X	075-987-XXXX	特別会員		
22	1016	浅野　浩之	アサノ　ヒロユキ	左京区田中大久保町X	075-312-XXXX	一般会員		
23	1017	安達　亮	アダチ　アキラ	中京区東木屋町4-3-X	075-424-XXXX	特別会員		
24	1018	今村　圭子	イマムラ　ケイコ	東山区本町5-X	075-258-XXXX	一般会員		
25	1019	松村　加奈	マツムラ　カナ	伏見区中島外山町X	075-873-XXXX	一般会員		
26	1020	村上　奈津	ムラカミ　ナツ	中京区御幸町5-X	075-332-XXXX	一般会員		
27								

●シート「関数2」

VLOOKUP関数
IF関数
FREQUENCY関数

	A	B	C	D	E	F	G	H	I
1	従業員売上評価								
2	従業員No.	氏名	所属No.	所属名	上期（万円）	下期（万円）	合計（万円）	評価1	評価2
3	74032	島田　由紀	30	東海支店	380	400	780	A	A
4	73011	綾瀬　秀司	10	東北支店	155	260	415	B	B
5	74063	藤倉　莉緒	40	関西支店	230	470	700	A	B
6	78021	遠藤　真紀	20	関東支店	420	360	780	A	A
7	79063	京山　秋彦	30	東海支店	190	150	340	B	B
8	80031	川原　香織	50	中四国支店	390	230	620	B	B
9	81031	福田　直樹	60	九州支店	320	580	900	A	B
10	84080	斉藤　信也	10	東北支店	490	450	940	A	A
11	85012	坂本　利雄	40	関西支店	310	510	820	A	B
12	88061	山本　涼子	50	中四国支店	380	310	690	B	B
13	94083	伊藤　隆	20	関東支店	490	410	900	A	A
14	95032	浜野　陽子	60	九州支店	620	270	890	A	B
15	97590	結城　夏江	30	東海支店	350	320	670	B	B
16	98870	白井　茜	40	関西支店	400	390	790	A	A
17	11325	梅畑　雄介	20	関東支店	230	410	640	B	B
18	10197	花岡　順	10	東北支店	340	360	700	A	B
19	10253	森下　真澄	40	関西支店	160	260	420	B	B
20			所属コード表			分布表			
21			所属No.	所属名		金額分布			分布
22			10	東北支店			～	400	1
23			20	関東支店		401	～	500	2
24			30	東海支店		501	～	600	0
25			40	関西支店		601	～	700	6
26			50	中四国支店		701	～	800	3
27			60	九州支店		801	～		5
28									

2　関数の入力方法

関数を入力する方法には、次のようなものがあります。

●Σ（合計）を使う

「SUM」「AVERAGE」「COUNT」「MAX」「MIN」の各関数は、《ホーム》タブ→《編集》グループの Σ▾（合計）の ▾ を使うと、関数名やかっこが自動的に入力され、引数も簡単に指定できます。

●fx（関数の挿入）を使う

数式バーの fx（関数の挿入）を使うと、ダイアログボックス上で関数や引数の説明を確認しながら、関数を入力できます。

●キーボードから直接入力する

セルに関数を直接入力できます。関数の引数に何を指定すればよいか、わかっている場合には、直接入力した方が効率的な場合があります。

3　ふりがなの表示（PHONETIC関数）

「PHONETIC関数」を使うと、指定したセルのふりがなを表示できます。
セル【C7】に「氏名」のふりがなを表示する関数を入力しましょう。

=PHONETIC（参照）
❶

❶参照
ふりがなのもととなるデータが入力されているセルを指定します。ふりがなは、セルに入力した文字列（読み）になります。例えば、「佳子」を「けいこ」と入力した場合、ふりがなは「けいこ」と表示されます。

OPEN
フォルダー「表計算編」のブック「関数の利用」のシート「関数1」を開いておきましょう。

①セル【C7】を選択します。

②数式バーの fx（関数の挿入）をクリックします。

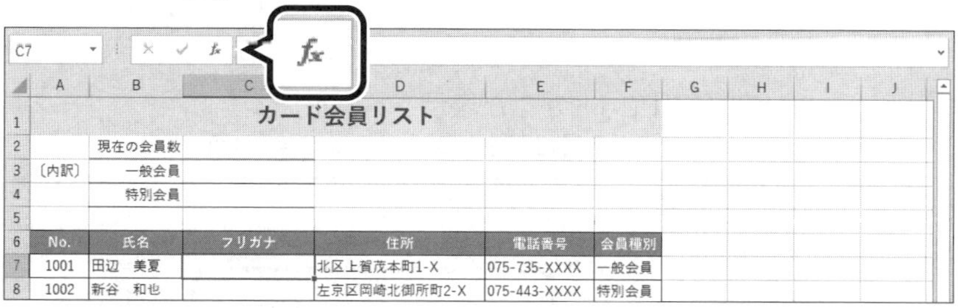

③セル【C7】に自動的に「=」が入力され、《関数の挿入》ダイアログボックスが表示されます。

※セルが隠れている場合は、ダイアログボックスのタイトルバーをドラッグして移動します。

④《関数の分類》の ⌄ をクリックし、一覧から《情報》を選択します。

⑤《関数名》の一覧から《PHONETIC》を選択します。

※《関数名》の一覧をクリックして、関数名の先頭のアルファベットのキーを押すと、そのアルファベットで始まる関数名にジャンプします。

⑥《OK》をクリックします。

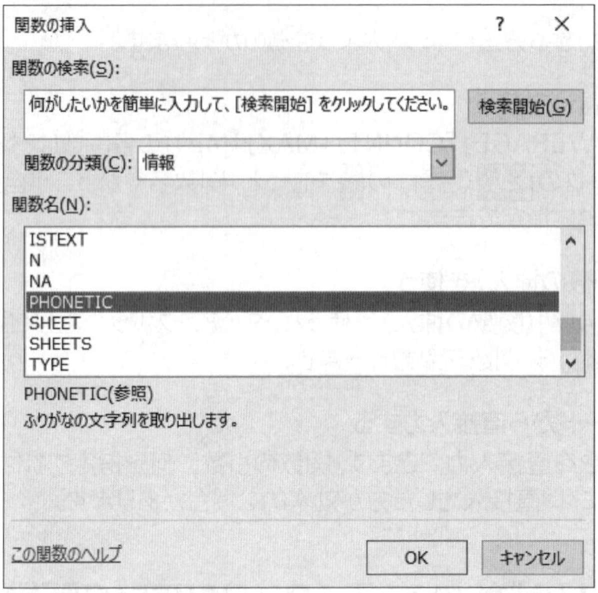

⑦《関数の引数》ダイアログボックスが表示されます。

⑧《参照》にカーソルが表示されていることを確認します。

⑨シート上のセル【B7】を選択します。

⑩《参照》に「B7」と表示されていることを確認します。

⑪数式バーに「=PHONETIC（B7）」と表示されていることを確認します。

⑫《OK》をクリックします。

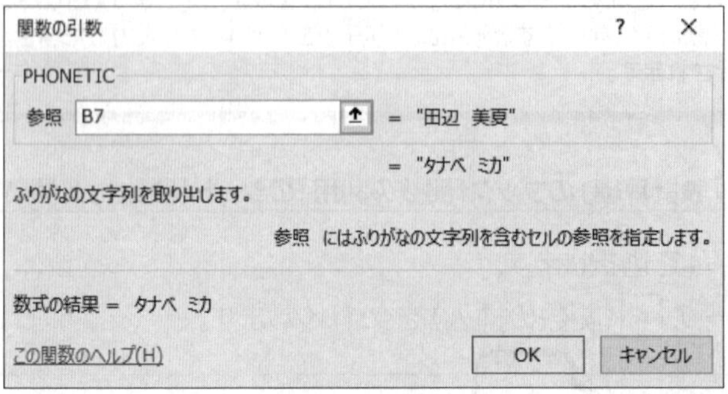

⑬セル【C7】にふりがなが表示されます。

※セル範囲【C8：C26】に関数をコピーしておきましょう。

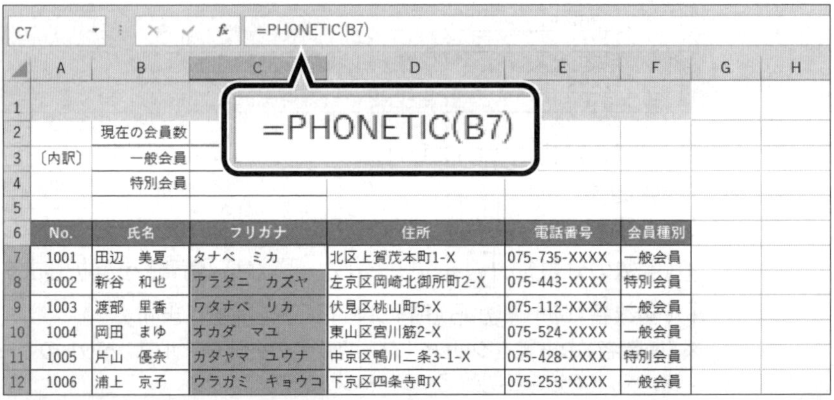

	A	B	C	D	E	F	G	H
1								
2		現在の会員数						
3	（内訳）	一般会員						
4		特別会員						
5								
6	No.	氏名	フリガナ	住所	電話番号	会員種別		
7	1001	田辺　美夏	タナベ　ミカ	北区上賀茂本町1-X	075-735-XXXX	一般会員		
8	1002	新谷　和也	アラタニ　カズヤ	左京区岡崎北御所町2-X	075-443-XXXX	特別会員		
9	1003	渡部　里香	ワタナベ　リカ	伏見区桃山町5-X	075-112-XXXX	一般会員		
10	1004	岡田　まゆ	オカダ　マユ	東山区宮川筋2-X	075-524-XXXX	一般会員		
11	1005	片山　優奈	カタヤマ　ユウナ	中京区鴨川二条3-1-X	075-428-XXXX	特別会員		
12	1006	浦上　京子	ウラガミ　キョウコ	下京区四条寺町X	075-253-XXXX	一般会員		

More ふりがなの種類の設定

PHONETIC関数の結果として表示されるふりがなの種類は、「ひらがな」「全角カタカナ」「半角カタカナ」のいずれかに設定できます。
ふりがなの種類を設定する方法は、次のとおりです。

◆漢字が入力されているセルを選択→《ホーム》タブ→《フォント》グループの（ふりがなの表示/非表示）の→《ふりがなの設定》→《ふりがな》タブ→《種類》を選択

More 関数ライブラリの利用

《数式》タブ→《関数ライブラリ》グループには、関数の分類ごとのボタンが用意されています。ボタンをクリックすると、該当する関数の一覧が表示されるので、すばやく関数を選択することができます。

4　データ個数のカウント（COUNTA関数）

「COUNTA関数」を使うと、数値や文字列などデータの種類に関係なく、データが入力されているセルの個数を求めることができます。
セル【C2】に「会員数」を求める関数を入力しましょう。「氏名」の列をもとに、データの個数を算出します。

=COUNTA（値1，値2，･･･）
❶

❶値
対象のセルやセル範囲などを指定します。
※空白セルは数えられません。

①セル【C2】を選択します。
②数式バーの（関数の挿入）をクリックします。
③《関数の挿入》ダイアログボックスが表示されます。
④《関数の分類》のをクリックし、一覧から《統計》を選択します。
⑤《関数名》の一覧から《COUNTA》を選択します。
⑥《OK》をクリックします。
⑦《関数の引数》ダイアログボックスが表示されます。
⑧《値1》にカーソルが表示されていることを確認します。
⑨シート上のセル範囲【B7:B26】を選択します。
⑩《値1》に「B7:B26」と表示されていることを確認します。
⑪数式バーに「=COUNTA（B7:B26）」と表示されていることを確認します。
⑫《OK》をクリックします。

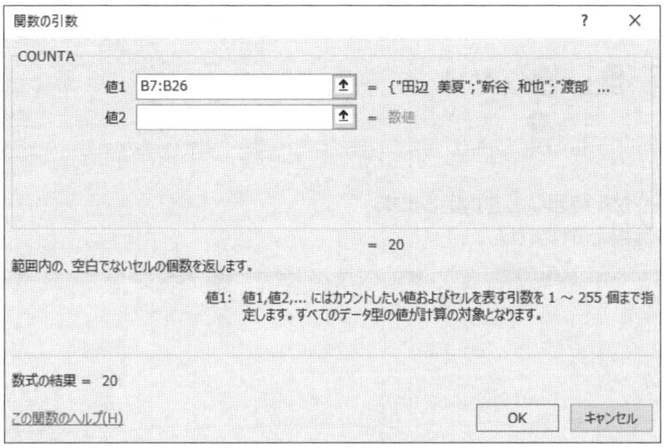

⑬セル【C2】にデータの個数が表示されます。

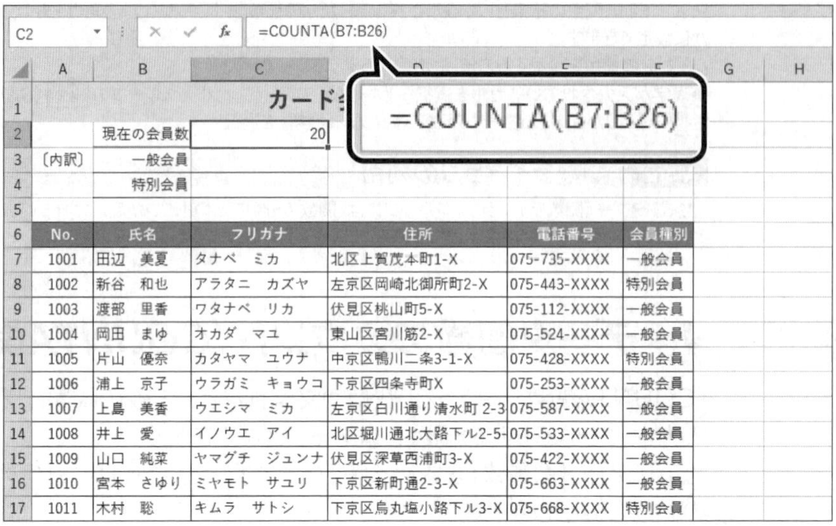

	A	B	C	D	E	F
1			カード			
2		現在の会員数	20			
3	〔内訳〕	一般会員				
4		特別会員				
5						
6	No.	氏名	フリガナ	住所	電話番号	会員種別
7	1001	田辺　美夏	タナベ　ミカ	北区上賀茂本町1-X	075-735-XXXX	一般会員
8	1002	新谷　和也	アラタニ　カズヤ	左京区岡崎北御所町2-X	075-443-XXXX	特別会員
9	1003	渡部　里香	ワタナベ　リカ	伏見区桃山町5-X	075-112-XXXX	一般会員
10	1004	岡田　まゆ	オカダ　マユ	東山区宮川筋2-X	075-524-XXXX	一般会員
11	1005	片山　優奈	カタヤマ　ユウナ	中京区鴨川二条3-1-X	075-428-XXXX	特別会員
12	1006	浦上　京子	ウラガミ　キョウコ	下京区四条寺町X	075-253-XXXX	一般会員
13	1007	上島　美香	ウエシマ　ミカ	左京区白川通り清水町 2-3	075-587-XXXX	一般会員
14	1008	井上　愛	イノウエ　アイ	北区堀川通北大路下ル2-5-	075-533-XXXX	一般会員
15	1009	山口　純菜	ヤマグチ　ジュンナ	伏見区深草西浦町3-X	075-422-XXXX	一般会員
16	1010	宮本　さゆり	ミヤモト　サユリ	下京区新町通2-3-X	075-663-XXXX	一般会員
17	1011	木村　聡	キムラ　サトシ	下京区烏丸塩小路下ル3-X	075-668-XXXX	特別会員

Point! ダイアログボックスの縮小

⬆をクリックすると、一時的にダイアログボックスが縮小され、セルを選択しやすくなります。
⬇をクリックすると、もとのサイズに戻ります。

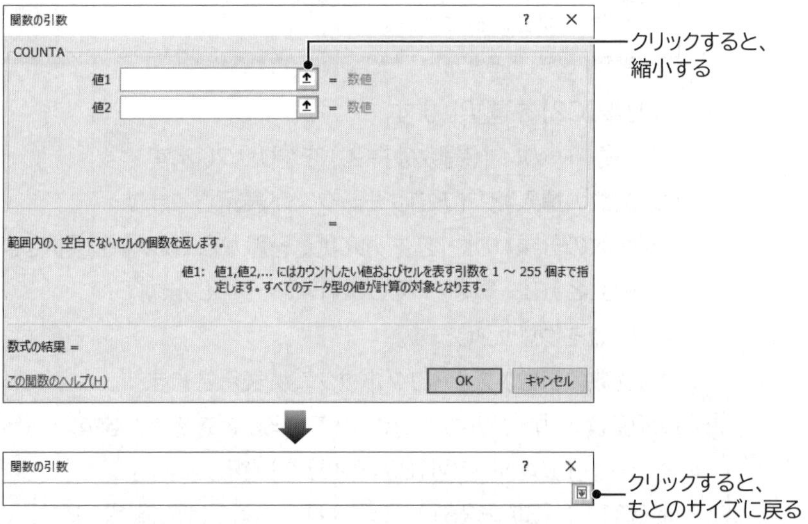

More COUNT関数

数値データが入力されているセルの個数を求めることができます。

=COUNT(値1，値2，･･･)
❶

❶値

対象のセルやセル範囲などを指定します。
※空白セルは数えられません。

More COUNTBLANK関数

指定した範囲内で空白セルの個数を求めることができます。

=COUNTBLANK（範囲）
❶

❶範囲
対象のセルやセル範囲などを指定します。

5　条件付きのデータ個数のカウント（COUNTIF関数）

「COUNTIF関数」を使うと、指定した範囲内で条件を満たすセルの個数を求めることができます。
セル【C3】に「一般会員数」、セル【C4】に「特別会員数」を求める関数を入力しましょう。「会員種別」の列をもとに、データの個数を算出します。

=COUNTIF（範囲，検索条件）
❶　❷

❶範囲
データの個数を求めるセル範囲を指定します。
❷検索条件
検索する数値または文字列、セル、数式を指定します。

①セル【C3】を選択します。
②数式バーの（関数の挿入）をクリックします。
③《関数の挿入》ダイアログボックスが表示されます。
④《関数の分類》のをクリックし、一覧から《統計》を選択します。
⑤《関数名》の一覧から《COUNTIF》を選択します。
⑥《OK》をクリックします。
⑦《関数の引数》ダイアログボックスが表示されます。
⑧《範囲》にカーソルが表示されていることを確認します。
⑨シート上のセル範囲【F7:F26】を選択します。
⑩【F4】を押します。
※ここで入力した数式を、セル【C4】にコピーします。セル範囲は固定なので、絶対参照にしておきます。
⑪《範囲》に「$F$7:$F$26」と表示されていることを確認します。
⑫《検索条件》にカーソルを移動します。
⑬シート上のセル【B3】を選択します。
⑭《検索条件》に「B3」と表示されていることを確認します。
⑮数式バーに「=COUNTIF（$F$7:$F$26,B3）」と表示されていることを確認します。

⑯《OK》をクリックします。

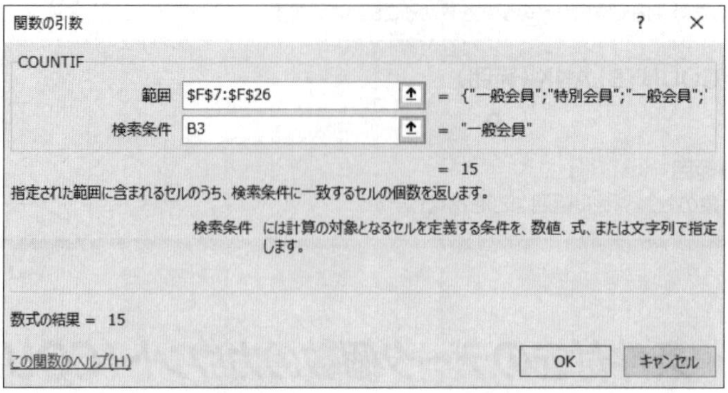

⑰セル【C3】に「一般会員」のデータの個数が表示されます。
※セル【C4】に関数をコピーしておきましょう。

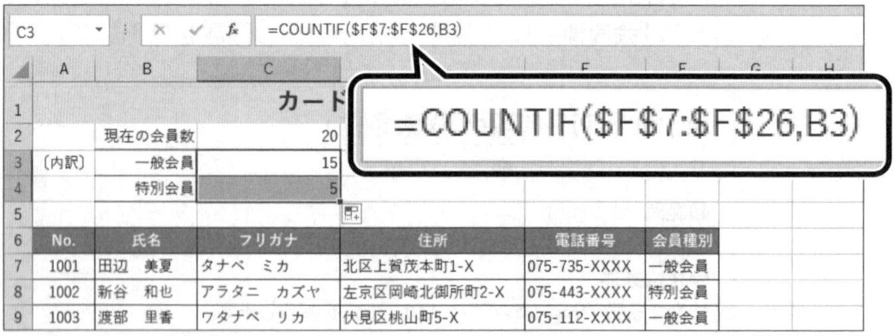

6 該当データの検索(VLOOKUP関数)

「VLOOKUP関数」を使うと、キーとなるコードや番号に該当するデータを、参照用の表から検索し、対応する値を表示できます。
シート「関数2」のセル【D3】に「所属No.」に対応する「所属名」を表示する関数を入力しましょう。

=VLOOKUP(検索値,範囲,列番号,検索方法)
❶ ❷ ❸ ❹

❶検索値
検索対象のコードや番号を入力するセルを指定します。

❷範囲
参照用の表のセル範囲を指定します。
※参照用の表の左端の列にコードや番号を入力しておく必要があります。

❸列番号
参照用の表の左端から何番目の列を参照するかを指定します。

❹検索方法
「FALSE」または「TRUE」を指定します。「TRUE」は省略できます。

FALSE	完全に一致するものだけを検索します。
TRUE	近似値を含めて検索します。

※FALSEは「0」、TRUEは「1」と指定してもかまいません。

シート「関数2」に切り替えておきましょう。

①セル【D3】を選択します。
②数式バーの fx（関数の挿入）をクリックします。
③《関数の挿入》ダイアログボックスが表示されます。
④《関数の分類》の をクリックし、一覧から《検索/行列》を選択します。
⑤《関数名》の一覧から《VLOOKUP》を選択します。
⑥《OK》をクリックします。
⑦《関数の引数》ダイアログボックスが表示されます。
⑧《検索値》にカーソルが表示されていることを確認します。
⑨シート上のセル【C3】を選択します。
⑩《検索値》に「C3」と表示されていることを確認します。
⑪《範囲》にカーソルを移動します。
⑫シート上のセル範囲【C22:D27】を選択します。
⑬ F4 を押します。
※ここで入力した数式を、セル範囲【D4:D19】にコピーします。セル範囲は固定なので、絶対参照にしておきます。
⑭《範囲》に「$C$22:$D$27」と表示されていることを確認します。
⑮《列番号》に「2」と入力します。
⑯《検索方法》に「FALSE」と入力します。
⑰数式バーに「=VLOOKUP(C3,$C$22:$D$27,2,FALSE)」と表示されていることを確認します。
⑱《OK》をクリックします。

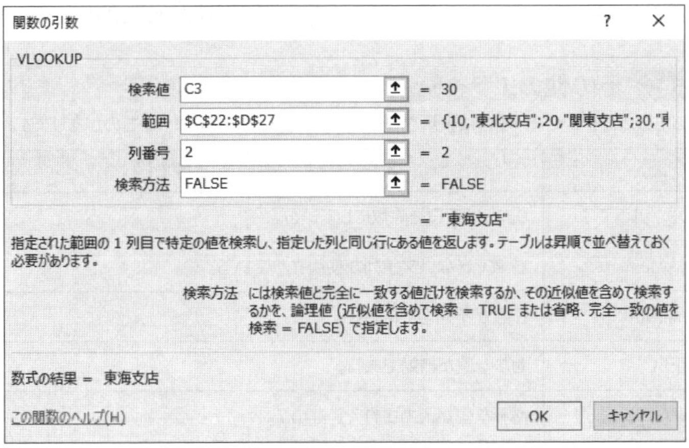

⑲ セル【D3】に「所属No.」に対応する「所属名」が表示されます。
※セル範囲【D4：D19】に関数をコピーしておきましょう。

=VLOOKUP(C3,$C$22:$D$27,2,FALSE)

D3　=VLOOKUP(C3,$C$22:$D$27,2,FALSE)

	A	B	C	D	E	F	G	H	I	J
1	**従業員売上評価**									
2	従業員No.	氏名	所属No.	所属名	上期（万円）	下期（万円）	合計（万円）	評価1	評価2	
3	74032	島田　由紀	30	東海支店	380	400	780			
4	73011	綾瀬　秀司	10	東北支店	155	260	415			
5	74063	藤倉　莉緒	40	関西支店	230	470	700			
6	78021	遠藤　真紀	20	関東支店	420	360	780			
7	79063	京山　秋彦	30	東海支店	190	150	340			
8	80031	川原　香織	50	中四国支店	390	230	620			
9	81031	福田　直樹	60	九州支店	320	580	900			
10	84080	斉藤　信也	10	東北支店	490	450	940			
11	85012	坂本　利雄	40	関西支店	310	510	820			
12	88061	山本　涼子	50	中四国支店	380	310	690			
13	94083	伊藤　隆	20	関東支店	490	410	900			
14	95032	浜野　陽子	60	九州支店	620	270	890			
15	97590	結城　夏江	30	東海支店	350	320	670			
16	98870	白井　茜	40	関西支店	400	390	790			
17	11325	梅畑　雄介	20	関東支店	230	410	640			
18	10197	花岡　順	10	東北支店	340	360	700			
19	10253	森下　真澄	40	関西支店	160	260	420			
20			**所属コード表**			**分布表**				
21			所属No.	所属名		金額分布			分布	

More エラーの回避

VLOOKUP関数では、検索値の「所属No.」が未入力の場合、エラー値「#N/A」と　（エラーインジケータ）が表示されます。これを避けるには、IF関数と組み合わせて、次のように入力します。
例：
=IF(C3="","",VLOOKUP(C3,$C$22：$D$27,2,FALSE))
セル【C3】が空白セルであれば何も表示せず、空白セルでなければVLOOKUP関数の計算結果を表示します。

More その他のエラー値

入力した数式が正しくない場合に表示される「エラー値」には、次のようなものがあります。

エラー値	意味
#DIV/0!	0または空白を除数にしている。
#NAME?	認識できない文字列が使用されている。
#VALUE!	引数が不適切である。
#REF!	セル参照が無効である。
#N/A	必要な値が入力されていない。
#NUM!	引数が不適切であるか、計算結果が処理できない値である。
#NULL!	参照演算子（「：」（コロン）や「,」（カンマ）など）が不適切である。

7　条件の判断（IF関数）

「IF関数」を使うと、指定した条件を満たしている場合と満たしていない場合の結果を表示できます。
セル【H3】の「評価1」に、「合計」が700万円以上ならば「A」、そうでなければ「B」と表示する関数を入力しましょう。

> **=IF（論理式，値が真の場合，値が偽の場合）**
> 　　　　❶　　　　❷　　　　　❸
>
> **❶論理式**
> 判断の基準となる数式を指定します。
>
> **❷値が真の場合**
> 論理式の結果が真（TRUE）の場合の処理を数値または数式、文字列で指定します。
>
> **❸値が偽の場合**
> 論理式の結果が偽（FALSE）の場合の処理を数値または数式、文字列で指定します。
>
> 例：
> =IF（F4>=250,"合格","不合格"）
> セル【F4】が250以上ならば「合格」、そうでなければ「不合格」と表示します。
>
> ※引数に文字列を指定する場合、文字列を「"」（ダブルクォーテーション）で囲みます。

①セル【H3】を選択します。
②数式バーの fx（関数の挿入）をクリックします。
③《関数の挿入》ダイアログボックスが表示されます。
④《関数の分類》の ∨ をクリックし、一覧から《論理》を選択します。
⑤《関数名》の一覧から《IF》を選択します。
⑥《OK》をクリックします。
⑦《関数の引数》ダイアログボックスが表示されます。
⑧《論理式》に「G3>=700」と入力します。
⑨《値が真の場合》に「A」と入力します。
⑩《値が偽の場合》に「B」と入力します。
※［Tab］を押して、入力を確定しておきましょう。
⑪数式バーに「=IF（G3>=700,"A","B"）」と表示されていることを確認します。
※文字列は自動的に「"」（ダブルクォーテーション）で囲まれます。
⑫《OK》をクリックします。

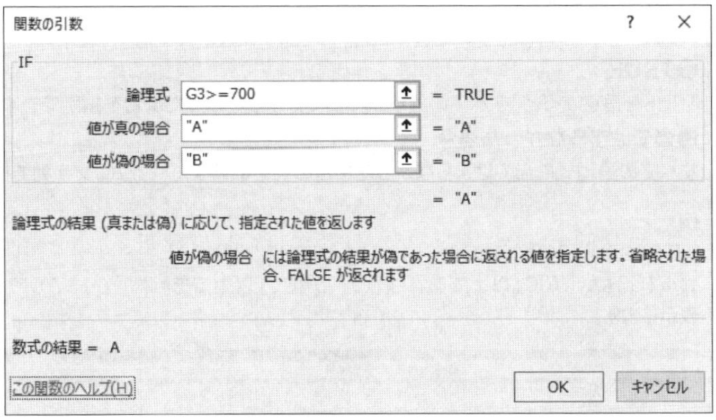

⑬ セル【G3】が700万円以上なので、セル【H3】に「A」と表示されます。
※セル範囲【H4:H19】に関数をコピーしておきましょう。

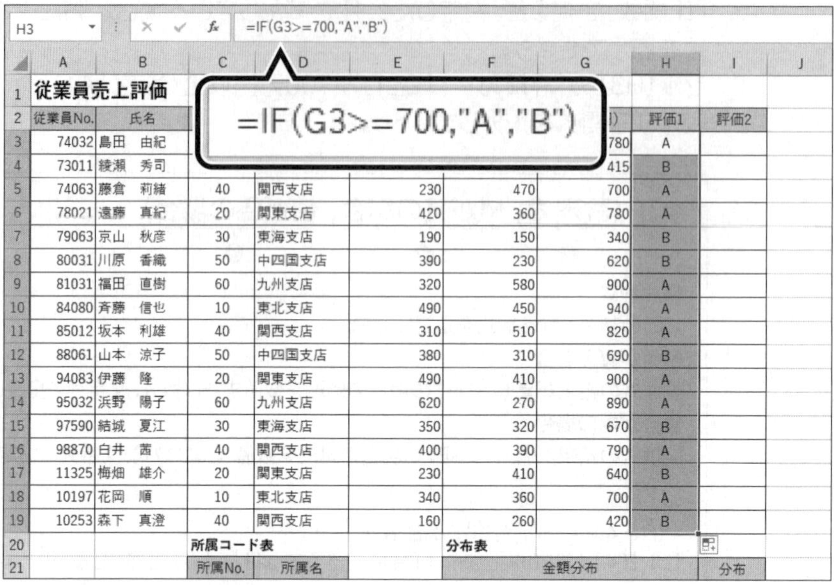

	A	B	C	D	E	F	G	H	I	J
1	従業員売上評価									
2	従業員No.	氏名						評価1	評価2	
3	74032	島田　由紀					780	A		
4	73011	綾瀬　秀司					415	B		
5	74063	藤倉　莉緒	40	関西支店	230	470	700	A		
6	78021	遠藤　真紀	20	関東支店	420	360	780	A		
7	79063	京山　秋彦	30	東海支店	190	150	340	B		
8	80031	川原　香織	50	中四国支店	390	230	620	B		
9	81031	福田　直樹	60	九州支店	320	580	900	A		
10	84080	斉藤　信也	10	東北支店	490	450	940	A		
11	85012	坂本　利雄	40	関西支店	310	510	820	A		
12	88061	山本　涼子	50	中四国支店	380	310	690	B		
13	94083	伊藤　隆	20	関東支店	490	410	900	A		
14	95032	浜野　陽子	60	九州支店	620	270	890	A		
15	97590	結城　夏江	30	東海支店	350	320	670	B		
16	98870	白井　茜	40	関西支店	400	390	790	A		
17	11325	梅畑　雄介	20	関東支店	230	410	640	B		
18	10197	花岡　順	10	東北支店	340	360	700	A		
19	10253	森下　真澄	40	関西支店	160	260	420	B		
20			所属コード表			分布表				
21			所属No.	所属名		金額分布			分布	

Point! IFS関数

「IFS関数」を使うと、複数の条件を順番に判断し、条件に応じて異なる結果を求めることができます。条件には、以上や以下などの比較演算子を使った数式も指定できます。
IFS関数は条件によって複数の処理に分岐したい場合に使います。

●IFS関数

「論理式1」が真（TRUE）の場合は「値が真の場合1」の値を返し、偽（FALSE）の場合は「論理式2」を判断します。「論理式2」が真（TRUE）の場合は「値が真の場合2」の値を返し、偽（FALSE）の場合は「論理式3」を判断します。最後の論理式にTRUEを指定すると、すべての論理式に当てはまらなかった場合の値を返すことができます。

=IFS（論理式1,値が真の場合1,論理式2,値が真の場合2,…,TRUE,当てはまらなかった場合）

❶ ❷ ❸ ❹ ❺ ❻

❶論理式1
判断の基準となる1つ目の条件を式で指定します。

❷値が真の場合1
1つ目の論理式が真の場合の値を数値または数式、文字列で指定します。「論理式」と「値が真の場合」の組み合わせは、127個まで指定できます。

❸論理式2
判断の基準となる2つ目の条件を式で指定します。

❹値が真の場合2
2つ目の論理式が真の場合の値を数値または数式、文字列で指定します。

❺TRUE
TRUEを指定すると、すべての論理式に当てはまらなかった場合を指定できます。

❻当てはまらなかった場合
すべての論理式に当てはまらなかった場合の値を数値または数式、文字列で指定します。

例：
=IFS（G3>=700,"○",G3>=400,"△",TRUE,"×"）
セル【G3】が「700」以上であれば「○」、「400」以上であれば「△」、そうでなければ「×」を表示します。

8　複数の条件の判断（IF関数・AND関数・OR関数）

IF関数の中で2つ以上の条件を指定する場合、「AND関数」や「OR関数」を組み合わせます。複数の関数を組み合わせることを**「関数のネスト」**といいます。
セル【I3】の「評価2」に、「上期」と「下期」が両方とも350万円以上ならば「A」、そうでなければ「B」と表示する関数を入力しましょう。

=AND（**論理式1，論理式2，･･･**）
❶

❶論理式
判断の基準となる数式を指定します。
指定した複数の論理式をすべて満たす場合は、真（TRUE）を返します。
そうでない場合は、偽（FALSE）を返します。

例：
=AND（C5>=300,D5>=300）
セル【C5】が300以上かつセル【D5】が300以上であれば「TRUE」、そうでなければ「FALSE」を返します。

=OR（**論理式1，論理式2，･･･**）
❶

❶論理式
判断の基準となる数式を指定します。
指定した複数の論理式のうち、どれかひとつでも満たす場合は、真（TRUE）を返します。
そうでない場合は、偽（FALSE）を返します。

例：
=OR（C5>=300,D5>=300）
セル【C5】が300以上またはセル【D5】が300以上であれば「TRUE」、そうでなければ「FALSE」を返します。

①セル【I3】を選択します。
②数式バーの fx （関数の挿入）をクリックします。
③《関数の挿入》ダイアログボックスが表示されます。
④《関数の分類》の ⌄ をクリックし、一覧から《論理》を選択します。
⑤《関数名》の一覧から《IF》を選択します。
⑥《OK》をクリックします。
⑦《関数の引数》ダイアログボックスが表示されます。
⑧《論理式》にカーソルが表示されていることを確認します。
⑨ IF ▾ （名前ボックス）の ▾ をクリックし、一覧から《その他の関数》を選択します。

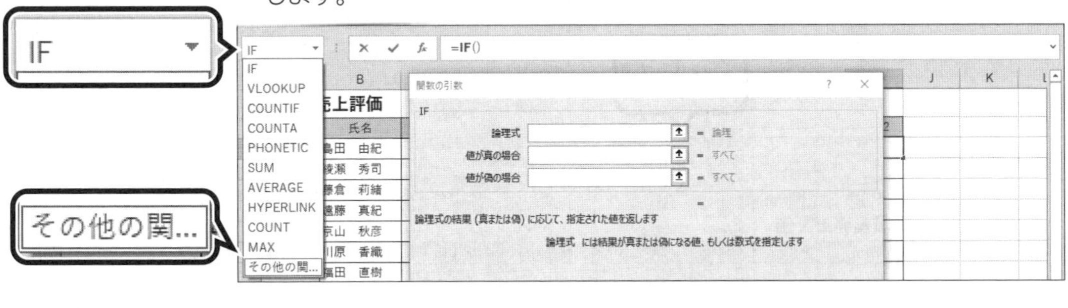

⑩《関数の挿入》ダイアログボックスが表示されます。
⑪《関数の分類》の をクリックし、一覧から《論理》を選択します。
⑫《関数名》の一覧から《AND》を選択します。
⑬《OK》をクリックします。

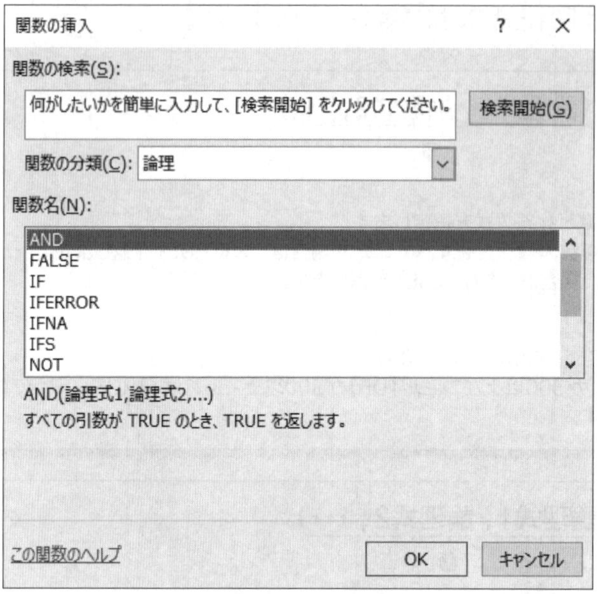

⑭AND関数の《関数の引数》ダイアログボックスが表示されます。
⑮《論理式1》に「E3>=350」と入力します。
⑯《論理式2》に「F3>=350」と入力します。
※《論理式2》にカーソルを移動すると、《論理式3》が自動的に表示されます。

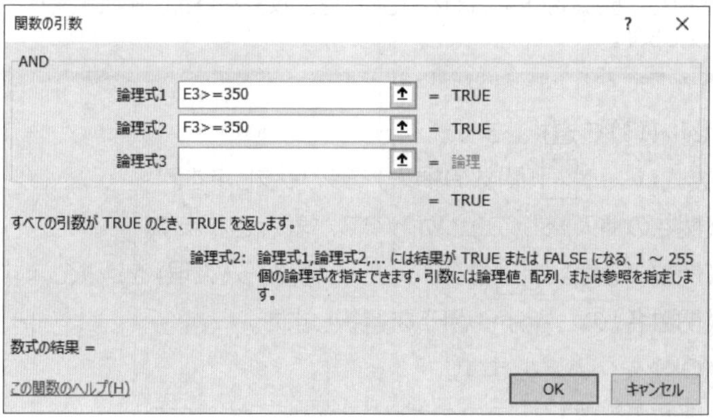

⑰数式バーに「=IF(AND(E3>=350,F3>=350))」と表示されていることを確認します。
⑱数式バーの「IF」の部分をクリックします。

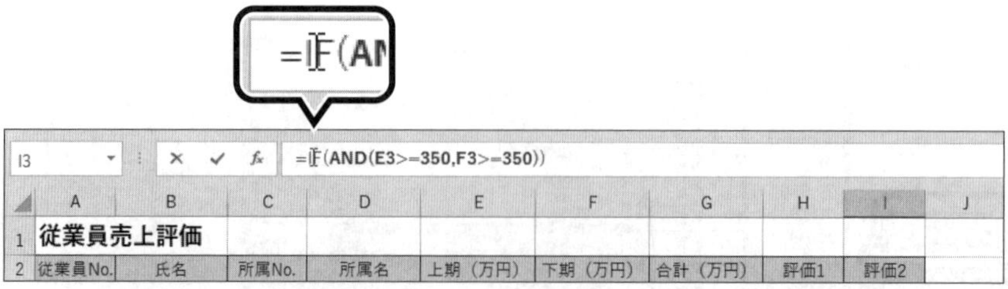

⑲IF関数の《関数の引数》ダイアログボックスに戻ります。

⑳《論理式》に「AND(E3>=350, F3>=350)」と表示されていることを確認します。

㉑《値が真の場合》に「A」と入力します。

㉒《値が偽の場合》に「B」と入力します。

※【Tab】を押して、入力を確定しておきましょう。

㉓数式バーに「=IF(AND(E3>=350,F3>=350),"A","B")」と表示されていることを確認します。

㉔《OK》をクリックします。

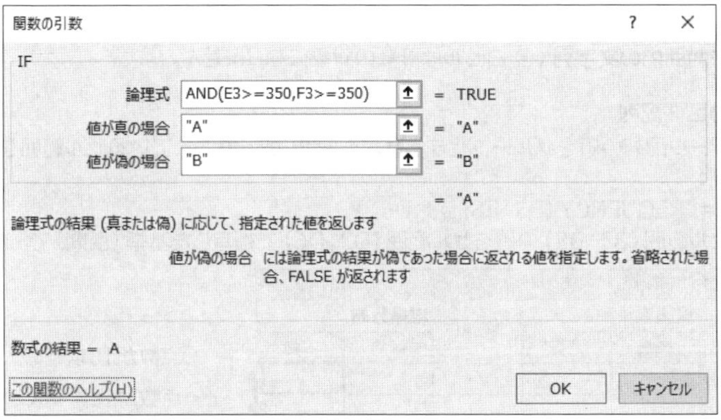

㉕セル【E3】とセル【F3】の両方が350万円以上なので、セル【I3】に「A」と表示されます。

※セル範囲【I4:I19】に関数をコピーしておきましょう。

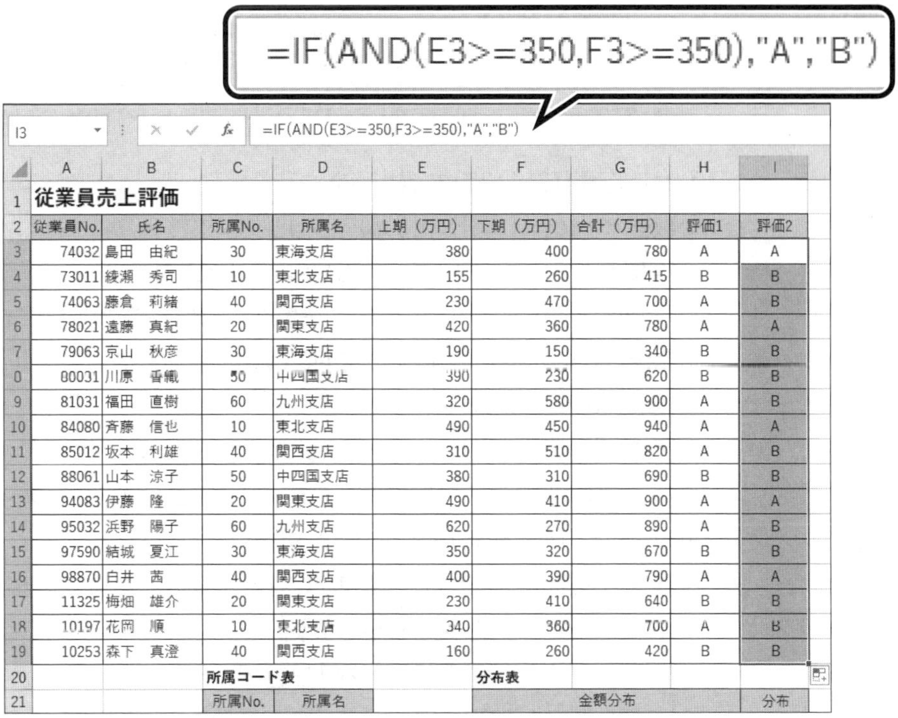

	A	B	C	D	E	F	G	H	I
1	従業員売上評価								
2	従業員No.	氏名	所属No.	所属名	上期（万円）	下期（万円）	合計（万円）	評価1	評価2
3	74032	島田　由紀	30	東海支店	380	400	780	A	A
4	73011	綾瀬　秀司	10	東北支店	155	260	415	B	B
5	74063	藤倉　莉緒	40	関西支店	230	470	700	A	B
6	78021	遠藤　真紀	20	関東支店	420	360	780	A	A
7	79063	京山　秋彦	30	東海支店	190	150	340	B	B
8	80031	川原　香織	50	中四国支店	390	230	620	B	B
9	81031	福田　直樹	60	九州支店	320	580	900	A	B
10	84080	斉藤　信也	10	東北支店	490	450	940	A	A
11	85012	坂本　利雄	40	関西支店	310	510	820	A	B
12	88061	山本　涼子	50	中四国支店	380	310	690	B	B
13	94083	伊藤　隆	20	関東支店	490	410	900	A	A
14	95032	浜野　陽子	60	九州支店	620	270	890	A	B
15	97590	結城　夏江	30	東海支店	350	320	670	B	B
16	98870	白井　茜	40	関西支店	400	390	790	A	A
17	11325	梅畑　雄介	20	関東支店	230	410	640	B	B
18	10197	花岡　順	10	東北支店	340	360	700	A	B
19	10253	森下　真澄	40	関西支店	160	260	420	B	B
20			所属コード表			分布表			
21			所属No.	所属名		金額分布			分布

表計算編

9　度数分布（FREQUENCY関数）

「FREQUENCY関数」を使うと、データの度数分布を表示できます。
セル範囲【I22：I27】に、G列に入力されている「合計（万円）」の度数分布を求める関数を入力しましょう。

=FREQUENCY（データ配列，区間配列）
❶ データ配列　❷ 区間配列

❶データ配列
度数分布を調べるセル範囲を指定します。
※範囲内の文字列や空白セルは計算の対象になりません。

❷区間配列
データ配列の値をグループ化する基準（区間）が入力されているセル範囲を指定します。
例：
{=FREQUENCY（B3：B8, D3：D6）}
セル範囲【B3：B8】の値をセル範囲【D3：D6】で指定した基準（区間）で分布を表示します。

	A	B	C	D	E
1	成績表			成績分布	
2	氏名	点数		区間	人数
3	遠藤	15		10	1
4	島田	9		20	2
5	大川	22		30	1
6	梶本	45		40	1
7	木村	11			1
8	本田	33			
9					

点数が10以下の人数
点数が10より大きく20以下の人数
点数が20より大きく30以下の人数
点数が30より大きく40以下の人数
点数が40より大きい人数

{=FREQUENCY（B3：B8，D3：D6）}

①セル範囲【I22：I27】を選択します。
②数式バーの fx（関数の挿入）をクリックします。
③《関数の挿入》ダイアログボックスが表示されます。
④《関数の分類》の ∨ をクリックし、一覧から《統計》を選択します。
⑤《関数名》の一覧から《FREQUENCY》を選択します。
⑥《OK》をクリックします。
⑦《関数の引数》ダイアログボックスが表示されます。
⑧《データ配列》にカーソルが表示されていることを確認します。
⑨シート上のセル範囲【G3：G19】を選択します。
⑩《データ配列》に「G3：G19」と表示されていることを確認します。
⑪《区間配列》にカーソルを移動します。
⑫シート上のセル範囲【H22：H26】を選択します。
⑬《区間配列》に「H22：H26」と表示されていることを確認します。

⑭数式バーに「=FREQUENCY(G3:G19,H22:H26)」と表示されていることを確認します。

⑮ Ctrl + Shift を押しながら《OK》をクリックします。

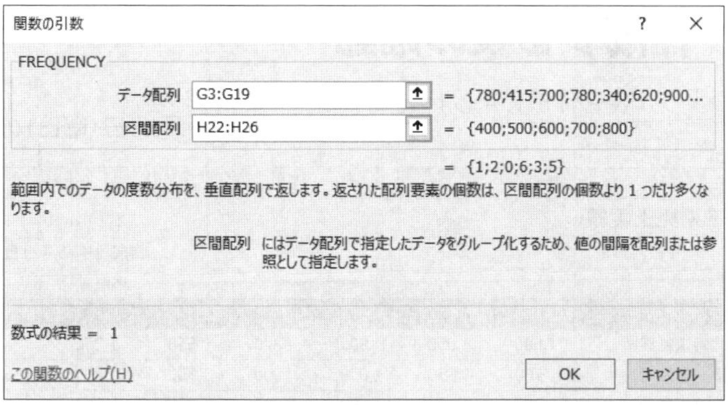

⑯度数分布の値が表示されます。

※数式が「{ }」で囲まれ、セル範囲【I22:I27】に同じ数式が入っていることを確認しておきましょう。

{=FREQUENCY(G3:G19,H22:H26)}

I22 {=FREQUENCY(G3:G19,H22:H26)}

	A	B	C	D	E	F	G	H	I
8	80031	川原　香織	50	中四国支店	390	230	620	B	B
9	81031	福田　直樹	60	九州支店	320	580	900	A	B
10	84080	斉藤　信也	10	東北支店	490	450	940	A	A
11	85012	坂本　利雄	40	関西支店	310	510	820	A	B
12	88061	山本　涼子	50	中四国支店	380	310	690	B	B
13	94083	伊藤　隆	20	関東支店	490	410	900	A	A
14	95032	浜野　陽子	60	九州支店	620	270	890	A	B
15	97590	結城　夏江	30	東海支店	350	320	670	B	B
16	98870	白井　茜	40	関西支店	400	390	790	A	A
17	11325	梅畑　雄介	20	関東支店	230	410	640	B	B
18	10197	花岡　順	10	東北支店	340	360	700	A	B
19	10253	森下　真澄	40	関西支店	160	260	420	B	B
20			所属コード表			分布表			
21			所属No.	所属名		金額分布			分布
22			10	東北支店			～	400	1
23			20	関東支店		401	～	500	2
24			30	東海支店		501	～	600	0
25			40	関西支店		601	～	700	6
26			50	中四国支店		701	～	800	3
27			60	九州支店		801	～		5
28									

※ブックに任意の名前を付けて保存し、ブックを閉じておきましょう。

Point! 配列関数

「配列関数」とは、複数のセルや複数のセル範囲の値をまとめてひとつの数式で計算できるようにしたものです。複雑な計算をしたり、いくつものセルを使用したりする場合も、配列関数を使うとまとめて計算できるようになります。

配列関数を入力するには、あらかじめ答えを求めるセル範囲を選択してから数式を入力し、Ctrl と Shift を押しながら Enter を押して確定します。選択したセル範囲すべてに、「{ }」で囲まれた同じ数式が入力されます。

※FREQUENCY関数は配列関数であるため、数式全体を「{ }」で囲む必要があります。

表計算編

Step10 ユーザー定義の表示形式を設定しよう

1 作成する表の確認

次のような表を作成しましょう。

○月○日（曜日）の形式で日付を表示

	A	B	C	D	E	F	G	H	I	J
1	下期売上実績									
2							作成日：	5月11日(月)		
3							単位：	千円		
4	営業所名	10月	11月	12月	1月	2月	3月	合計		
5	北海道営業所	1,000	1,050	900	800	950	1,250	5,950		
6	東北営業所	700	850	1,000	900	700	850	5,000		
7	北陸営業所	900	1,000	700	800	950	550	4,900		
8	関東営業所	3,100	2,850	2,100	2,650	2,950	2,600	16,250		
9	東海営業所	2,500	1,850	1,900	2,050	2,000	2,300	12,600		
10	関西営業所	2,300	1,950	2,600	2,000	2,350	2,700	13,900		
11	中国営業所	1,600	1,250	950	1,450	1,650	1,050	7,950		
12	四国営業所	900	1,000	700	1,150	1,000	850	5,600		
13	九州営業所	1,800	1,200	1,050	1,750	1,350	1,750	8,900		
14	合計	14,800	13,000	11,900	13,550	13,900	13,900	81,050		
15										

「営業所」を付けて表示

千単位として表示

2 ユーザー定義の表示形式の設定

Excelには、よく利用する表示形式があらかじめ用意されていますが、ユーザーが独自に表示形式を定義することもできます。例えば、数値に単位を付けて表示したり、日付に曜日を付けて表示したりできます。
ユーザー定義で設定できる表示形式の例を確認しましょう。

●数値の表示形式

表示形式	入力データ	表示結果	説明
#,##0	12300	12,300	3桁ごとに「,」（カンマ）で区切って表示し、「0」の場合は「0」を表示します。
	0	0	
#,###	12300	12,300	3桁ごとに「,」（カンマ）で区切って表示し、「0」の場合は空白を表示します。
	0	空白	
0.000	9.8765	9.877	小数点以下を指定した桁数分表示します。指定した桁数を超えた場合は四捨五入し、足りない場合は「0」を表示します。
	9.8	9.800	
#.###	9.8765	9.877	小数点以下を指定した桁数分表示します。指定した桁数を超えた場合は四捨五入し、足りない場合はそのまま表示します。
	9.8	9.8	
#,##0,	12300000	12,300	百の位を四捨五入し、千単位で表示します。
#,##0"人"	12300	12,300人	入力した数値データに「人」を付けて表示します。
"第"#"会議室"	2	第2会議室	入力した数値データの左に「第」を、右に「会議室」を付けて表示します。

●日付の表示形式

表示形式	入力データ	表示結果	説明
yyyy/m/d	2020/4/1	2020/4/1	
yyyy/mm/dd	2020/4/1	2020/04/01	月日が1桁の場合、「0」を付けて表示します。
yyyy/m/d ddd	2020/4/1	2020/4/1 Wed	
yyyy/m/d(ddd)	2020/4/1	2020/4/1(Wed)	
yyyy/m/d dddd	2020/4/1	2020/4/1 Wednesday	
yyyy"年"m"月"d"日"	2020/4/1	2020年4月1日	
yyyy"年"mm"月"dd"日"	2020/4/1	2020年04月01日	月日が1桁の場合、「0」を付けて表示します。
ggge"年"m"月"d"日"	2020/4/1	令和2年4月1日	元号で表示します。
m"月"d"日"	2020/4/1	4月1日	
m"月"d"日" aaa	2020/4/1	4月1日 水	
m"月"d"日"(aaa)	2020/4/1	4月1日(水)	
m"月"d"日" aaaa	2020/4/1	4月1日 水曜日	

●文字列の表示形式

表示形式	入力データ	表示結果	説明
@"御中"	花丸商事	花丸商事御中	入力した文字列の右に「御中」を付けて表示します。
"タイトル:"@	山	タイトル:山	入力した文字列の左に「タイトル:」を付けて表示します。

Point!

「0」と「#」の違い

「0」と「#」は両方とも桁数を意味します。「0」は入力する数値が「0」のとき「0」を表示し、「#」は入力する数値が「0」のときは何も表示しません。

表示形式	入力データ	表示結果
0000	123 0	0123 0000
#	123 0	123 空白
0	123 0	123 0

3　数値の表示形式の設定

「#,##0,」のように、末尾に「,」（カンマ）を付けると、数値の百の位を四捨五入して、千を単位として表示できます。セル範囲【B5:H14】の数値に3桁区切りのカンマを付け、千を単位とする表示形式を設定しましょう。

OPEN　**フォルダー「表計算編」のブック「ユーザー定義の表示形式」のシート「Sheet1」を開いておきましょう。**

①セル範囲【B5:H14】を選択します。

②《ホーム》タブ→《数値》グループの （表示形式）をクリックします。

③《セルの書式設定》ダイアログボックスが表示されます。

④《表示形式》タブを選択します。

⑤《分類》の一覧から《ユーザー定義》を選択します。

⑥《種類》に「#,##0,」と入力します。

⑦《OK》をクリックします。

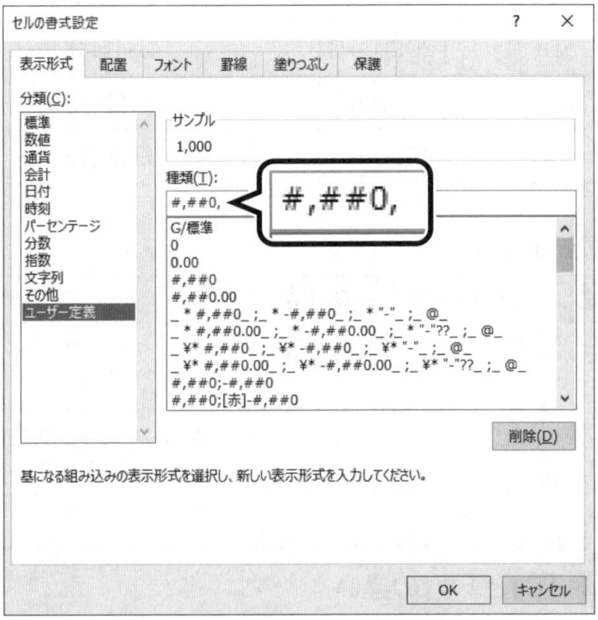

⑧表示形式が設定されます。

	A	B	C	D	E	F	G	H	I	J
1	下期売上実績									
2							作成日：	2020/5/11		
3							単位：	千円		
4	営業所名	10月	11月	12月	1月	2月	3月	合計		
5	北海道	1,000	1,050	900	800	950	1,250	5,950		
6	東北	700	850	1,000	900	700	850	5,000		
7	北陸	900	1,000	700	800	950	550	4,900		
8	関東	3,100	2,850	2,100	2,650	2,950	2,600	16,250		
9	東海	2,500	1,850	1,900	2,050	2,000	2,300	12,600		
10	関西	2,300	1,950	2,600	2,000	2,350	2,700	13,900		
11	中国	1,600	1,250	950	1,450	1,650	1,050	7,950		
12	四国	900	1,000	700	1,150	1,000	850	5,600		
13	九州	1,800	1,200	1,050	1,750	1,350	1,750	8,900		
14	合計	14,800	13,000	11,900	13,550	13,900	13,900	81,050		
15										
16										

4　日付の表示形式の設定

ユーザー定義の表示形式を使うと、日付を元号で表示したり曜日を表示したりできます。
セル【H2】の日付が「5月11日(月)」と表示されるように表示形式を設定しましょう。

①セル【H2】を選択します。

②《ホーム》タブ→《数値》グループの (表示形式)をクリックします。

③《セルの書式設定》ダイアログボックスが表示されます。

④《表示形式》タブを選択します。

⑤《分類》の一覧から《ユーザー定義》を選択します。

⑥《種類》のテキストボックスに「m"月"d"日"(aaa)」と入力します。
※文字列は「"」(ダブルクォーテーション)で囲みます。

⑦《OK》をクリックします。

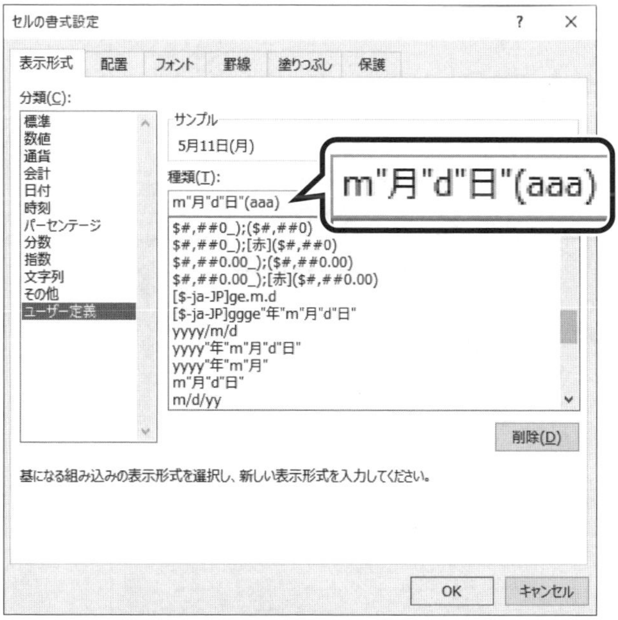

⑧表示形式が設定されます。

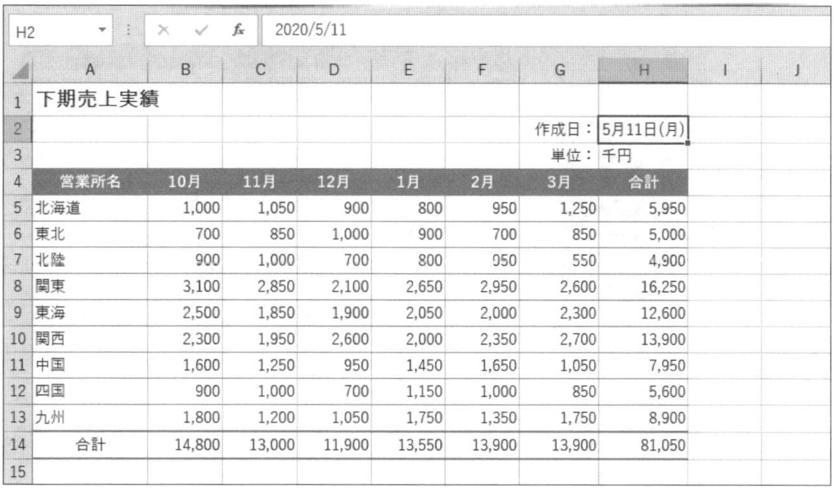

	A	B	C	D	E	F	G	H
1	下期売上実績							
2							作成日：	5月11日(月)
3							単位：	千円
4	営業所名	10月	11月	12月	1月	2月	3月	合計
5	北海道	1,000	1,050	900	800	950	1,250	5,950
6	東北	700	850	1,000	900	700	850	5,000
7	北陸	900	1,000	700	800	950	550	4,900
8	関東	3,100	2,850	2,100	2,650	2,950	2,600	16,250
9	東海	2,500	1,850	1,900	2,050	2,000	2,300	12,600
10	関西	2,300	1,950	2,600	2,000	2,350	2,700	13,900
11	中国	1,600	1,250	950	1,450	1,650	1,050	7,950
12	四国	900	1,000	700	1,150	1,000	850	5,600
13	九州	1,800	1,200	1,050	1,750	1,350	1,750	8,900
14	合計	14,800	13,000	11,900	13,550	13,900	13,900	81,050
15								

5　文字列の表示形式の設定

ユーザー定義の表示形式を使うと、入力した文字列に、別の文字列を付けて表示できます。
セル範囲【A5：A13】の文字列の後ろに「営業所」を付けて表示されるように表示形式を設定しましょう。

①セル範囲【A5：A13】を選択します。
②《ホーム》タブ→《数値》グループの［ボタン］（表示形式）をクリックします。
③《セルの書式設定》ダイアログボックスが表示されます。
④《表示形式》タブを選択します。
⑤《分類》の一覧から《ユーザー定義》を選択します。
⑥《種類》のテキストボックスに「@"営業所"」と入力します。
※「@」は、セルに入力されている文字列を意味します。
⑦《OK》をクリックします。

⑧表示形式が設定されます。

3							単位：	千円
4	営業所名	10月	11月	12月	1月	2月	3月	合計
5	北海道営業所	1,000	1,050	900	800	950	1,250	5,950
6	東北営業所	700	850	1,000	900	700	850	5,000
7	北陸営業所	900	1,000	700	800	950	550	4,900
8	関東営業所	3,100	2,850	2,100	2,650	2,950	2,600	16,250
9	東海営業所	2,500	1,850	1,900	2,050	2,000	2,300	12,600
10	関西営業所	2,300	1,950	2,600	2,000	2,350	2,700	13,900
11	中国営業所	1,600	1,250	950	1,450	1,650	1,050	7,950
12	四国営業所	900	1,000	700	1,150	1,000	850	5,600
13	九州営業所	1,800	1,200	1,050	1,750	1,350	1,750	8,900
14	合計	14,800	13,000	11,900	13,550	13,900	13,900	81,050
15								

※ブックに任意の名前を付けて保存し、ブックを閉じておきましょう。

More　表示形式の解除

表示形式を「標準」に設定すると、セルの表示形式を解除できます。
◆セルを選択→《ホーム》タブ→《数値》グループの［ユーザー定義］（数値の書式）の［▼］→《標準》

Step11 条件付き書式を設定しよう

1 作成する表の確認

次のような表を作成しましょう。

	A	B	C	D	E	F
1	社員別売上実績					
2					単位：千円	
3	社員番号	氏名	支店	売上目標	売上実績	
4	164587	鈴木 陽太	渋谷	28,000	24,501	
5	166541	清水 サチ	横浜	29,000	30,120	
6	168111	富谷 紗希	渋谷	28,000	28,901	
7	168251	飯田 太郎	千葉	28,000	28,830	
8	169521	古賀 正輝	横浜	29,000	29,045	
9	169524	佐藤 由美	千葉	31,000	26,834	
10	169555	笹木 進	浜松町	28,000	23,456	
11	169577	小野 清	浜松町	30,000	34,569	
12	169874	堀田 隆	横浜	28,000	23,056	
13	171203	石田 啓	横浜	25,000	21,980	
14	171210	花丘 理央	千葉	25,000	27,349	
15	171230	斎藤 華	浜松町	26,000	30,123	
16	174100	浜崎 香	渋谷	25,000	30,405	
17	174561	小池 雄大	浜松町	27,000	29,102	
18	175600	山本 啓太	横浜	25,000	27,893	
19	176521	久保 春樹	浜松町	24,000	20,102	
20	179840	大木 麻里	千葉	25,000	20,493	
21	184520	田中 千夏	千葉	24,000	24,500	
22	186540	石田 誠司	横浜	24,000	19,800	
23	186900	青山 千恵	横浜	24,000	22,010	
24	190012	高城 健一	渋谷	22,000	21,301	
25	192155	西村 孝太	横浜	22,000	29,390	
26						

売上実績が「30,000」より大きいセルに書式を設定

売上実績が売上目標以上の場合、その行に書式を設定

2 条件付き書式の設定

「条件付き書式」を使うと、ルール（条件）に基づいてセルに特定の書式を設定したり、数値の大小関係が視覚的にわかるように装飾したりできます。

▶▶1 セルの強調表示ルールの設定

「セルの強調表示ルール」を使うと、「指定の値に等しい」「指定の値より大きい」「指定の文字列を含む」などのルールに基づいて、該当するセルに特定の書式を設定できます。
「売上実績」が「30,000」より大きいセルに「赤の文字」の書式を設定しましょう。

OPEN フォルダー「表計算編」のブック「条件付き書式の設定」のシート「Sheet1」を開いておきましょう。

① セル範囲【E4:E25】を選択します。

② 《ホーム》タブ→《スタイル》グループの 条件付き書式 （条件付き書式）→《セルの強調表示ルール》→《指定の値より大きい》をクリックします。

③《指定の値より大きい》ダイアログボックスが表示されます。

④《次の値より大きいセルを書式設定》に「30000」と入力します。

⑤《書式》の ⌄ をクリックし、一覧から《赤の文字》を選択します。

⑥《OK》をクリックします。

⑦該当するセルに指定した書式が設定されます。

※セル範囲の選択を解除し、書式を確認しましょう。

	A	B	C	D	E	F	G
1	社員別売上実績						
2					単位：千円		
3	社員番号	氏名	支店	売上目標	売上実績		
4	164587	鈴木 陽太	渋谷	28,000	24,501		
5	166541	清水 サチ	横浜	29,000	30,120		
6	168111	富谷　紗希	渋谷	28,000	28,901		
7	168251	飯田 太郎	千葉	28,000	28,830		
8	169521	古賀 正輝	横浜	29,000	29,045		
9	169524	佐藤 由美	千葉	31,000	26,834		
10	169555	笹木 進	浜松町	28,000	23,456		
11	169577	小野 清	浜松町	30,000	34,569		
12	169874	堀田 隆	横浜	28,000	23,056		
13	171203	石田　啓	横浜	25,000	21,980		
14	171210	花丘 理央	千葉	25,000	27,349		
15	171230	斎藤 華	浜松町	26,000	30,123		
16	174100	浜崎　香	渋谷	25,000	30,405		

Point! 上位/下位ルール

「上位5項目」「下位30%」「平均より上」のように、選択しているセル範囲から上位または下位のデータを判断して、該当するセルに特定の書式を設定できます。
上位ルール/下位ルールを設定する方法は、次のとおりです。

◆セル範囲を選択→《ホーム》タブ→《スタイル》グループの 条件付き書式 (条件付き書式)→《上位/下位ルール》

More ルールのクリア

セル範囲に設定したルールをクリアする方法は、次のとおりです。

◆セル範囲を選択→《ホーム》タブ→《スタイル》グループの 条件付き書式 (条件付き書式)→《ルールのクリア》→《選択したセルからルールをクリア》

▶▶2 ユーザー定義のルールの設定

ユーザーがルールや書式を個別に定義することもできます。
「売上実績」が「売上目標」以上の場合、表内の該当する行にオレンジの背景色を設定しましょう。

①セル範囲【A4:E25】を選択します。

②《ホーム》タブ→《スタイル》グループの 条件付き書式 (条件付き書式)→《新しいルール》をクリックします。

③《新しい書式ルール》ダイアログボックスが表示されます。

④《ルールの種類を選択してください》の一覧から《数式を使用して、書式設定するセルを決定》を選択します。

※選択したルールの種類によって、ダイアログボックスの表示が変わります。

⑤《次の数式を満たす場合に値を書式設定》に「=$E4>=$D4」と入力します。

※列方向は、E列とD列が常に参照されるように絶対参照にします。行方向は、4行目、5行目、6行目…と自動調整されるように相対参照にします。

⑥《書式》をクリックします。

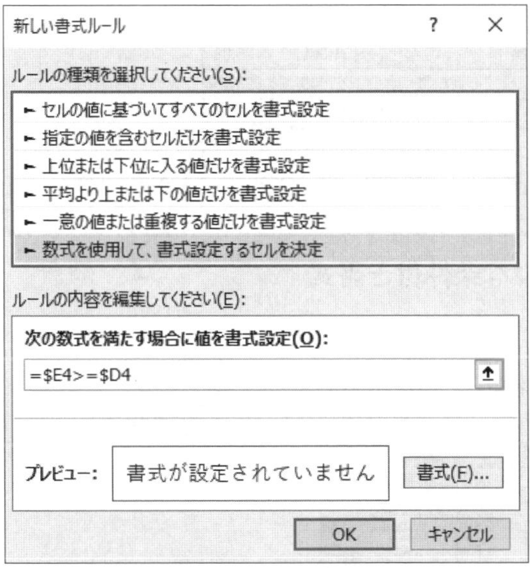

⑦《セルの書式設定》ダイアログボックスが表示されます。

⑧《塗りつぶし》タブを選択します。

⑨《背景色》の一覧からオレンジ色を選択します。

⑩《OK》をクリックします。

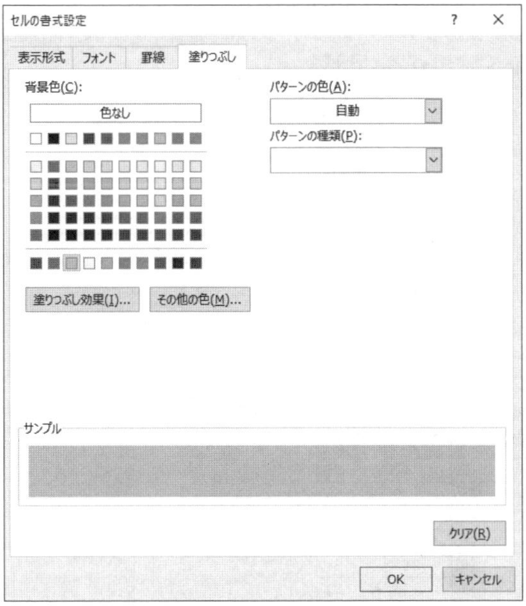

⑪《新しい書式ルール》ダイアログボックスに戻ります。

⑫《OK》をクリックします。

⑬表内の該当する行に指定した書式が設定されます。

※セル範囲の選択を解除し、書式を確認しましょう。

	A	B	C	D	E	F	G
1	社員別売上実績						
2					単位：千円		
3	社員番号	氏名	支店	売上目標	売上実績		
4	164587	鈴木 陽太	渋谷	28,000	24,501		
5	166541	清水 サチ	横浜	29,000	30,120		
6	168111	富谷　紗希	渋谷	28,000	28,901		
7	168251	飯田 太郎	千葉	28,000	28,830		
8	169521	古賀 正輝	横浜	29,000	29,045		
9	169524	佐藤 由美	千葉	31,000	26,834		
10	169555	笹木 進	浜松町	28,000	23,456		
11	169577	小野 清	浜松町	30,000	34,569		
12	169874	堀田 隆	横浜	28,000	23,056		

※ブックに任意の名前を付けて保存し、ブックを閉じておきましょう。

Point! 様々な条件付き書式

データバー

選択したセル範囲の中で数値の大小関係を比較して、バーで表示します。
データバーを設定する方法は、次のとおりです。

◆セル範囲を選択→《ホーム》タブ→《スタイル》グループの 条件付き書式 (条件付き書式)→《データバー》

地区	4月	5月	6月	合計
札幌	1,000	1,050	900	2,950
仙台	700	850	1,000	2,550
東京	3,100	2,850	2,100	8,050
名古屋	2,500	1,850	1,900	6,250
大阪	2,300	1,960	2,600	6,860
高松	1,600	1,250	950	3,800
広島	900	1,000	700	2,600
福岡	1,800	1,200	1,000	4,000
合計	13,900	12,010	11,150	37,060

カラースケール

選択したセル範囲の中で数値の大小関係を比較して、段階的に色分けして表示します。
カラースケールを設定する方法は、次のとおりです。

◆セル範囲を選択→《ホーム》タブ→《スタイル》グループの 条件付き書式 (条件付き書式)→《カラースケール》

地区	4月	5月	6月	合計
札幌	1,000	1,050	900	2,950
仙台	700	850	1,000	2,550
東京	3,100	2,850	2,100	8,050
名古屋	2,500	1,850	1,900	6,250
大阪	2,300	1,960	2,600	6,860
高松	1,600	1,250	950	3,800
広島	900	1,000	700	2,600
福岡	1,800	1,200	1,000	4,000
合計	13,900	12,010	11,150	37,060

アイコンセット

選択したセル範囲の中で数値の大小関係を比較して、アイコンの図柄で表示します。
アイコンセットを設定する方法は、次のとおりです。

◆セル範囲を選択→《ホーム》タブ→《スタイル》グループの 条件付き書式 (条件付き書式)→《アイコンセット》

地区	4月	5月	6月	合計
札幌	1,000	1,050	900	↓ 2,950
仙台	700	850	1,000	↓ 2,550
東京	3,100	2,850	2,100	↑ 8,050
名古屋	2,500	1,850	1,900	↑ 6,250
大阪	2,300	1,960	2,600	↑ 6,860
高松	1,600	1,250	950	↓ 3,800
広島	900	1,000	700	↓ 2,600
福岡	1,800	1,200	1,000	↓ 4,000
合計	13,900	12,010	11,150	37,060

Step 12 高度なグラフを作成しよう

1 作成するグラフの確認

次のようなグラフを作成しましょう。

売上高と店舗数

（売上高：万円）

	2014年	2015年	2016年	2017年	2018年	2019年
当社売上高	4,180	4,490	6,000	5,430	3,840	3,060
当社店舗数	10	12	15	16	17	17
競合店舗数	15	18	20	26	40	54

複合グラフの作成

飲料分類売上推移

単位：千円

飲料分類	2014年	2015年	2016年	2017年	2018年	2019年
茶系飲料	64	144	456	624	864	1,336
炭酸飲料	1,000	880	808	720	712	544
コーヒー飲料	1,160	1,144	1,024	920	712	528
スポーツ飲料	80	80	144	192	280	288
果実飲料	712	712	336	288	248	232
バランス飲料	24	24	96	144	176	224
乳性飲料	272	272	208	176	200	184
ミネラルウオーター	80	104	248	200	144	160
野菜飲料	120	120	104	160	144	144

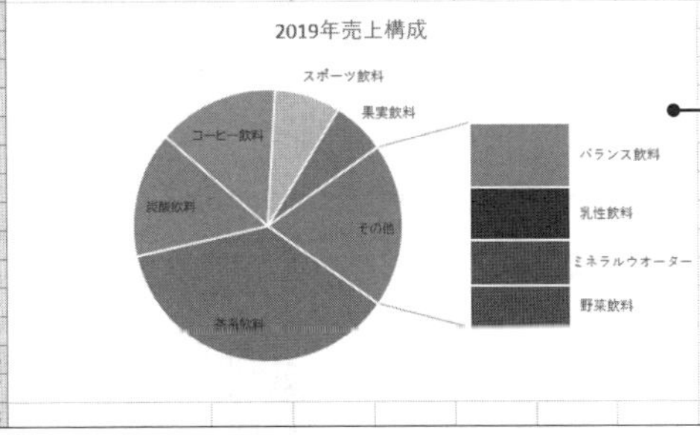

補助縦棒グラフ付き円グラフの作成

飲料分類売上推移

単位：千円

飲料分類	2010年	2011年	2012年	2013年	2014年	2015年	2016年	2017年	2018年	2019年	傾向
コーヒー飲料	1,496	1,328	984	1,120	1,160	1,144	1,024	920	712	528	
炭酸飲料	1,160	1,144	1,104	808	1,000	880	808	720	712	544	
果実飲料	624	712	520	728	712	712	336	288	248	232	
野菜飲料	120	120	128	168	120	120	104	160	144	144	
乳性飲料	120	136	168	224	272	272	208	176	200	184	
スポーツ飲料	80	56	144	112	80	80	144	192	280	288	
茶系飲料	24	64	112	168	64	144	456	624	864	1,336	
バランス飲料	16	32	48	88	24	24	96	144	176	224	
ミネラルウオーター	80	104	120	168	80	104	248	200	144	160	

スパークラインの作成

表計算編

2 複合グラフの作成

同一のグラフエリア内に、異なる種類のグラフを表示したものを「**複合グラフ**」といいます。複合グラフを使うと、種類や単位が異なるデータをわかりやすく表現できます。

▶▶1 複合グラフの作成手順

複合グラフを作成する手順は、次のとおりです。

1 グラフを作成する

グラフのもとになるデータの範囲を選択してグラフを作成します。

2 データ系列ごとにグラフの種類を変更する

データ系列ごとにグラフの種類を変更します。
また、データの数値に差があってグラフが見にくい場合は、第2軸を追加します。

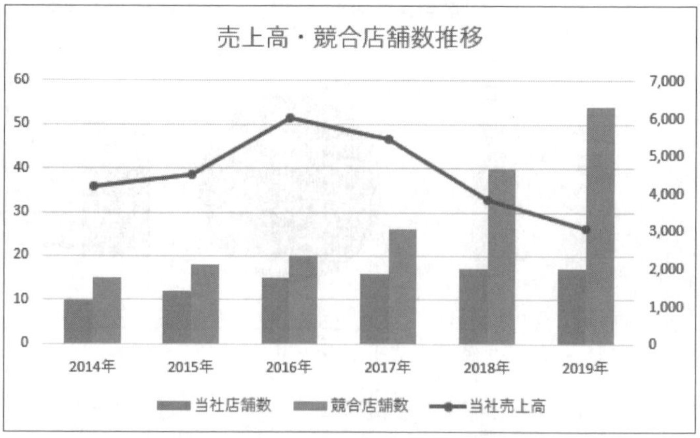

More 複合グラフ作成の制限

2-D（平面）の縦棒グラフ・折れ線グラフ・散布図・面グラフなどは、それぞれ組み合わせて複合グラフを作成できますが、3-D（立体）のグラフは複合グラフを作成できません。
また、2-D（平面）でも円グラフは、グラフの特性上、複合グラフになりません。

▶▶2 グラフの作成

セル範囲【A3:G6】のデータをもとに複合グラフを作成しましょう。

OPEN

フォルダー「表計算編」のブック「高度なグラフの作成」のシート「複合グラフ」を開いておきましょう。

① セル範囲【A3:G6】を選択します。

②《挿入》タブ→《グラフ》グループの（複合グラフの挿入）→《組み合わせ》の《集合縦棒−折れ線》（左から1番目）をクリックします。

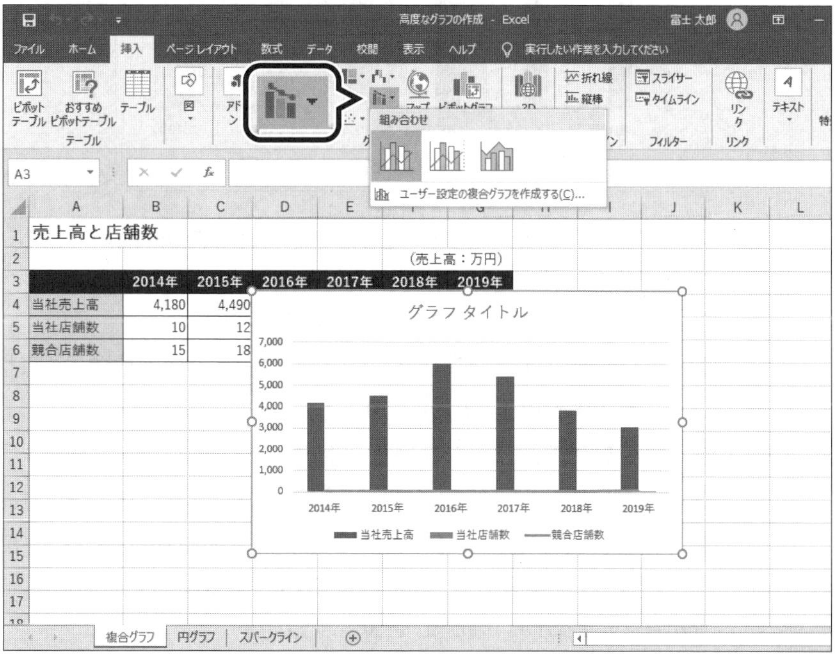

③ 複合グラフが作成されます。

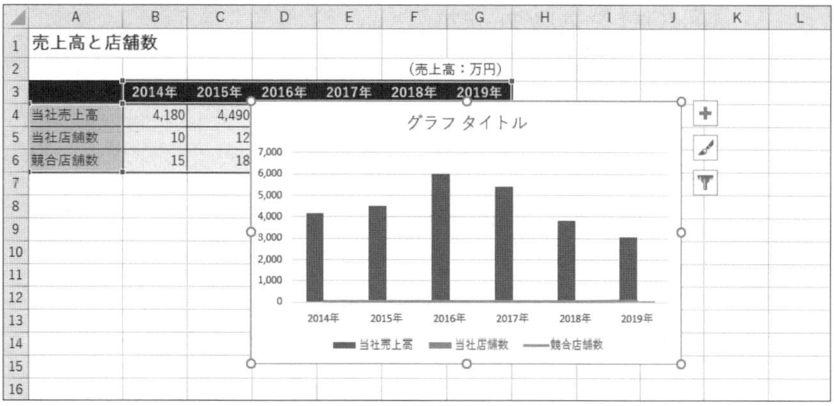

▶▶3 グラフの種類の変更

データ系列ごとにグラフの種類を変更したり、第2軸を追加したりできます。
現在はすべてのデータ系列が主軸を使用する設定になっているので、**「当社店舗数」**と**「競合店舗数」**のデータ系列はほとんど表示されていません。

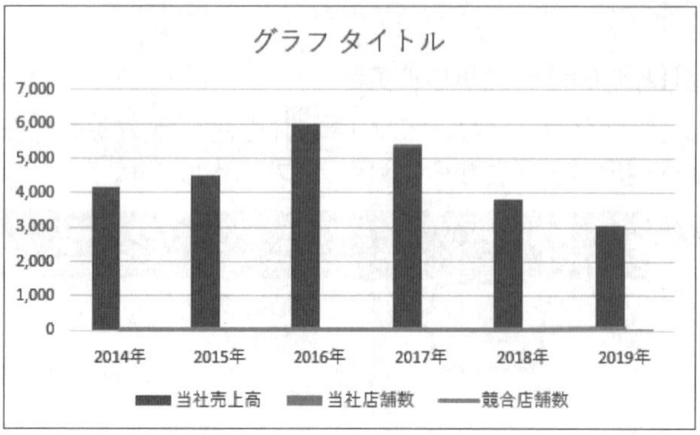

「当社売上高」のデータ系列を第2軸を使用した折れ線グラフに、**「競合店舗数」**のデータ系列を棒グラフに変更しましょう。

①グラフが選択されていることを確認します。

②**《デザイン》**タブ→**《種類》**グループの（グラフの種類の変更）をクリックします。

③**《グラフの種類の変更》**ダイアログボックスが表示されます。

④**《すべてのグラフ》**タブを選択します。

⑤左側の一覧から**《組み合わせ》**が選択されていることを確認します。

⑥右側の**「当社売上高」**のをクリックし、一覧から**《折れ線》**の**《マーカー付き折れ線》**（左から4番目、上から1番目）を選択します。

⑦**「当社売上高」**の**《第2軸》**を✔にします。

⑧右側の**「競合店舗数」**のをクリックし、一覧から**《縦棒》**の**《集合縦棒》**（左から1番目）を選択します。

⑨**《OK》**をクリックします。

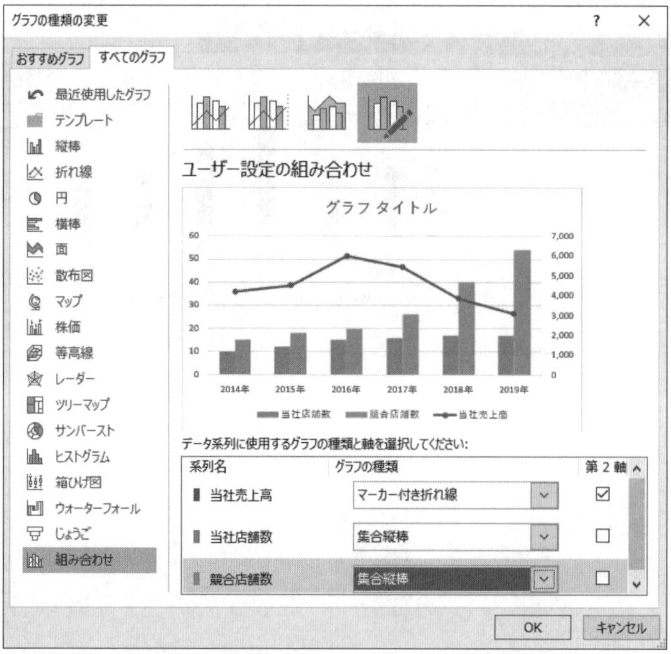

⑩「当社売上高」のデータ系列が、第2軸を使用したマーカー付き折れ線グラフ、「競合店舗数」のデータ系列が棒グラフに変更されます。

※第2軸は「当社売上高」のデータ系列に最適な目盛、主軸は「当社店舗数」「競合店舗数」のデータ系列に最適な目盛にそれぞれ自動的に調整されます。

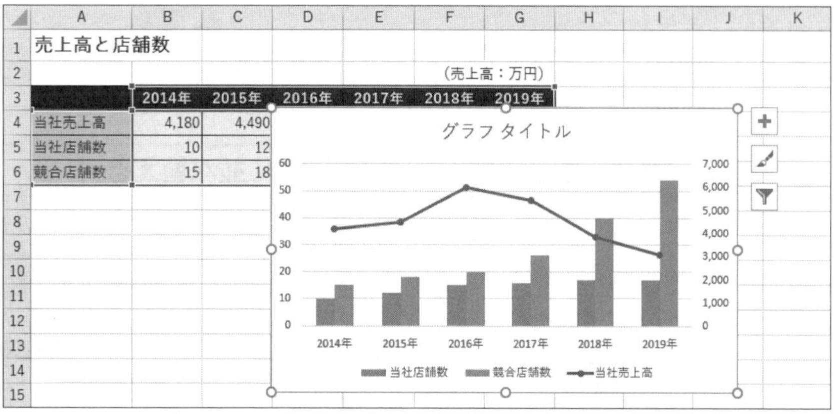

Let's Try ためしてみよう【2】

●シート「複合グラフ」

①作成したグラフをセル範囲【A8:G20】に配置しましょう。

②グラフタイトルを「売上高・競合店舗数推移」に変更しましょう。

③グラフの第1縦軸に軸ラベルを追加し、「単位：店舗」と表示しましょう。

Hint 《デザイン》タブ→《グラフのレイアウト》グループの (グラフ要素を追加)→《軸ラベル》を使います。

④グラフの第2縦軸に軸ラベルを追加し、「単位：万円」と表示しましょう。

⑤軸ラベルの文字の方向を横向きに変更し、完成図を参考に、位置を調整しましょう。

Hint 《ホーム》タブ→《配置》グループの (方向)を使います。

⑥完成図を参考に、プロットエリアのサイズを調整しましょう。

3　補助縦棒グラフ付き円グラフの作成

「補助縦棒グラフ付き円グラフ」や「補助円グラフ付き円グラフ」を使うと、一部のデータを補助グラフの中に詳しく表示できます。

▶▶1　補助グラフ付き円グラフの作成手順

補助グラフ付き円グラフを作成する手順は、次のとおりです。

1　もとになるデータを適切に並べ替える

初期の設定では、もとになるセル範囲の下の部分が補助グラフとして表示されます。グラフにするデータを適切に並べ替えます。

飲料分類売上推移

単位：千円

飲料分類	2014年	2015年	2016年	2017年	2018年	2019年
茶系飲料	64	144	456	624	864	1,336
炭酸飲料	1,000	880	808	720	712	544
コーヒー飲料	1,160	1,144	1,024	920	712	528
スポーツ飲料	80	80	144	192	280	288
果実飲料	712	712	336	288	248	232
バランス飲料	24	24	96	144	176	224
乳性飲料	272	272	208	176	200	184
ミネラルウオーター	80	104	248	200	144	160
野菜飲料	120	120	104	160	144	144

2　補助グラフ付き円グラフを作成する

もとになるセル範囲を選択して、補助グラフ付き円グラフを作成します。

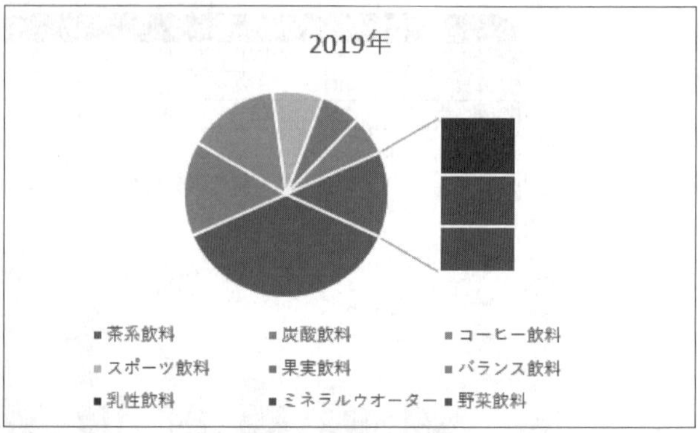

3　補助グラフのデータ個数を設定する

補助グラフに表示するデータの個数を設定します。

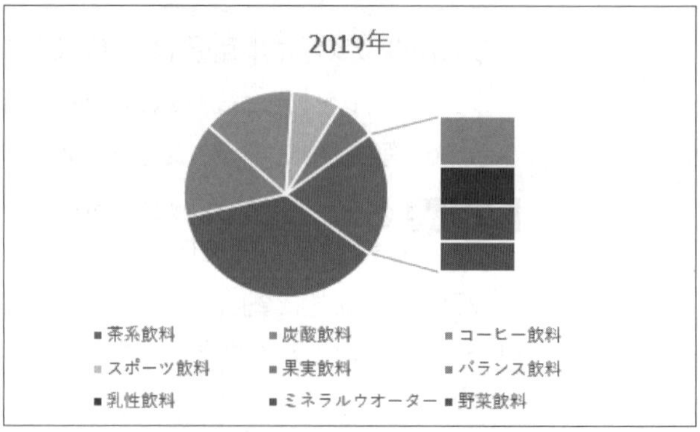

▶▶2 並べ替え

「2019年」のデータのうち、値が小さいものが補助縦棒グラフに表示されるように、「2019年」の列を基準に表を降順に並べ替えましょう。

OPEN **シート「円グラフ」に切り替えておきましょう。**

①セル範囲【A3:G12】を選択します。
※並べ替えるセル範囲が自動的に認識されないため、対象のセル範囲を選択しておきます。

②《データ》タブ→《並べ替えとフィルター》グループの（並べ替え）をクリックします。

③《並べ替え》ダイアログボックスが表示されます。

④《先頭行をデータの見出しとして使用する》を☑にします。

⑤《最優先されるキー》の ⌄ をクリックし、一覧から「2019年」を選択します。

⑥《並べ替えのキー》が《セルの値》になっていることを確認します。

⑦《順序》の ⌄ をクリックし、一覧から「大きい順」を選択します。

⑧《OK》をクリックします。

⑨表が並び替わります。

	A	B	C	D	E	F	G	H	I	J
1	飲料分類売上推移									
2							単位：千円			
3	飲料分類	2014年	2015年	2016年	2017年	2018年	2019年			
4	茶系飲料	64	144	456	624	864	1,336			
5	炭酸飲料	1,000	880	808	720	712	544			
6	コーヒー飲料	1,160	1,144	1,024	920	712	528			
7	スポーツ飲料	80	80	144	192	280	288			
8	果実飲料	712	712	336	288	248	232			
9	バランス飲料	24	24	96	144	176	224			
10	乳性飲料	272	272	208	176	200	184			
11	ミネラルウオーター	80	104	248	200	144	160			
12	野菜飲料	120	120	104	160	144	144			
13										

▶▶3 グラフの作成

並べ替え後のデータをもとに、補助縦棒グラフ付き円グラフを作成しましょう。

①セル範囲【A3:A12】を選択します。

②［Ctrl］を押しながら、セル範囲【G3:G12】を選択します。

③《挿入》タブ→《グラフ》グループの（円またはドーナツグラフの挿入）→《2-D円》の《補助縦棒付き円》（左から3番目）をクリックします。

④補助縦棒グラフ付き円グラフが作成されます。

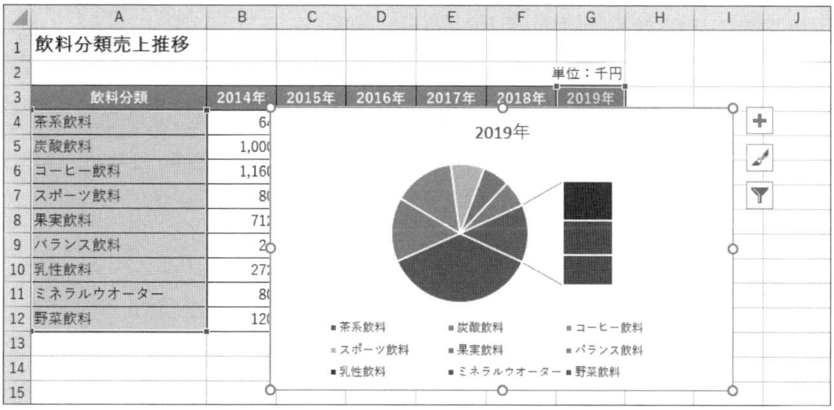

▶▶4 データ要素の個数の設定

補助縦棒グラフに表示するデータ要素の個数を3個から4個に変更しましょう。

①データ系列を右クリックします。

※円の部分ならどこでもかまいません。

②《データ系列の書式設定》をクリックします。

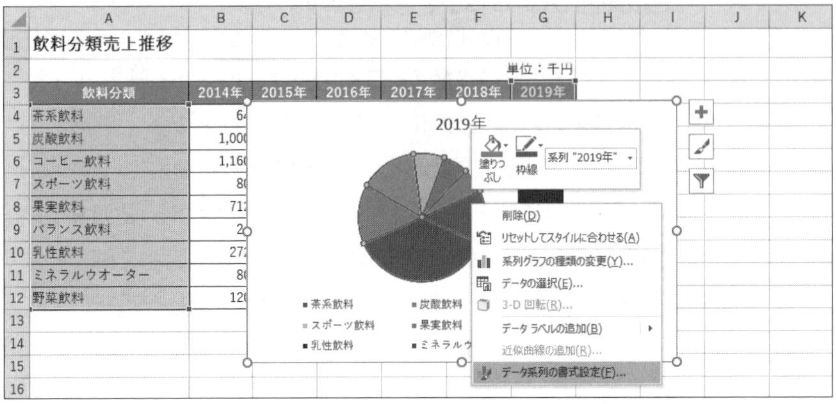

③《データ系列の書式設定》作業ウィンドウが表示されます。

④ (系列のオプション)をクリックします。

⑤《系列のオプション》が展開されていることを確認します。

※《系列のオプション》が展開されていない場合は、《▷系列のオプション》をクリックして展開します。

⑥《補助プロットの値》を「4」に設定します。

⑦《データ系列の書式設定》作業ウィンドウの × (閉じる)をクリックします。

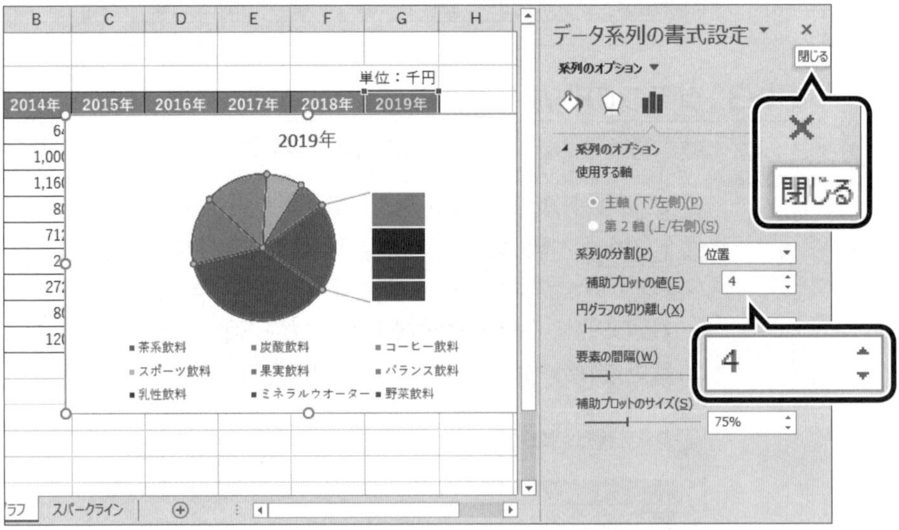

⑧ 補助縦棒グラフのデータ要素の個数が変わります。

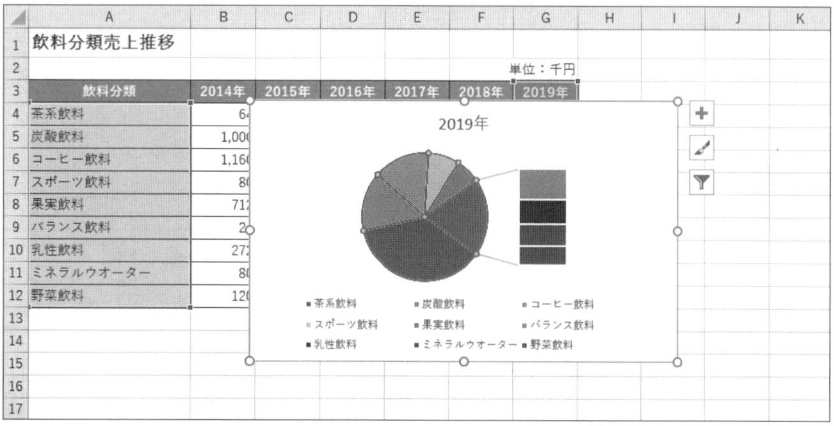

ためしてみよう【3】

●シート「円グラフ」

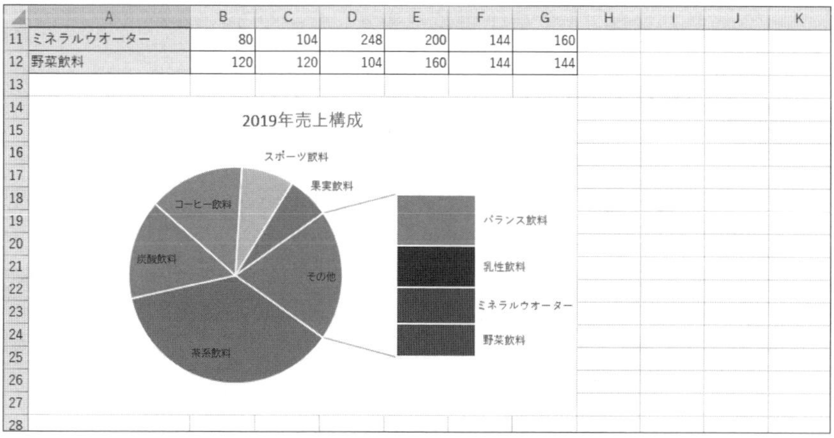

① 作成した補助縦棒グラフ付き円グラフをセル範囲【A14:G27】に配置しましょう。

② グラフにレイアウト「レイアウト5」を適用しましょう。

③ グラフタイトルを「2019年売上構成」に変更しましょう。

More 配色の変更

カラーの円グラフをモノクロで印刷すると、データ要素の区切りがわかりにくくなる場合があります。モノクロで印刷する場合には、データ要素を階調の異なる色で塗りつぶしておくとよいでしょう。「グラフクイックカラー」を使うと、データ要素の色をモノクロ印刷に適した組み合わせにすることができます。

グラフの配色を変更する方法は、次のとおりです。

◆グラフを選択→《デザイン》タブ→《グラフスタイル》グループの （グラフクイックカラー）

More データ要素の塗りつぶし

データ要素の一部を強調する場合には、データ要素を目立つ色やパターン（模様）で塗りつぶすとよいでしょう。

データ要素をパターンで塗りつぶす方法は、次のとおりです。

◆データ要素を選択→データ要素を右クリック→《データ要素の書式設定》→ （塗りつぶしと線）→《塗りつぶし》→《◉塗りつぶし（パターン）》

※データ要素を選択するには、データ系列をクリックしてからデータ要素をクリックします。

4 スパークラインの作成

「スパークライン」とは、シート上のセル内でデータを視覚的に表現できる小さなグラフのことです。スパークラインを使うと、月ごとの増減や季節ごとの景気循環など、数値の傾向を把握できます。
スパークラインで作成できるグラフの種類は、次のとおりです。

種類	説明	例
折れ線	時間の経過によるデータの推移を、折れ線グラフで表現します。	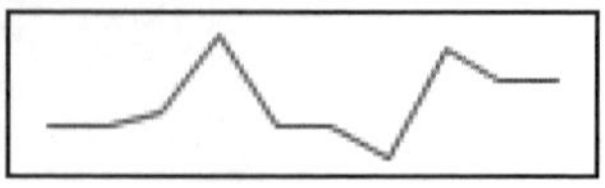
縦棒	データの大小関係を、棒グラフで表現します。	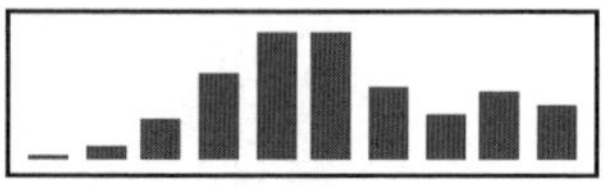
勝敗	データの正負を、水平線から上下に伸びる棒グラフで表現します。	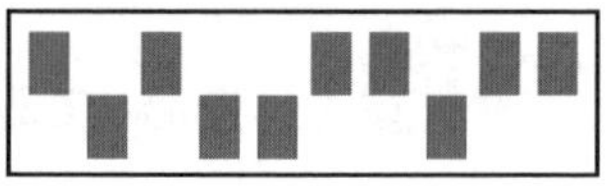

飲料分類ごとに売上推移を表すスパークラインを作成しましょう。

シート「スパークライン」に切り替えておきましょう。

①セル範囲【L4：L12】を選択します。

②《挿入》タブ→《スパークライン》グループの 折れ線 （折れ線スパークライン）をクリックします。

	A	B	C	D	E	F	G	H	I	J	K	L
1	飲料分類売上推移											
2												単位：千円
3	飲料分類	2010年	2011年	2012年	2013年	2014年	2015年	2016年	2017年	2018年	2019年	傾向
4	コーヒー飲料	1,496	1,328	984	1,120	1,160	1,144	1,024	920	712	528	
5	炭酸飲料	1,160	1,144	1,104	808	1,000	880	808	720	712	544	
6	果実飲料	624	712	520	728	712	712	336	288	248	232	
7	野菜飲料	120	120	128	168	120	120	104	160	144	144	
8	乳性飲料	120	136	168	224	272	272	208	176	200	184	
9	スポーツ飲料	80	56	144	112	80	80	144	192	280	288	
10	茶系飲料	24	64	112	168	64	144	456	624	864	1,336	
11	バランス飲料	16	32	48	88	24	24	96	144	176	224	
12	ミネラルウオーター	80	104	120	168	80	104	248	200	144	160	
13												

③《スパークラインの作成》ダイアログボックスが表示されます。

④《データ範囲》にカーソルが表示されていることを確認します。

⑤シート上のセル範囲【B4：K12】を選択します。

⑥《データ範囲》に「B4：K12」と表示されていることを確認します。

⑦《場所の範囲》に「$L$4：$L$12」と表示されていることを確認します。

⑧《OK》をクリックします。

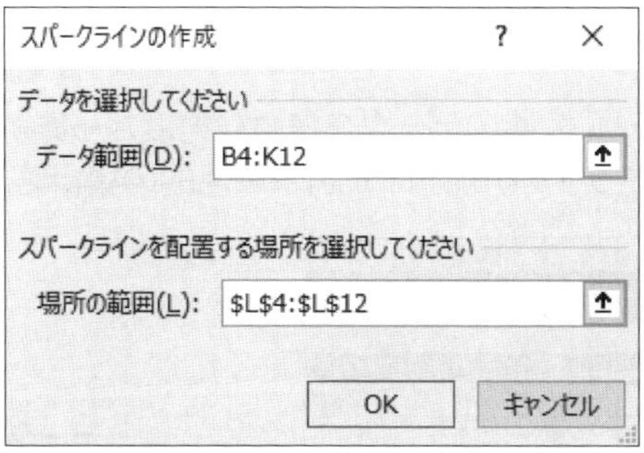

⑨スパークラインが作成されます。

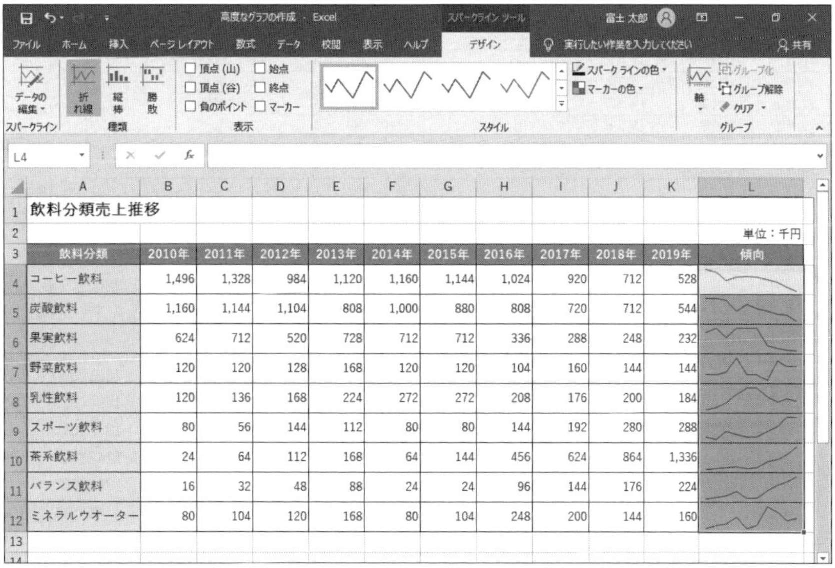

飲料分類売上推移

単位：千円

飲料分類	2010年	2011年	2012年	2013年	2014年	2015年	2016年	2017年	2018年	2019年	傾向
コーヒー飲料	1,496	1,328	984	1,120	1,160	1,144	1,024	920	712	528	
炭酸飲料	1,160	1,144	1,104	808	1,000	880	808	720	712	544	
果実飲料	624	712	520	728	712	712	336	288	248	232	
野菜飲料	120	120	128	168	120	120	104	160	144	144	
乳性飲料	120	136	168	224	272	272	208	176	200	184	
スポーツ飲料	80	56	144	112	80	80	144	192	280	288	
茶系飲料	24	64	112	168	64	144	456	624	864	1,336	
バランス飲料	16	32	48	88	24	24	96	144	176	224	
ミネラルウオーター	80	104	120	168	80	104	248	200	144	160	

※ブックに任意の名前を付けて保存し、ブックを閉じておきましょう。

Point! スパークラインの最大値・最小値の設定

スパークラインの縦軸の最大値と最小値は、スパークラインごとに自動的に設定されますが、ユーザーが設定することもできます。

スパークラインの最大値・最小値を設定する方法は、次のとおりです。

◆スパークラインのセルを選択→《デザイン》タブ→《グループ》グループの 軸 (スパークラインの軸)→《縦軸の最小値のオプション》／《縦軸の最大値のオプション》で設定

More データマーカーの強調

初期の設定では、スパークラインは、すべてのデータマーカーが同じ色で表示されますが、最大値や最小値など特定のデータマーカーだけを強調して目立たせることができます。

データマーカーを強調する方法は、次のとおりです。

◆スパークラインのセルを選択→《デザイン》タブ→《表示》グループで強調する箇所を☑にする

More スパークラインの削除

スパークラインを削除する方法は、次のとおりです。

◆スパークラインのセルを選択→《デザイン》タブ→《グループ》グループの クリア (選択したスパークラインのクリア)

Step13 ピボットテーブルを作成しよう

1 ピボットテーブル

「ピボットテーブル」を使うと、大量のデータを様々な角度から集計したり分析したりできます。表の項目名をドラッグするだけで簡単に目的の集計表を作成できます。

	A	B	C	D	E	F	G	H	I	J
1	売上明細表									
2										
3	売上日	担当者	取引先	商品分類	商品名	単価（円）	数量	売上金額（円）		
4	2020/1/3	斉藤	電器OKAMURA	レコーダー	DVDレコーダー	15,000	6	90,000		
5	2020/1/3	竹山	村中家電	テレビ	液晶テレビ	260,000	5	1,300,000		
6	2020/1/4	西村	SSKデンキ	カメラ	ビデオカメラ	74,000	13	962,000		
7	2020/1/4	吉田	FM電器センター	テレビ	液晶テレビ	260,000	20	5,200,000		
8	2020/1/4	吉田	FM電器センター	オーディオ	スピーカー	48,000	15	720,000		
9	2020/1/5	竹山	村中家電	テレビ	液晶テレビ	260,000	18	4,680,000		
10	2020/1/5	西村	SSKデンキ	テレビ	液晶テレビ	260,000	21	5,460,000		
11	2020/1/5	吉田	FM電器センター	オーディオ	MP3プレイヤー	24,000	13	312,000		
12	2020/1/6	吉田	FM電器センター	テレビ	液晶テレビ	260,000	10	2,600,000		
13	2020/1/6	吉田	FM電器センター	テレビ	プラズマテレビ	300,000	5	1,500,000		
14	2020/1/7	竹山	村中家電	カメラ	デジタルカメラ	48,000	3	144,000		
15	2020/1/7	竹山	村中家電	テレビ	プラズマテレビ	300,000	6	1,800,000		
16	2020/1/7	吉田	FM電器センター	テレビ	液晶テレビ	260,000	2	520,000		
17	2020/1/8	斉藤	電器OKAMURA	レコーダー	DVDレコーダー	15,000	3	45,000		

データベース用の表から
項目名を配置

配置した項目名
をもとにピボット
テーブルが作成
される

	A	B	C	D	E	F	G
1							
2							
3	合計 / 売上金額（円）	列ラベル ▼					
4		⊞1月	⊞2月	⊞3月	総計		
5	行ラベル ▼						
6	FM電器センター	21860000	25834000	18010000	65704000		
7	SSKデンキ	21998000	18299000	14944000	55241000		
8	村中家電	23158000	13357000	13223000	49738000		
9	電器OKAMURA	11602000	14489000	12423000	38514000		
10	入船家電	452000	10762000	18582000	29796000		
11	総計	79070000	82741000	77182000	238993000		
12							

2 ピボットテーブルの構成要素

ピボットテーブルには、次の要素があります。

列ラベルエリア

	A	B	C	D	E	F	G
1							
2							
3	合計 / 売上金額（円）	列ラベル ▼					
4		⊞1月	⊞2月	⊞3月	総計		
5	行ラベル ▼						
6	FM電器センター	21860000	25834000	18010000	65704000		
7	SSKデンキ	21998000	18299000	14944000	55241000		
8	村中家電	23158000	13357000	13223000	49738000		
9	電器OKAMURA	11602000	14489000	12423000	38514000		
10	入船家電	452000	10762000	18582000	29796000		
11	総計	79070000	82741000	77182000	238993000		
12							

行ラベルエリア　値エリア

3　ピボットテーブルの作成

表のデータをもとにピボットテーブルを作成しましょう。
次のようにフィールドを配置して、取引先別・売上月別に売上金額を集計します。

行ラベルエリア	：取引先
列ラベルエリア	：売上月
値エリア	：売上金額（円）

OPEN

フォルダー「表計算編」のブック「ピボットテーブルの作成」のシート「売上明細」を開いておきましょう。

①セル【A3】を選択します。
※表内のセルであれば、どこでもかまいません。
②《挿入》タブ→《テーブル》グループの（ピボットテーブル）をクリックします。

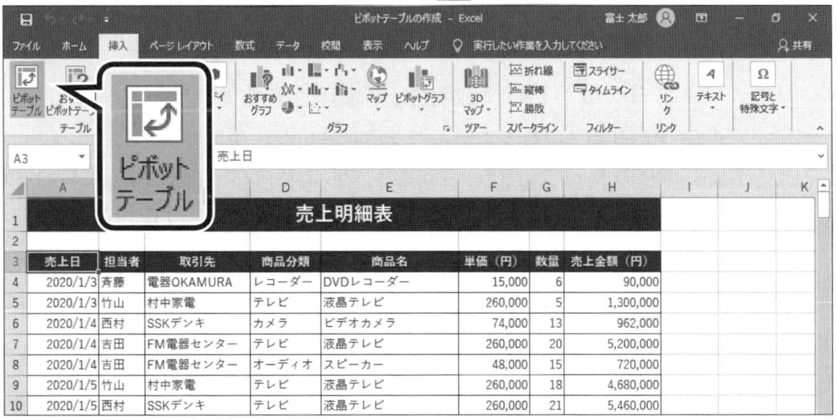

③《ピボットテーブルの作成》ダイアログボックスが表示されます。
④《テーブルまたは範囲を選択》を◉にします。
⑤《テーブル/範囲》に「売上明細!＄A＄3:＄H＄232」と表示されていることを確認します。
⑥《新規ワークシート》を◉にします。
⑦《OK》をクリックします。

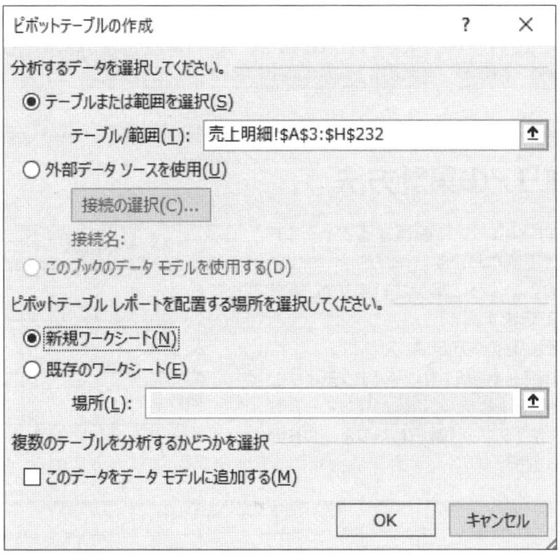

⑧シート「Sheet1」が挿入され、《ピボットテーブルのフィールド》作業ウィンドウが表示されます。

⑨《ピボットテーブルのフィールド》作業ウィンドウの「**取引先**」を《行》のボックスにドラッグします。

※《行》のボックスにドラッグすると、マウスポインターの形がに変わります。

⑩行ラベルエリアに「**取引先**」が表示されます。

⑪「**売上日**」を《列》のボックスにドラッグします。

※《列》のボックスにドラッグすると、マウスポインターの形がに変わります。

⑫列ラベルエリアに「**売上日**」が月単位でグループ化されて表示されます。

⑬「**売上金額（円）**」を《値》のボックスにドラッグします。

※《値》のボックスにドラッグすると、マウスポインターの形がに変わります。

⑭値エリアに「**売上金額（円）**」が表示されます。

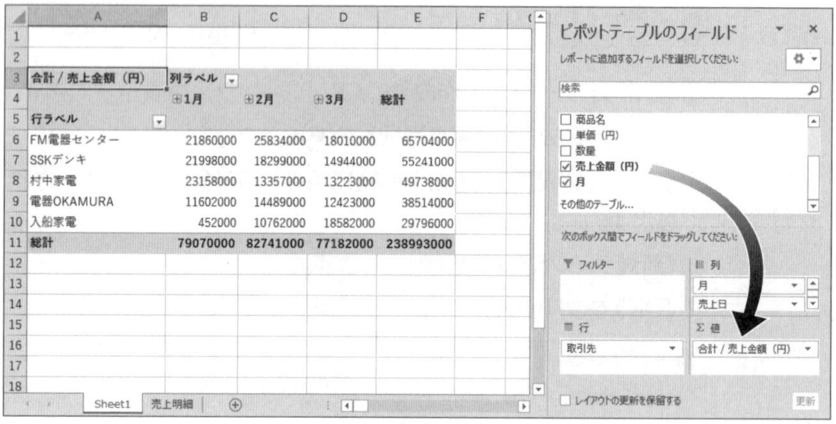

Point! 値エリアの集計方法

値エリアの集計方法は、値エリアに配置するフィールドのデータの種類によって異なります。
初期の設定では、右の表のように集計されますが、集計方法はあとから変更できます。
値エリアの集計方法を変更する方法は、次のとおりです。

◆値エリアのセルを選択→《分析》タブ→《アクティブなフィールド》グループの フィールドの設定（フィールドの設定）→《集計方法》タブ→《選択したフィールドのデータ》の一覧から選択

データの種類	集計方法
数値	合計
文字列	データの個数
日付	データの個数

Point! 詳細データの表示

月単位でグループ化されているデータの詳細を確認する場合は、＋をクリックします。
※詳細が表示されると＋は－に変わります。

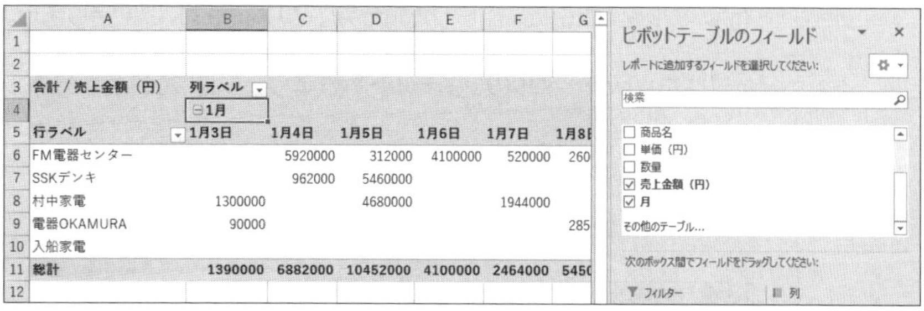

	A	B	C	D	E	F	G
1							
2							
3	合計 / 売上金額（円）	列ラベル					
4		⊟1月					
5	行ラベル	1月3日	1月4日	1月5日	1月6日	1月7日	1月8日
6	FM電器センター		5920000	312000	4100000	520000	260
7	SSKデンキ		962000	5460000			
8	村中家電	1300000		4680000		1944000	
9	電器OKAMURA	90000					285
10	入船家電						
11	総計	1390000	6882000	10452000	4100000	2464000	5450
12							

Point! グループ化の解除

グループ化を解除する方法は、次のとおりです。

◆行ラベルエリアまたは列ラベルエリアのセルを選択→《分析》タブ→（ピボットテーブルグループ）→《グループ》グループの グループ解除 （グループ解除）

More タイムラインの利用

日付データを含む表から作成したピボットテーブルは、「タイムライン」を使うと、集計対象となる期間を簡単に絞り込むことができます。
タイムラインを表示する方法は、次のとおりです。

◆ピボットテーブルを選択→《分析》タブ→《フィルター》グループの タイムラインの挿入 （タイムラインの挿入）

4 表示形式の設定

値エリアの数値に、3桁区切りカンマを付けましょう。

①セル範囲【B6：E11】を選択します。

②《ホーム》タブ→《数値》グループの ， （桁区切りスタイル）をクリックします。

③値エリアの数値に3桁区切りカンマが付きます。

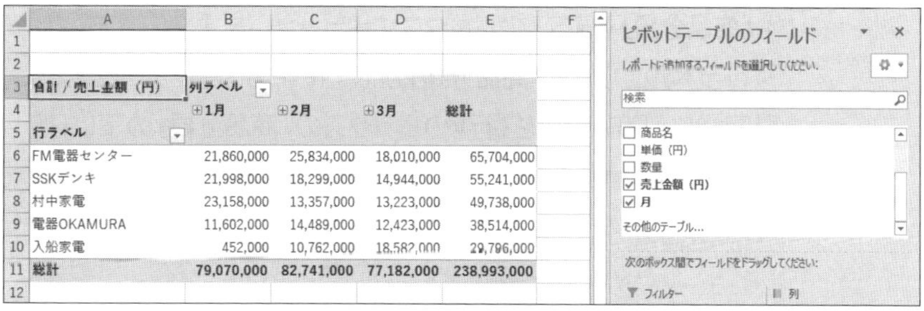

	A	B	C	D	E	F
1						
2						
3	合計 / 売上金額（円）	列ラベル				
4		⊞1月	⊞2月	⊞3月	総計	
5	行ラベル					
6	FM電器センター	21,860,000	25,834,000	18,010,000	65,704,000	
7	SSKデンキ	21,998,000	18,299,000	14,944,000	55,241,000	
8	村中家電	23,158,000	13,357,000	13,223,000	49,738,000	
9	電器OKAMURA	11,602,000	14,489,000	12,423,000	38,514,000	
10	入船家電	452,000	10,762,000	18,582,000	29,796,000	
11	総計	79,070,000	82,741,000	77,182,000	238,993,000	
12						

More 空白セルに値を表示

初期の設定では、値エリアに表示するデータがない場合、空白セルになります。
値エリアの空白セルに「0」を表示する方法は、次のとおりです。

◆ピボットテーブル内のセルを選択→《分析》タブ→（ピボットテーブル）→《ピボットテーブル》グループの オプション （ピボットテーブルオプション）→《レイアウトと書式》タブ→《空白セルに表示する値》を☑にし、「0」と入力

5 レイアウトの変更

ピボットテーブルは、作成後にフィールドを入れ替えたり、フィールドを追加したりして簡単にレイアウトを変更できます。
行ラベルを「**取引先**」から「**商品分類**」と「**商品名**」に変更しましょう。

①《**ピボットテーブルのフィールド**》作業ウィンドウの《**行**》のボックスの「**取引先**」をクリックします。

②《**フィールドの削除**》をクリックします。

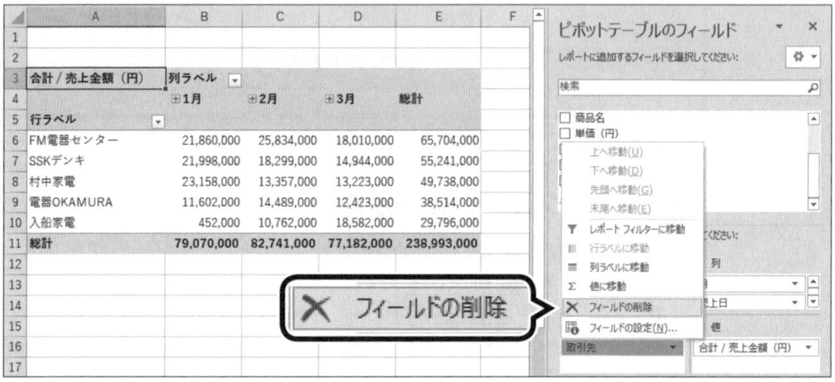

③行ラベルエリアから「**取引先**」が削除されます。

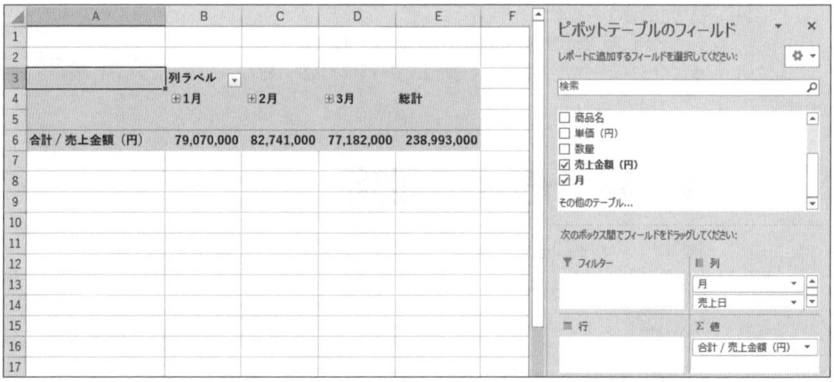

④「**商品分類**」を《**行**》のボックスにドラッグします。

⑤行ラベルエリアに「**商品分類**」が表示されます。

⑥同様に、「**商品名**」を《**行**》のボックスの「**商品分類**」の下にドラッグします。

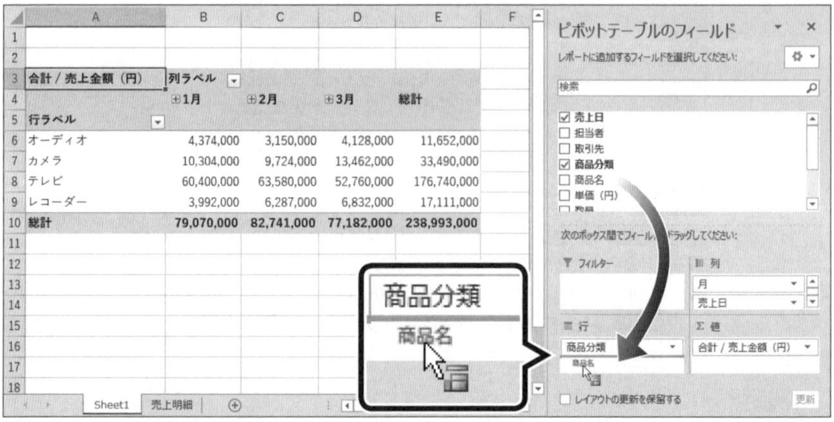

⑦行ラベルエリアに「商品名」が追加されます。

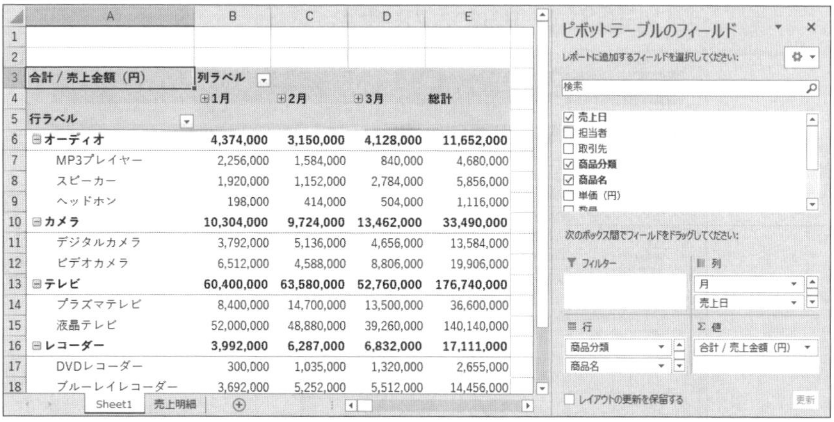

More レポートフィルター

レポートフィルターエリアにフィールドを配置すると、データを絞り込んで集計結果を表示できます。
レポートフィルターエリアを使って、データを絞り込む方法は、次のとおりです。

◆《フィルター》のボックスにフィールドをドラッグ→レポートフィルターエリアの▼から集計するデータを選択

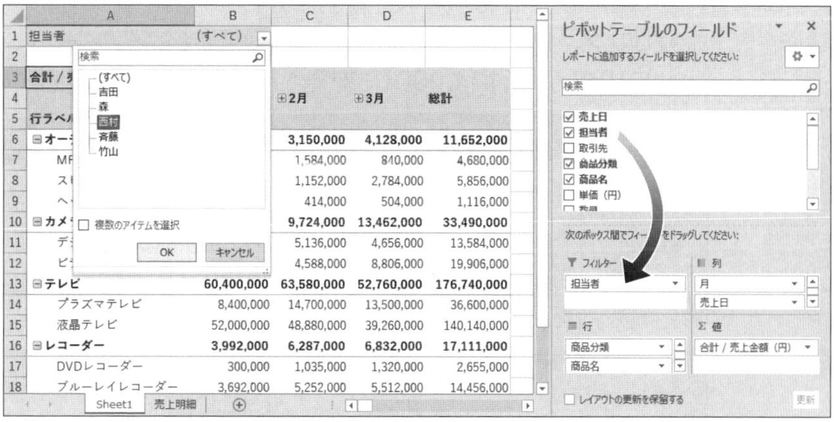

6 データの更新

作成したピボットテーブルは、もとの表のデータと連動しています。もとの表のデータを変更した場合には、ピボットテーブルのデータを更新して、最新の集計結果を表示します。

シート「売上明細」のセル【G8】を「10」に変更し、ピボットテーブルのデータを更新しましょう。

①ピボットテーブルのセル【B6】が「4,374,000」になっていることを確認します。

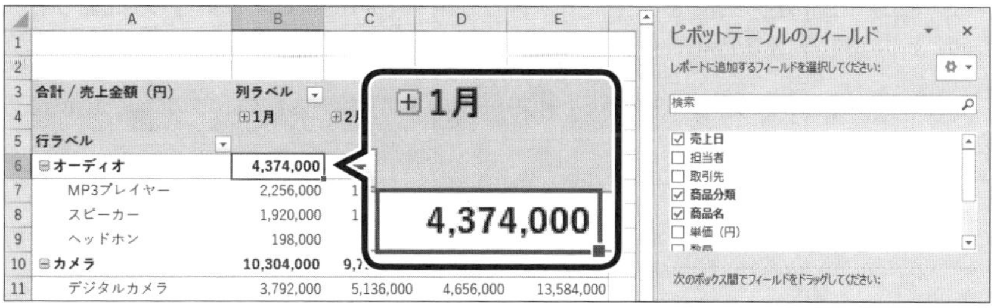

②シート「売上明細」のシート見出しをクリックします。

③セル【G8】に「10」と入力します。

④シート「Sheet1」のシート見出しをクリックします。

⑤セル【B6】を選択します。

※ピボットテーブル内のセルであれば、どこでもかまいません。

⑥《分析》タブ→《データ》グループの（更新）をクリックします。

⑦セル【B6】が「4,134,000」に変更されていることを確認します。

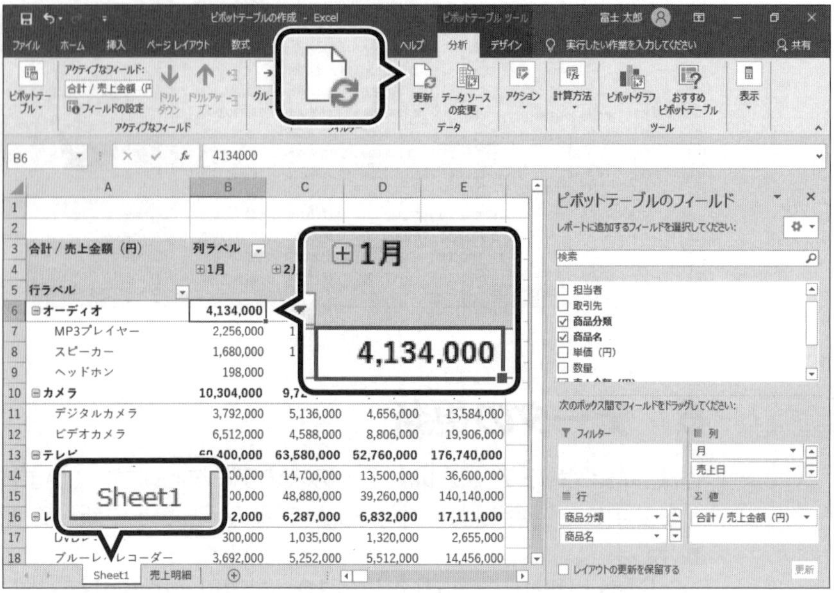

※ブックに任意の名前を付けて保存し、ブックを閉じておきましょう。

More ピボットグラフの作成

ピボットテーブルをもとに、「ピボットグラフ」を作成できます。ピボットグラフには、フィールドに対応したフィールドボタンが表示されており、ピボットテーブルと同様に、項目を入れ替えるだけで様々な視点でグラフを表示できます。

ピボットグラフの作成方法は、次のとおりです。

◆ピボットテーブル内のセルを選択→《分析》タブ→《ツール》グループの（ピボットグラフ）

Step14 データベースを活用しよう

1 テーブルの利用

表を「テーブル」に変換すると、書式設定やデータベース管理が簡単に行えるようになります。
テーブルには、次のような特長があります。

●テーブルスタイルが適用される

テーブルスタイルが適用され、表全体の見栄えを簡単に整えることができます。

	A	B	C	D	E	F	G	H	I	J
1	セミナー実施状況									
2										
3	No.	開催日	開催地区	セミナー名	分野	参加費	参加者数	金額		
4	1	2020/4/1	南区	インターネット体験	パソコン	800	25	20,000		
5	2	2020/4/2	東区	手話・初級	手話	300	30	9,000		
6	3	2020/4/2	東区	手話・中級	手話	300	27	8,100		
7	4	2020/4/4	西区	パソコン入門	パソコン	500	16	8,000		

●フィルターモードになる

フィルターモードになり、先頭行に ▼ が表示されます。 ▼ をクリックし、フィルターや並べ替えを実行します。

	A	B	C	D	E	F	G	H	I	J
3	No.	開催日	開催地区	セミナー名	分野	参加費	参加者数	金額		
7	4	2020/4/4	西区	パソコン入門	パソコン	500	16	8,000		
8	5	2020/4/6	西区	手話・初級	手話	300	33	9,900		
10	7	2020/4/12	西区	手話・中級	手話	300	36	10,800		
11	8	2020/4/13	西区	成人病対策料理	健康	1,000	26	26,000		
13	10	2020/4/16	西区	Excel&Word体験	パソコン	1,000	21	21,000		
15	12	2020/4/18	西区	インターネット体験	パソコン	800	19	15,200		

●列番号が列見出しに置き換わる

シートをスクロールすると、列番号が列見出しに置き換わります。縦方向に長い表でも簡単にフィルターや並べ替えを実行できます。

	No.	開催日	開催地区	セミナー名	分野	参加費	参加者数	金額	I	J
10	7	2020/4/12	西区	手話・中級	手話	300	36	10,800		
11	8	2020/4/13	西区	成人病対策料理	健康	1,000	26	26,000		
12	9	2020/4/13	東区	手話・上級	手話	500	15	7,500		
13	10	2020/4/16	西区	Excel&Word体験	パソコン	1,000	21	21,000		
14	11	2020/4/16	北区	リラックス・ヨガ	健康	500	32	16,000		
15	12	2020/4/18	西区	インターネット体験	パソコン	800	19	15,200		

●集計行を表示できる

集計行を表示して、合計や平均などの集計ができます。

	No.	開催日	開催地区	セミナー名	分野	参加費	参加者数	金額	I	J
56	53	2020/6/17	東区	手話・初級	手話	300	31	9,300		
57	54	2020/6/17	西区	インターネット体験	パソコン	800	23	18,400		
58	55	2020/6/18	東区	手話・中級	手話	300	25	7,500		
59	56	2020/6/18	南区	リラックス・ヨガ	健康	500	38	19,000		
60	57	2020/6/20	北区	手話・中級	手話	300	30	9,000		
61	58	2020/6/21	西区	Excel&Word体験	パソコン	1,000	35	35,000		
62	59	2020/6/22	北区	成人病対策料理	健康	1,000	24	24,000		
63	60	2020/6/26	北区	インターネット体験	パソコン	800	24	19,200		
64	集計							1,005,500		
65										
66										
67										
68										
69										
70										
71										

なし
平均
個数
数値の個数
最大
最小
合計
標本標準偏差
標本分散
その他の関数...

▶▶1 テーブルへの変換

データベースの表をテーブルに変換すると、自動的に「テーブルスタイル」が適用されます。テーブルスタイルは罫線や塗りつぶしの色などの書式を組み合わせたもので、表全体の見栄えを整えます。
表をテーブルに変換しましょう。

OPEN

フォルダー「表計算編」のブック「データベースの活用」のシート「テーブル」を開いておきましょう。

①セル【A3】を選択します。
※表内のセルであれば、どこでもかまいません。
②《挿入》タブ→《テーブル》グループの（テーブル）をクリックします。
③《テーブルの作成》ダイアログボックスが表示されます。
④《テーブルに変換するデータ範囲を指定してください》に「=$A$3:$H$63」と表示されていることを確認します。
⑤《先頭行をテーブルの見出しとして使用する》を☑にします。
⑥《OK》をクリックします。

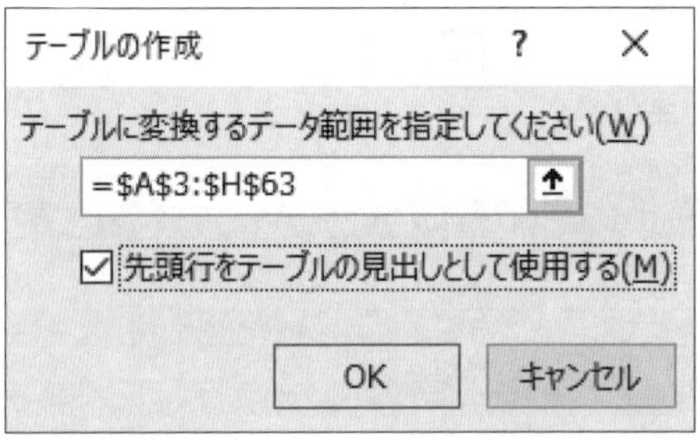

⑦表がテーブルに変換され、テーブルスタイルが適用されます。
※任意のセルをクリックし、テーブルスタイルを確認しましょう。

セミナー実施状況

No.	開催日	開催地区	セミナー名	分野	参加費	参加者数	金額
1	2020/4/1	南区	インターネット体験	パソコン	800	25	20,000
2	2020/4/2	東区	手話・初級	手話	300	30	9,000
3	2020/4/2	東区	手話・中級	手話	300	27	8,100
4	2020/4/4	西区	パソコン入門	パソコン	500	16	8,000

※テーブル内のセルを選択→シートを下方向にスクロールし、列番号が列見出しに置き換わって▼が表示されることを確認しましょう。

Point! テーブルスタイルの変更

テーブルスタイルを変更する方法は、次のとおりです。
◆テーブル内のセルを選択→《デザイン》タブ→《テーブルスタイル》グループの（テーブルクイックスタイル）

More もとのセル範囲の書式とテーブルスタイル

テーブルに変換する前に書式を設定していると、ユーザーが設定した書式とテーブルスタイルの書式が重なります。
テーブルスタイルだけを適用する場合は、テーブルに変換する前に、もとのセル範囲の書式をクリアしておきます。
テーブルスタイルを適用しない場合は、テーブル変換後にテーブルスタイルを解除することもできます。
テーブルスタイルを解除する方法は、次のとおりです。
◆テーブル内のセルを選択→《デザイン》タブ→《テーブルスタイル》グループの（テーブルクイックスタイル）→《クリア》

More セル範囲への変換

テーブルをもとのセル範囲に戻す方法は、次のとおりです。

◆テーブル内のセルを選択→《デザイン》タブ→《ツール》グループの 範囲に変換 （範囲に変換）

※セル範囲に変換しても、テーブルスタイルの書式は残ります。

▶▶2 フィルターと並べ替えの利用

テーブルに変換すると、フィルターモードになります。列見出しの ▼ を使ってレコードを並べ替えたり抽出したりできます。

並べ替え結果や抽出結果にテーブルスタイルが再適用されるので、表の見栄えが悪くなることはありません。

「開催地区」が「西区」のレコードを抽出し、「金額」が高い順に並べ替えましょう。

①**「開催地区」**の ▼ をクリックします。

②**《（すべて選択）》**を □ にします。

※下位の項目がすべて □ になります。

③**「西区」**を ☑ にします。

④**《OK》**をクリックします。

⑤**「西区」**のレコードが抽出されます。

	A	B	C	D	E	F	G	H	I	J
3	No.	開催日	開催地区	セミナー名	分野	参加費	参加者数	金額		
7	4	2020/4/4	西区	パソコン入門	パソコン	500	16	8,000		
8	5	2020/4/6	西区	手話・初級	手話	300	33	9,900		
10	7	2020/4/12	西区	手話・中級	手話	300	36	10,800		
11	8	2020/4/13	西区	成人病対策料理	健康	1,000	26	26,000		
13	10	2020/4/16	西区	Excel&Word体験	パソコン	1,000	21	21,000		
15	12	2020/4/18	西区	インターネット体験	パソコン	800	19	15,200		
16	13									
50	47	2020/6/6	西区	成人病対策料理	健康	1,000	26	26,000		
54	51	2020/6/11	西区	パソコン入門	パソコン	500	26	13,000		
57						800	23	18,400		
61						1,000	35	35,000		
64										
65										

60 レコード中 15 個が見つかりました

テーブル　検索条件

60 レコード中 15 個が見つかりました

⑥**「金額」**の ▼ をクリックします。

⑦**《降順》**をクリックします。

⑧**「金額」**が高い順に並び替わります。

	A	B	C	D	E	F	G	H	I	J
3	No.	開催日	開催地区	セミナー名	分野	参加費	参加者数	金額		
7	58	2020/6/21	西区	Excel&Word体験	パソコン	1,000	35	35,000		
8	8	2020/4/13	西区	成人病対策料理	健康	1,000	26	26,000		
10	47	2020/6/6	西区	成人病対策料理	健康	1,000	26	26,000		
11	34	2020/5/17	西区	インターネット体験	パソコン	800	32	25,600		
13	43	2020/6/3	西区	リラックス・ヨガ	健康	500	45	22,500		
15	44	2020/6/4	西区	Excel&Word体験	パソコン	1,000	22	22,000		
16	10	2020/4/16	西区	Excel&Word体験	パソコン	1,000	21	21,000		
26	54	2020/6/17	西区	インターネット体験	パソコン	800	23	18,400		
37	12	2020/4/18	西区	インターネット体験	パソコン	800	19	15,200		
46	51	2020/6/11	西区	パソコン入門	パソコン	500	26	13,000		
47	7	2020/4/12	西区	手話・中級	手話	300	36	10,800		
50	13	2020/4/19	西区	手話・初級	手話	300	35	10,500		
54	5	2020/4/6	西区	手話・初級	手話	300	33	9,900		
57	4	2020/4/4	西区	パソコン入門	パソコン	500	16	8,000		
61	23	2020/5/5	西区	手話・初級	手話	300	25	7,500		
64										

※テーブル内のセルを選択→《データ》タブ→《並べ替えとフィルター》グループの クリア （クリア）をクリックし、もとの表示に戻しておきましょう。

※「No.」の ▼ →《昇順》をクリックし、「No.」順に並べ替えておきましょう。

▶▶3 集計行の表示

テーブルの最終行に集計行を表示して、合計や平均などの集計ができます。
テーブルの最終行に集計行を表示しましょう。

①セル【A3】を選択します。

※テーブル内のセルであれば、どこでもかまいません。

②《デザイン》タブ→《テーブルスタイルのオプション》グループの《集計行》を☑にします。

③テーブルの最終行に集計行が表示されます。

More 集計の追加

集計行を表示すると、表の右端の列の合計が表示されます。その他の列を集計する場合は、集計を求める列の集計欄を選択→▼をクリックし、一覧から集計方法を選択します。

2 複雑な条件によるフィルターの実行

「フィルターオプションの設定」を使うと、複雑な条件でデータベースの表からレコードを抽出できます。
フィルターオプションの設定を利用する手順は、次のとおりです。

1 検索条件範囲を作成する

シート上にデータベースの表と同じ列見出しを用意します。
これを検索条件範囲として利用します。

2 検索条件範囲に条件を入力する

検索条件範囲に条件を入力します。

3 レコードを抽出する

フィルターオプションを設定して、レコードを抽出します。

▶▶1 検索条件範囲の作成

データベースとは別の領域に、条件を入力するための「**検索条件範囲**」を作成します。検索条件範囲は、データベースの表と同じ列見出しと条件を入力するためのセルで構成するのが一般的です。
データベースの表の列見出しをコピーして、検索条件範囲を作成しましょう。

OPEN **シート「検索条件」に切り替えておきましょう。**

①セル範囲【C9：J9】を選択します。
②《ホーム》タブ→《クリップボード》グループの（コピー）をクリックします。
③セル【C3】を選択します。
④《ホーム》タブ→《クリップボード》グループの（貼り付け）をクリックします。
⑤表の列見出しがコピーされます。
※Escを押して、点滅する線を非表示にしておきましょう。

Point! 検索条件範囲の作成位置

検索条件範囲は、表の上または下に作成します。表の横に作成すると、フィルターの抽出結果によっては検索条件範囲が非表示になることがあります。表の上または下に作成する際は、検索条件範囲と表の間には、1行以上の空白行が必要です。

▶▶2 条件の入力

「**開催地区**」が「**南区**」のレコード、または「**セミナー**」が「**手話**」で始まるレコードを抽出するための条件を入力しましょう。

①セル【E4】に「**南区**」と入力します。
②セル【F5】に「**手話**」と入力します。

	A	B	C	D	E	F	G	H	I	J	K
1			セミナー実施状況								
2											
3	検索条件範囲		No.	開催日	開催地区	セミナー名	分野	参加費	参加者数	金額	
4					南区						
5						手話					
6											
7											
8											
9	リスト範囲		No.	開催日	開催地区	セミナー名	分野	参加費	参加者数	金額	
10			1	2020/4/1	南区	インターネット体験	パソコン	800	25	20,000	
11			2	2020/4/2	東区	手話・初級	手話	300	30	9,000	

Point! AND条件とOR条件

検索条件範囲に複数の条件を指定することができます。

●AND条件

すべての条件を満たすレコードを抽出するには、1行内に条件を入力します。
例：「職業」が会社員で「住所」が東京都内

職業	住所
会社員	東京都

●OR条件

どれかひとつの条件を満たすレコードを抽出するには、行を変えて条件を入力します。
例：「職業」が会社員または「住所」が東京都内

職業	住所
会社員	
	東京都

Point! 条件の入力方法

検索条件範囲には、次のように条件を入力します。

●文字列

前方一致の条件

文字列を入力すると、その文字列で始まるレコードが抽出されます。

例:「住所」が東京都で始まる

住所
東京都

完全一致の条件

完全に一致するレコードを抽出するには、「="=文字列"」の数式を入力します。

例:「住所」が東京都

住所
="=東京都"

※「="=東京都"」と入力すると、セルには「=東京都」と表示されます。

部分一致の条件

ワイルドカード文字を使うと、部分的に一致する文字列のレコードが抽出されます。

ワイルドカード文字	説明
?(疑問符)	同じ位置にある任意の1文字
*(アスタリスク)	同じ位置にある任意の文字列

※ワイルドカード文字は半角で入力します。

例:東京都で区名が1文字の区を抽出

住所
東京都?区

※「東京都港区」「東京都北区」など

例:東京都で区の付く住所を抽出

住所
東京都*区

※「東京都港区」「東京都新宿区」「東京都千代田区」など

●数値・日付

完全一致の条件

数値を入力すると、完全に一致する数値のレコードだけが抽出されます。

例:「売上額」が5,000円のレコードを抽出する

売上額
5000

範囲がある条件

「～以上」「～未満」のような範囲を持つ数値の条件を入力するには、比較演算子を使います。

例:「売上額」が5,000円以上

売上額
>=5000

▶▶3 レコードの抽出

フィルターオプションの設定では、データベースの表を**「リスト範囲」**といいます。
リスト範囲から検索条件範囲に設定した条件を満たすレコードを抽出しましょう。

①セル**【C9】**を選択します。
※表内のセルであれば、どこでもかまいません。

②**《データ》**タブ→**《並べ替えとフィルター》**グループの 詳細設定 (詳細設定)をクリックします。

③**《フィルターオプションの設定》**ダイアログボックスが表示されます。

④**《抽出先》**の**《選択範囲内》**を◉にします。

⑤**《リスト範囲》**に**「$C$9:$J$69」**と表示されていることを確認します。

⑥**《検索条件範囲》**にカーソルを移動します。

⑦シート上のセル範囲**【C3:J5】**を選択します。

⑧**《検索条件範囲》**に**「検索条件!$C$3:$J$5」**と表示されていることを確認します。

⑨《OK》をクリックします。

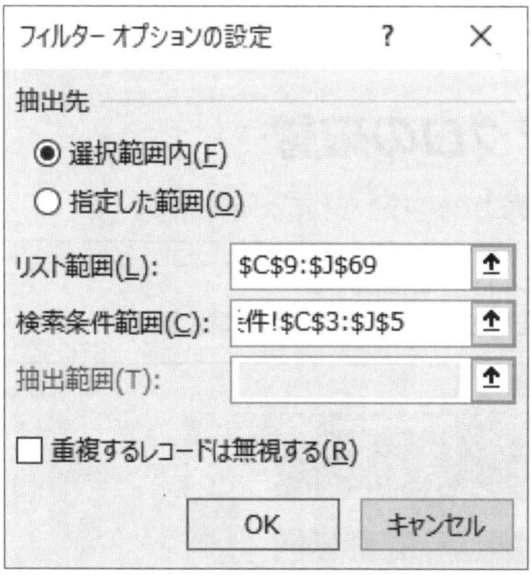

⑩「開催地区」が「南区」、または「セミナー名」が「手話」で始まるレコードが抽出されます。

※リスト範囲内のセルを選択→《データ》タブ→《並べ替えとフィルター》グループの クリア（クリア）をクリックし、すべてのレコードを表示しておきましょう。

Let's Try ためしてみよう【4】

①「開催地区」が「南区」で「参加者数」が「35」人以上のレコード、または「開催地区」が「東区」で「参加者数」が「30」人以上のレコードを抽出しましょう。

※検索条件範囲に入力されている条件を削除してから操作しましょう。

※リスト範囲内のセルを選択→《データ》タブ→《並べ替えとフィルター》グループの クリア（クリア）をクリックし、すべてのレコードを表示しておきましょう。

※ブックに任意の名前を付けて保存し、ブックを閉じておきましょう。

Step 15 マクロを作成しよう

1　作成するマクロの確認

次の動作をするマクロ「売上トップ5」を作成しましょう。

・「金額」の上位5件のレコードを抽出する
・抽出結果のレコードを「金額」が高い順に並べ替える

	A	B	C	D	E	F	G
1	商品売上管理（2020年2月～）						
2							
3	注文日	販売先	商品名	単価	数量	金額	
4	2月3日	アケムラ	ガーゼ掛け布団カバー	4,200	15	63,000	
5	2月4日	フワフワランド	ガーゼ敷き布団カバー	4,200	20	84,000	
6	2月4日	大阪デパート	ガーゼパジャマ	4,000	10	40,000	
7	2月5日	フワフワランド	ガーゼ掛け布団カバー	4,200	15	63,000	
8	2月5日	京都デパート	ガーゼケット	3,800	25	95,000	
9	2月6日	アケムラ	ガーゼ敷き布団カバー	4,200	20	84,000	
10	2月7日	アケムラ	ガーゼバスタオル	3,000	15	45,000	
11	2月7日	コットンハザマ	ガーゼバスローブ	5,800	10	58,000	
12	2月10日	フワフワランド	ガーゼケット	3,800	10	38,000	
13	2月10日	近畿百貨店	ガーゼタオル	1,500	30	45,000	
14	2月11日	コットンハザマ	ガーゼパジャマ	4,000	10	40,000	
15	2月11日	ニシナカふとん	ガーゼパジャマ	4,000	10	40,000	
16	2月12日	ニシナカふとん	ガーゼケット	3,800	30	114,000	
17	2月13日	大阪デパート	ガーゼタオル	1,500	10	15,000	
18	2月13日	ユニオンコットン	ガーゼ敷き布団カバー	4,200	10	42,000	
19	2月14日	コットンハザマ	ガーゼ掛け布団カバー	4,200	35	147,000	
20	2月14日	フワフワランド	ガーゼバスタオル	3,000	50	150,000	
21	2月17日	ニシナカふとん	ガーゼバスローブ	5,800	10	58,000	
22	2月17日	京都デパート	ガーゼタオル	1,500	20	30,000	
23	2月18日	近畿百貨店	ガーゼパジャマ	4,000	5	20,000	
24	2月19日	アケムラ	ガーゼケット	3,800	20	76,000	
25	2月19日	満天デパート	ガーゼ敷き布団カバー	4,200	15	63,000	
26	2月20日	コットンハザマ	ガーゼ掛け布団カバー	4,200	20	84,000	
27	2月20日	大阪デパート	ガーゼバスタオル	3,000	30	90,000	
28	2月20日	ニシナカふとん	ガーゼ敷き布団カバー	4,200	25	105,000	
29	2月21日	アケムラ	ガーゼ掛け布団カバー	4,200	20	84,000	
30	2月21日	ユニオンコットン	ガーゼバスタオル	3,000	30	90,000	
31	2月24日	満天デパート	ガーゼパジャマ	4,000	15	60,000	
32	2月24日	アケボノ商事	ガーゼバスローブ	5,800	10	58,000	
33	2月25日	ユニオンコットン	ガーゼケット	3,800	35	133,000	
34	2月25日	近畿百貨店	ガーゼタオル	1,500	25	37,500	
35	2月25日	コットンハザマ	ガーゼ敷き布団カバー	4,200	10	42,000	
36	2月26日	京都デパート	ガーゼ掛け布団カバー	4,200	10	42,000	
37	2月27日	アケムラ	ガーゼバスタオル	3,000	30	90,000	
38	2月27日	アケボノ商事	ガーゼ掛け布団カバー	4,200	10	42,000	
39	2月28日	大阪デパート	ガーゼバスタオル	3,000	15	45,000	
40	2月28日	ニシナカふとん	ガーゼバスローブ	5,800	10	58,000	
41							

マクロを実行

	A	B	C	D	E	F	G
1	商品売上管理（2020年2月～）						
2							
3	注文日	販売先	商品名	単価	数量	金額	
16	2月14日	フワフワランド	ガーゼバスタオル	3,000	50	150,000	
19	2月14日	コットンハザマ	ガーゼ掛け布団カバー	4,200	35	147,000	
20	2月25日	ユニオンコットン	ガーゼケット	3,800	35	133,000	
28	2月12日	ニシナカふとん	ガーゼケット	3,800	30	114,000	
33	2月20日	ニシナカふとん	ガーゼ敷き布団カバー	4,200	25	105,000	
41							

2 マクロ

「マクロ」とは、一連の操作を記録しておき、記録した操作をまとめて実行できるようにしたものです。頻繁に発生する操作はマクロに記録しておくと、同じ操作を繰り返す必要がなく、効率的に作業できます。
マクロを作成する手順は、次のとおりです。

1 マクロを記録する準備をする

マクロの操作に必要な《開発》タブをリボンに表示します。

2 マクロに記録する操作を確認する

マクロの記録を開始する前に、マクロに記録する操作を確認します。

3 マクロの記録を開始する

マクロの記録を開始します。
マクロの記録を開始すると、それ以降の操作はすべて記録されます。

4 記録する操作を行う

マクロに記録する操作を行います。
コマンドの実行やセルの選択、キーボードからの入力などが記録の対象になります。

5 マクロの記録を終了する

マクロの記録を終了します。

3 マクロの作成

「金額」の上位5件のレコードを抽出し、降順に並べ替えるマクロ「売上トップ5」を作成しましょう。

▶▶1 記録の準備

マクロに関する操作を効率よく行うためには、リボンに《開発》タブを表示します。
《開発》タブには、マクロの記録や実行、編集などに便利なボタンが用意されています。
リボンに《開発》タブを表示しましょう。

OPEN **フォルダー「表計算編」のブック「マクロの作成」のシート「Sheet1」を開いておきましょう。**

①《ファイル》タブ→《オプション》をクリックします。

②《Excelのオプション》ダイアログボックスが表示されます。

③左側の一覧から《リボンのユーザー設定》を選択します。

④《リボンのユーザー設定》が《メインタブ》になっていることを確認します。

⑤《開発》を☑にします。

⑥《OK》をクリックします。

⑦《開発》タブが表示されます。

⑧《開発》タブを選択し、マクロに関するボタンが表示されていることを確認します。

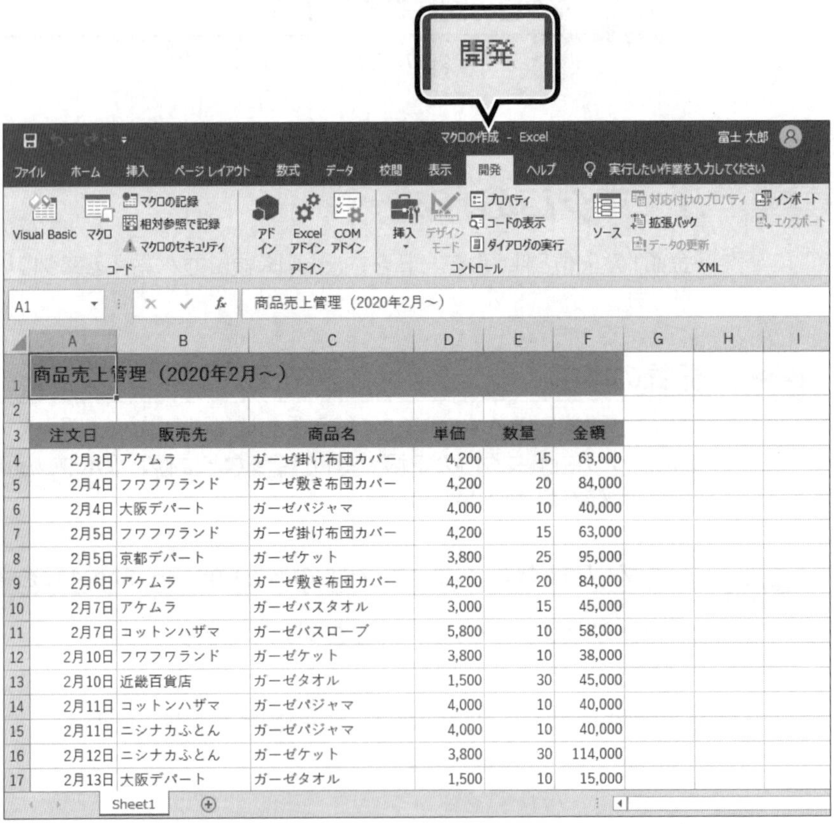

注文日	販売先	商品名	単価	数量	金額
2月3日	アケムラ	ガーゼ掛け布団カバー	4,200	15	63,000
2月4日	フワフワランド	ガーゼ敷き布団カバー	4,200	20	84,000
2月4日	大阪デパート	ガーゼパジャマ	4,000	10	40,000
2月5日	フワフワランド	ガーゼ掛け布団カバー	4,200	15	63,000
2月5日	京都デパート	ガーゼケット	3,800	25	95,000
2月6日	アケムラ	ガーゼ敷き布団カバー	4,200	20	84,000
2月7日	アケムラ	ガーゼバスタオル	3,000	15	45,000
2月7日	コットンハザマ	ガーゼバスローブ	5,800	10	58,000
2月10日	フワフワランド	ガーゼケット	3,800	10	38,000
2月10日	近畿百貨店	ガーゼタオル	1,500	30	45,000
2月11日	コットンハザマ	ガーゼパジャマ	4,000	10	40,000
2月11日	ニシナカふとん	ガーゼパジャマ	4,000	10	40,000
2月12日	ニシナカふとん	ガーゼケット	3,800	30	114,000
2月13日	大阪デパート	ガーゼタオル	1,500	10	15,000

▶▶2 記録するマクロの確認

マクロの記録を開始すると、記録を終了するまでに行ったすべての操作内容が記録されます。誤った操作も記録されてしまうため、あらかじめ一連の操作を確認しましょう。

●マクロ名：売上トップ5

1 「金額」の上位5件のレコードを抽出する

① 表内のセルを選択
② 《データ》タブ→《並べ替えとフィルター》グループの（フィルター）をクリック
③ 「金額」の→《数値フィルター》→《トップテン》をクリック
④ 左側のボックスを《上位》に設定
⑤ 中央のボックスを「5」に設定
⑥ 右側のボックスを《項目》に設定
⑦ 《OK》をクリック

2 抽出結果のレコードを「金額」が高い順に並べ替える

① 「金額」の→《降順》をクリック

▶▶3 マクロの記録開始

マクロ「売上トップ5」の記録を開始しましょう。

①《開発》タブ→《コード》グループの マクロの記録 （マクロの記録）をクリックします。
②《マクロの記録》ダイアログボックスが表示されます。
③《マクロ名》に「売上トップ5」と入力します。
④《マクロの保存先》が《作業中のブック》になっていることを確認します。
⑤《OK》をクリックします。

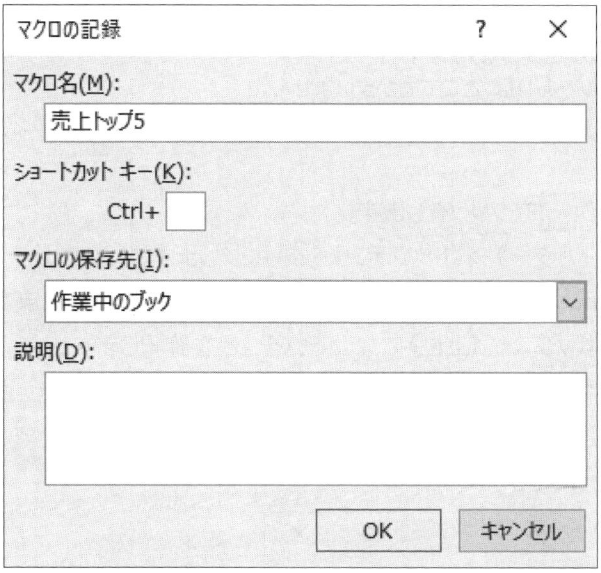

※マクロの記録が開始されます。以後の操作はすべて記録されますので、不要な操作をしないようにしましょう。

Point! マクロ名

マクロ名の先頭は文字列を使用します。2文字目以降は、文字列、数値、「_」（アンダースコア）が使用できます。空白は使用できません。

Point! ショートカットキー

《マクロの記録》ダイアログボックスの《ショートカットキー》を設定すると、作成したマクロをショートカットキーで実行できます。
英小文字を設定した場合は、Ctrl を押しながらキーを押してマクロを実行します。
英大文字を設定した場合は、Ctrl ＋ Shift を押しながらキーを押してマクロを実行します。
Ctrl ＋ C や Ctrl ＋ V などExcelであらかじめ設定されているショートカットキーと重複する場合は、マクロで設定したショートカットキーが優先されます。

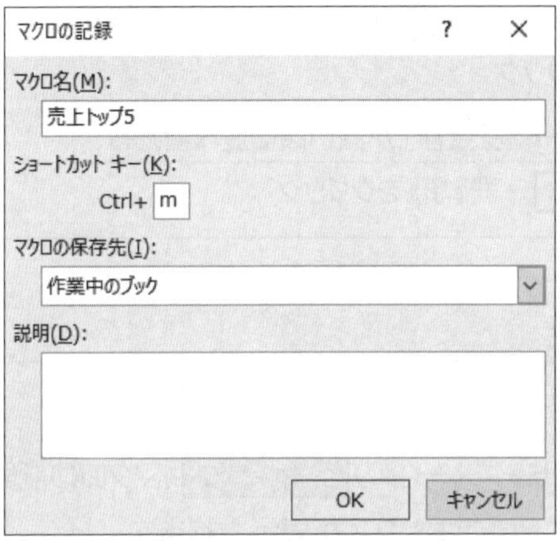

▶▶4 マクロの記録

実際に操作してマクロを記録しましょう。

①セル【A3】を選択します。
※表内のセルであれば、どこでもかまいません。
②《データ》タブ→《並べ替えとフィルター》グループの（フィルター）をクリックします。
③「金額」のをクリックします。
④《数値フィルター》→《トップテン》をクリックします。
⑤《トップテンオートフィルター》ダイアログボックスが表示されます。
⑥左側のボックスが《上位》になっていることを確認します。
⑦中央のボックスを「5」に設定します。
⑧右側のボックスが《項目》になっていることを確認します。
⑨《OK》をクリックします。

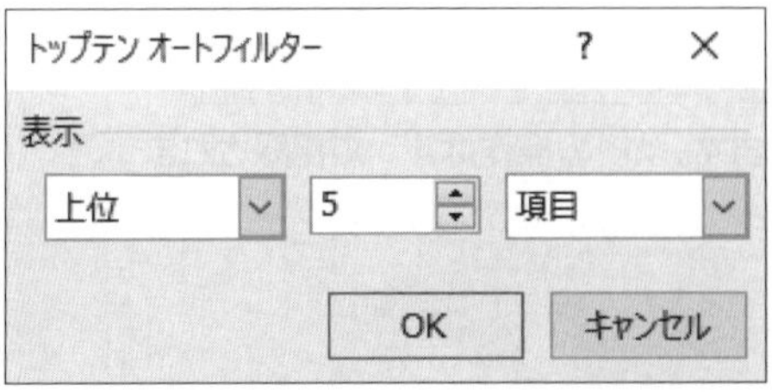

⑩「金額」が高いレコードの上位5件が抽出されます。

	A	B	C	D	E	F	G	H
1	商品売上管理（2020年2月～）							
2								
3	注文日	販売先	商品名	単価	数量	金額		
16	2月12日	ニシナカふとん	ガーゼケット	3,800	30	114,000		
19	2月14日	コットンハザマ	ガーゼ掛け布団カバー	4,200	35	147,000		
20	2月14日	フワフワランド	ガーゼバスタオル	3,000	50	150,000		
28	2月20日	ニシナカふとん	ガーゼ敷き布団カバー	4,200	25	105,000		
33	2月25日	ユニオンコットン	ガーゼケット	3,800	35	133,000		
41								
42								

⑪「金額」の をクリックします。

⑫《降順》をクリックします。

⑬「金額」が降順で並び替わります。

	A	B	C	D	E	F	G	H
1	商品売上管理（2020年2月～）							
2								
3	注文日	販売先	商品名	単価	数量	金額		
16	2月14日	フワフワランド	ガーゼバスタオル	3,000	50	150,000		
19	2月14日	コットンハザマ	ガーゼ掛け布団カバー	4,200	35	147,000		
20	2月25日	ユニオンコットン	ガーゼケット	3,800	35	133,000		
28	2月12日	ニシナカふとん	ガーゼケット	3,800	30	114,000		
33	2月20日	ニシナカふとん	ガーゼ敷き布団カバー	4,200	25	105,000		
41								
42								

▶▶5 マクロの記録終了

マクロの記録を終了しましょう。

①《開発》タブ→《コード》グループの 記録終了（記録終了）をクリックします。

Let's Try

ためしてみよう【5】

① 次の動作をするマクロ「リセット」を作成しましょう。

- 「注文日」を昇順で並べ替える
- フィルターモードを解除する
- アクティブセルをホームポジション（セル【A1】）に戻す

4 マクロの実行

作成したマクロ「売上トップ5」を実行しましょう。

①《開発》タブ→《コード》グループの （マクロの表示）をクリックします。

②《マクロ》ダイアログボックスが表示されます。

③《マクロ名》の一覧から「売上トップ5」を選択します。

④《実行》をクリックします。

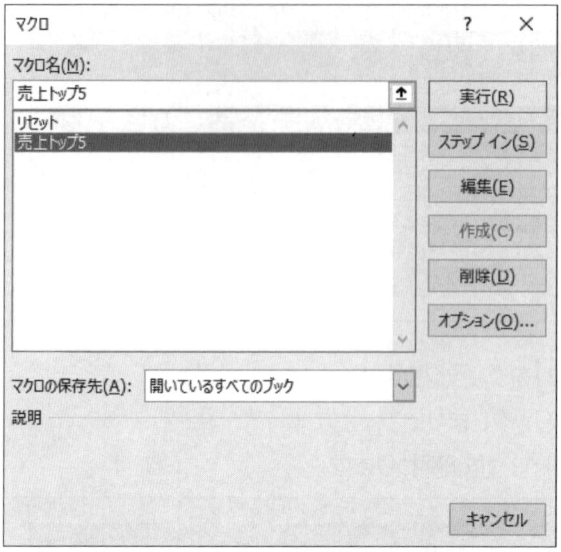

⑤マクロが実行され、「金額」の上位5件が抽出され、「金額」が高い順に並び替わります。

	A	B	C	D	E	F	G	H
1	商品売上管理（2020年2月～）							
2								
3	注文日	販売先	商品名	単価	数量	金額		
16	2月14日	フワフワランド	ガーゼバスタオル	3,000	50	150,000		
19	2月14日	コットンハザマ	ガーゼ掛け布団カバー	4,200	35	147,000		
20	2月25日	ユニオンコットン	ガーゼケット	3,800	35	133,000		
28	2月12日	ニシナカふとん	ガーゼケット	3,800	30	114,000		
33	2月20日	ニシナカふとん	ガーゼ敷き布団カバー	4,200	25	105,000		
41								

Let's Try

ためしてみよう【6】

①マクロ「リセット」を実行しましょう。

Point! ボタンへのマクロの登録

シート上にボタンを作成してマクロを登録すると、ボタンをクリックするだけで簡単にマクロが実行できます。
ボタンを作成してマクロを登録する方法は、次のとおりです。

◆《開発》タブ→《コントロール》グループの（コントロールの挿入）→《フォームコントロール》の（ボタン（フォームコントロール））→始点から終点をドラッグしてボタンを作成→《マクロ名》の一覧から登録するマクロを選択→《OK》→ボタン名を入力

	A	B	C	D	E	F	G	H
1	商品売上管理（2020年2月～）				売上トップ5			
2								
3	注文日	販売先	商品名	単価	数量	金額		
4	2月3日	アケムラ	ガーゼ掛け布団カバー	4,200	15	63,000		
5	2月4日	フワフワランド	ガーゼ敷き布団カバー	4,200	20	84,000		

More 図形へのマクロの登録

作成した図形にマクロを登録することもできます。

◆図形を右クリック→《マクロの登録》

Point! マクロの削除

作成したマクロを削除する方法は、次のとおりです。

◆《開発》タブ→《コード》グループの マクロ (マクロの表示)→《マクロ名》の一覧からマクロを選択→《削除》

More 《開発》タブの非表示

《開発》タブは一度表示すると、常に表示されます。マクロに関する操作が終了したら《開発》タブを非表示にしましょう。

《開発》タブを非表示にする方法は、次のとおりです。

◆《ファイル》タブ→《オプション》→《リボンのユーザー設定》→《リボンのユーザー設定》の《メインタブ》→《□開発》

More VBA

記録したマクロは、自動的に「VBA」(Visual Basic for Applications)というプログラミング言語で記述されます。

5 マクロ有効ブックとして保存

記録したマクロは、通常の「Excelブック」の形式で保存することができません。マクロを利用するためには、「Excelマクロ有効ブック」の形式で保存する必要があります。
ブックに「マクロの作成完成」と名前を付けて、Excelマクロ有効ブックとして保存しましょう。

①《ファイル》タブ→《エクスポート》をクリックします。

②《ファイルの種類の変更》をクリックします。

③《ブックファイルの種類》の《マクロ有効ブック》をクリックします。

④《名前を付けて保存》をクリックします。

※表示されていない場合は、スクロールして調整します。

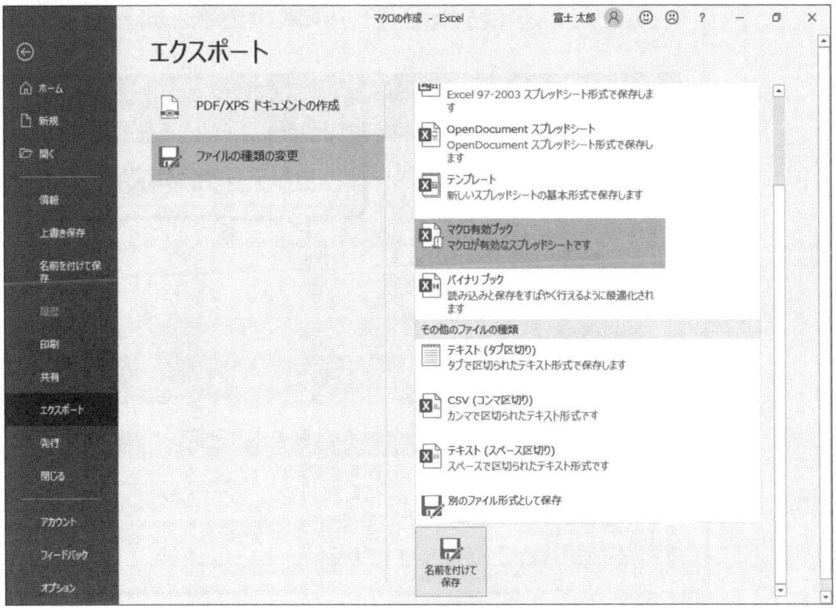

⑤《名前を付けて保存》ダイアログボックスが表示されます。
⑥保存先を選択します。
⑦《ファイル名》に「マクロの作成完成」と入力します。
⑧《ファイルの種類》が《Excelマクロ有効ブック》になっていることを確認します。
⑨《保存》をクリックします。

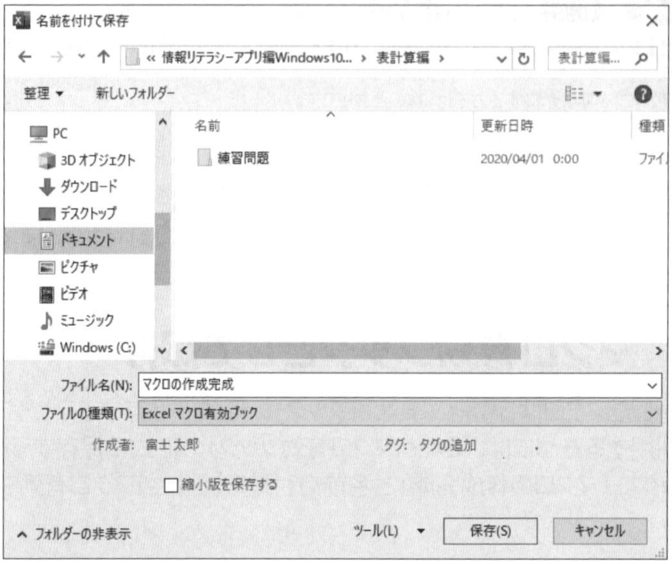

※《開発》タブを非表示にしておきましょう。
※ブックを閉じておきましょう。

Point! マクロを含むブックを開く

マクロを含むブックを開くと、マクロは無効になっています。セキュリティの警告に関するメッセージが表示されるので、ブックの発行元が信頼できることを確認し、《コンテンツの有効化》をクリックして、マクロを有効にします。

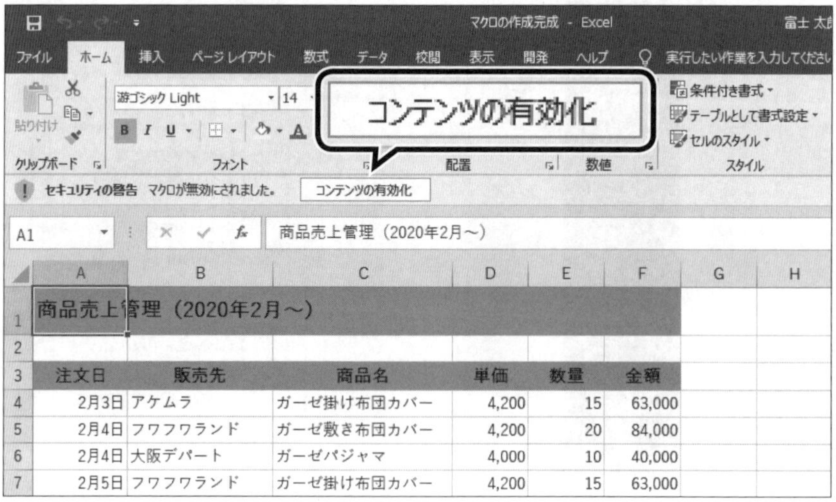

参考学習　ExcelのデータをWordに取り込もう

1　Excelデータの貼り付け

Excelの表をコピーして、Wordの文書に貼り付けることができます。
Excelのブック「販売実績および販売計画」のシート「上期販売実績」にある表を、Wordの文書「Excelデータの利用」に貼り付けましょう。

フォルダー「表計算編」の文書「Excelデータの利用」を開いておきましょう。
フォルダー「表計算編」のブック「販売実績および販売計画」のシート「上期販売実績」を開いておきましょう。

①Excelのウィンドウにシート「上期販売実績」が表示されていることを確認します。
②セル範囲【A3：H10】を選択します。
③《ホーム》タブ→《クリップボード》グループの（コピー）をクリックします。
④タスクバーのWordのアイコンをクリックし、Wordのウィンドウに切り替えます。

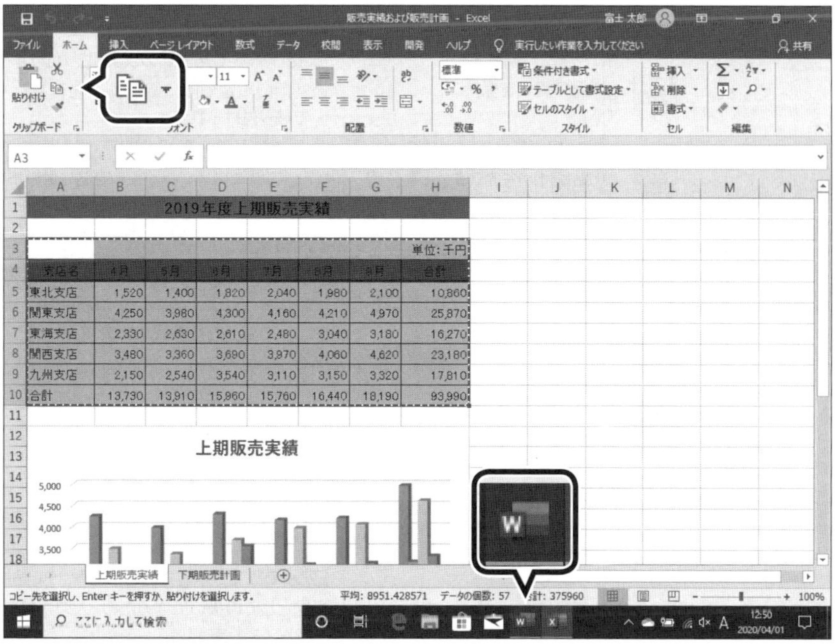

⑤「■上期販売実績」の下の行にカーソルを移動します。
⑥《ホーム》タブ→《クリップボード》グループの（貼り付け）の→《貼り付けのオプション》の（元の書式を保持）をクリックします。

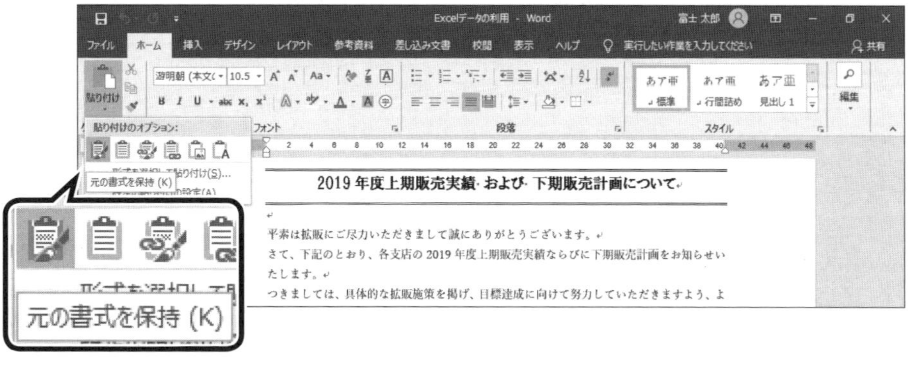

⑦Excelの表がWordの文書に貼り付けられます。

2019年度上期販売実績 および 下期販売計画について

平素は拡販にご尽力いただきまして誠にありがとうございます。

さて、下記のとおり、各支店の2019年度上期販売実績ならびに下期販売計画をお知らせいたします。

つきましては、具体的な拡販施策を掲げ、目標達成に向けて努力していただきますよう、よろしくお願いいたします。

記

■上期販売実績

単位:千円

支店名	4月	5月	6月	7月	8月	9月	合計
東北支店	1,520	1,400	1,820	2,040	1,980	2,100	10,860
関東支店	4,250	3,980	4,300	4,160	4,210	4,970	25,870
東海支店	2,330	2,630	2,610	2,480	3,040	3,180	16,270
関西支店	3,480	3,360	3,690	3,970	4,060	4,620	23,180
九州支店	2,150	2,540	3,540	3,110	3,150	3,320	17,810
合計	13,730	13,910	15,960	15,760	16,440	18,190	93,990

(Ctrl)

■下期販売計画

More Excelの表を貼り付ける

Excelの表をWordの文書に貼り付ける方法には、次のようなものがあります。

●Wordの表として貼り付ける

ボタン	ボタン名	説明
	元の書式を保持	Excelで設定した書式のまま、貼り付けます。 ※初期の設定では、(貼り付け)をクリックすると、この形式で貼り付けられます。
	貼り付け先のスタイルを使用	Wordの標準の表のスタイルで貼り付けます。

●Excelの表とリンクしたWordの表として貼り付ける

ボタン	ボタン名	説明
	リンク(元の書式を保持)	Excelで設定した書式のまま、Excelデータと連携された状態で貼り付けます。
	リンク(貼り付け先のスタイルを使用)	Wordの標準の表のスタイルで、Excelデータと連携された状態で貼り付けます。

●図として貼り付ける

ボタン	ボタン名	説明
	図	Excelで設定した書式のまま、図として貼り付けます。 ※図としての扱いになるため、入力されているデータの変更はできなくなります。

●文字だけを貼り付ける

ボタン	ボタン名	説明
	テキストのみ保持	Excelで設定した書式を削除し、文字だけを貼り付けます。 ※表の区切りは → (タブ)で表されます。

2　Excelデータのリンク貼り付け

Excelの表をWordの文書にコピーして貼り付けた場合、コピー元のデータと貼り付け先のデータはそれぞれ別のデータとなります。コピー元のExcelの表が修正されても、貼り付け先のWordの表にその修正が反映されることはありません。
コピー元のデータを修正した場合、貼り付け先のデータにもその修正が反映されるようにするには、**「リンク貼り付け」**を使います。
リンク貼り付けとは、あるファイルのデータ（コピー元）と別のファイル（貼り付け先）の2つの情報を関連付け、参照関係（リンク）を作ることです。
Excelのブック**「販売実績および販売計画」**のシート**「下期販売計画」**にある表を、Wordの文書**「Excelデータの利用」**にリンク貼り付けしましょう。

① タスクバーのExcelのアイコンをクリックし、Excelのウィンドウに切り替えます。
② シート**「下期販売計画」**のシート見出しをクリックします。
③ セル範囲**【A3：H10】**を選択します。
④ **《ホーム》**タブ→**《クリップボード》**グループの（コピー）をクリックします。
⑤ タスクバーのWordのアイコンをクリックし、Wordのウィンドウに切り替えます。

⑥「■下期販売計画」の下の行にカーソルを移動します。
⑦ **《ホーム》**タブ→**《クリップボード》**グループの（貼り付け）の 貼り付け →**《貼り付けのオプション》**の（リンク（元の書式を保持））をクリックします。

⑧ Excelの表がWordの文書にリンク貼り付けされます。

※「■下期販売計画」とリンク貼り付けした表の間の空白行を削除しておきましょう。

記

■上期販売実績

							単位:千円
支店名	4月	5月	6月	7月	8月	9月	合計
東北支店	1,520	1,400	1,820	2,040	1,980	2,100	10,860
関東支店	4,250	3,980	4,300	4,160	4,210	4,970	25,870
東海支店	2,330	2,630	2,610	2,480	3,040	3,180	16,270
関西支店	3,480	3,360	3,690	3,970	4,060	4,620	23,180
九州支店	2,150	2,540	3,540	3,110	3,150	3,320	17,810
合計	13,730	13,910	15,960	15,760	16,440	18,190	93,990

■下期販売計画

							単位:千円
支店名	10月	11月	12月	1月	2月	3月	合計
東北支店	1,700	1,500	2,000	2,200	2,200	2,300	11,900
関東支店	5,100	4,800	5,200	5,000	5,100	6,000	31,200
東海支店	2,600	2,900	2,900	2,700	3,300	3,500	17,900
関西支店	4,200	4,000	4,400	4,800	4,900	5,500	27,800
九州支店	2,400	2,800	3,900	3,400	3,500	3,700	19,700
合計	16,000	16,000	18,400	18,100	19,000	21,000	108,500

以上

More 図として貼り付け

Excelの表を図として貼り付けると、表の編集はできなくなりますが、枠をつけたり角度を変えたりして、デザイン効果を高めることができます。

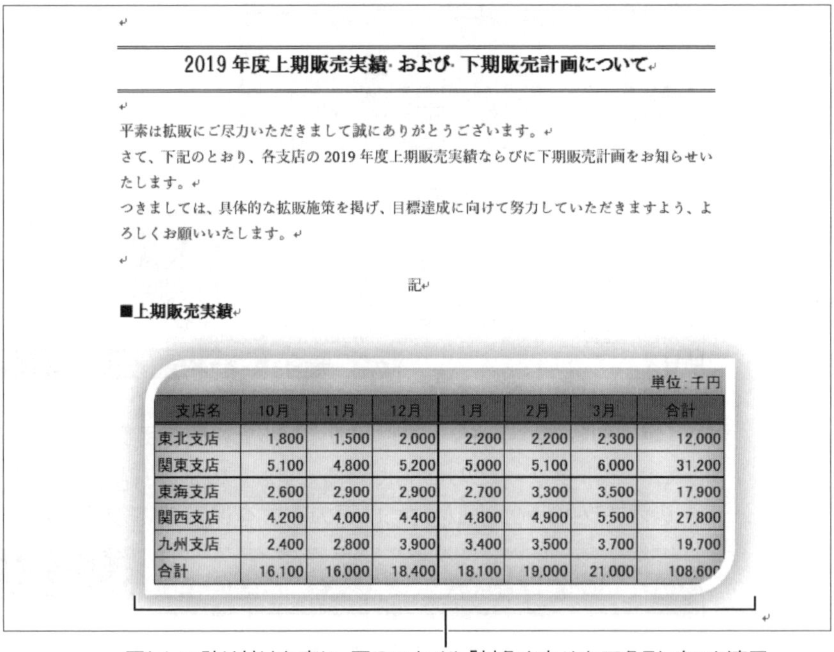

2019年度上期販売実績 および 下期販売計画について

平素は拡販にご尽力いただきまして誠にありがとうございます。
さて、下記のとおり、各支店の2019年度上期販売実績ならびに下期販売計画をお知らせいたします。
つきましては、具体的な拡販施策を掲げ、目標達成に向けて努力していただきますよう、よろしくお願いいたします。

記

■上期販売実績

							単位:千円
支店名	10月	11月	12月	1月	2月	3月	合計
東北支店	1,800	1,500	2,000	2,200	2,200	2,300	12,000
関東支店	5,100	4,800	5,200	5,000	5,100	6,000	31,200
東海支店	2,600	2,900	2,900	2,700	3,300	3,500	17,900
関西支店	4,200	4,000	4,400	4,800	4,900	5,500	27,800
九州支店	2,400	2,800	3,900	3,400	3,500	3,700	19,700
合計	16,100	16,000	18,400	18,100	19,000	21,000	108,60

図として貼り付けた表に、図のスタイル「対角を丸めた四角形、白」を適用

3　リンクの更新

「下期販売計画」の東北支店の10月のデータを修正し、Wordの表にその修正が反映されることを確認しましょう。

①Wordの「**下期販売計画**」の「**東北支店**」の「**10月**」の数値が「**1,700**」であることを確認します。

②タスクバーのExcelのアイコンをクリックし、Excelのウィンドウに切り替えます。

③シート「**下期販売計画**」のセル【**B5**】に「**1800**」と入力します。

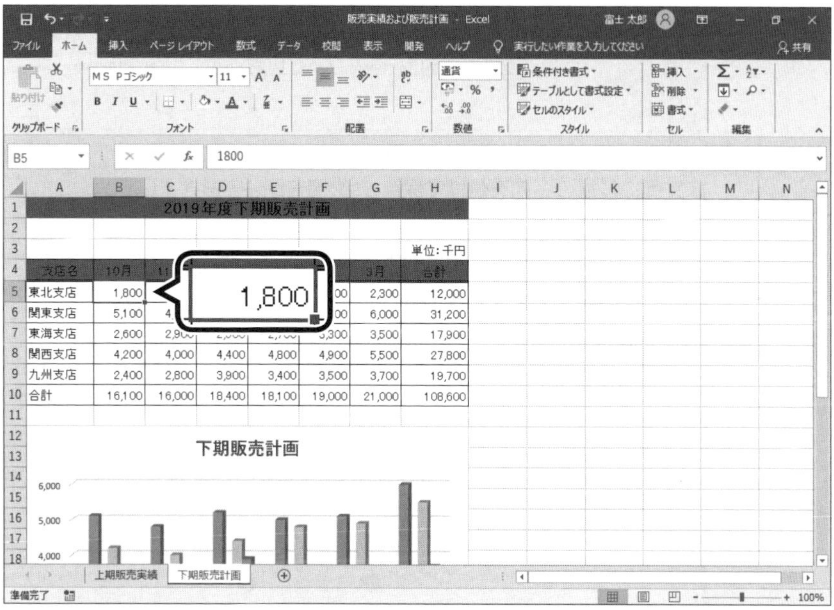

④タスクバーのWordのアイコンをクリックし、Wordのウィンドウに切り替えます。

⑤「**下期販売計画**」の表を右クリックします。

⑥《**リンク先の更新**》をクリックします。

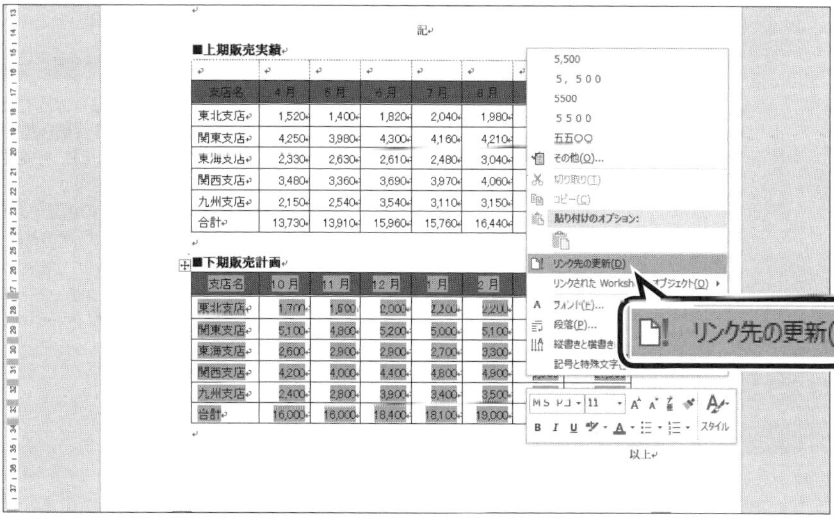

⑦リンクが更新され、修正した内容が反映されます。

							単位:千円
支店名	4月	5月	6月	7月	8月	9月	合計
東北支店	1,520	1,400	1,820	2,040	1,980	2,100	10,860
関東支店	4,250	3,980	4,300	4,160	4,210	4,970	25,870
東海支店	2,330	2,630	2,610	2,480	3,040	3,180	16,270
関西支店	3,480	3,360	3,690	3,970	4,060	4,620	23,180
九州支店	2,150	2,540	3,540	3,110	3,150	3,320	17,810
合計	13,730	13,910	15,960	15,760	16,440	18,190	93,990

■下期販売計画

支店名	10月	11[illegible]	[illegible]	[illegible]	[illegible]	3月	合計
東北支店	1,800	[illegible]	[illegible]	[illegible]	[illegible]	2,300	12,000
関東支店	5,100	[illegible]	[illegible]	[illegible]	[illegible]	6,000	31,200
東海支店	2,600	2,900	2,900	2,700	3,300	3,500	17,900
関西支店	4,200	4,000	4,400	4,800	4,900	5,500	27,800
九州支店	2,400	2,800	3,900	3,400	3,500	3,700	19,700
合計	16,100	16,000	18,400	18,100	19,000	21,000	108,600

以上

※ブックを保存せずに、閉じておきましょう。
※文書に任意の名前を付けて保存し、文書を閉じておきましょう。

Point! リンクの更新

リンク貼り付けされた表やグラフのあるWord文書を開くと、次のようなメッセージが表示されます。リンク元のファイルの修正を反映するかどうかを選択します。

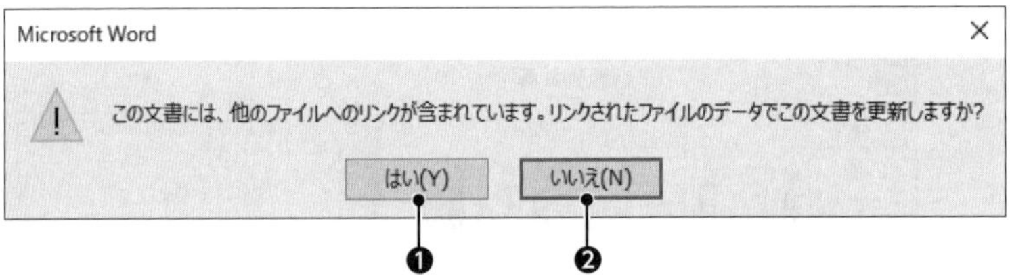

❶はい
リンクを更新し、リンク元のファイルの修正を反映します。

❷いいえ
リンクは更新されず、リンク元のファイルの修正を反映しません。最後にリンクを更新したときの状態で表示されます。

More リンクの変更と解除

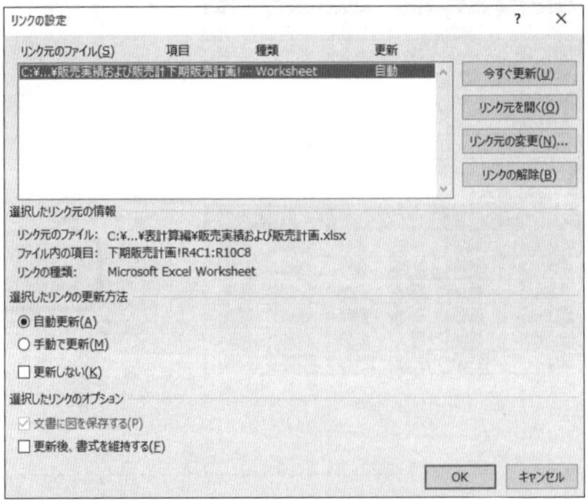

リンク貼り付けを行ったあとで、リンク元のブックを変更したり、リンクを解除したりする場合は、《リンクの設定》ダイアログボックスを使います。
《リンクの設定》ダイアログボックスを表示する方法は、次のとおりです。

◆Wordの文書内のリンク貼り付けされた表を右クリック→《リンクされたWorksheetオブジェクト》→《リンクの設定》

付録　関数一覧

※代表的な関数を記載しています。
※[ ]は省略可能な引数を表します。

●日付/時刻の関数

関数名	書式	説明
TODAY	=TODAY()	現在の日付を表すシリアル値を返す。
DATE	=DATE(年,月,日)	指定した日付を表すシリアル値を返す。
NOW	=NOW()	現在の日付と時刻を表すシリアル値を返す。
TIME	=TIME(時,分,秒)	指定した時刻を表すシリアル値を返す。
WEEKDAY	=WEEKDAY(シリアル値,[種類])	シリアル値に対応する曜日を返す。 種類には返す値の種類を指定する。 種類の例 1または省略：1(日曜)～7(土曜) 2：1(月曜)～7(日曜) 3：0(月曜)～6(日曜) 例=WEEKDAY(A3) セル【A3】の日付の曜日を1(日曜)～7(土曜)の値で返す。 =WEEKDAY(TODAY(),2) 今日の日付を1(月曜)～7(日曜)の値で返す。
YEAR	=YEAR(シリアル値)	シリアル値に対応する年(1900～9999)を返す。
MONTH	=MONTH(シリアル値)	シリアル値に対応する月(1～12)を返す。
DAY	=DAY(シリアル値)	シリアル値に対応する日(1～31)を返す。
HOUR	=HOUR(シリアル値)	シリアル値に対応する時刻(0～23)を返す。
MINUTE	=MINUTE(シリアル値)	シリアル値に対応する時刻の分(0～59)を返す。
SECOND	=SECOND(シリアル値)	シリアル値に対応する時刻の秒(0～59)を返す。
NETWORKDAYS	=NETWORKDAYS(開始日,終了日,[祭日])	開始日と終了日を指定し、その期間内の稼動日数(土日や祭日を除いた日数)を返す。
DAYS	=DAYS(終了日,開始日)	2つの日付の間の日数を返す。

Point!　シリアル値

「シリアル値」とは、Excelで日付や時刻の計算に使用される値のことです。1900年1月1日をシリアル値の「1」として1日ごとに「1」が加算されます。
例えば、「2020年4月1日」は「1900年1月1日」から43922日目なので、シリアル値は「43922」になります。
表示形式を標準にすると、シリアル値を確認できます。

●数学/三角関数

関数名	書式	説明
CEILING.MATH	=CEILING.MATH(数値,[基準値],[モード])	数値を指定された基準値の倍数になるように切り上げる。 指定した数値が負の数値の場合、モードを省略または「0」を指定すると0に近い数値に切り上げ、0以外の数値を指定すると0から離れた数値に切り上げる。 例=CEILING.MATH(43,5) 「43」を「5」の倍数で切り上げた数値を返す。(結果は「45」になる)
FLOOR.MATH	=FLOOR.MATH(数値,[基準値],[モード])	数値を指定された基準値の倍数になるように切り捨てる。 指定した数値が負の数値の場合、モードを省略または「0」を指定すると0から離れた数値に切り捨て、0以外の数値を指定すると0に近い数値に切り捨てる。 例=FLOOR.MATH(43,5) 「43」を「5」の倍数で切り捨てた数値を返す。(結果は「40」になる)

関数名	書式	説明
PRODUCT	=PRODUCT(数値1,[数値2],･･･)	引数の積を返す。 例=PRODUCT(3,5,7) 「3」と「5」と「7」を掛けた数値を返す。(結果は「105」になる)
MOD	=MOD(数値,除数)	数値(割り算の分子となる数)を除数(割り算の分母となる数)で割った余りを返す。 例=MOD(5,2) 「5」を「2」で割った余りを返す。(結果は「1」になる)
RAND	=RAND()	0から1の間の乱数(それぞれが同じ確率で現れるランダムな数)を返す。
ROMAN	=ROMAN(数値,[書式])	数値をローマ数字を表す文字列に変換する。書式に0を指定または省略すると正式な形式、1～4を指定すると簡略化した形式になる。 例=ROMAN(6) 「6」をローマ数字「VI」に変換する。
ROUND	=ROUND(数値,桁数)	数値を四捨五入して指定された桁数にする。
ROUNDDOWN	=ROUNDDOWN(数値,桁数)	数値を指定された桁数で切り捨てる。
ROUNDUP	=ROUNDUP(数値,桁数)	数値を指定された桁数に切り上げる。
INT	=INT(数値)	数値の小数点以下を切り捨てて整数にする。
SUBTOTAL	=SUBTOTAL(集計方法,参照1,･･･)	指定した参照範囲の集計値を返す。集計方法は1～11または101～111の番号で指定し、番号により使用される関数が異なる。 集計方法の例 1：AVERAGE 4：MAX 5：MIN 9：SUM 例=SUBTOTAL(9,A5:A20) SUM関数を使用して、セル範囲【A5:A20】の集計を行う。セル範囲【A5:A20】にほかの集計(SUBTOTAL関数)が含まれる場合は、重複を防ぐために、無視される。
AGGREGATE	=AGGREGATE(集計方法,オプション,参照1,･･･)	指定した参照範囲の集計値を返す。集計方法は1～19の番号で指定し、番号により使用される関数が異なる。また、オプションとして非表示の行やエラー値など無視する値を0～7の番号で指定する。 集計方法の例 1：AVERAGE 4：MAX 5：MIN 9：SUM オプションの例 5：非表示の行を無視する。 6：エラー値を無視する。 7：非表示の行とエラー値を無視する。 例=AGGREGATE(9,6,C5:C25) SUM関数を使用して、セル範囲【C5:C25】の集計を行う。セル範囲【C5:C25】にあるエラー値は無視される。
SUM	=SUM(数値1,[数値2],･･･)	引数の合計値を返す。
SUMIF	=SUMIF(範囲,検索条件,[合計範囲])	範囲内で検索条件に一致するセルの値を合計する。合計範囲を指定すると、範囲の検索条件を満たすセルに対応する合計範囲のセルが計算対象になる。 例=SUMIF(A3:A10,"りんご",B3:B10) セル範囲【A3:A10】で「りんご」のセルを検索し、セル範囲【B3:B10】で対応するセルの値を合計する。 条件に合うのがセル【A3】とセル【A5】なら、セル【B3】とセル【B5】を合計する。
SUMIFS	=SUMIFS(合計対象範囲,条件範囲1,条件1,･･･)	範囲内で複数の検索条件に一致するセルの値を合計する。 例=SUMIFS(C3:C10,A3:A10,"りんご",B3:B10,"青森") セル範囲【A3:A10】から「りんご」、セル範囲【B3:B10】から「青森」のセルを検索し、両方に対応するセル範囲【C3:C10】の値を合計する。

●統計関数

関数名	書式	説明
AVERAGE	=AVERAGE(数値1,[数値2],･･･)	引数の平均値を返す。
AVERAGEIF	=AVERAGEIF(範囲,条件, [平均対象範囲])	範囲内で条件に一致するセルの値を平均する。平均対象範囲を指定すると、範囲の条件を満たすセルに対応する平均対象範囲のセルが計算対象になる。 例=AVERAGEIF(A3:A10,"りんご",B3:B10) セル範囲【A3:A10】で「りんご」を検索し、セル範囲【B3:B10】で対応するセル範囲の値を平均する。 条件に合うのがセル【A3】とセル【A5】なら、セル【B3】とセル【B5】を平均する。
AVERAGEIFS	=AVERAGEIFS(平均対象範囲, 条件範囲1,条件1,･･･)	範囲内で複数の条件に一致するセルの値を平均する。 例=AVERAGEIFS(C3:C10,A3:A10,"りんご",B3:B10,"青森") セル範囲【A3:A10】から「りんご」、セル範囲【B3:B10】から「青森」のセルを検索し、両方に対応するセル範囲【C3:C10】の値を平均する。
COUNT	=COUNT(値1,[値2],･･･)	引数に含まれる数値の個数を返す。
COUNTA	=COUNTA(値1,[値2],･･･)	引数に含まれる空白でないセルの個数を返す。
COUNTBLANK	=COUNTBLANK(範囲)	範囲に含まれる空白セルの個数を返す。
COUNTIF	=COUNTIF(範囲,検索条件)	範囲内で検索条件に一致するセルの個数を返す。 例=COUNTIF(A5:A20,"東京") セル範囲【A5:A20】で「東京」と入力されているセルの個数を返す。 =COUNTIF(A5:A20,"<20") セル範囲【A5:A20】で20より小さい値が入力されているセルの個数を返す。
COUNTIFS	=COUNTIFS(検索条件範囲1, 検索条件1,･･･)	範囲内で複数の検索条件に一致するセルの個数を返す。 例=COUNTIFS(A3:A10,"東京",B3:B10,"日帰り") セル範囲【A3:A10】から「東京」、セル範囲【B3:B10】から「日帰り」を検索し、「東京」かつ「日帰り」のセルの個数を返す。
FREQUENCY	=FREQUENCY(データ配列, 区間配列)	データの頻度分布を縦方向の配列として返す。 FREQUENCY関数を入力する場合、あらかじめ頻度分布を表示するセル範囲を選択してから関数を入力し、Ctrl＋Shiftを押しながらEnterを押す。 FREQUENCY関数は配列数式のため、数式全体が「{ }」で囲まれる。
LARGE	=LARGE(配列,順位)	範囲内で、指定した順位にあたる値を返す。順位は大きい順(降順)で数えられる。 例=LARGE(A1:A10,2) セル範囲【A1:A10】で2番目に大きい値を返す。
SMALL	=SMALL(配列,順位)	範囲内で、指定した順位にあたる値を返す。順位は小さい順(昇順)で数えられる。 例=SMALL(A1:A10,3) セル範囲【A1:A10】で3番目に小さい値を返す。
MAX	=MAX(数値1,[数値2],･･･)	引数の最大値を返す。
MAXIFS	=MAXIFS(最大範囲,条件範囲1, 条件1,[条件範囲2,条件2],･･･)	複数の条件に一致するセルの最大値を返す。
MEDIAN	=MEDIAN(数値1,[数値2],･･･)	引数の中央値を返す。
MIN	=MIN(数値1,[数値2],･･･)	引数の最小値を返す。
MINIFS	=MINIFS(最小範囲,条件範囲1,条件1, [条件範囲2,条件2],･･･)	複数の条件に一致するセルの最小値を返す。
RANK.EQ	=RANK.EQ(数値,参照,[順序])	参照範囲内で指定した数値の順位を返す。順序には、降順であれば0または省略、昇順であれば0以外の数値を指定する。同じ順位の数値が複数ある場合、最上位の順位を返す。 例=RANK.EQ(A2,A1:A10) セル範囲【A1:A10】の中でセル【A2】の値が何番目に大きいかを返す。 範囲内にセル【A2】と同じ数値がある場合、最上位の順位を返す。
RANK.AVG	=RANK.AVG(数値,参照,[順序])	参照範囲内で指定した数値の順位を返す。順序には、降順であれば0または省略、昇順であれば0以外の数値を指定する。同じ順位の数値が複数ある場合、順位の平均値を返す。 例=RANK.AVG(A2,A1:A10) セル範囲【A1:A10】の中でセル【A2】の値が何番目に大きいかを返す。 範囲内にセル【A2】と同じ数値がある場合、順位の平均値を返す。 (セル【A2】とセル【A7】が同じ数値で、並べ替えたときに順位が「2」「3」となる場合、順位の「2」と「3」を平均して、「2.5」を返す。)

●財務関数

関数名	書式	説明
FV	=FV(利率,期間,定期支払額, [現在価値],[支払期日])	貯金した場合の満期後の受取金額を返す。利率と期間は、時間的な単位を一致させる。 例=FV(5%/12,24,-5000) 毎月5,000円を年利5%で2年間(24回)定期的に積立貯金した場合の受取金額を返す。
PMT	=PMT(利率,期間,現在価値, [将来価値],[支払期日])	借り入れをした場合の定期的な返済金額を返す。利率と期間は、時間的な単位を一致させる。 例=PMT(9%/12,12,100000) 100,000円を年利9%の1年(12回)ローンで借り入れた場合の毎月の返済金額を返す。

●検索/行列関数

関数名	書式	説明
ADDRESS	=ADDRESS(行番号,列番号, [参照の種類],[参照形式], [シート名])	行番号と列番号で指定したセル参照を文字列で返す。参照の種類を省略すると絶対参照の形式になる。参照形式でTRUEを指定または省略するとA1形式で、FALSEを指定するとR1C1形式でセル参照を返す。シート名を指定するとシート参照も返す。 参照の型 1または省略 :絶対参照 2 :行は絶対参照、列は相対参照 3 :行は相対参照、列は絶対参照 4 :相対参照 例=ADDRESS(1,5) 絶対参照で1行5列目のセル参照を返す。(結果は「$E$1」になる)
CHOOSE	=CHOOSE(インデックス,値1, [値2],･･･)	値のリストからインデックスに指定した番号に該当する値を返す。 例=CHOOSE(3,"日","月","火","水","木","金","土") 「日」～「土」のリストの3番目を返す。(結果は「火」になる)
COLUMN	=COLUMN([参照])	参照範囲の列番号を返す。 参照範囲を省略すると、関数が入力されているセルの列番号を返す。
ROW	=ROW([参照])	参照範囲の行番号を返す。 参照範囲を省略すると、関数が入力されているセルの行番号を返す。
HLOOKUP	=HLOOKUP(検索値,範囲,行番号, [検索方法])	範囲の先頭行を検索値で検索し、一致した列の範囲上端から指定した行番号目のデータを返す。検索方法でTRUEを指定または省略すると検索値が見つからない場合に、検索値未満で最も大きい値を一致する値とし、FALSEを指定すると完全に一致する値だけを検索する。検索方法がTRUEまたは省略の場合は、範囲の先頭行は昇順に並んでいる必要がある。 例=HLOOKUP("名前",A3:G10,3,FALSE) セル範囲【A3:G10】の先頭行から「名前」を検索し、一致した列の3番目の行の値を返す。
VLOOKUP	=VLOOKUP(検索値,範囲,列番号, [検索方法])	範囲の先頭列を検索値で検索し、一致した行の範囲の左端から指定した列番号目のデータを返す。検索方法でTRUEを指定または省略すると検索値が見つからない場合に、検索値未満で最も大きい値を一致する値とし、FALSEを指定すると完全に一致する値だけを検索する。検索方法がTRUEまたは省略の場合は、範囲の先頭列は昇順に並んでいる必要がある。 例=VLOOKUP("部署",A3:G10,5,FALSE) セル範囲【A3:G10】の先頭列から「部署」を検索し、一致した行の5番目の列の値を返す。
LOOKUP	=LOOKUP(検査値,検査範囲, [対応範囲])	検査範囲(1行または1列で構成されるセル範囲)から検査値を検索し、一致したセルの次の行または列の同じ位置にあるセルの値を返す。対応範囲を指定した場合、対応範囲の同じ位置にあるセルの値を返す。 例=LOOKUP("田中",A5:A20,B5:B20) セル範囲【A5:A20】で「田中」を検索し、同じ行にある列【B】の値を返す。(セル【A7】が「田中」だった場合、セル【B7】の値を返す)

関数名	書式	説明
HYPERLINK	=HYPERLINK(リンク先,[別名])	リンク先にジャンプするショートカットを作成する。別名を省略するとリンク先がセルに表示される。 例=HYPERLINK("https://www.fom.fujitsu.com/goods/","FOM出版テキストのご案内") セルには「FOM出版テキストのご案内」と表示され、クリックすると指定したURLのWebページが表示される。
INDIRECT	=INDIRECT(参照文字列,[参照形式])	参照文字列に入力されている参照セルの参照値を返す。参照形式でTRUEを指定または省略するとA1形式で、FALSEを指定するとR1C1形式でセル参照を返す。 例=INDIRECT(B5) セル【B5】の参照セルが「C10」、セル【C10】の値が「ABC」だった場合、セル【C10】の値「ABC」を返す。
INDEX	=INDEX(参照,行番号,[列番号],[領域番号])	指定した範囲の行と列の交点にあるデータを返す。 例=INDEX(A1:C3,2,2) セル範囲【A1:C3】の中で2行目と2列目が交差するセル【B2】の値を返す。
MATCH	=MATCH(検査値,検査範囲,[照合の種類])	検査範囲を検査値で検索し、一致するセルの相対位置を返す。照合の種類で1を指定または省略すると、検査値以下の最大の値を検索し、0を指定すると、検査値と一致する値だけを検索し、−1を指定すると検査値以上の最小の値が検索される。1の場合は昇順に、−1の場合は降順に並べ替えておく必要がある。 例=MATCH("みかん",C3:C10,0) セル範囲【C3:C10】で「みかん」を検索し、一致したセルが何番目かを返す。(一致するセルがセル【C5】なら結果は「3」になる)
OFFSET	=OFFSET(参照,行数,列数,[高さ],[幅])	参照で指定したセルから指定した行数と列数分を移動した位置にあるセルを参照する。高さと幅を指定すると、指定した高さ(行数)、幅(列数)のセル範囲を参照する。 例=OFFSET(A1,3,5) セル【A1】から3行5列移動したセル【F4】を参照する。

Point! 参照形式

セル参照をA1のようにA列の1行目と指定する方式を「A1形式」といい、行・列の両方に番号を指定する形式を「R1C1形式」といいます。R1C1形式では、Rに続けて行番号を、Cに続けて列番号を指定します。

●文字列操作関数

関数名	書式	説明
ASC	=ASC(文字列)	文字列の全角英数カナ文字を半角の文字に変換する。
JIS	=JIS(文字列)	文字列の半角英数カナ文字を全角の文字に変換する。
CHAR	=CHAR(数値)	文字コード番号に対応する文字を表示する。 文字コード番号の例 10:改行 33:! 65:A
CONCAT	=CONCAT(テキスト1,・・・)	複数の文字列を結合して返す。 例=CONCAT("〒",A3," ",B3,C3) セル【A3】:「105-0022」 セル【B3】:「東京都港区」 セル【C3】:「海岸X-XX-XX」 の場合、「〒105-0022 東京都港区海岸X-XX-XX」を返す。
YEN	=YEN(数値,[桁数])	数値を指定された桁数で四捨五入し、通貨書式¥を設定した文字列にする。桁数を省略すると、0を指定したものとして計算される。
DOLLAR	=DOLLAR(数値,[桁数])	数値を指定された桁数で四捨五入し、通貨書式$を設定した文字列にする。桁数を省略すると、2を指定したものとして計算される。
EXACT	=EXACT(文字列1,文字列2)	2つの文字列を比較し、同じならTRUEを、異なればFALSEを返す。英語の大文字小文字は区別され、書式の違いは無視される。

関数名	書式	説明
FIND	=FIND(検索文字列,対象,[開始位置])	対象から検索文字列を検索し、検索文字列が最初に現れる位置が先頭から何番目かを返す。英字の大文字小文字は区別される。検索文字列にワイルドカード文字を使えない。開始位置で、対象の何文字目以降から検索するかを指定でき、省略すると1文字目から検索される。
SEARCH	=SEARCH(検索文字列,対象,[開始位置])	対象から検索文字列を検索し、検索文字列が最初に現れる位置が先頭から何番目かを返す。英字の大文字小文字は区別されない。検索文字列にワイルドカード文字を使える。開始位置で、対象の何文字目以降から検索するかを指定でき、省略すると1文字目から検索される。
LEN	=LEN(文字列)	文字列の文字数を返す。全角半角に関係なく1文字を1と数える。
LEFT	=LEFT(文字列,[文字数])	文字列の先頭から指定された数の文字を返す。文字数を省略すると1文字を返す。
RIGHT	=RIGHT(文字列,[文字数])	文字列の末尾から指定された数の文字を返す。文字数を省略すると1文字を返す。
MID	=MID(文字列,開始位置,文字数)	文字列の指定した開始位置から指定された数の文字を返す。開始位置には取り出す文字の位置を指定する。
LOWER	=LOWER(文字列)	文字列の中のすべての英字を小文字に変換する。
UPPER	=UPPER(文字列)	文字列の中のすべての英字を大文字に変換する。
PROPER	=PROPER(文字列)	文字列の英単語の先頭を大文字に、2文字目以降を小文字に変換する。
REPT	=REPT(文字列,繰り返し回数)	文字列を指定した回数繰り返して表示する。
REPLACE	=REPLACE(文字列,開始位置,文字数,置換文字列)	文字列の指定した開始位置から指定された数の文字を置換文字列に置き換える。
SUBSTITUTE	=SUBSTITUTE(文字列,検索文字列,置換文字列,[置換対象])	文字列中の検索文字列を置換文字列に置き換える。置換対象で、文字列に含まれる検索文字列の何番目を置き換えるかを指定する。省略するとすべてを置き換える。
TEXT	=TEXT(値,表示形式)	数値に表示形式の書式を設定し、文字列として返す。 例=TEXT(B2,"¥#,##0") セル【B2】の値を3桁区切りカンマと¥記号を含む文字列にする。
TRIM	=TRIM(文字列)	文字列に空白が連続して含まれている場合、単語間の空白はひとつずつ残して不要な空白を削除する。
VALUE	=VALUE(文字列)	数値や日付、時刻を表す文字列を数値に変換する。

Point! ワイルドカード文字

検索条件を指定する場合、ワイルドカード文字を使って条件を指定すると、部分的に等しい文字列を検索できます。フィルターの条件にも指定できます。

ワイルドカード文字	検索対象	例	
?(疑問符)	任意の1文字	み?ん	「みかん」「みりん」は検索されるが、「みんかん」は検索されない。
*(アスタリスク)	任意の数の文字	東京都*	「東京都」の後ろに何文字続いても検索される。
~(チルダ)	ワイルドカード文字「?」(疑問符)、「*」(アスタリスク)、「~」(チルダ)	~*	「*」が検索される。

●データベース関数

関数名	書式	説明
DAVERAGE	=DAVERAGE(データベース,フィールド,条件)	データベースを条件で検索し、条件に一致したレコードの指定したフィールドのセルの平均値を返す。フィールドには、列見出しまたは何番目の列かを指定する。
DCOUNT	=DCOUNT(データベース,フィールド,条件)	データベースを条件で検索し、条件に一致したレコードの指定したフィールドのセルのうち、数値が入力されているセルの個数を返す。フィールドには、列見出しまたは何番目の列かを指定する。
DCOUNTA	=DCOUNTA(データベース,フィールド,条件)	データベースを条件で検索し、条件に一致したレコードの指定したフィールドのセルのうち、空白でないセルの個数を返す。フィールドには、列見出しまたは何番目の列かを指定する。

関数名	書式	説明
DMAX	=DMAX(データベース,フィールド,条件)	データベースを条件で検索し、条件に一致したレコードの指定したフィールドのセルの最大値を返す。フィールドには、列見出しまたは何番目の列かを指定する。
DMIN	=DMIN(データベース,フィールド,条件)	データベースを条件で検索し、条件に一致したレコードの指定したフィールドのセルの最小値を返す。フィールドには、列見出しまたは何番目の列かを指定する。
DSUM	=DSUM(データベース,フィールド,条件)	データベースを条件で検索し、条件に一致したレコードの指定したフィールドのセルの合計値を返す。フィールドには、列見出しまたは何番目の列かを指定する。

●論理関数

関数名	書式	説明
IF	=IF(論理式,[値が真の場合],[値が偽の場合])	論理式の値に応じて、真の場合・偽の場合の値を返す。 例=IF(A3=30,"人間ドック","健康診断") セル【A3】が「30」と等しければ「人間ドック」、等しくなければ「健康診断」という結果になる。
IFS	=IFS(論理式1,値が真の場合1,[論理式2,値が真の場合2],・・・,TRUE,当てはまらなかった場合)	複数の条件を順番に判断し、条件に応じて異なる結果を返す。
IFERROR	=IFERROR(値,エラーの場合の値)	値で指定した数式の結果がエラーの場合は、エラーの場合の値を返す。 例=IFERROR(10/0,"エラーです") 10÷0の結果はエラーになるため、「エラーです」という結果になる。
IFNA	=IFNA(値,NAの場合の値)	数式がエラー(#N/A)の場合は指定の値を返し、エラー(#N/A)でない場合は数式の結果を返す。
AND	=AND(論理式1,[論理式2],・・・)	すべての論理式がTRUEの場合、TRUEを返す。
OR	=OR(論理式1,[論理式2],・・・)	論理式にひとつでもTRUEがあれば、TRUEを返す。
NOT	=NOT(論理式)	論理式がTRUEの場合はFALSEを、FALSEの場合はTRUEを返す。
FALSE	=FALSE()	FALSEを返す。
TRUE	=TRUE()	TRUEを返す。
SWITCH	=SWITCH(検索値,値1,結果1,[値2,結果2],・・・,既定の結果)	複数の値を検索し、一致した値に対応する結果を返す。

●情報関数

関数名	書式	説明
ISBLANK	=ISBLANK(テストの対象)	テストの対象(セル)が空白セルの場合、TRUEを返す。
ISERR	=ISERR(テストの対象)	テストの対象(セル)が#N/A以外のエラー値の場合、TRUEを返す。
ISERROR	=ISERROR(テストの対象)	テストの対象(セル)がエラー値の場合、TRUEを返す。
ISNA	=ISNA(テストの対象)	テストの対象(セル)が#N/Aのエラー値の場合、TRUEを返す。
ISTEXT	=ISTEXT(テストの対象)	テストの対象(セル)が文字列の場合、TRUEを返す。
ISNONTEXT	=ISNONTEXT(テストの対象)	テストの対象(セル)が文字列以外の場合、TRUEを返す。
ISNUMBER	=ISNUMBER(テストの対象)	テストの対象(セル)が数値の場合、TRUEを返す。
PHONETIC	=PHONETIC(参照)	参照範囲のふりがなの文字列を取り出して返す。
TYPE	=TYPE(値)	値のデータ型を返す。 データ型の例 数値　　:1 テキスト:2 論理値　:4
ERROR.TYPE	=ERROR.TYPE(エラー値)	エラー値に対応するエラー値の種類を数値で返す。エラーがない場合は、#N/Aを返す。 エラー値の例 #NULL!　:1 #NAME?:5 #N/A　　:7

練習問題

練習問題 1

次のようなブックを作成しましょう。
※設定する項目名が一覧にない場合は、任意の項目を選択してください。

OPEN

フォルダー「表計算編」のフォルダー「練習問題」のブック「練習問題1」のシート「世界の年間気温」を開いておきましょう。

●シート「世界の年間気温」

世界の年間気温

(℃)

都市名	1月	2月	3月	4月	5月	6月	7月	8月	9月	10月	11月	12月
東京	4.7	5.4	8.4	14.0	18.4	21.5	31.4	35.2	29.7	22.7	17.3	7.4
ニューデリー	14.1	17.3	22.7	28.3	32.2	33.2	31.4	30.3	29.6	26.0	20.5	15.5
ニューヨーク	0.1	0.8	5.1	11.2	16.8	22.0	24.8	23.8	20.2	14.8	8.6	1.9
ホノルル	22.4	22.4	22.8	23.8	24.9	26.1	26.7	27.1	26.9	26.1	24.7	23.2
パリ	3.3	4.0	6.6	9.6	13.3	16.4	18.2	17.8	15.3	11.2	6.6	4.3
シドニー	22.3	22.4	21.5	18.9	15.6	13.4	12.4	13.4	15.3	17.7	19.6	21.5

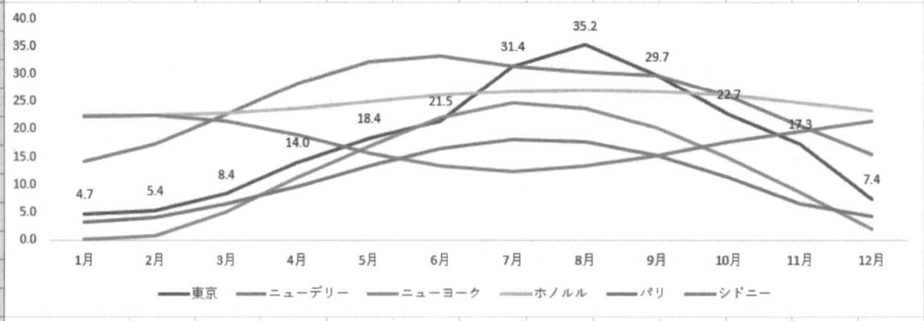

世界の年間気温

①セル範囲【B3:M3】に「1月」から「12月」までのデータを入力しましょう。

②表全体に格子の罫線を引きましょう。

③表の周囲に太い罫線を引きましょう。

④セル範囲【A3:M3】の項目名に、次のような書式を設定しましょう。

> **太字**
> **中央揃え**

⑤完成図を参考に、表内を1行おきに「**白、背景1、黒+基本色15%**」で塗りつぶしましょう。

⑥セル範囲【B4:M9】の数値がすべて小数点第1位まで表示されるように表示形式を設定しましょう。

Hint 小数点以下の表示桁数がそろっていないデータの場合は、《セルの書式設定》ダイアログボックスの《表示形式》タブで設定すると効率的です。

⑦表のデータをもとに、年間気温の変化を表す2-D折れ線グラフを作成しましょう。

⑧作成したグラフをセル範囲**【A11：M21】**に配置しましょう。

⑨グラフにレイアウト**「レイアウト4」**を適用しましょう。

⑩**「東京」**のデータ系列の上に、データラベルを表示しましょう。

Hint 《デザイン》タブ→《グラフのレイアウト》グループの（グラフ要素を追加）を使います。

⑪シート**「世界の年間気温」**の余白を**「広い」**に変更し、A4用紙の横方向に印刷されるようにページを設定しましょう。

Hint 《ページレイアウト》タブ→《ページ設定》グループを使います。

⑫シート**「世界の年間気温」**の印刷イメージを確認し、印刷を実行しましょう。

※ブックに任意の名前を付けて保存し、ブックを閉じておきましょう。

練習問題 2

次のようなブックを作成しましょう。
※設定する項目名が一覧にない場合は、任意の項目を選択してください。

OPEN フォルダー「表計算編」のフォルダー「練習問題」のブック「練習問題2」のシート「Sheet1」を開いておきましょう。

●シート「東京会場」

サマーフェスタ・アンケート集計結果

東京会場

年代	満足	まあ満足	やや不満	不満	合計
20～29歳	1,830	2,684	741	454	5,709
30～39歳	1,603	2,486	1,202	891	6,182
40～49歳	1,268	2,360	1,368	1,054	6,050
50～59歳	1,115	2,331	1,486	1,124	6,056
60歳以上	1,429	2,548	1,028	575	5,580
合計	7,245	12,409	5,825	4,098	29,577

東京会場 大阪会場 福岡会場 札幌会場 全会場

●シート「大阪会場」

サマーフェスタ・アンケート集計結果

大阪会場

年代	満足	まあ満足	やや不満	不満	合計
20～29歳	986	1,985	1,489	986	5,446
30～39歳	1,168	2,286	1,202	791	5,447
40～49歳	1,486	2,456	986	549	5,477
50～59歳	1,560	2,561	896	465	5,482
60歳以上	2,056	2,345	796	485	5,682
合計	7,256	11,633	5,369	3,276	27,534

東京会場 大阪会場 福岡会場 札幌会場 全会場

●シート「福岡会場」

サマーフェスタ・アンケート集計結果

福岡会場

年代	満足	まあ満足	やや不満	不満	合計
20～29歳	1,603	2,797	915	401	5,716
30～39歳	2,241	2,786	564	216	5,807
40～49歳	1,922	2,792	740	309	5,763
50～59歳	1,258	1,872	684	120	3,934
60歳以上	978	1,482	578	99	3,137
合計	8,002	11,729	3,481	1,145	24,357

東京会場 大阪会場 福岡会場 札幌会場 全会場

●シート「札幌会場」

サマーフェスタ・アンケート集計結果

札幌会場

年代	満足	まあ満足	やや不満	不満	合計
20～29歳	1,408	2,335	1,115	720	5,578
30～39歳	1,386	2,285	1,202	841	5,714
40～49歳	1,377	2,313	1,177	802	5,669
50～59歳	1,338	2,513	1,191	795	5,837
60歳以上	1,743	2,447	912	530	5,632
合計	7,252	11,893	5,597	3,688	28,430

東京会場 | 大阪会場 | 福岡会場 | 札幌会場 | 全会場

●シート「全会場」

サマーフェスタ・アンケート集計結果

全会場

年代	満足	まあ満足	やや不満	不満	合計	年代別構成比率
20～29歳	5,827	9,801	4,260	2,561	22,449	20.4%
30～39歳	6,398	9,843	4,170	2,739	23,150	21.1%
40～49歳	6,053	9,921	4,271	2,714	22,959	20.9%
50～59歳	5,271	9,277	4,257	2,504	21,309	19.4%
60歳以上	6,206	8,822	3,314	1,689	20,031	18.2%
合計	29,755	47,664	20,272	12,207	109,898	100.0%
満足度別構成比率	27.1%	43.4%	18.4%	11.1%	100.0%	

東京会場 | 大阪会場 | 福岡会場 | 札幌会場 | 全会場

①シート名を次のように変更しましょう。

変更前のシート名	変更後のシート名
Sheet1	東京会場
Sheet2	大阪会場
Sheet3	福岡会場
Sheet4	札幌会場
Sheet5	全会場

②シート「全会場」のセル【B5】に、シート「東京会場」「大阪会場」「福岡会場」「札幌会場」のセル【B5】の合計を求めましょう。
次に、シート「全会場」のセル【B5】の数式をセル範囲【B6:B9】とセル範囲【C5:E9】にコピーしましょう。

③シート「東京会場」「大阪会場」「福岡会場」「札幌会場」「全会場」をグループに設定しましょう。

④ グループとして設定した5枚のシートに、次の操作を一括して行いましょう。

> **・セル【A1】のフォントサイズを「18」ポイントに設定する**
> **・セル範囲【B10：E10】とセル範囲【F5：F10】に合計を求める数式を入力する**

Hint 合計する数値が入力されているセル範囲と、計算結果を表示する空白セルを同時に選択し、Σ（合計）をクリックすると、空白セルに合計を求めることができます。

⑤ グループを解除しましょう。

⑥ 完成図を参考に、シート「**全会場**」のG列の列幅を広くしましょう。

⑦ シート「**全会場**」のセル【A11】の文字列を縮小して全体を表示しましょう。

⑧ シート「**全会場**」のセル【B11】に、「**満足**」の「**構成比率**」を求める数式を入力しましょう。
次に、セル【B11】の数式を、セル範囲【C11：F11】にコピーしましょう。

Hint 「構成比率」は「各満足度の人数合計÷全体の人数合計」で求めます。

⑨ シート「**全会場**」のセル【G5】に、「**20～29歳**」の「**構成比率**」を求める数式を入力しましょう。
次に、セル【G5】の数式を、セル範囲【G6：G10】にコピーしましょう。

Hint 「構成比率」は「各年代の人数合計÷全体の人数合計」で求めます。

⑩ セル範囲【B11：F11】とセル範囲【G5：G10】を小数点第1位までのパーセントで表示しましょう。

Hint 《ホーム》タブ→《数値》グループの % （パーセントスタイル）を使います。

⑪ 完成図を参考に、シート「**全会場**」のセル【G11】に斜線を引きましょう。

Hint 《ホーム》タブ→《フォント》グループの （フォントの設定）→《罫線》タブで設定します。

※ブックに任意の名前を付けて保存し、ブックを閉じておきましょう。

練習問題 3

次のようなブックを作成しましょう。
※設定する項目名が一覧にない場合は、任意の項目を選択してください。

OPEN フォルダー「表計算編」のフォルダー「練習問題」のブック「練習問題3」のシート「会員名簿」を開いておきましょう。

●シート「会員名簿」

	A	B	C	D	E	F	G	H	I	J	K	L
1	会員名簿											
2	会員総数	30										
3	DM発送人数	6										
4												
5	会員番号	名前	フリガナ	郵便番号	住所	電話番号	会員種別	生年月日	誕生月	獲得ポイント数	DM発送	
6	10001	浜口ふみ	ハマグチフミ	105-0022	東京都港区海岸1-5-X	03-5401-XXXX	ゴールド	1980/8/11	8	1592		
7	10002	大原友香	オオハラトモカ	222-0022	神奈川県横浜市港北区篠原東1-8-X	045-331-XXXX	一般	1990/3/21	3	3452		
8	10003	住吉奈々	スミヨシナナ	220-0011	神奈川県横浜市西区高島2-16-X	045-535-XXXX	ゴールド	1968/3/3	3	1290		
9	10004	紀藤江里	キトウエリ	160-0004	東京都新宿区四谷3-4-X	03-3355-XXXX	一般	1983/10/2	10	3610	○	
10	10005	斉藤賢治	サイトウケンジ	101-0021	東京都千代田区外神田8-9-X	03-3425-XXXX	一般	1983/6/17	6	9719		
11	10006	富田優	トミタユウ	241-0835	神奈川県横浜市旭区柏町1-4-X	045-821-XXXX	一般	1988/1/25	1	8129		
12	10007	大木紗枝	オオキサエ	231-0868	神奈川県横浜市中区石川町6 4-X	045-213-XXXX	一般	1993/7/15	7	891		
13	10008	影山真子	カゲヤママコ	231-0028	神奈川県横浜市中区翁町1-2-X	045-355-XXXX	一般	1985/10/6	10	2521	○	
14	10009	保井忍	ヤスイシノブ	150-0012	東京都渋谷区広尾5-14-X	03-5563-XXXX	一般	1989/1/3	1	4001		
15	10010	吉岡まり	ヨシオカマリ	251-0015	神奈川県藤沢市川名1-5-X	0466-33-XXXX	一般	1978/2/27	2	278		
16	10011	桜田美祢	サクラダミヤ	249-0006	神奈川県逗子市逗子5-4-X	046-866-XXXX	プラチナ	1988/12/25	12	6710		
17	10012	北村博久	キタムラヒロヒサ	107-0062	東京都港区南青山2-4-X	03-5487-XXXX	一般	1994/7/10	7	6729		
18	10013	田嶋あかね	タジマアカネ	106-0045	東京都港区麻布十番3-3-X	03-5644-XXXX	一般	1996/5/12	5	125		
19	10014	佐々木京香	ササキキョウカ	223-0061	神奈川県横浜市港北区日吉1-8-X	045-232-XXXX	一般	1986/11/5	11	3802		
20	10015	黒田英華	クロダヒデカ	113-0031	東京都文京区根津2-5-X	03-3443-XXXX	ゴールド	1968/2/8	2	3461		
21	10016	田中浩二	タナカコウジ	100-0004	東京都千代田区大手町3-1-X	03-3351-XXXX	一般	1975/10/30	10	5192	○	
22	10017	高木沙耶香	タカギサヤカ	220-0012	神奈川県横浜市西区みなとみらい2-1-X	045-544-XXXX	ゴールド	1989/12/3	12	11129		
23	10018	遠藤正晴	エンドウマサハル	160-0023	東京都新宿区西新宿2-5-X	03-5635-XXXX	一般	1984/10/5	10	8670	○	
24	10019	菊池倫子	キクチトモコ	231-0062	神奈川県横浜市中区桜木町1-4-X	045-254-XXXX	プラチナ	1990/2/3	2	12501		
25	10020	前原美智子	マエハラミチコ	230-0051	神奈川県横浜市鶴見区鶴見中央5-1-X	045-443-XXXX	一般	19753/9/7	9	1082		
26	10021	吉田成俊	ヨシダナルトシ	236-0042	神奈川県横浜市金沢区釜利谷東2-2-X	045-983-XXXX	一般	1990/12/5	12	3017		
27	10022	赤井義男	アカイヨシオ	150-0013	東京都渋谷区恵比寿4-6-X	03-3554-XXXX	一般	1986/6/1	6	6890		
28	10023	野村博信	ノムラヒロノブ	249-0007	神奈川県逗子市新宿3-4-X	046-861-XXXX	プラチナ	1997/4/17	4	6678		
29	10024	沖野隆	オキノタカシ	100-0005	東京都千代田区丸の内6-2-X	03-3311-XXXX	一般	1988/10/26	10	4392	○	
30	10025	星乃恭子	ホシノキョウコ	166-0004	東京都杉並区阿佐谷南2-6-X	03-3312-XXXX	ゴールド	1988/7/30	7	2390		
31	10026	花田亜希子	ハナダアキコ	101-0047	東京都千代田区内神田4-3-X	03-3425-XXXX	一般	1967/9/8	9	6784		
32	10027	近藤正人	コンドウマサト	231-0023	神奈川県横浜市中区山下町2-5-X	045-832-XXXX	一般	1973/8/1	8	4210		
33	10028	西村玲子	ニシムラレイコ	236-0028	神奈川県横浜市金沢区洲崎町3-4-X	045-772-XXXX	一般	1988/12/6	12	3790		
34	10029	河野愛美	コウノメグミ	251-0047	神奈川県藤沢市辻堂1-3-X	0466-45-XXXX	ゴールド	1985/10/6	10	4819	○	
35	10030	白石一成	シライシカズナリ	105-0011	東京都港区芝公園1-1-X	03-3455-XXXX	一般	1985/9/10	9	4201		
36												

●シート「特別会員」

	A	B	C	D	E	F	G	H	I	J	K	L
1	特別会員											
2												
3	会員番号	名前	フリガナ	郵便番号	住所	電話番号	会員種別	生年月日	誕生月	獲得ポイント数	DM発送	
4	10001	浜口ふみ	ハマグチフミ	105-0022	東京都港区海岸1-5-X	03-5401-XXXX	ゴールド	1980/8/11	8	1592		
5	10003	住吉奈々	スミヨシナナ	220-0011	神奈川県横浜市西区高島2-16-X	045-535-XXXX	ゴールド	1968/3/3	3	1290		
6	10011	桜田美祢	サクラダミヤ	249-0006	神奈川県逗子市逗子5-4-X	046-866-XXXX	プラチナ	1988/12/25	12	6710		
7	10015	黒田英華	クロダヒデカ	113-0031	東京都文京区根津2-5-X	03-3443-XXXX	ゴールド	1968/2/8	2	3461		
8	10017	高木沙耶香	タカギサヤカ	220-0012	神奈川県横浜市西区みなとみらい2-1-X	045-544-XXXX	ゴールド	1989/12/3	12	11129		
9	10019	菊池倫子	キクチトモコ	231-0062	神奈川県横浜市中区桜木町1-4-X	045-254-XXXX	プラチナ	1990/2/3	2	12501		
10	10023	野村博信	ノムラヒロノブ	249-0007	神奈川県逗子市新宿3-4-X	046-861-XXXX	プラチナ	1997/4/17	4	6678		
11	10025	星乃恭子	ホシノキョウコ	166-0004	東京都杉並区阿佐谷南2-6-X	03-3312-XXXX	ゴールド	1988/7/30	7	2390		
12	10029	河野愛美	コウノメグミ	251-0047	神奈川県藤沢市辻堂1-3-X	0466-45-XXXX	ゴールド	1985/10/6	10	4819	○	
13												

●シート「ポイント獲得」

	A	B	C	D	E	F	G
1	ポイント獲得状況						
2							
3	獲得ポイント数					分布	
4			～	500	以下	2	
5	501	以上	～	2,500	以下	5	
6	2,501	以上	～	5,000	以下	12	
7	5,001	以上	～	7,500	以下	6	
8	7,501	以上	～	10,000	以下	3	
9	10,001	以上	～			2	
10							

①セル【C6】にセル【B6】のふりがなを表示する数式を入力しましょう。
次に、セル【C6】の数式をセル範囲【C7:C35】にコピーしましょう。

②セル範囲【J6:J35】で、「**獲得ポイント数**」が「**7500**」より大きいセルに「**濃い緑の文字、緑の背景**」の書式を設定しましょう。

③「**会員種別**」を昇順で並べ替え、さらに「**会員種別**」が同じ場合は、「**生年月日**」を古い順で並べ替えましょう。

④「**会員番号**」順に並べ替えましょう。

⑤「**生年月日**」が1983年以降のレコードを抽出しましょう。

Hint 日付フィルターを使って抽出します。

※抽出できたら、《データ》タブ→《並べ替えとフィルター》グループの（クリア）をクリックし、フィルターの条件をクリアしておきましょう。

⑥「**誕生月**」が「**10**」のレコードを抽出しましょう。
次に、抽出結果の「**DM発送**」のセルに「**○**」を入力しましょう。
※抽出できたら、《データ》タブ→《並べ替えとフィルター》グループの（クリア）をクリックし、フィルターの条件をクリアしておきましょう。

⑦「**会員種別**」が「**プラチナ**」または「**ゴールド**」のレコードを抽出しましょう。
次に、抽出結果のレコードをシート「**特別会員**」のセル【A4】を開始位置としてコピーしましょう。
※コピーできたら、シート「会員名簿」に切り替え、《データ》タブ→《並べ替えとフィルター》グループの（フィルター）をクリックし、フィルターモードを解除しておきましょう。

⑧シート「**会員名簿**」のセル【B2】に「**会員総数**」を求める数式を入力しましょう。

Hint 「名前」の列を使ってカウントします。

⑨シート「**会員名簿**」のセル【B3】に「**DM発送人数**」を求める数式を入力しましょう。

Hint 「DM発送」の列を使ってカウントします。

⑩シート「**会員名簿**」の「**獲得ポイント数**」の度数分布を求める数式を、シート「**ポイント獲得**」のセル範囲【F4:F9】に入力しましょう。

※ブックに任意の名前を付けて保存し、ブックを閉じておきましょう。

練習問題 4

次のようなブックを作成しましょう。
※設定する項目名が一覧にない場合は、任意の項目を選択してください。

OPEN

フォルダー「表計算編」のフォルダー「練習問題」のブック「練習問題4」のシート「売上一覧」を開いておきましょう。

●シート「売上集計」

	A	B	C	D	E	F	G	H
1	商品分類	食品						
2								
3	**合計 / 売上合計（円）**	列ラベル						
4		⊞4月	⊞5月	⊞6月	⊞7月	⊞8月	総計	
5	行ラベル							
6	かつおパックセット	16,000	0	12,000	24,000	0	52,000	
7	クッキーセット	0	12,000	0	0	5,000	17,000	
8	コーヒーセット	0	20,000	0	0	20,000	40,000	
9	シュガーセット	0	8,000	0	0	5,000	13,000	
10	海苔セット	20,000	2,000	0	20,000	0	42,000	
11	紅茶セット	7,500	0	0	0	67,500	75,000	
12	**総計**	**43,500**	**42,000**	**12,000**	**44,000**	**97,500**	**239,000**	
13								

①表のデータをもとにピボットテーブルを作成しましょう。
次のようにフィールドを配置して、種別・日付別に売上金額を集計します。

行ラベルエリア ：種別
列ラベルエリア ：日付
値エリア ：売上合計（円）

②値エリアの空白セルに、「0」を表示しましょう。

Hint 《分析》タブ→ （ピボットテーブル）→《ピボットテーブル》グループの オプション （ピボットテーブルオプション）を使います。

③売上合計（円）と総計の数値に3桁区切りカンマを付けましょう。

④行ラベルを「**種別**」から「**商品名**」に変更しましょう。

⑤ピボットテーブルにスタイル「**薄い青, ピボットスタイル（中間）2**」を適用しましょう。

Hint 《デザイン》タブ→《ピボットテーブルスタイル》グループを使います。

⑥シート「**売上一覧**」のセル【**F8**】を「**10**」に変更し、ピボットテーブルを更新しましょう。

⑦レポートフィルターに「**商品分類**」を追加し、「**食品**」のデータに絞り込んで集計しましょう。

⑧シート「**Sheet1**」のシート名を「**売上集計**」に変更しましょう。

※ブックに任意の名前を付けて保存し、ブックを閉じておきましょう。

練習問題 5

次のようなブックを作成しましょう。
※設定する項目名が一覧にない場合は、任意の項目を選択してください。

フォルダー「表計算編」のフォルダー「練習問題」のブック「練習問題5」のシート「個人打撃成績」を開いておきましょう。

●シート「個人打撃成績」

	A	B	C	D	E	F	G	H	I	J	K	L	M	N	O
1	個人打撃成績		2020年2月1日(土曜日)	現在											
2															
3	選手名	チームID	チーム名	打率	試合数	打席数	打数	安打	本塁打	三振	四球	死球	犠打犠飛	打率表彰	本塁打表彰
10	大野幸助	SB	渋谷プラザーズ	0.353	65	289	246	87	16	47	38	3	2	◎	−
11	東山弘毅	KR	川崎レインボー	0.337	72	338	293	99	6	39	34	8	3	◎	−
19	町田準之助	SS	品川スニーカーズ	0.335	71	296	259	87	20	63	28	5	4	◎	◎
23	鳥山武	IN	池袋ナイン	0.324	64	248	223	67	5	38	18	4	3	−	−
27	岩田裕樹	OP	御茶ノ水プレイメーツ	0.314	72	308	270	85	16	63	35	1	2	−	−
32															

個人打撃成績　チーム一覧

①セル【C1】の日付が「2020年2月1日(土曜日)」の形式で表示されるように表示形式を設定しましょう。

②セル【C4】に、セル【B4】の「チームID」に対応する「チーム名」を表示する数式を入力しましょう。シート「チーム一覧」の表を参照します。
次に、セル【C4】の数式をセル範囲【C5:C31】にコピーしましょう。

③セル【N4】に、「打率表彰」の有無を表示する数式を入力しましょう。「打率」が3割3分3厘(0.333)以上であれば「◎」、そうでなければ「−」を返すようにします。
次に、セル【N4】の数式をセル範囲【N5:N31】にコピーしましょう。
※「◎」は「まる」と入力して変換します。

④セル【O4】に、「本塁打表彰」の有無を表示する数式を入力しましょう。「本塁打」が20本以上あれば「◎」、そうでなければ「−」を返すようにします。
次に、セル【O4】の数式をセル範囲【O5:O31】にコピーしましょう。

⑤表をテーブルに変換しましょう。

⑥打率が高いレコード5件を抽出し、打率の高い順に並べ替えましょう。

※ブックに任意の名前を付けて保存し、ブックを閉じておきましょう。

PowerPoint

■プレゼンテーション編■

プレゼンテーションソフトを活用しよう

PowerPoint 2019

Step1　PowerPointについて …… P-1
Step2　プレゼンテーションを作成しよう …… P-4
Step3　オブジェクトを挿入しよう …… P-14
Step4　プレゼンテーションの構成を変更しよう …… P-30
Step5　プレゼンテーションに動きを設定しよう …… P-32
Step6　プレゼンテーションを印刷しよう …… P-36
Step7　別のアプリのデータを利用しよう …… P-39
Step8　スライド共通のデザインを設定しよう …… P-45
Step9　スライドショーに役立つ機能を利用しよう …… P-51
付　録　プレゼンテーションの流れ …… P-59
練習問題 …… P-64

Step1 PowerPointについて

1 PowerPointの特長

研究や調査の発表、企画や商品の説明など、様々な場面でプレゼンテーションは行われています。プレゼンテーションの内容を聞き手にわかりやすく伝えるためには、口頭で説明するだけでなく、スライドを見てもらいながら説明するのが一般的です。
PowerPointは、訴求力の高いスライドを簡単に作成し、効果的なプレゼンテーションを行うためのプレゼンテーションソフトです。
PowerPointには、主に次のような特長があります。

●本格的なプレゼンテーションを実現

あらかじめデザインされたスライドに文字を入力するだけの簡単な操作で、本格的なプレゼンテーション資料を作成できます。

●訴求力の高いスライド作成をサポート

スライドには、文字だけでなく、表やグラフ、写真、イラスト、図形、装飾文字など、様々なオブジェクトを配置できます。

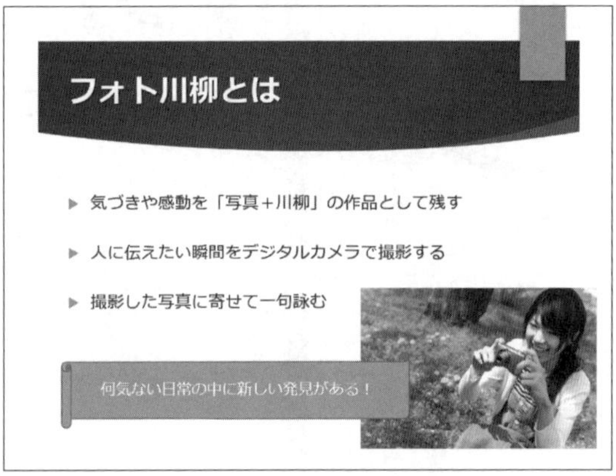

●表現力豊かな特殊効果の設定

スライド再生時に画面切り替え効果を設定したり、スライド上のオブジェクトにアニメーション効果を設定したりして、動きを出すことができます。

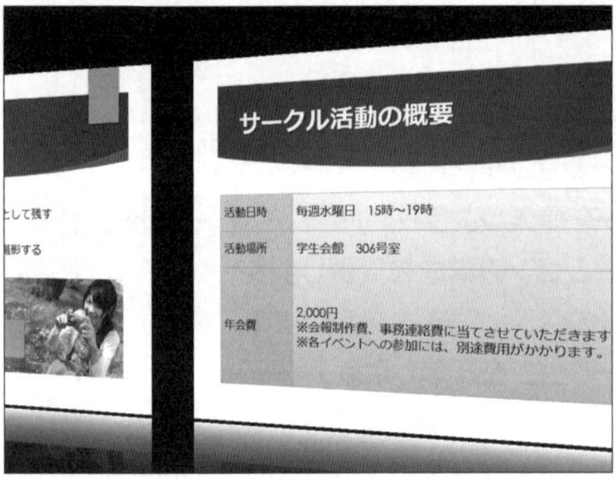

●発表者用ノートや配布資料の作成

プレゼンテーションを行う際の補足説明を記入した発表者用ノートや、聞き手に配布する配布資料を印刷できます。

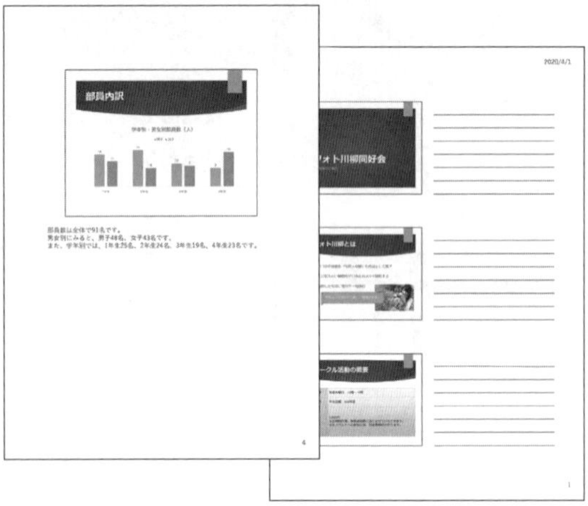

2　PowerPointの画面構成

PowerPointの各部の名称と役割は、次のとおりです。

❶タイトルバー

プレゼンテーション名とアプリ名が表示されます。

❷サムネイルペイン

スライドのサムネイル（縮小版）が表示されます。スライドの選択や移動、コピーなどを行う場合に使います。

❸スライドペイン

作業中のスライドが1枚ずつ表示されます。スライドのレイアウトを変更したり、オブジェクトを挿入したりする場合に使います。

❹ステータスバー

スライド番号や選択されている言語などが表示されます。

❺ノート

ノートペイン（スライドに補足説明を書き込む領域）の表示・非表示を切り替えます。

❻表示選択ショートカット

画面の表示モードを切り替えるときに使います。

❼ズーム

スライドの表示倍率を変更するときに使います。

More 表示モードの切り替え

PowerPointには、次のような表示モードが用意されています。

●標準

スライドに文字を入力したり、レイアウトを変更したりする場合に使います。通常、標準表示モードでプレゼンテーションを作成します。標準表示モードは、「ペイン」と呼ばれる複数の領域で構成されています。

標準表示モードに切り替えるには、ステータスバーの［標準］（標準）をクリックします。

また、左側のペインをサムネイルペインとアウトラインペインで切り替えることができます。サムネイルペインとアウトラインペインを切り替えるには、ステータスバーの［標準］（標準）をクリックします。

サムネイルペイン

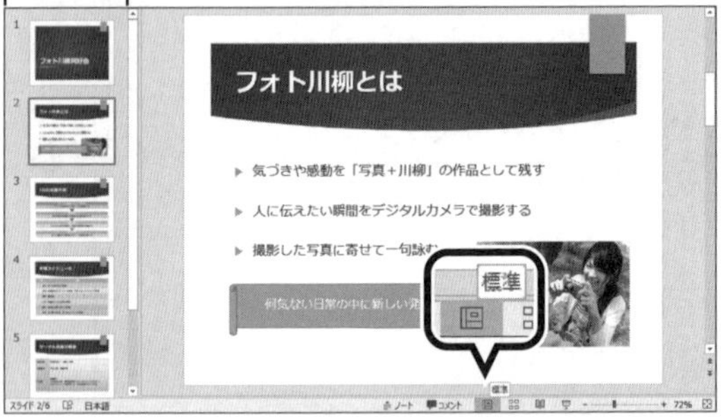

アウトラインペイン
すべてのスライドのタイトルと箇条書きが表示されます。プレゼンテーションの構成を考えながら文字を編集する場合などに使います。

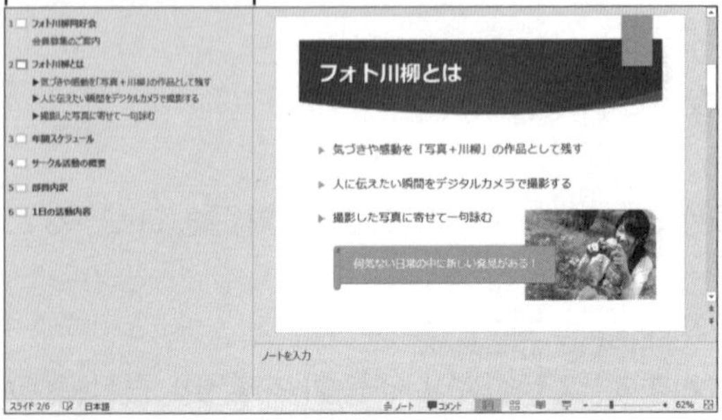

●スライド一覧

すべてのスライドのサムネイルが一覧で表示されます。プレゼンテーション全体の構成やバランスなどを確認できます。スライドの削除や移動、コピーなどに適しています。

スライド一覧表示モードと標準表示モードを切り替えるには、ステータスバーの［スライド一覧］（スライド一覧）をクリックします。

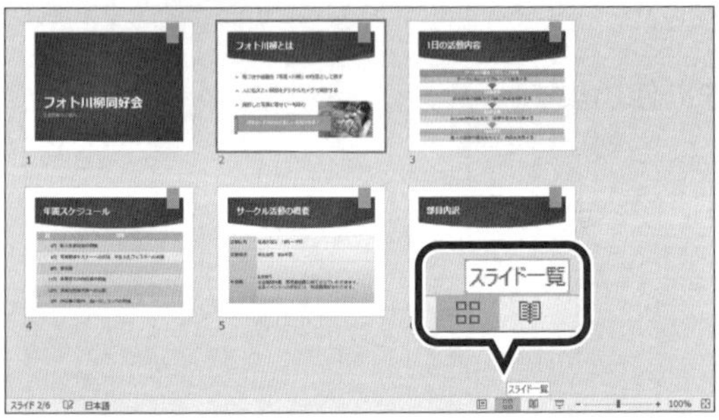

●スライドショー

スライド1枚だけが画面全体に表示され、ステータスバーやタスクバーは表示されません。設定しているアニメーションや画面切り替え効果などを確認できます。

スライドショーにするには、ステータスバーの［スライドショー］（スライドショー）をクリックします。

※スライドショーからもとの画面に戻るには、Escを押します。

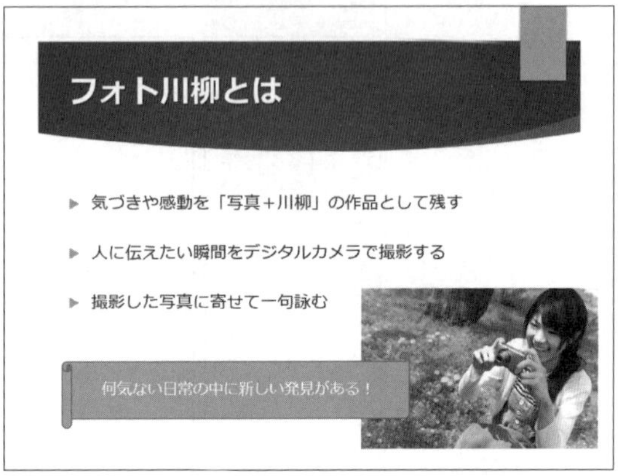

●閲覧表示

スライドが1枚ずつ画面に大きく表示されます。ステータスバーやタスクバーも表示されるので、ウィンドウを操作することもできます。設定しているアニメーションや画面切り替え効果などを確認できます。

閲覧表示モードにするには、ステータスバーの［閲覧表示］（閲覧表示）をクリックします。

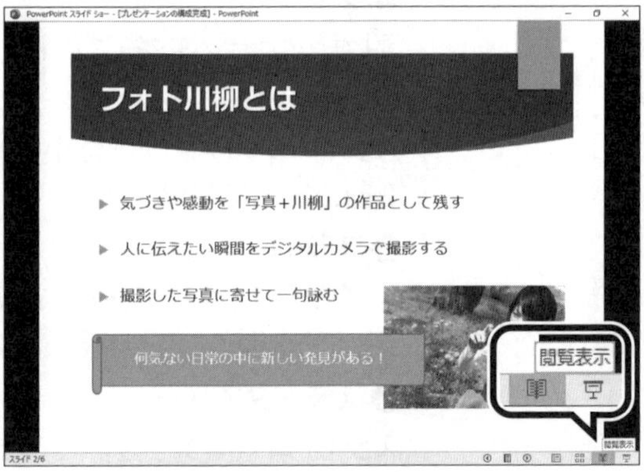

Step2 プレゼンテーションを作成しよう

1 作成するプレゼンテーションの確認

次のようなプレゼンテーションを作成しましょう。

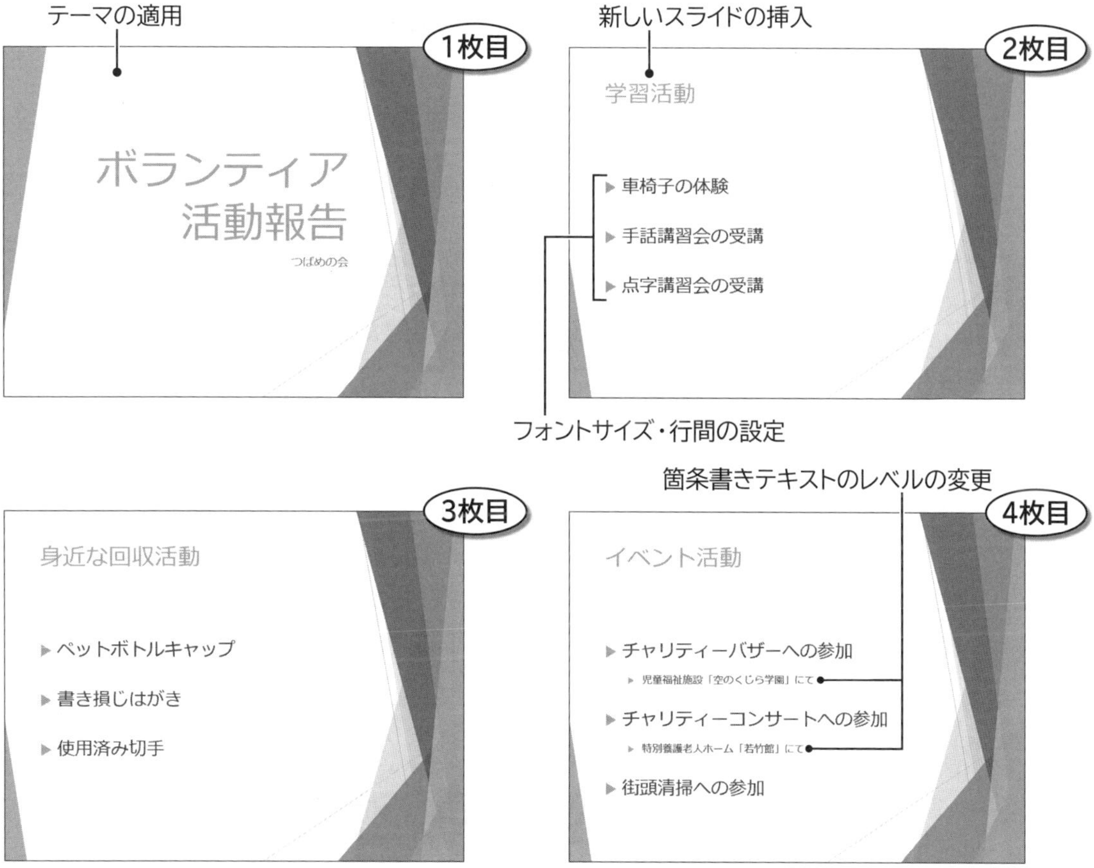

2 プレゼンテーションの新規作成

PowerPointを起動し、《新しいプレゼンテーション》を選択すると、新しいプレゼンテーション「プレゼンテーション1」が開かれ、1枚目の「スライド」が表示されます。1枚目のタイトル用のスライドを「タイトルスライド」といいます。

OPEN PowerPointを起動して、新しいプレゼンテーションを作成しておきましょう。

① タイトルバーに「プレゼンテーション1」と表示され、タイトルスライドが表示されていることを確認します。

※《デザインアイデア》作業ウィンドウが表示された場合は閉じておきましょう。

Point! プレゼンテーションとスライド

PowerPointでは1回の発表で使う一連のデータをまとめて、ひとつのファイルで管理します。
このファイルを「プレゼンテーション」といい、1枚1枚の資料を「スライド」といいます。

3　スライドの縦横比の設定

スライドのサイズには、**「標準（4:3）」**と**「ワイド画面（16:9）」**があります。プレゼンテーションを表示する画面解像度の比率があらかじめわかっている場合は、その比率に合わせるとよいでしょう。
スライドのサイズを**「標準（4:3）」**に変更しましょう。

①**《デザイン》**タブ→**《ユーザー設定》**グループの（スライドのサイズ）→**《標準（4:3）》**をクリックします。

②スライドの縦横比が変更されます。

4　テーマの適用

「テーマ」とは、配色・フォント・効果などのデザインを組み合わせたものです。テーマを適用すると、プレゼンテーション全体のデザインを一括して変更できます。スライドごとにひとつずつ書式を設定する手間を省くことができ、統一感のある洗練されたプレゼンテーションを簡単に作成できます。

初期の設定では、プレゼンテーションにはテーマ「**Officeテーマ**」が適用されています。
プレゼンテーションにテーマ「**ファセット**」を適用しましょう。

① **《デザイン》**タブ→**《テーマ》**グループの ▼ (その他)→**《Office》**の**《ファセット》**をクリックします。

② プレゼンテーションにテーマが適用されます。

More　バリエーションによるアレンジ

それぞれのテーマには、いくつかのバリエーションが用意されており、デザインを簡単にアレンジできます。また、「配色」「フォント」「効果」「背景のスタイル」を個別に設定することもできます。
「配色」「フォント」「効果」「背景のスタイル」を変更する方法は、次のとおりです。
◆《デザイン》タブ→《バリエーション》グループの ▼ (その他)→《配色》／《フォント》／《効果》／《背景のスタイル》

5　プレースホルダー

スライドには、様々なオブジェクトを配置するための「**プレースホルダー**」と呼ばれる枠が用意されています。タイトルを入力するプレースホルダーのほかに、箇条書きや表、グラフ、イラスト、写真などのコンテンツを配置するプレースホルダーもあります。プレースホルダーには、フォントやフォントサイズなどの書式があらかじめ設定されています。書式はあとから変更できます。

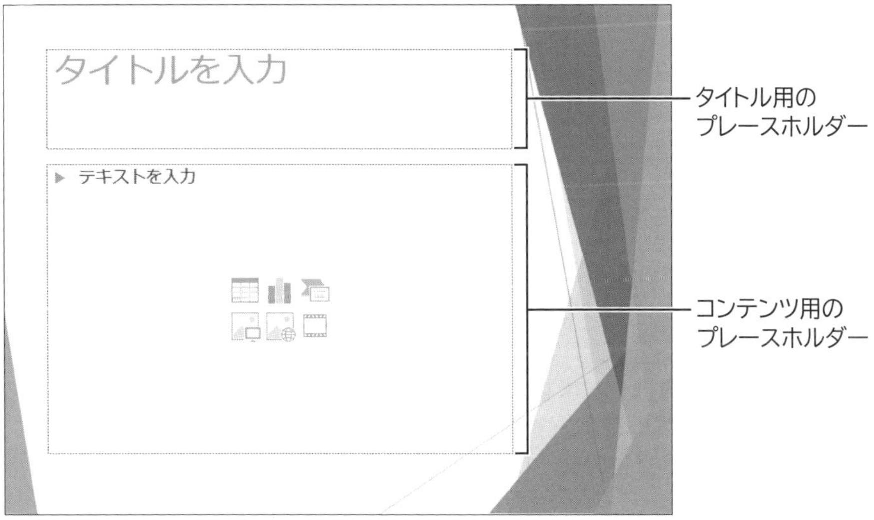

6　タイトルの入力

タイトルスライドには、タイトルとサブタイトルを入力するためのプレースホルダーが用意されています。
タイトルスライドのプレースホルダーに、タイトルとサブタイトルを入力しましょう。

①《タイトルを入力》をクリックします。

② プレースホルダー内にカーソルが表示されます。

③「ボランティア活動報告」と入力します。

④ プレースホルダー以外の場所をクリックし、タイトルを確定します。

⑤《サブタイトルを入力》をクリックし、「つばめの会」と入力します。

⑥ プレースホルダー以外の場所をクリックし、サブタイトルを確定します。

7　新しいスライドの挿入

スライドには、様々な種類のレイアウトが用意されており、スライドを挿入するときに選択できます。スライドを挿入するときは、作成するスライドのイメージに近いレイアウトを選択すると効率的です。
スライド1の後ろに新しいスライドを挿入しましょう。

①スライド1が選択されていることを確認します。
※新しいスライドは、選択されているスライドの後ろに挿入されます。
②《ホーム》タブ→《スライド》グループの新しいスライド▾（新しいスライド）の新しいスライド▾→《タイトルとコンテンツ》をクリックします。

③タイトル用のプレースホルダーとコンテンツ用のプレースホルダーが配置されたスライドが2枚目に挿入されます。

Point! **スライドのレイアウトの変更**

スライドのレイアウトは、スライドを挿入するときに選択しますが、あとから変更することもできます。
スライドのレイアウトを変更する方法は、次のとおりです。
◆《ホーム》タブ→《スライド》グループの レイアウト▾（スライドのレイアウト）

8　箇条書きテキストの入力

PowerPointでは、箇条書きの文字のことを「**箇条書きテキスト**」といいます。
挿入したスライドにタイトルと箇条書きテキストを入力しましょう。

①《**タイトルを入力**》をクリックし、「**学習活動**」と入力します。
②《**テキストを入力**》をクリックし、「**車椅子の体験**」と入力します。
③ 【Enter】を押して改行します。
※行頭文字が自動的に表示されます。
④図のように箇条書きテキストを入力します。

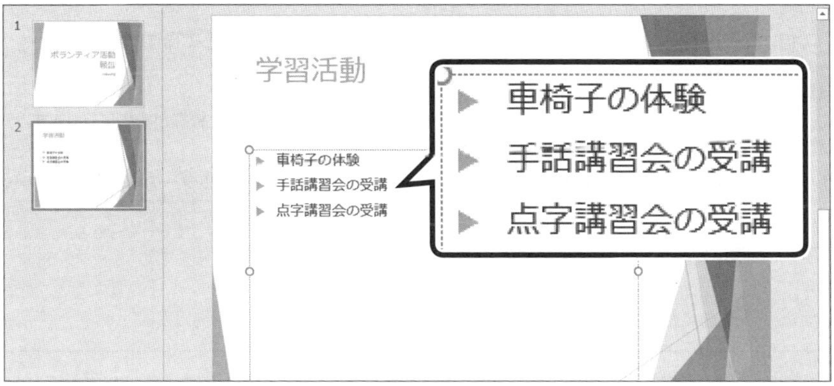

9　箇条書きテキストの書式設定

適用するテーマによってプレースホルダー内の書式は決まっていますが、自由に変更できます。プレースホルダー内のすべての文字をまとめて変更する場合は、プレースホルダーを選択してからコマンドを実行します。プレースホルダー内の文字を部分的に変更する場合は、対象の文字を選択してからコマンドを実行します。
すべての箇条書きテキストに次のような書式を設定しましょう。

フォントサイズ	**：28ポイント**
行間	**：2.0**

①入力した箇条書きテキストの文字のあたりをクリックします。
※マウスポインターの形がＩに変わります。
②カーソルが表示され、プレースホルダーの枠線が点線に変わります。
③プレースホルダーの枠線をポイントし、マウスポインターの形が に変わったら、クリックします。
④プレースホルダー全体が選択されます。
⑤《ホーム》タブ→《フォント》グループの 18 （フォントサイズ）の →《28》をクリックします。
⑥プレースホルダー内のすべての文字のフォントサイズが設定されます。
⑦《ホーム》タブ→《段落》グループの （行間）→《2.0》をクリックします。
⑧プレースホルダー内の箇条書きテキストの行間が設定されます。

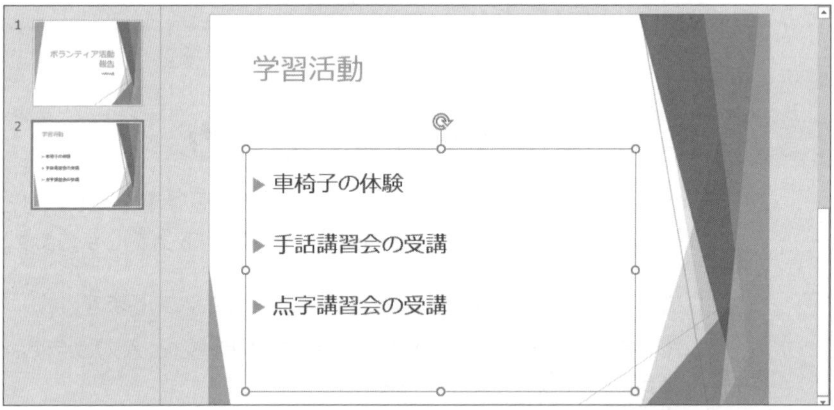

プレースホルダーの選択

プレースホルダーを移動したり、書式を設定したりするには、プレースホルダーを選択して操作します。
プレースホルダー内をクリックすると、カーソルが表示され、枠線が点線になります。
この状態のとき、文字を入力したり文字の一部の書式を設定したりできます。
さらに、プレースホルダーの枠線をクリックすると、プレースホルダー全体が選択され、枠線が実線になります。
この状態のとき、プレースホルダー内のすべての文字に書式を設定できます。

●プレースホルダー内にカーソルがある状態

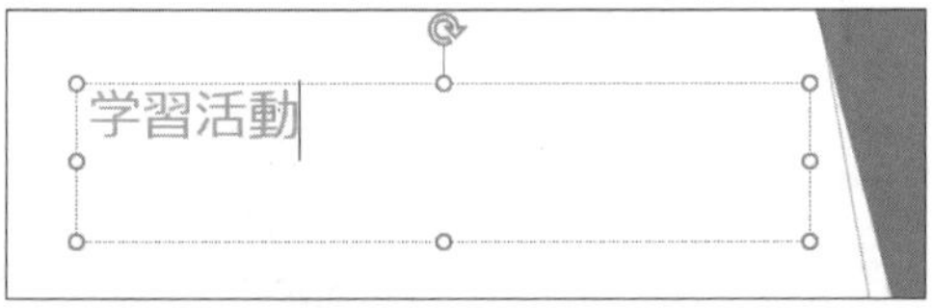

●プレースホルダーが選択されている状態

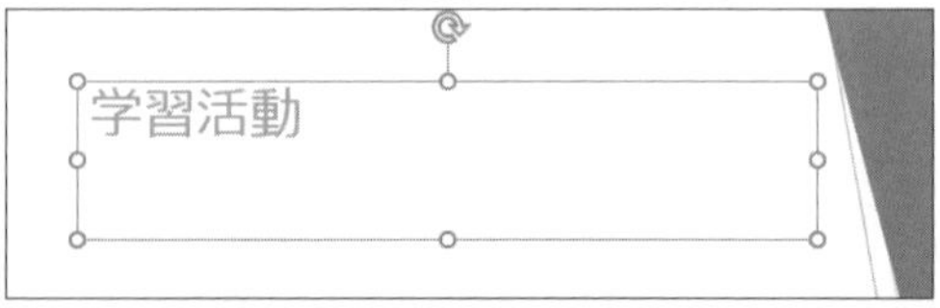

Point! プレースホルダーの移動とサイズ変更

プレースホルダーを移動するには、プレースホルダーの枠線をドラッグします。
プレースホルダーのサイズを変更するには、プレースホルダーを選択し、周囲に表示される○（ハンドル）をドラッグします。

Point! 行頭文字の変更

箇条書きテキストの行頭文字は、種類・サイズ・色などを変更できます。
箇条書きテキストの行頭文字を変更する方法は、次のとおりです。

◆プレースホルダーを選択→《ホーム》タブ→《段落》グループの（箇条書き）の→《箇条書きと段落番号》

More プレースホルダーの削除

文字が入力されているプレースホルダーを選択し、Delete を押すと、プレースホルダーが初期の状態（《タイトルを入力》など）に戻ります。
初期の状態のプレースホルダーを選択して、Delete を押すと、プレースホルダーそのものが削除されます。

Let's Try ためしてみよう【1】

① スライド1のタイトルのフォントサイズを66ポイントに設定しましょう。

Let's Try ためしてみよう【2】

① スライド2の後ろに新しいスライドを挿入しましょう。スライドのレイアウトは「タイトルとコンテンツ」にします。

② 次のようにタイトルと箇条書きテキストを入力しましょう。

タイトル	：	身近な回収活動
箇条書きテキスト	：	ペットボトルキャップ 書き損じはがき 使用済み切手

③ すべての箇条書きテキストに次のような書式を設定しましょう。

フォントサイズ	：	28ポイント
行間	：	2.0

10　箇条書きテキストのレベル下げ

スライド3の後ろに新しいスライドを挿入し、箇条書きテキストを入力しましょう。次に、入力した箇条書きのレベルを1段階下げましょう。

①スライド3を選択します。

②《ホーム》タブ→《スライド》グループの（新しいスライド）の新しいスライド→《タイトルとコンテンツ》をクリックします。

③スライド3の後ろに新しいスライドが挿入されます。

④図のようにタイトルと箇条書きテキストを入力します。

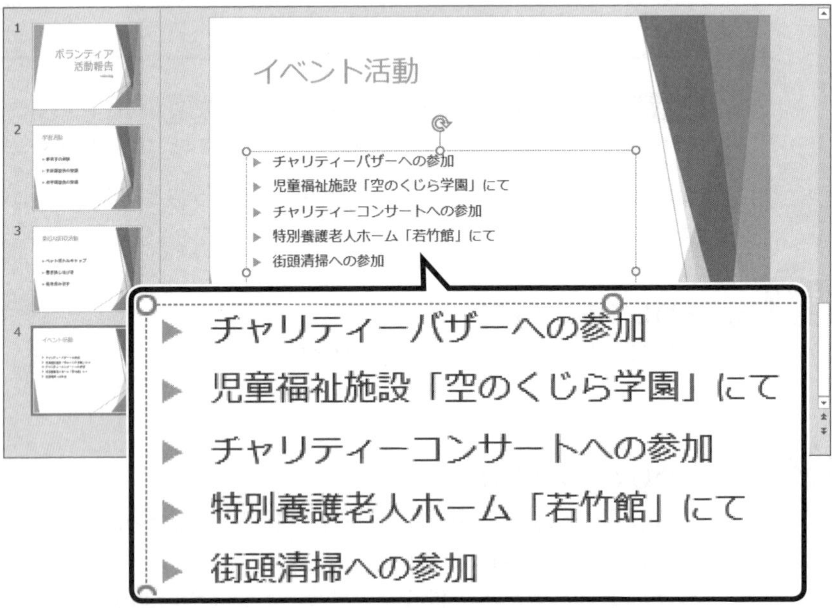

⑤2行目の行頭文字をポイントし、マウスポインターの形が に変わったらクリックします。

⑥ Ctrl を押しながら、4行目の行頭文字をクリックします。

⑦《ホーム》タブ→《段落》グループの（インデントを増やす）をクリックします。

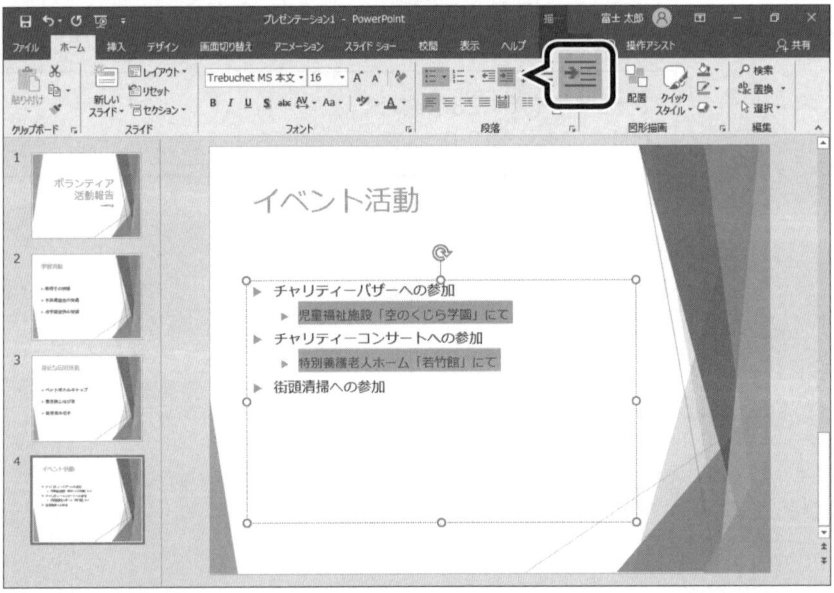

More **その他の方法（箇条書きテキストのレベル下げ）**

◆レベルを下げる箇条書きテキストの行頭にカーソルを移動→ Tab

Let's Try

ためしてみよう【3】

① スライド4の1行目・3行目・5行目の箇条書きテキストに次のような書式を設定しましょう。

フォントサイズ	：28ポイント
行間	：2.0

Hint ここでは、1行目と3行目に下位レベルの箇条書きテキストが含まれるため、文字列をドラッグして範囲選択します。

11　スライドショーの実行

プレゼンテーションを行う際に、スライドを画面全体に表示して、順番に閲覧していくことを「**スライドショー**」といいます。
スライド1からスライドショーを実行し、作成したプレゼンテーションを確認しましょう。

① スライド1を選択します。

② ステータスバーの （スライドショー）をクリックします。

③ スライドショーが実行され、スライド1が画面全体に表示されます。

④ クリックして、次のスライドを表示します。
※ Enter を押してもかまいません。

⑤ 同様に、最後のスライドまで表示します。

⑥最後のスライドでクリックすると、「スライドショーの最後です。クリックすると終了します。」というメッセージが表示されます。

⑦クリックして、スライドショーを終了します。

Point! スライドショーの中断

スライドショーを途中で終了するには、Escを押します。

More その他の方法（スライドショーの実行）

最初のスライドから実行する場合

◆《スライドショー》タブ→《スライドショーの開始》グループの（先頭から開始）

◆F5

選択しているスライドから実行する場合

◆《スライドショー》タブ→《スライドショーの開始》グループの（このスライドから開始）

◆Shift＋F5

12　プレゼンテーションの保存

作成したプレゼンテーションを残しておきたいときは、プレゼンテーションに名前を付けて保存します。
作成したプレゼンテーションに「**プレゼンテーションの作成完成**」と名前を付けて保存しましょう。

①《ファイル》タブ→《名前を付けて保存》→《参照》をクリックします。

②《名前を付けて保存》ダイアログボックスが表示されます。

③保存先を選択します。

④《ファイル名》に「**プレゼンテーションの作成完成**」と入力します。

⑤《保存》をクリックします。

⑥タイトルバーにプレゼンテーションの名前が表示されていることを確認します。

※プレゼンテーションを閉じておきましょう。

Step3 オブジェクトを挿入しよう

1　作成するプレゼンテーションの確認

次のようなプレゼンテーションを作成しましょう。

画像の挿入

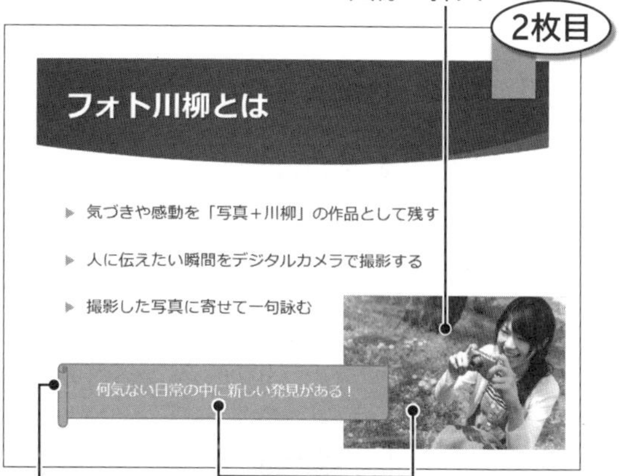

図形の作成　　表示順序の変更

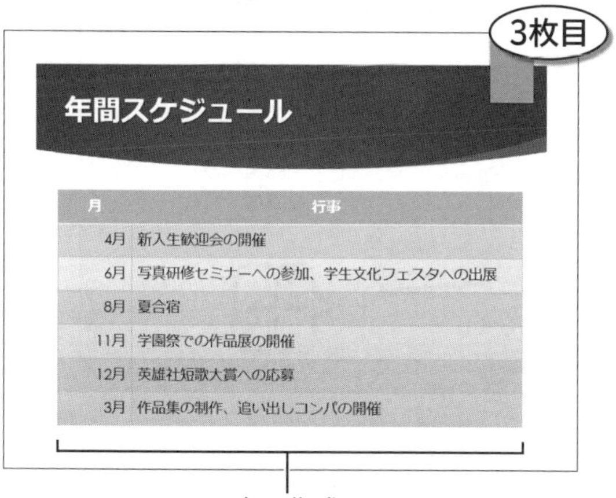

表の作成

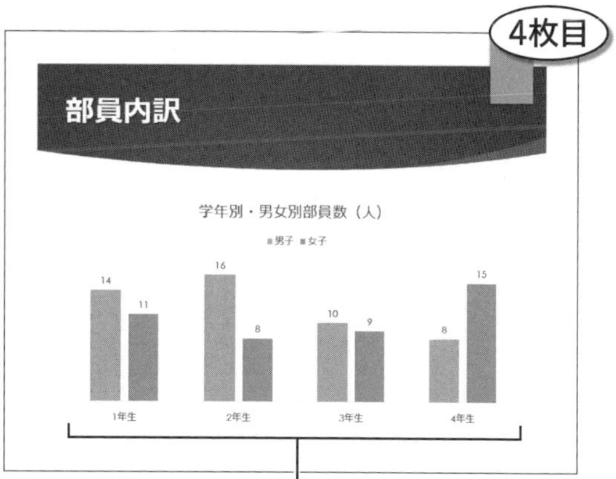

グラフの作成

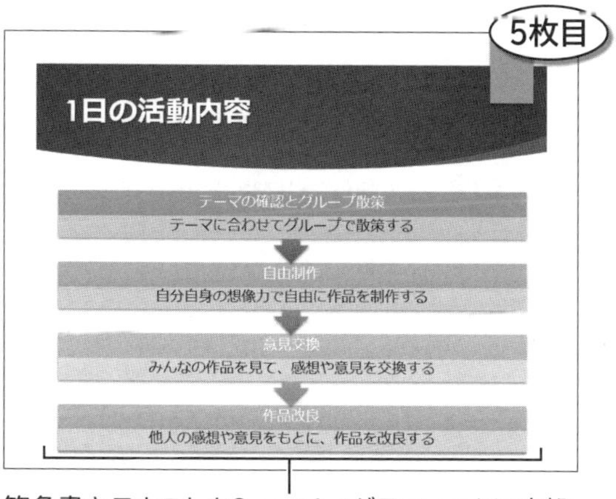

箇条書きテキストをSmartArtグラフィックに変換

2　図形の作成

スライドには様々な形状の「**図形**」を配置できます。図形を効果的に使うことによって、特定の情報を強調したり、情報の相互関係を示したりできます。図形は、形状によって「**線**」「**基本図形**」「**ブロック矢印**」「**フローチャート**」「**吹き出し**」などに分類されています。

▶▶1　図形の作成

スライド2に図形「**スクロール：横**」を作成しましょう。

OPEN **フォルダー「プレゼンテーション編」のプレゼンテーション「オブジェクトの挿入」を開いておきましょう。**

①スライド2を選択します。

②《**挿入**》タブ→《**図**》グループの（図形）→《**星とリボン**》の（スクロール：横）（左から6番目、上から2番目）をクリックします。

③マウスポインターの形が＋に変わったら、図のようにドラッグします。

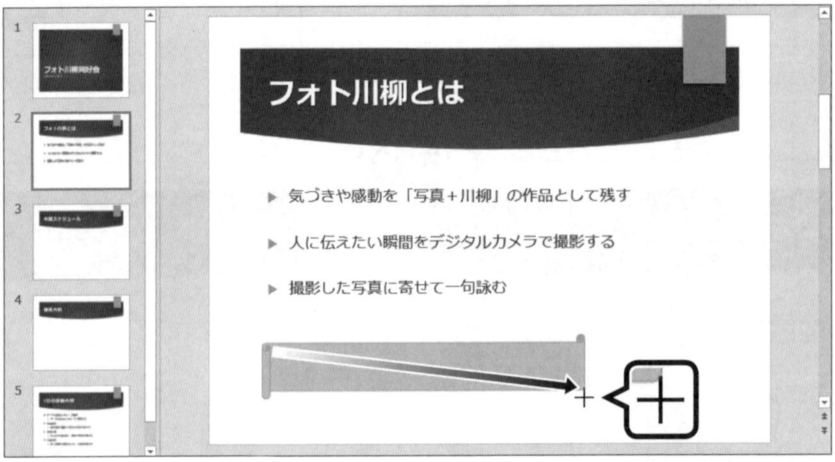

④図形が作成されます。

※図形の周囲に○（ハンドル）が表示され、選択されていることを確認しておきましょう。

※図形には、あらかじめスタイルが適用されています。

Point! 図形の変更

スライドに作成した図形は、あとから変更できます。

図形を変更する方法は、次のとおりです。

◆図形を選択→《書式》タブ→《図形の挿入》グループの（図形の編集）→《図形の変更》

Point! 図形の移動とサイズ変更

図形を移動するには、図形の枠線をドラッグします。

図形のサイズを変更するには、図形を選択し、周囲に表示される○（ハンドル）をドラッグします。

▶▶2 図形への文字の追加

「線」以外の図形には、図形内に文字を追加できます。
作成した図形に文字を追加しましょう。

①図形が選択されていることを確認します。

②「何気ない日常の中に新しい発見がある！」と入力します。

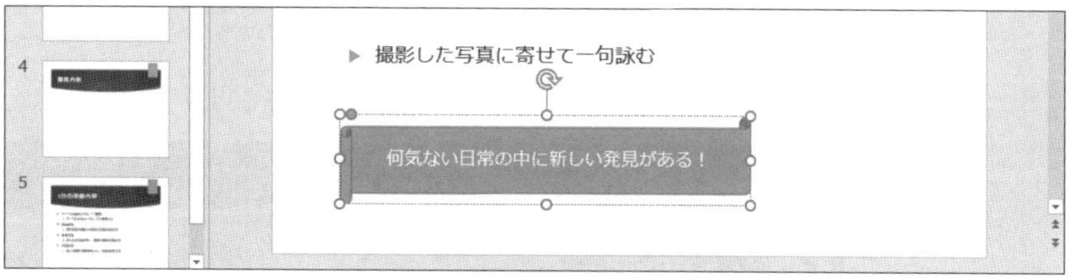

※図形以外の場所をクリックし、入力した文字を確定しておきましょう。

▶▶3 図形のスタイルの適用

「図形のスタイル」とは、図形を装飾するための書式の組み合わせです。塗りつぶし・枠線・効果などがあらかじめ設定されており、図形の体裁を瞬時に整えることができます。作成した図形には、自動的にスタイルが適用されますが、あとからスタイルの種類を変更できます。
図形にスタイル「塗りつぶし-オレンジ、アクセント2」を適用しましょう。

①図形を選択します。

②《書式》タブ→《図形のスタイル》グループの▼（その他）→《テーマスタイル》の《塗りつぶし-オレンジ、アクセント2》（左から3番目、上から2番目）をクリックします。

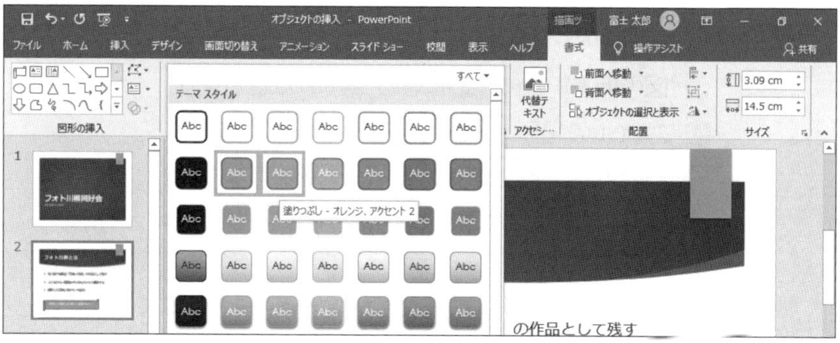

③図形にスタイルが適用されます。
※図形以外の場所をクリックし、選択を解除しておきましょう。

Point! 塗りつぶし・枠線・効果の設定

図形のスタイルは、塗りつぶし・枠線・効果の3つで構成されています。それぞれ個別に設定することもできます。

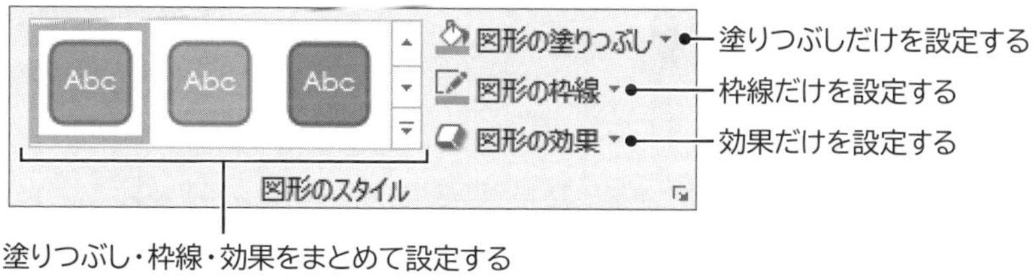

3　画像の挿入

パソコンに保存している写真やイラストをスライドに取り込むことができます。

▶▶1　画像の挿入

スライド2にフォルダー「プレゼンテーション編」の画像「フォト川柳」を挿入しましょう。

①スライド2を選択します。

②《挿入》タブ→《画像》グループの（図）をクリックします。

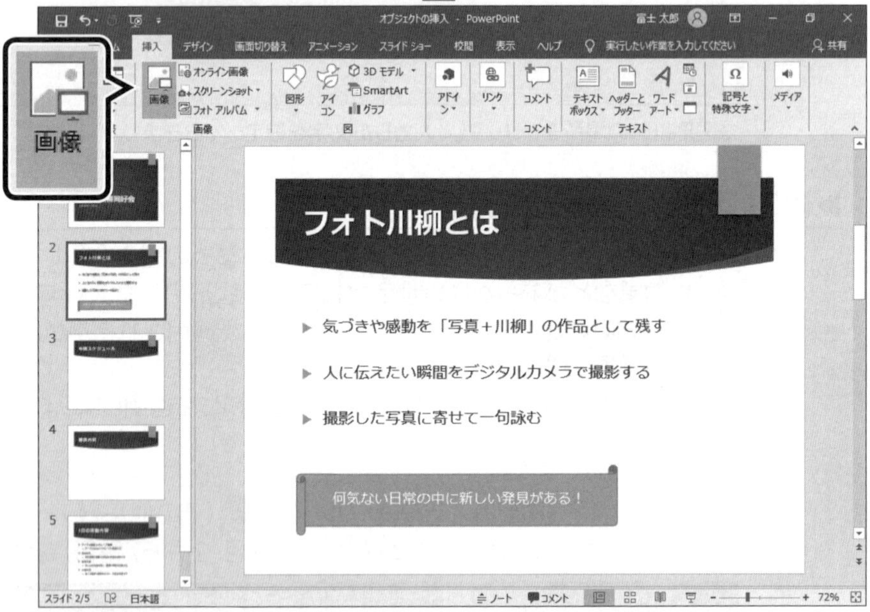

③《図の挿入》ダイアログボックスが表示されます。

④ファイルの場所を選択します。

⑤一覧から「フォト川柳」を選択します。

⑥《挿入》をクリックします。

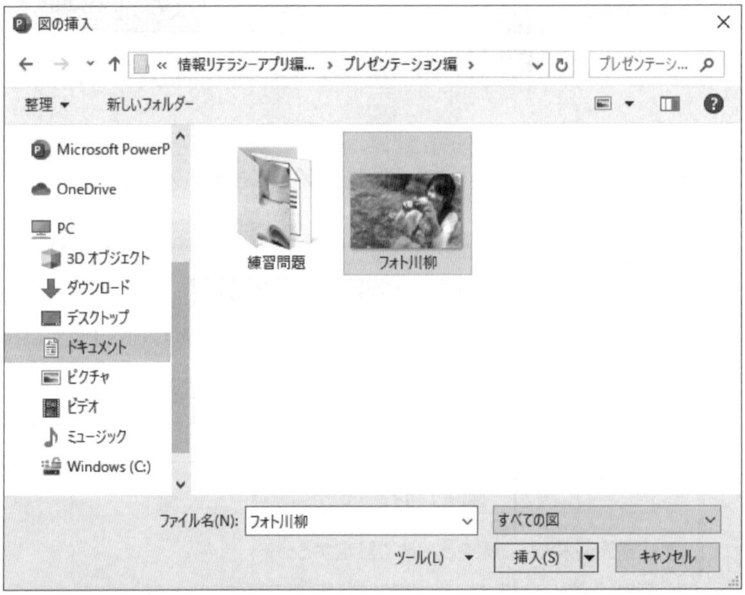

⑦画像が挿入されます。
※《デザインアイデア》作業ウィンドウが表示された場合は閉じておきましょう。

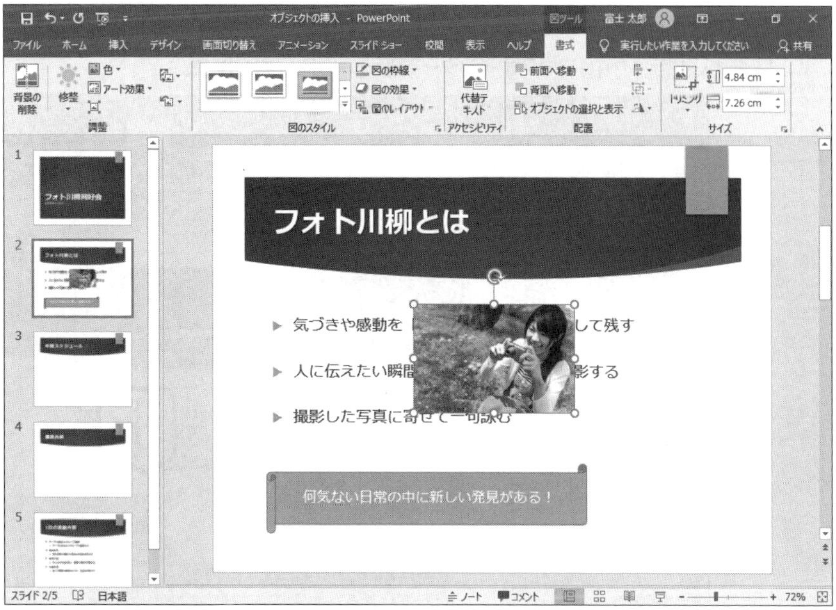

▶▶2 画像の移動とサイズ変更

画像を移動するには、画像を選択してドラッグします。また、画像のサイズを変更するには、画像を選択して表示される○（ハンドル）をドラッグします。
画像の位置とサイズを調整しましょう。

①画像が選択されていることを確認します。
②画像をポイントします。
③マウスポインターの形が に変わったら、図のようにドラッグします。
※ドラッグ中、マウスポインターの形が に変わります。

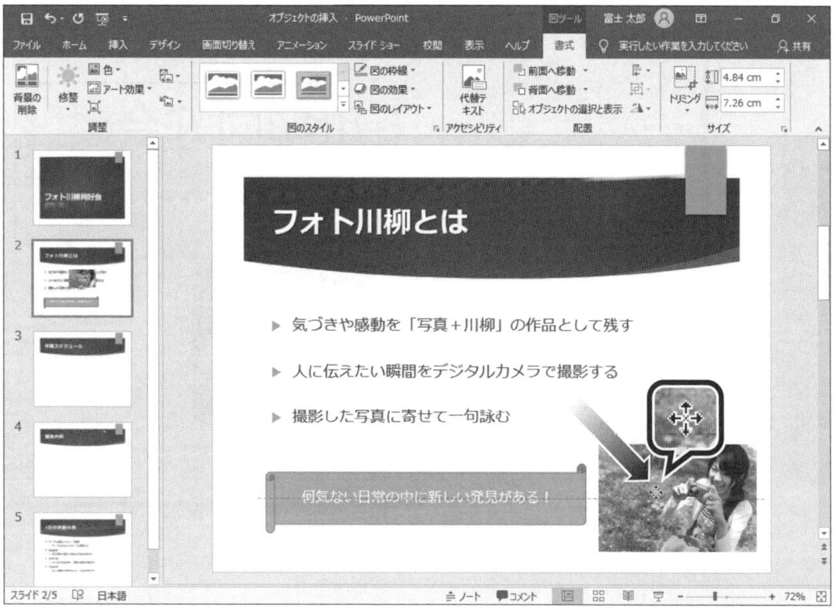

④画像が移動します。

⑤画像の左上の○（ハンドル）をポイントします。

⑥マウスポインターの形が に変わったら、図のようにドラッグします。

※ドラッグ中、マウスポインターの形が ＋ に変わります。

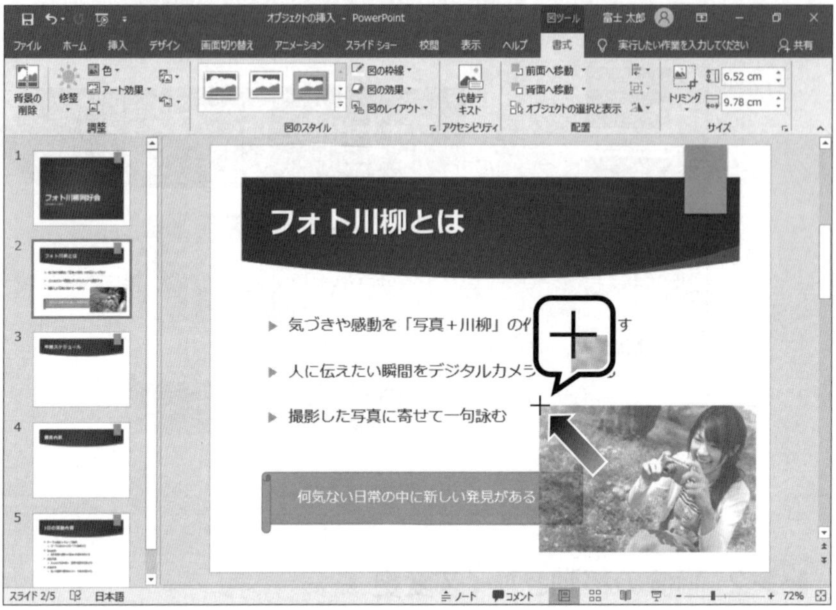

⑦画像のサイズが変更されます。

配置ガイド

プレースホルダーや画像など、複数のオブジェクトが配置されているスライドで、オブジェクトを移動するときに、赤やグレーの点線が表示されます。これを「配置ガイド」といいます。配置されているオブジェクトの位置をそろえるときに便利です。

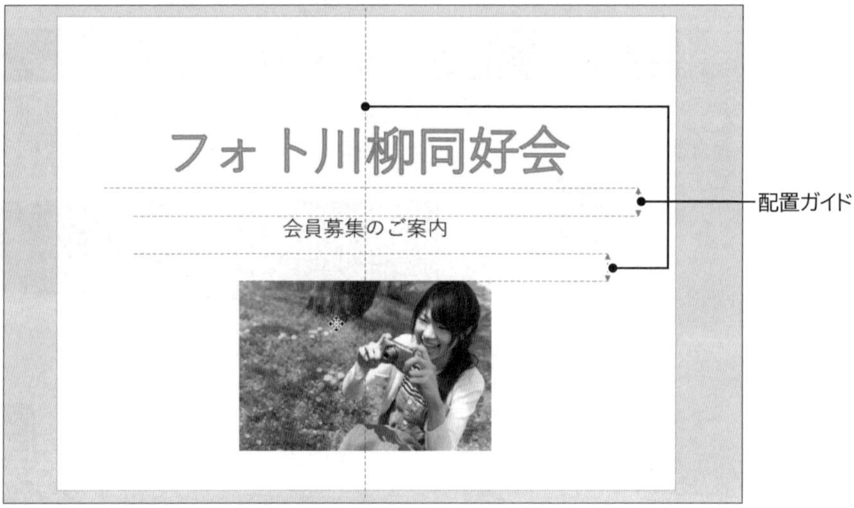

4　オブジェクトの表示順序の変更

画像や図形などのオブジェクトをスライドに複数挿入すると、あとから挿入したオブジェクトが前面に表示されます。オブジェクトの表示順序は変更できます。
画像が図形の背面に表示されるように表示順序を変更しましょう。

①画像が選択されていることを確認します。
※画像と図形が重なっていない場合は、画像を移動して重ねておきましょう。
②《書式》タブ→《配置》グループの 背面へ移動 (背面へ移動) をクリックします。
③画像が図形の背面に移動します。

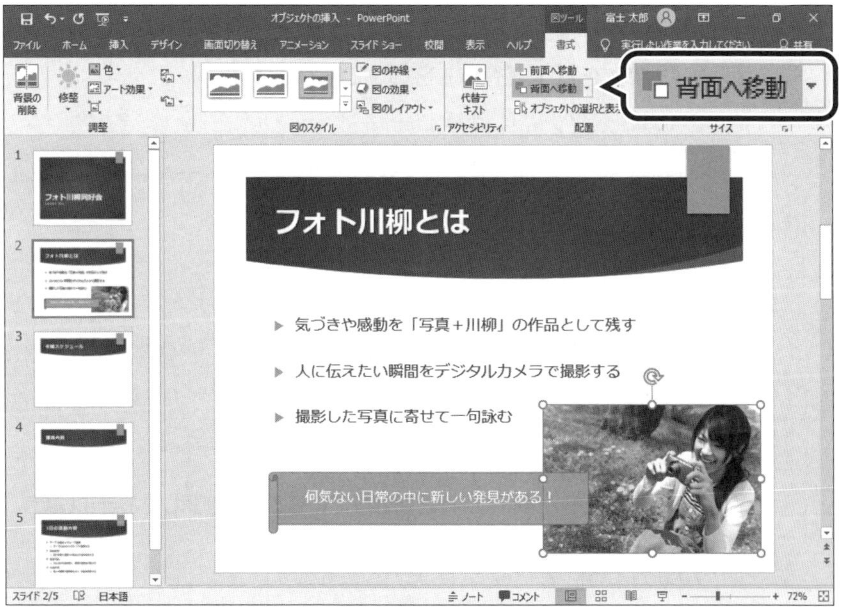

More その他の方法（表示順序の変更）

◆オブジェクトを右クリック→《最前面へ移動》／《最背面へ移動》

Point! 表示順序の変更

表示順序の変更には、次の4つのコマンドが用意されています。

コマンド	説明
最前面へ移動	選択しているオブジェクトが一番前に表示されます。
前面へ移動	選択しているオブジェクトがひとつ前に表示されます。
最背面へ移動	選択しているオブジェクトが一番後ろに表示されます。
背面へ移動	選択しているオブジェクトがひとつ後ろに表示されます。

5　表の作成

スライドには表を配置できます。表を使うと、項目ごとにデータが並ぶので、読み取りやすくなります。

▶▶1　表の挿入

スライド3に2列7行の表を作成しましょう。

①スライド3を選択します。

②コンテンツ用のプレースホルダーの（表の挿入）をクリックします。

③《表の挿入》ダイアログボックスが表示されます。

④《列数》を「2」、《行数》を「7」に設定します。

⑤《OK》をクリックします。

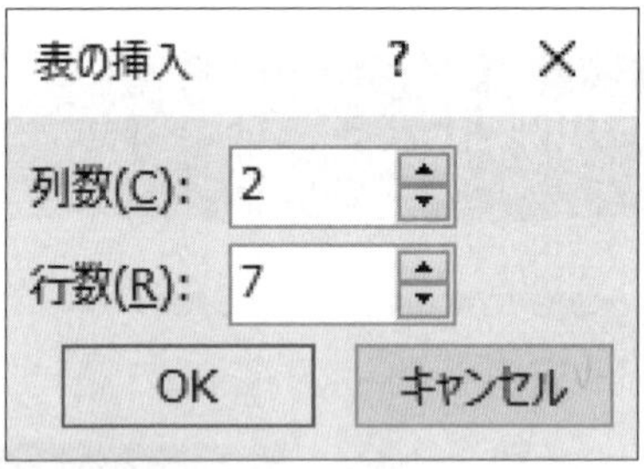

⑥表が作成されます。

※表の周囲に枠が表示され、選択されていることを確認しておきましょう。

※表には、あらかじめスタイルが適用されています。

⑦図のように表に文字を入力します。

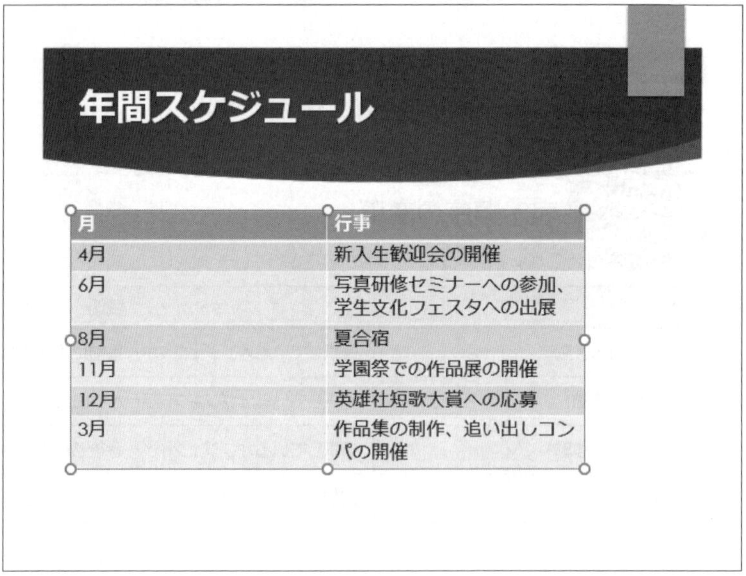

More　その他の方法（表の挿入）

◆《挿入》タブ→《表》グループの（表の追加）

▶▶2 表のスタイルの適用

「表のスタイル」とは、表を装飾するための書式の組み合わせです。罫線や塗りつぶしなどがあらかじめ設定されており、表の体裁を瞬時に整えることができます。作成した表には、自動的にスタイルが適用されますが、あとからスタイルの種類を変更できます。
表にスタイル「テーマ スタイル1-アクセント3」を適用しましょう。

①表を選択します。

②《表ツール》の《デザイン》タブ→《表のスタイル》グループの（その他）→《ドキュメントに最適なスタイル》の《テーマ スタイル1-アクセント3》（左から4番目、上から1番目）をクリックします。

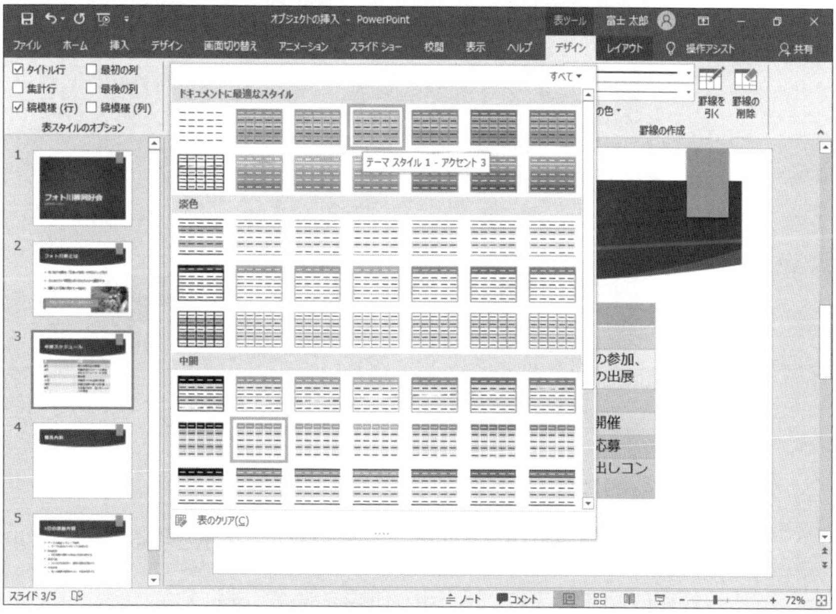

③表にスタイルが適用されます。

Point! 表スタイルのオプションの設定

《表ツール》の《デザイン》タブ→《表スタイルのオプション》グループを使うと、最初の行や列、最後の行や列を強調したり、縞模様で表示したりして、表の見栄えを簡単に変更できます。

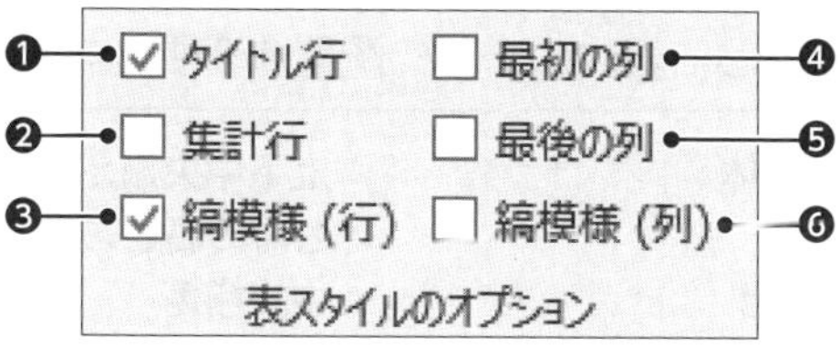

❶タイトル行
☑にすると、表の最初の行が強調されます。

❷集計行
☑にすると、表の最後の行が強調されます。

❸縞模様（行）
☑にすると、行方向の縞模様が設定されます。

❹最初の列
☑にすると、表の最初の列が強調されます。

❺最後の列
☑にすると、表の最後の列が強調されます。

❻縞模様（列）
☑にすると、列方向の縞模様が設定されます。

More 表のスタイルのクリア

表に適用されているスタイルをクリアして、罫線だけの表にする方法は、次のとおりです。

◆表を選択→《表ツール》の《デザイン》タブ→《表のスタイル》グループの（その他）→《表のクリア》

Let's Try ためしてみよう【4】

●スライド3

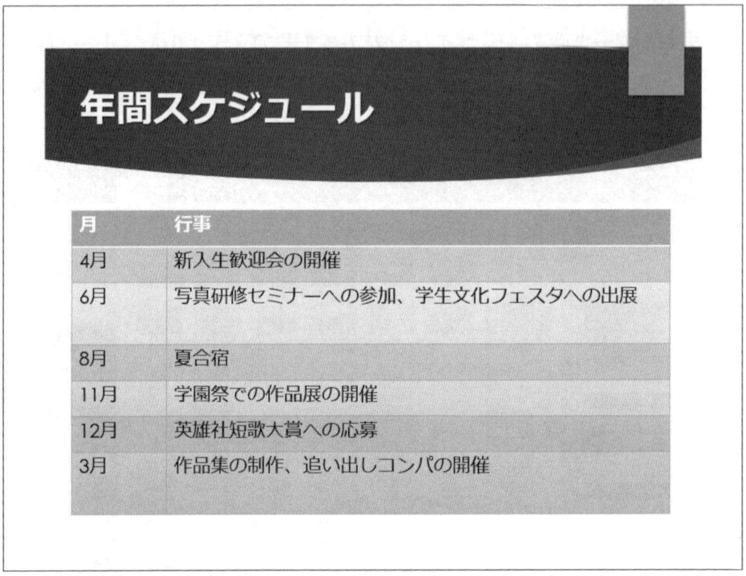

①完成図を参考に、表のサイズを調整しましょう。

Hint 表のサイズ変更は、表を選択して表示される○（ハンドル）をドラッグします。

②完成図を参考に、1列目の列幅を調整しましょう。

Hint 列幅の変更は、列の境界線をポイントし、マウスポインターの形が+||+の状態でドラッグします。

▶▶3 セル内の文字の配置

セル内の文字は、水平方向および垂直方向でそれぞれ配置を変更できます。
初期の設定では、水平方向は左揃え、垂直方向は上揃えになっています。
次のように表内の文字の配置を変更しましょう。

表全体	**：上下中央揃え**
	セルの高さを揃える
1行目	**：中央揃え**
月が入力されているセル	**：右揃え**

①表を選択します。

②《レイアウト》タブ→《配置》グループの（上下中央揃え）をクリックします。

③《レイアウト》タブ→《セルのサイズ》グループの（高さを揃える）をクリックします。

④1行目の左側をポイントします。

⑤マウスポインターの形が➡に変わったら、クリックします。

⑥1行目が選択されます。

⑦《レイアウト》タブ→《配置》グループの (中央揃え) をクリックします。

⑧「4月」のセルから「3月」のセルまでドラッグして選択します。

⑨《レイアウト》タブ→《配置》グループの (右揃え) をクリックします。

⑩表内の文字の配置が変更されます。

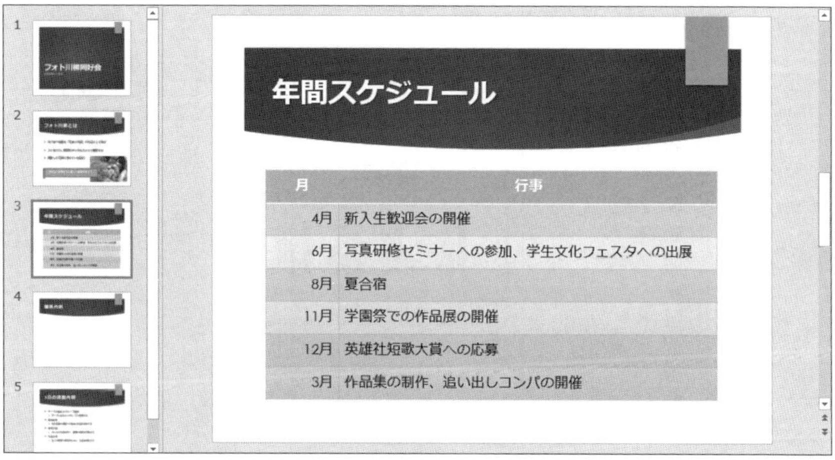

Point! **表の選択**

表の各部を選択する方法は、次のとおりです。

選択対象	操作方法
表全体	表内をクリック→表の周囲の枠線をクリック
セル	セル内の左端をマウスポインターの形が⬈の状態でクリック
隣接する複数のセル範囲	開始セルから終了セルまでドラッグ
行	行の左側をマウスポインターの形が➡の状態でクリック
列	列の上側をマウスポインターの形が⬇の状態でクリック

6 グラフの作成

スライドにはグラフを配置できます。PowerPointでグラフを作成すると、専用のワークシートが表示されます。このワークシートにグラフに必要なデータを入力すると、スライド上にグラフが作成されます。
スライド4に学年別の部員数を表す棒グラフを作成しましょう。

①スライド4を選択します。

②コンテンツ用のプレースホルダーの（グラフの挿入）をクリックします。

③《グラフの挿入》ダイアログボックスが表示されます。

④左側の一覧から《縦棒》を選択します。

⑤右側の一覧から（集合縦棒）を選択します。

⑥《OK》をクリックします。

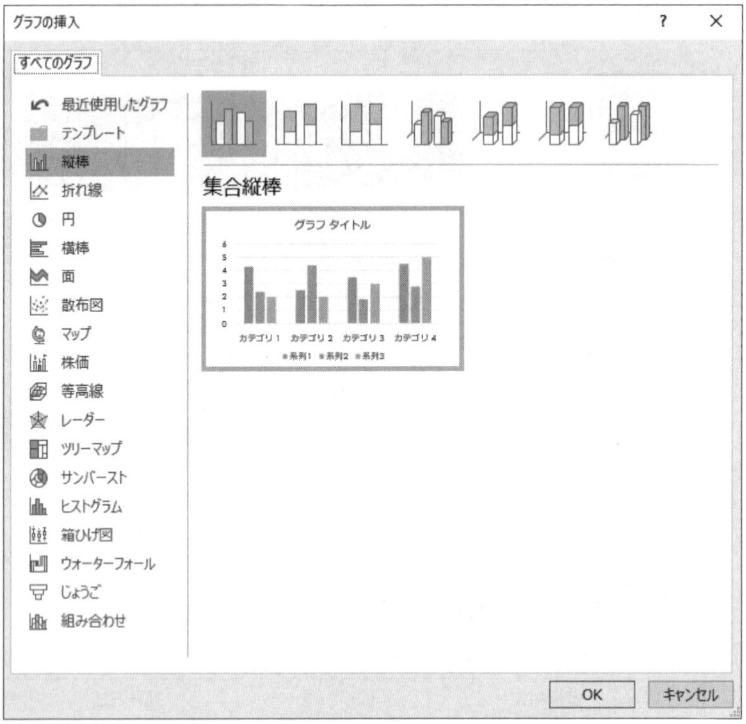

⑦ワークシートが表示され、仮データでグラフが作成されます。

※グラフには、あらかじめスタイルが適用されています。

⑧ワークシートに入力されている仮データと、PowerPointのグラフが対応していることを確認します。

⑨図のようにデータを入力します。

※あらかじめ入力されているデータを上書きします。

※セル範囲【D1:D5】のデータはクリアしておきましょう。データをクリアするには、セル範囲を選択して Delete を押します。

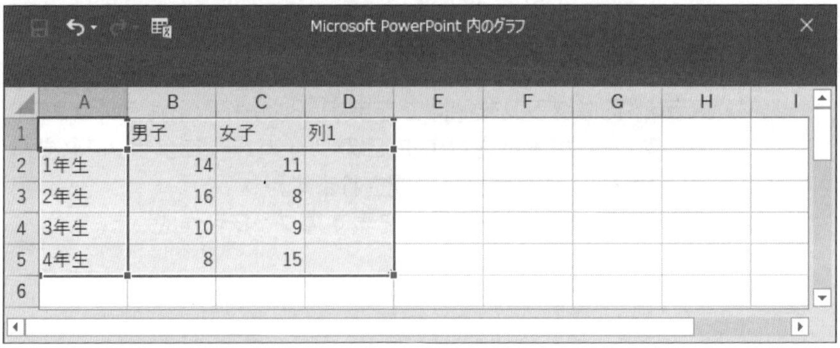

⑩ 入力したデータに応じて、グラフが更新されます。

⑪ ワークシートのウィンドウのセル【D5】の右下の■（ハンドル）をポイントします。

⑫ マウスポインターの形が↘に変わったら、セル【C5】までドラッグします。

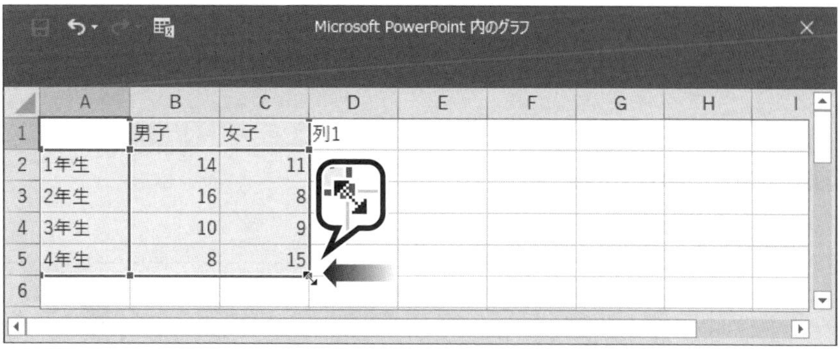

⑬ グラフのもとになるデータ範囲が変更されます。

⑭ ワークシートのウィンドウの × （閉じる）をクリックし、ワークシートを閉じます。

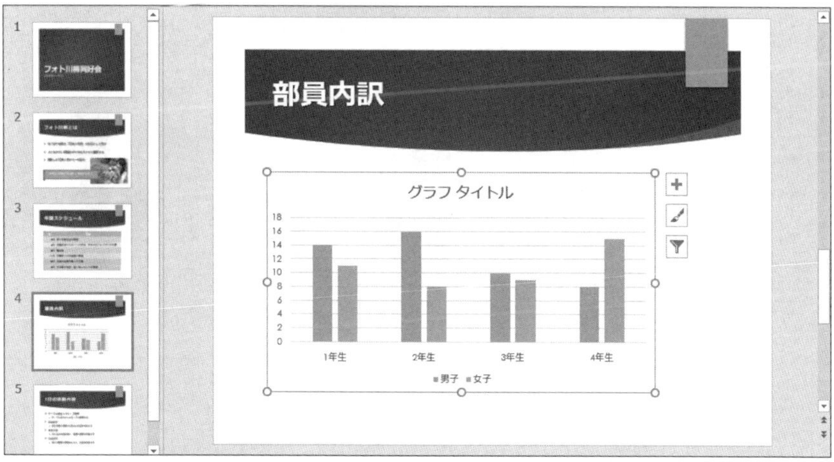

More その他の方法（グラフの挿入）

◆《挿入》タブ→《図》グループの グラフ （グラフの追加）

Point! グラフのもとになるデータの修正

作成したグラフのもとのデータは、ワークシートまたはExcelウィンドウで修正できます。
作成したグラフのもとのデータを修正する方法は、次のとおりです。

ワークシートで修正する

◆グラフを選択→《グラフツール》の《デザイン》タブ→《データ》グループの （データを編集します）

Excelウィンドウで修正する

◆グラフを選択→《グラフツール》の《デザイン》タブ→《データ》グループの データの編集 （データを編集します）の データの編集 →《Excelでデータを編集》

Point! グラフのデータ範囲の調整

グラフのもとになるデータ範囲が意図するとおりに表示されない場合は、Excelウィンドウでデータ範囲を設定し直す必要があります。Excelウィンドウの■をドラッグして、データ範囲の終了位置を正確に設定します。

Point!

グラフの種類の変更

グラフを作成したあとに、グラフの種類を変更できます。
グラフの種類を変更する方法は、次のとおりです。

◆グラフを選択→《グラフツール》の《デザイン》タブ→《種類》グループの（グラフの種類の変更）

Let's Try　ためしてみよう【5】

●スライド4

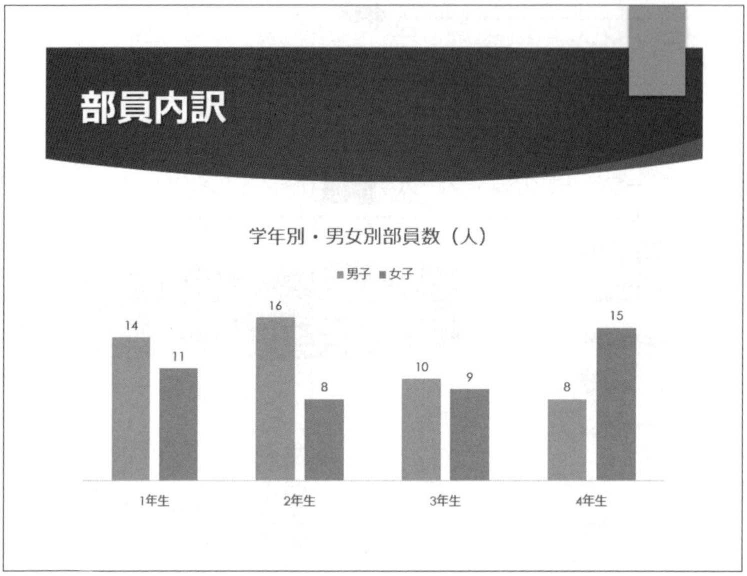

①グラフにレイアウト「レイアウト2」を適用しましょう。

Hint 《グラフツール》の《デザイン》タブ→《グラフのレイアウト》グループの（クイックレイアウト）を使います。

②グラフに「学年別・男女別部員数（人）」というタイトルを設定しましょう。

③グラフの配色を「カラフルなパレット3」に変更しましょう。

Hint 《グラフツール》の《デザイン》タブ→《グラフスタイル》グループの（グラフクイックカラー）を使います。

④完成図を参考に、グラフのサイズを調整しましょう。

7　箇条書きテキストをSmartArtグラフィックに変換

スライドに入力済みの箇条書きテキストを、SmartArtグラフィックに変換できます。変換すると、箇条書きテキストの文字がテキストウィンドウにそのまま反映されます。
スライド5の箇条書きテキストをSmartArtグラフィックに変換しましょう。

①スライド5を選択します。

②箇条書きテキストのプレースホルダーを選択します。

③《ホーム》タブ→《段落》グループの　（SmartArtグラフィックに変換）→《その他のSmartArtグラフィック》をクリックします。

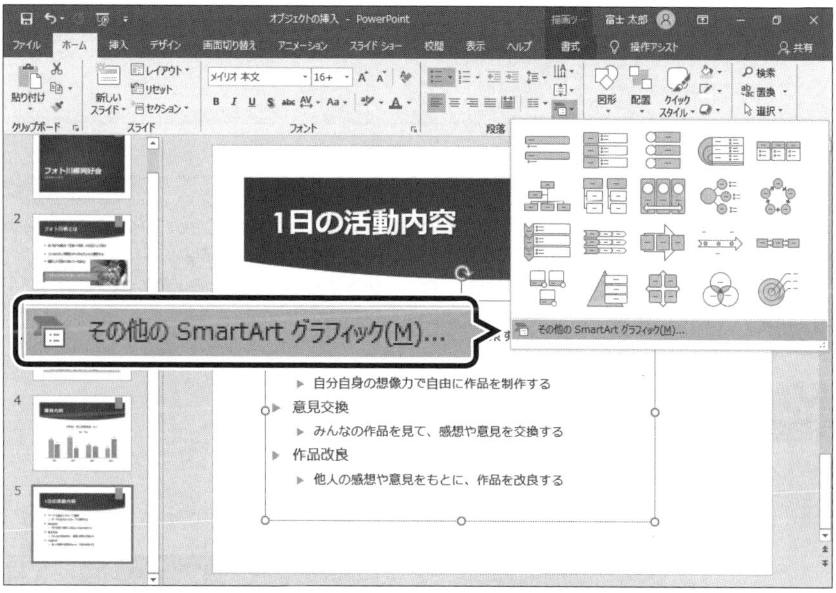

④《SmartArtグラフィックの選択》ダイアログボックスが表示されます。

⑤左側の一覧から《手順》を選択します。

⑥中央の一覧から《分割ステップ》を選択します。

⑦《OK》をクリックします。

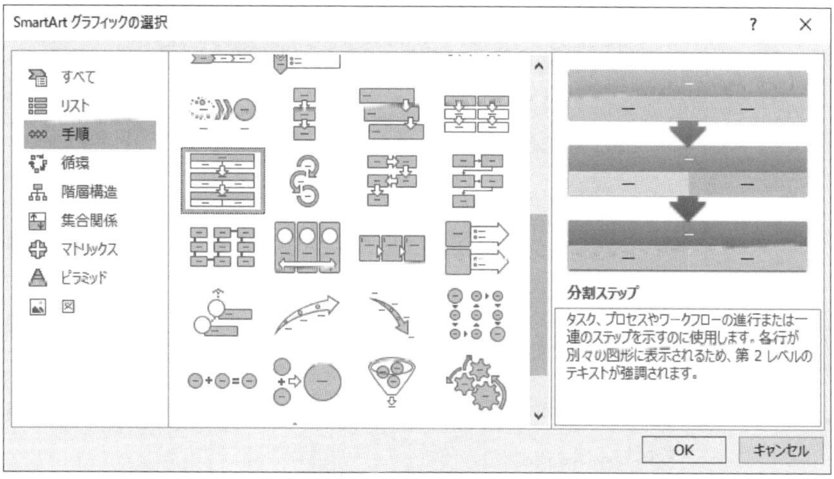

⑧箇条書きテキストがSmartArtグラフィックに変換されます。

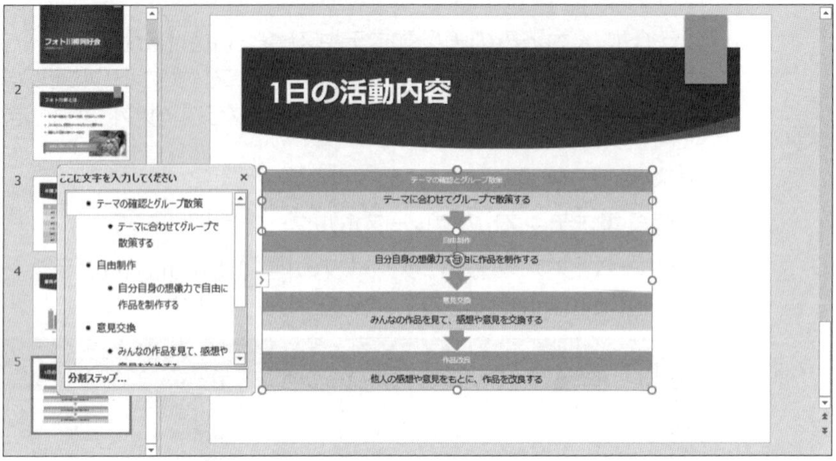

More SmartArtグラフィックの変換

SmartArtグラフィックを箇条書きテキストに変換してもとに戻したり、図形に変換して個々に分割したりできます。
SmartArtグラフィックを箇条書きテキストや図形に変換する方法は、次のとおりです。

◆SmartArtグラフィックを選択→《SmartArtツール》の《デザイン》タブ→《リセット》グループの（SmartArtを図形またはテキストに変換）

Let's Try ためしてみよう【6】

●スライド5

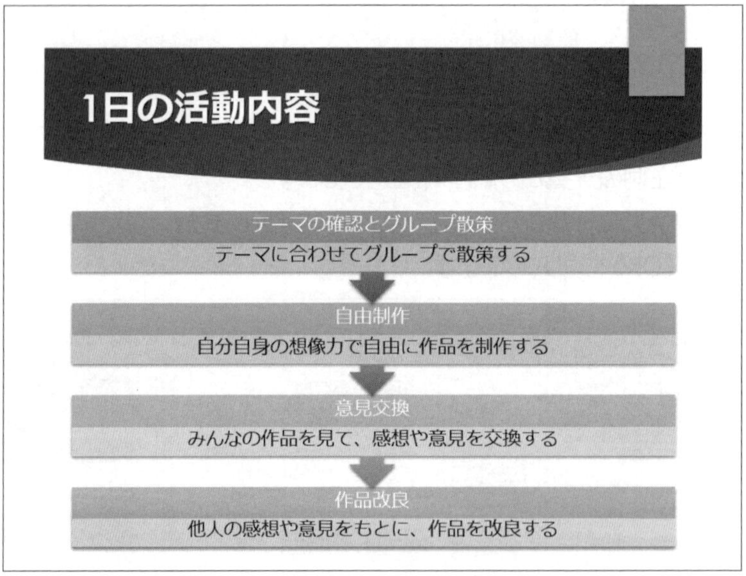

①SmartArtグラフィックに色「カラフル-全アクセント」とスタイル「グラデーション」を適用しましょう。

②SmartArtグラフィック内のすべての文字のフォントサイズを「18」ポイントに設定しましょう。

③完成図を参考に、SmartArtグラフィックのサイズを調整しておきましょう。

※プレゼンテーションに任意の名前を付けて保存し、プレゼンテーションを閉じておきましょう。

Step4 プレゼンテーションの構成を変更しよう

1 スライド一覧表示への切り替え

スライドの入れ替え、コピー、削除などの操作を行う場合は、プレゼンテーション全体のスライドが一覧で表示される「**スライド一覧表示**」に切り替えて行うと効率的です。
スライド一覧表示に切り替えましょう。

OPEN

フォルダー「プレゼンテーション編」のプレゼンテーション「プレゼンテーションの構成」を開いておきましょう。

① ステータスバーの［□］（スライド一覧）をクリックします。

② スライド一覧表示に切り替わります。

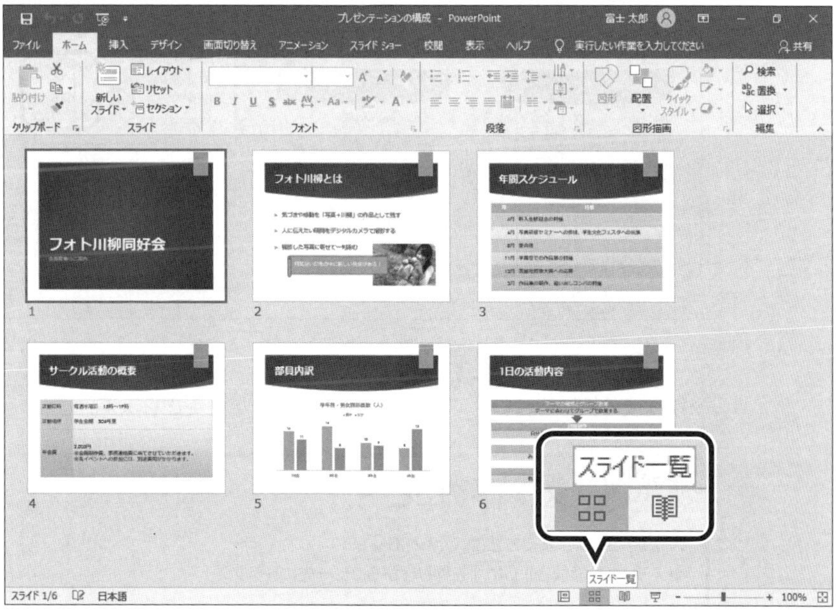

More その他の方法（スライド一覧への切り替え）

◆《表示》タブ→《プレゼンテーションの表示》グループの［スライド一覧］（スライド一覧表示）

More 表示倍率の変更

標準表示だけでなく、スライド一覧表示でもスライドの表示倍率を変更できます。画面にたくさんのスライドを表示したい場合には、表示倍率を縮小しましょう。スライドの文字を大きくして確認したい場合には、表示倍率を拡大しましょう。
表示倍率を変更する方法は、次のとおりです。
◆ステータスバーのズームの［-］（縮小）または［+］（拡大）をクリック

2　スライドの移動

スライド3をスライド6の後ろに移動し、スライドの順番を入れ替えましょう。

①スライド3を選択します。

②スライド3をスライド6の位置にドラッグします。
※ドラッグ中、マウスポインターの形が に変わります。

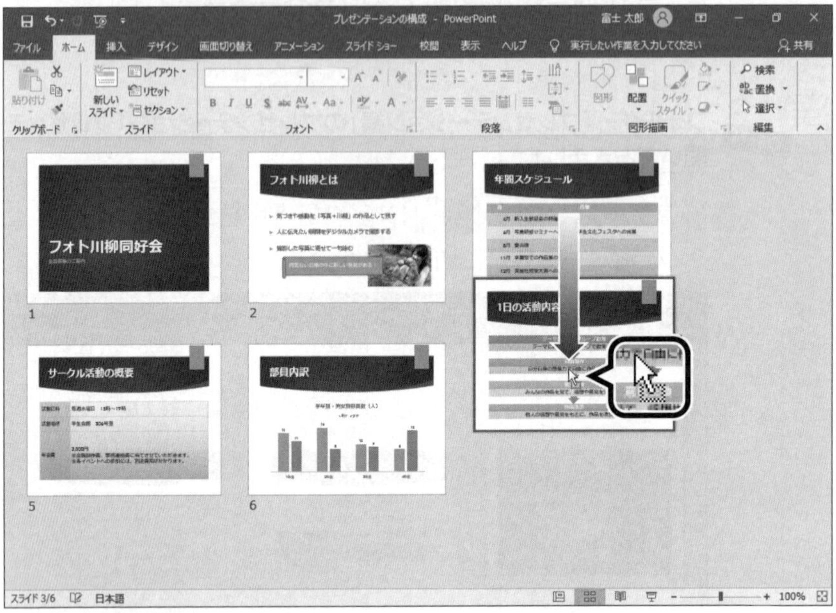

③スライドが移動します。
※移動後の結果に合わせて、スライド左下の番号が変更されます。

Point!　スライドのコピー

スライドをコピーする方法は、次のとおりです。
◆スライドを選択→［Ctrl］を押しながらコピー先にドラッグ

Point!　スライドの削除

スライドを削除する方法は、次のとおりです。
◆スライドを選択→［Delete］

3　標準表示に戻す

表示モードをスライド一覧から標準に戻す方法には、ステータスバーのボタンを使うほかに、スライドをダブルクリックする方法があります。
ダブルクリックしたスライドがスライドペインに表示されます。
表示モードをスライド一覧から標準に戻しましょう。

①スライド1をダブルクリックします。

②表示モードが標準に戻り、スライド1がスライドペインに表示されます。
※プレゼンテーションに任意の名前を付けて保存し、プレゼンテーションを閉じておきましょう。

Step5 プレゼンテーションに動きを設定しよう

1 画面切り替え効果の設定

「画面切り替え効果」を設定すると、スライドショーでスライドが切り替わるときに変化を付けることができます。モザイク状に徐々に切り替える、扉が中央から開くように切り替える、回転しながら切り替えるなど、様々な切り替えが可能です。画面切り替え効果は、スライドごとに異なる効果を設定したり、すべてのスライドに同じ効果を設定したりできます。
スライド1に「ギャラリー」の画面切り替え効果を設定しましょう。次に、同じ画面切り替え効果をすべてのスライドに適用しましょう。

OPEN

フォルダー「プレゼンテーション編」のプレゼンテーション「特殊効果の設定」を開いておきましょう。

①スライド1を選択します。

②《画面切り替え》タブ→《画面切り替え》グループの ▼ (その他)→《はなやか》の《ギャラリー》をクリックします。

③スライド1に画面切り替え効果が設定されます。
※サムネイルペインのスライド1に★が表示されていることを確認しておきましょう。

④《画面切り替え》タブ→《タイミング》グループの すべてに適用 (すべてに適用)をクリックします。

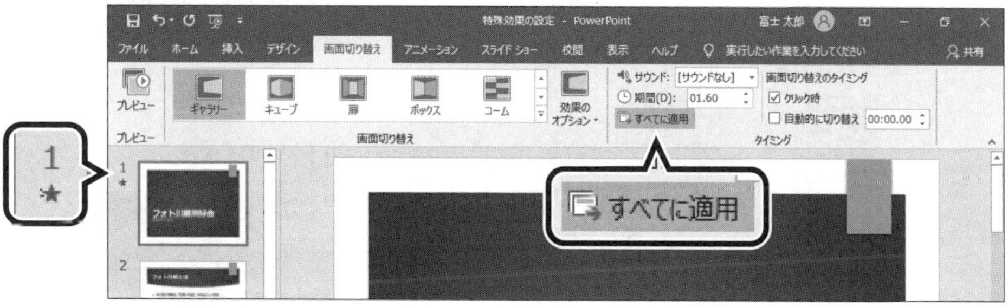

⑤すべてのスライドに画面切り替え効果が設定されます。
※サムネイルペインのすべてのスライドに★が表示されていることを確認しておきましょう。
※スライドショーを実行して、画面切り替え効果を確認しておきましょう。

Point! 効果のオプションの設定

画面切り替え効果の種類によっては、動きをアレンジできるものがあります。
効果のオプションを設定する方法は、次のとおりです。
◆《画面切り替え》タブ→《画面切り替え》グループの （効果のオプション）

More 画面切り替え効果の解除

設定した画面切り替え効果を解除する方法は、次のとおりです。
◆スライドを選択→《画面切り替え》タブ→《画面切り替え》グループの （その他）→《弱》の《なし》
※すべてのスライドの画面切り替え効果を解除するには、《なし》を適用後、《画面切り替え》タブ→《タイミング》グループの すべてに適用 （すべてに適用）をクリックします。

2　アニメーションの設定

「アニメーション」とは、スライド上のタイトルや箇条書きテキスト、画像などのオブジェクトに対して、動きを付ける効果のことです。波を打つように揺らす、ピカピカと点滅させる、徐々に拡大するなど、様々なアニメーションが用意されています。アニメーションを使うと、重要な箇所が強調され、見る人の注目を集めることができます。

▶▶1　アニメーションの設定

アニメーションは、対象のオブジェクトを選択してから設定します。
スライド2に作成した図形が表示されるときのアニメーションとして、「ワイプ」を設定しましょう。

①スライド2を選択します。
②図形を選択します。
③《アニメーション》タブ→《アニメーション》グループの （その他）→《開始》の《ワイプ》をクリックします。

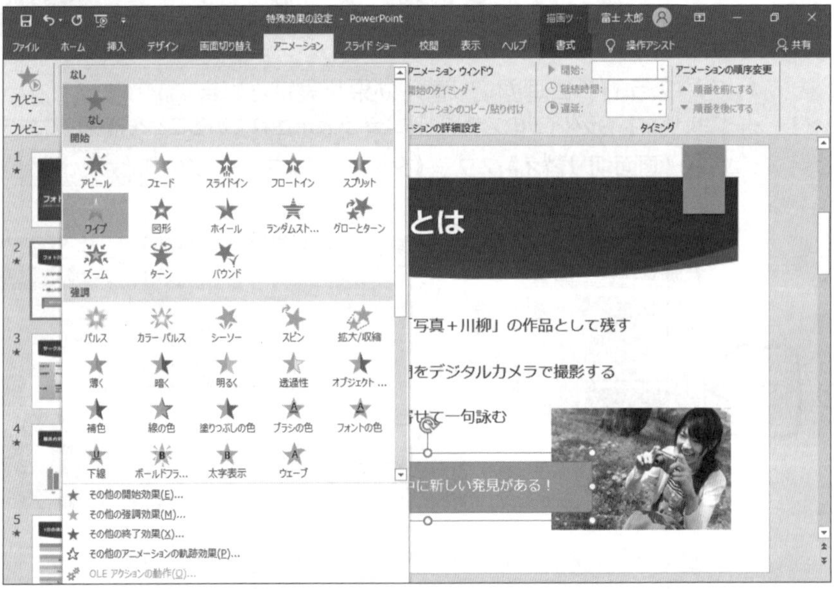

④アニメーションが設定されます。

⑤図形の左側に「1」が表示されていることを確認します。

※この番号は、アニメーションの再生順序を表します。

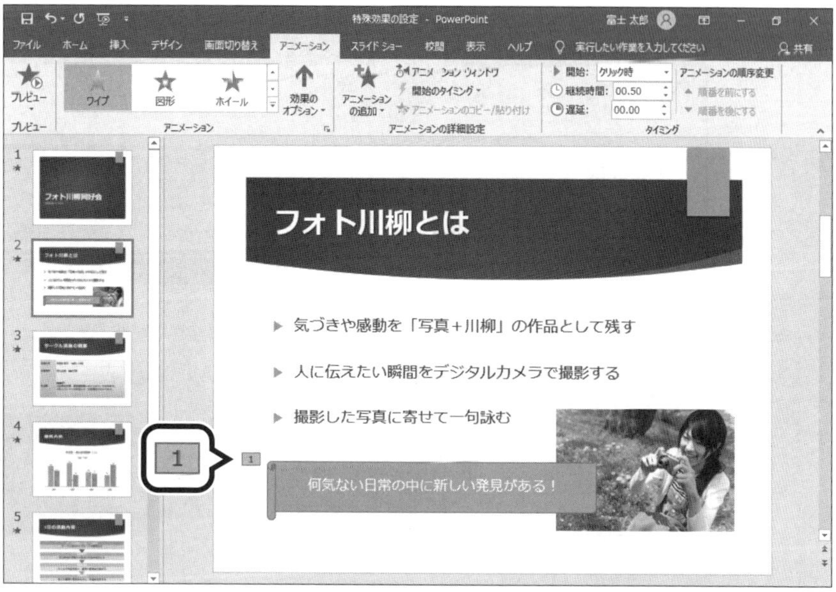

※アニメーションはスライドショー実行中にクリックまたは Enter で再生されます。

※スライドショーを実行して、アニメーションの動きを確認しておきましょう。

More アニメーションの解除

設定したアニメーションを解除する方法は、次のとおりです。

◆オブジェクトを選択→《アニメーション》タブ→《アニメーション》グループの ▼ (その他)→《なし》の《なし》

More アニメーションの種類

アニメーションの種類には、次の4つがあります。

種類	説明
開始	オブジェクトが表示されるときのアニメーションです。
強調	オブジェクトが表示されてからのアニメーションです。
終了	オブジェクトを非表示にするときのアニメーションです。
アニメーションの軌跡	オブジェクトがスライド上を移動するアニメーションです。

More アニメーションの再生順序の変更

アニメーションを設定すると表示される「1」や「2」の番号は、アニメーションが再生される順番を示しています。この番号は、アニメーションを設定した順番に振られますが、あとから入れ替えることができます。

アニメーションの再生順序を変更する方法は、次のとおりです。

◆オブジェクトを選択→《アニメーション》タブ→《タイミング》グループの ▲ 順番を前にする (順番を前にする)／ ▼ 順番を後にする (順番を後にする)

▶▶2 効果のオプションの設定

アニメーションの種類によっては、動きをアレンジできるものがあります。例えば、上からの動きを下からの動きに変更したり、中央からの動きを外側からの動きに変更したりできます。

「ワイプ」のアニメーションに効果のオプションを設定して、「下から」表示される動きを「左から」表示される動きに変更しましょう。

①図形を選択します。

②《アニメーション》タブ→《アニメーション》グループの（効果のオプション）→《左から》をクリックします。

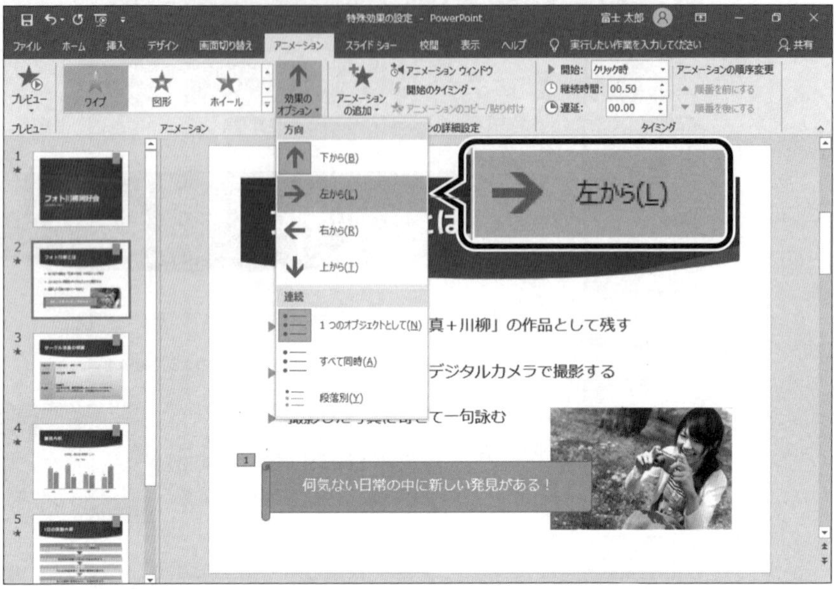

※スライドショーを実行して、アニメーションの動きの変化を確認しておきましょう。

More アニメーションの開始のタイミング

初期の設定では、アニメーションはスライドショー実行中にクリックまたは Enter で再生されますが、ほかのアニメーションの動きに合わせて自動的に再生させることもできます。
アニメーションを再生するタイミングは、《アニメーション》タブ→《タイミング》グループの《開始》で設定します。

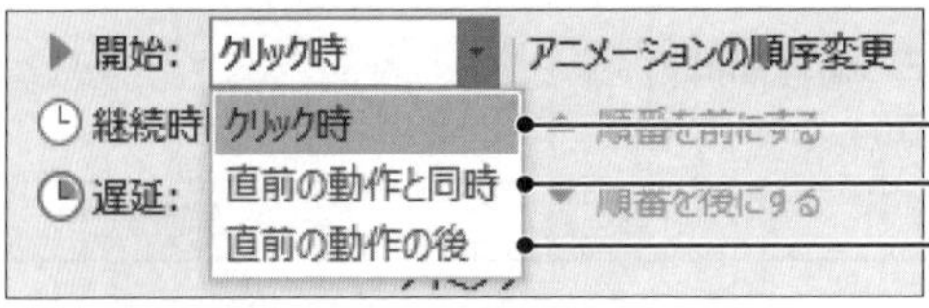

❶クリック時
スライドショー実行中、マウスをクリックすると再生します。

❷直前の動作と同時
直前のアニメーションが再生されるのと同時に再生します。

❸直前の動作の後
直前のアニメーションが再生されたあと、すぐに再生します。

Let's Try ためしてみよう【7】

①スライド2の画像が表示されるときのアニメーションとして、「ホイール」を設定しましょう。

②「ホイール」のアニメーションに効果のオプションを設定して、「1スポーク」から「8スポーク」に動きを変更しましょう。

③スライド5のSmartArtグラフィックが表示されるときのアニメーションとして、「フロートイン」を設定しましょう。

④「フロートイン」のアニメーションに効果のオプションを設定して、「1つのオブジェクトとして」から「レベル（個別）」に動きを変更しましょう。

※プレゼンテーションに任意の名前を付けて保存し、プレゼンテーションを閉じておきましょう。

Step6 プレゼンテーションを印刷しよう

1　印刷のレイアウト

作成したプレゼンテーションは、「**配布資料**」として1枚の用紙に複数のスライドを入れて印刷したり、発表者用の「**ノート**」として発表内容を含めて印刷したりできます。印刷のレイアウトには、次のようなものがあります。

●フルページサイズのスライド

1枚の用紙全面にスライドを1枚ずつ印刷します。

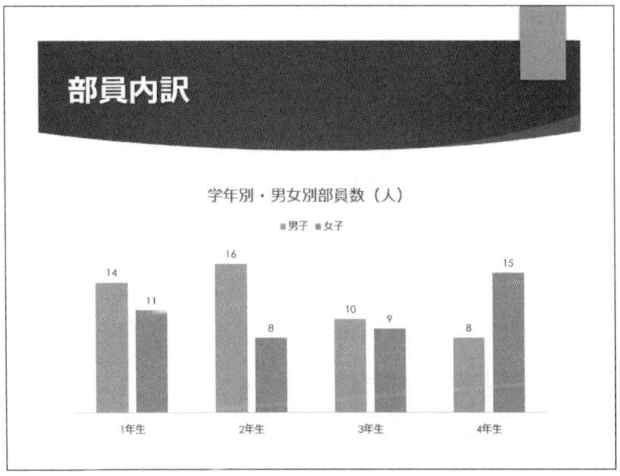

●ノート

スライドとノートペインに入力した内容をまとめて印刷します。

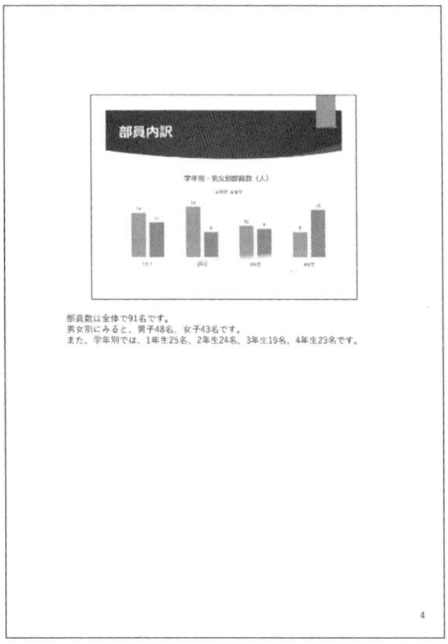

●アウトライン

スライド番号と文字が印刷され、画像や表、グラフは印刷されません。

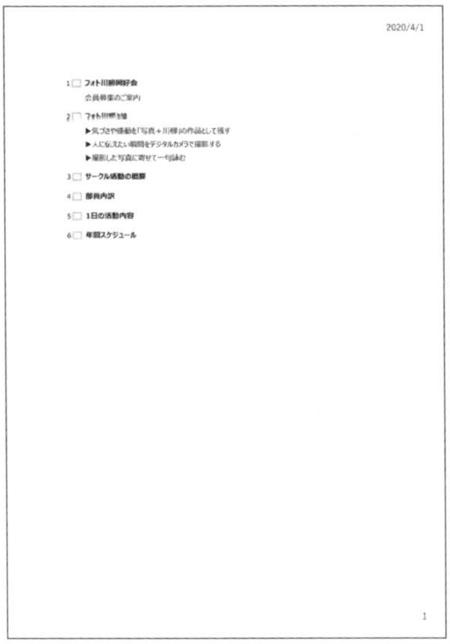

●配布資料

1枚の用紙にスライドの枚数を指定して印刷します。1枚の用紙に3枚のスライドを指定した場合は、用紙の右半分にメモを書き込む部分が配置されます。

2　印刷の実行

ノートペインに発表時の補足説明を入力し、ノートの形式で印刷しましょう。

▶▶1　ノートペインへの入力

「ノートペイン」とは、スライドに補足説明を書きこむ領域のことです。ノートペインの表示・非表示を切り替えるには、ステータスバーの ノート （ノート）をクリックします。
ノートペインを表示し、スライド4に補足説明を入力しましょう。

OPEN
フォルダー「プレゼンテーション編」のプレゼンテーション「プレゼンテーションの印刷」を開いておきましょう。

① ステータスバーの ノート （ノート）をクリックします。
② ノートペインが表示されます。
③ スライドペインとノートペインの境界線をポイントします。
④ マウスポインターの形が⇕に変わったら、上方向にドラッグします。

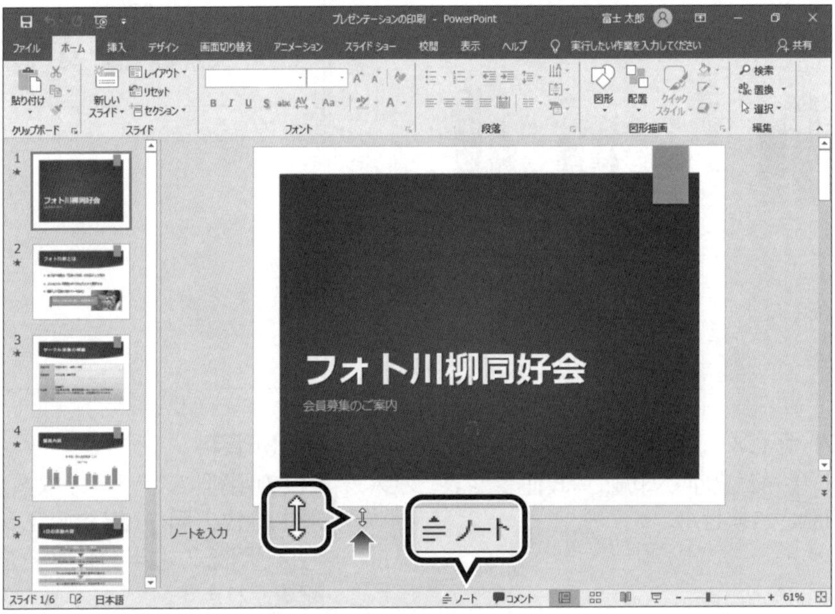

⑤ ノートペインのサイズが変更されます。
⑥ スライド4を選択します。
⑦ ノートペインの《**ノートを入力**》をクリックします。
⑧ 図のように文字を入力します。

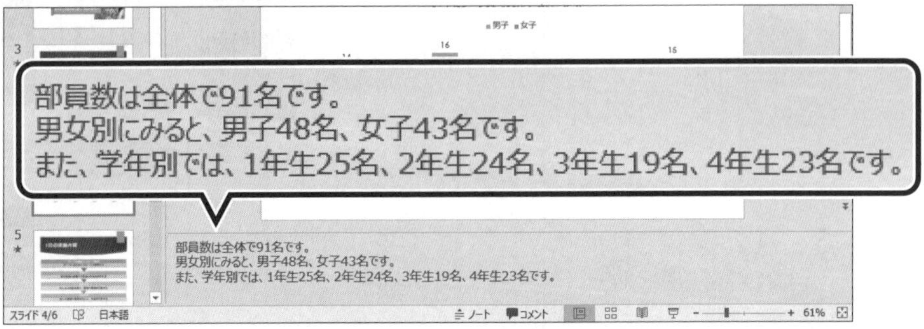

▶▶2 ノートの印刷

すべてのスライドをノートの形式で印刷しましょう。

①スライド1を選択します。

②《ファイル》タブ→《印刷》をクリックします。

③《設定》の《フルページサイズのスライド》→《印刷レイアウト》の《ノート》をクリックします。

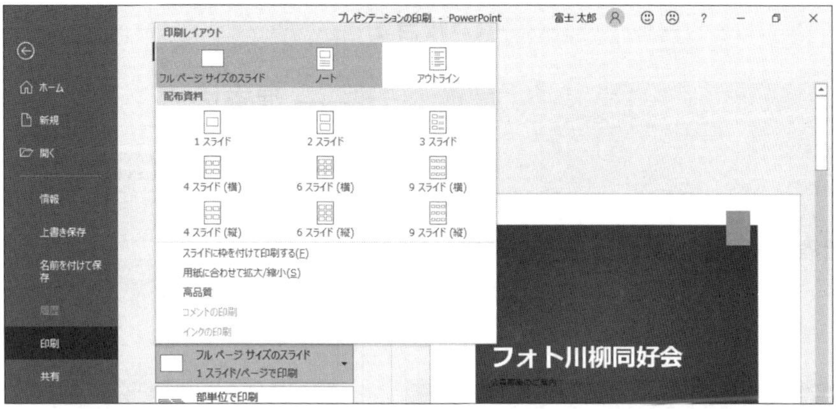

④印刷イメージが変更されます。

⑤ （次のページ）を3回クリックして4ページ目を表示します。

⑥ノートペインに入力した文字が表示されていることを確認します。

⑦《印刷》の《部数》が「1」になっていることを確認します。

⑧《印刷》をクリックします。

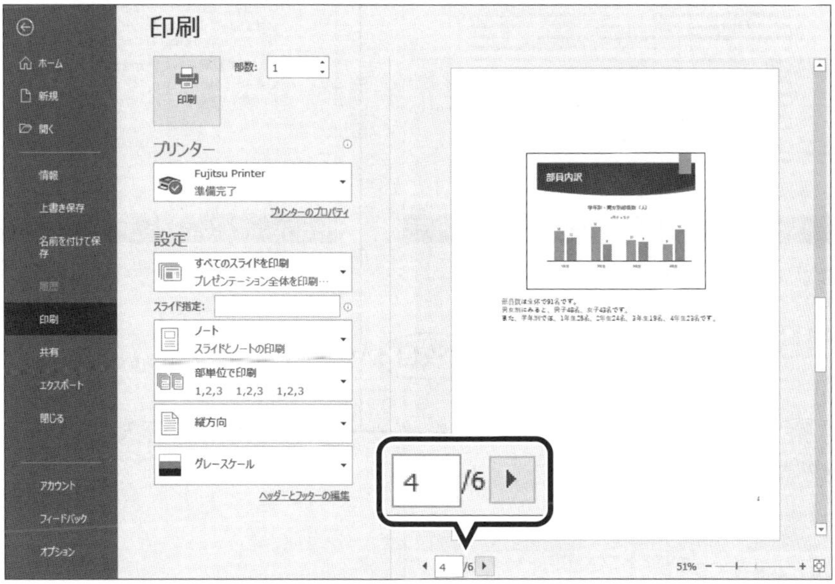

※ノートペインを非表示にしておきましょう。

※プレゼンテーションに任意の名前を付けて保存し、プレゼンテーションを閉じておきましょう。

More スライドのグレースケールまたは白黒表示

カラーで作成したスライドをモノクロプリンターで印刷すると、色の組み合わせによってはデータが見にくくなる場合があります。印刷を実行する前に色の濃淡を確認し、見にくい部分があった場合は調整します。

スライドをグレースケールまたは白黒で表示する方法は、次のとおりです。

◆《表示》タブ→《カラー/グレースケール》グループの グレースケール （グレースケール）／ 白黒 （白黒）

Step7　別のアプリのデータを利用しよう

1　作成するプレゼンテーションの確認

次のようなプレゼンテーションを作成しましょう。

1枚目

2枚目

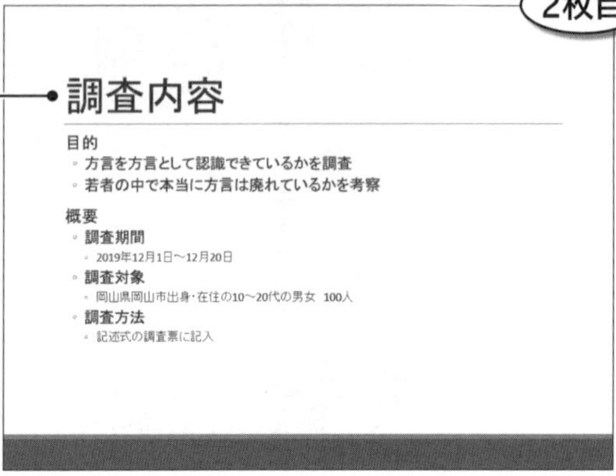

3枚目

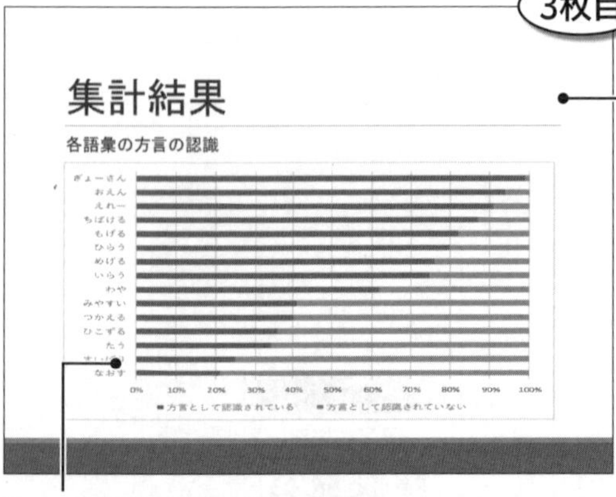

Excelブックの埋め込み・編集

4枚目

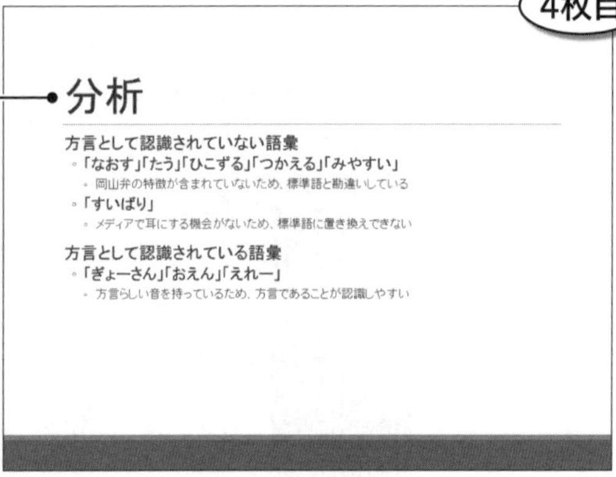

5枚目

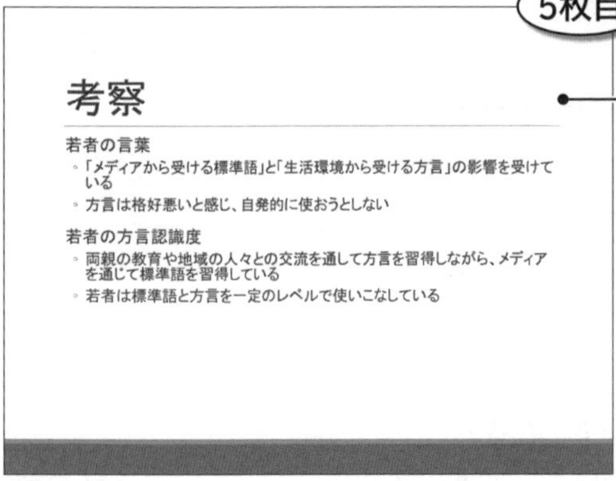

Wordの文書の挿入
スライドのリセット

2　Word文書の利用

Wordの文書を挿入して、PowerPointのスライドを作成できます。
Wordで「**見出し1**」を設定している段落は「**タイトル**」、「**見出し2**」から「**見出し4**」を設定している段落は「**箇条書きテキスト**」としてそれぞれ挿入されます。

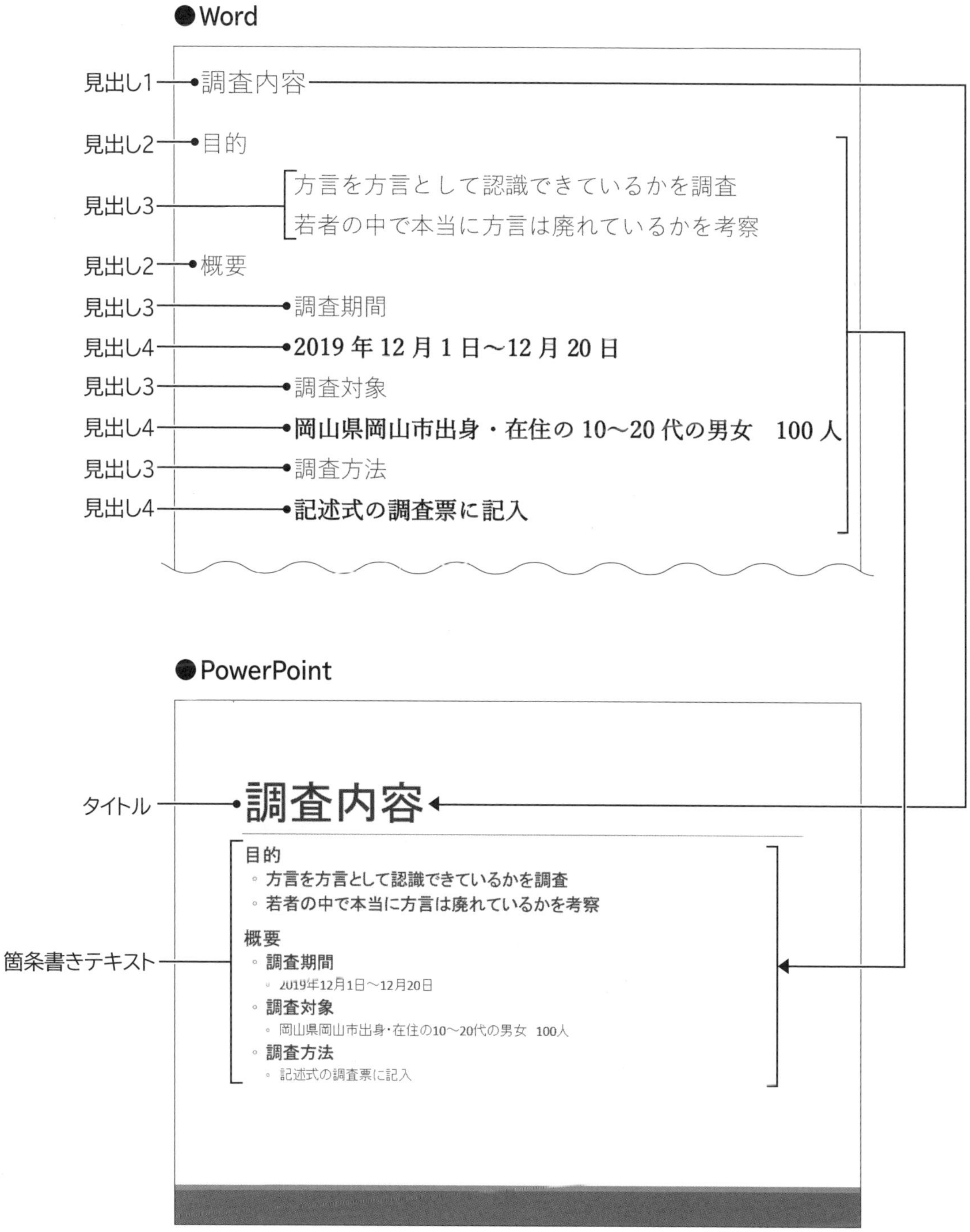

▶▶1 Word文書の挿入

スライド1の続きに、フォルダー「プレゼンテーション編」のWordの文書「レポート要点」を挿入しましょう。

※文書「レポート要点」には、あらかじめ「見出し1」から「見出し4」までのスタイルが設定されています。

OPEN **フォルダー「プレゼンテーション編」のプレゼンテーション「別のアプリのデータの利用」を開いておきましょう。**

① スライド1が選択されていることを確認します。

② **《ホーム》**タブ→**《スライド》**グループの 新しいスライド（新しいスライド）の 新しいスライド →**《アウトラインからスライド》**をクリックします。

③ **《アウトラインの挿入》**ダイアログボックスが表示されます。

④ ファイルの場所を選択します。

⑤ 一覧から「**レポート要点**」を選択します。

⑥ **《挿入》**をクリックします。

⑦ スライド2以降に文書「**レポート要点**」が挿入されます。

⑧ スライド2以降のタイトルと箇条書きテキストを確認します。

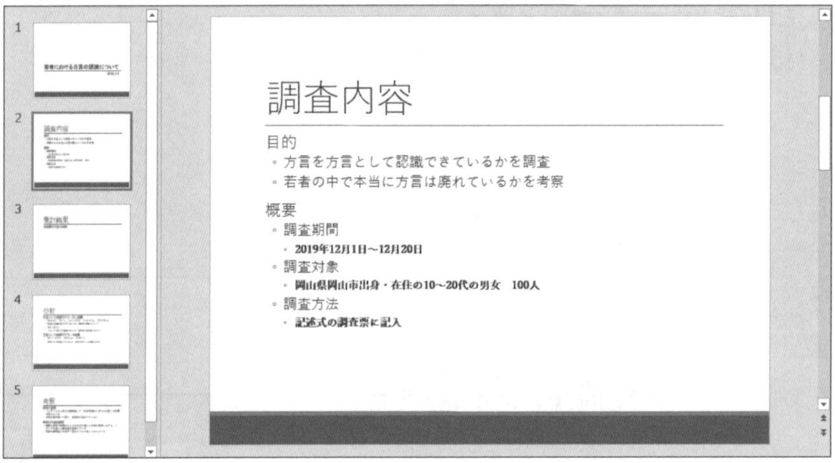

▶▶2 スライドのリセット

Wordの文書をPowerPointに挿入すると、Wordの文字だけでなく、書式の一部が一緒に取り込まれます。「**リセット**」を使うと、文字に設定されている書式や、スライドのプレースホルダーの位置、サイズも初期の状態に戻ります。

スライド2以降をリセットしましょう。

① スライド2を選択します。

② Shift を押しながらスライド5を選択します。

③ スライド2からスライド5がまとめて選択されます。

④《ホーム》タブ→《スライド》グループの リセット (リセット) をクリックします。

⑤スライドがリセットされます。

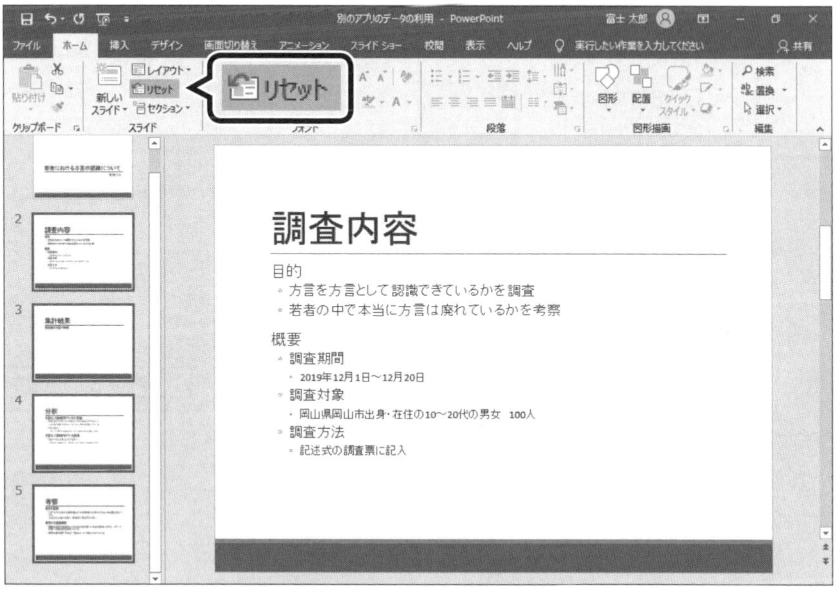

※サムネイルペインの任意のスライドをクリックし、複数のスライドの選択を解除しておきましょう。

More 複数のスライドの選択

複数のスライドを選択すると、まとめて操作対象にできます。

選択対象	操作方法
離れたスライドの選択	1枚目のスライドをクリック→ Ctrl を押しながら2枚目以降のスライドをクリック
連続するスライドの選択	最初のスライドをクリック→ Shift を押しながら最後のスライドをクリック
すべてのスライド	スライドを選択→ Ctrl + A

3 Excelブックの利用

Excelで作成した表やグラフをPowerPointのスライドにコピーして、貼り付けたり埋め込んだりできます。「埋め込み」を行うと、Excelで編集できるオブジェクトとしてスライドに配置されます。複数のシートから構成されるExcelのブックを埋め込むと、スライドにはアクティブシートの内容が表示されます。

▶▶1 Excelブックの埋め込み

スライド3にフォルダー「プレゼンテーション編」のExcelのブック「レポート-調査結果」を埋め込みましょう。

①スライド3を選択します。

②《挿入》タブ→《テキスト》グループの (オブジェクト) をクリックします。

③《オブジェクトの挿入》ダイアログボックスが表示されます。

④《ファイルから》を◉にします。

⑤《参照》をクリックします。

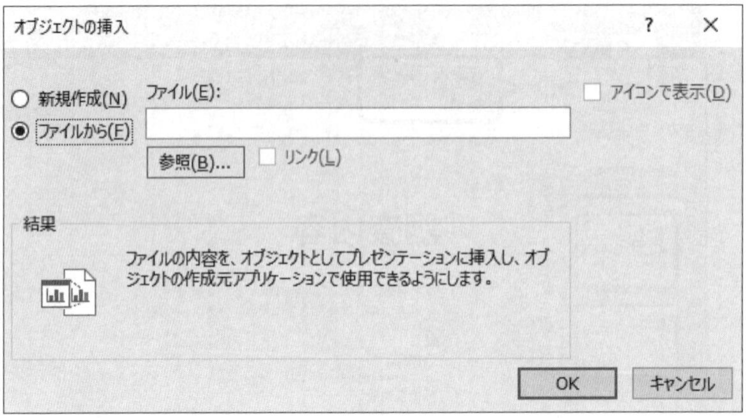

⑥《参照》ダイアログボックスが表示されます。

⑦ ファイルの場所を選択します。

⑧一覧から「レポート調査結果」を選択します。

⑨《OK》をクリックします。

⑩《オブジェクトの挿入》ダイアログボックスに戻ります。

⑪《OK》をクリックします。

⑫Excelのブック「レポート調査結果」が挿入されます。

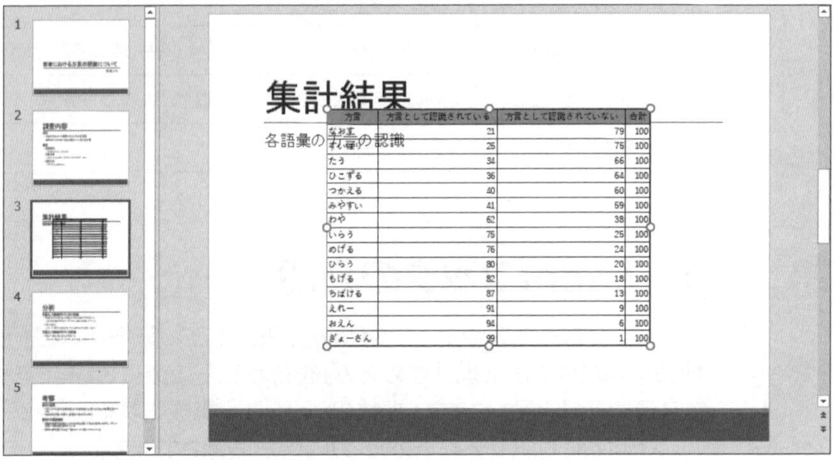

▶▶2 Excelブックの編集

埋め込んだExcelブックのシートを、別のシートに切り替えましょう。埋め込んだブックをダブルクリックすると、Excelのウィンドウで修正するような感覚で編集できます。

①表をダブルクリックします。

②周囲に斜線の枠線が表示され、枠内がExcelのシートになります。

※PowerPointのリボンがExcelのリボンに切り替わっていることを確認しておきましょう。

③ シート「集計グラフ」のシート見出しをクリックします。
※シート「集計グラフ」のシート見出しが表示されていない場合は、見出しスクロールボタンの ▶ をクリックします。

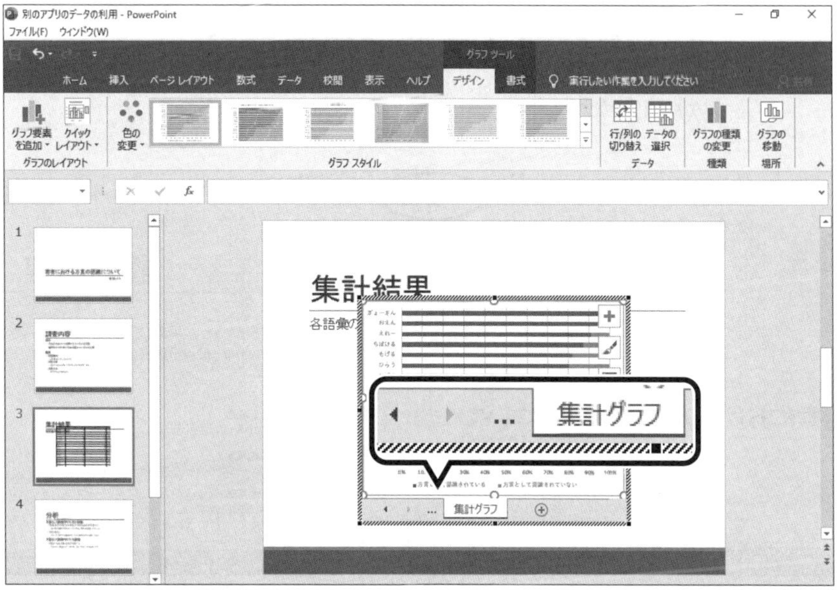

④ シートが切り替わり、グラフが表示されます。
⑤ グラフ以外の場所をクリックして、編集を終了します。
※グラフの位置やサイズを調整しておきましょう。

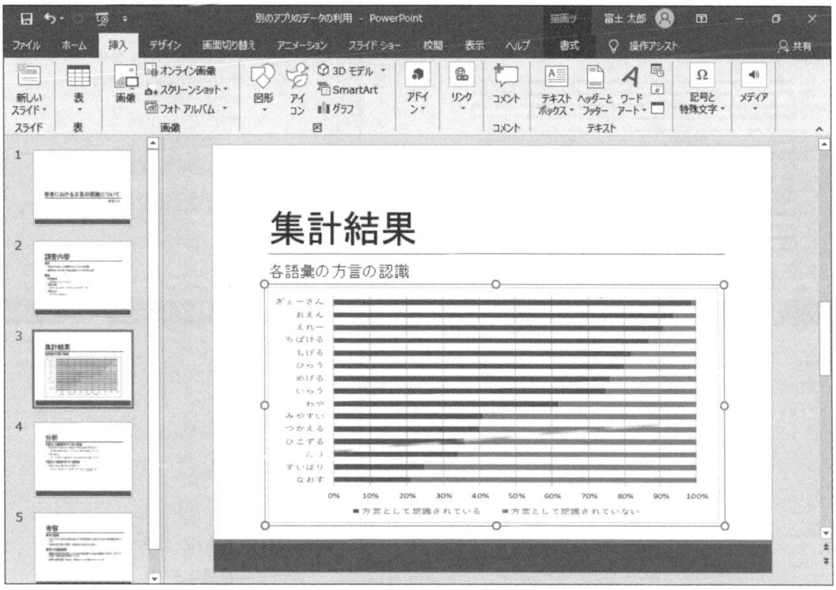

※プレゼンテーションに任意の名前を付けて保存し、プレゼンテーションを閉じておきましょう。

Point! 埋め込みと貼り付けの違い

《挿入》タブ→《テキスト》グループの（オブジェクト）でExcelのブックを埋め込んだ場合は、表やグラフをダブルクリックするとExcelで編集できます。
《ホーム》タブ→《クリップボード》グループの（貼り付け）で貼り付けた場合は、表やグラフをダブルクリックしてもExcelで編集できる状態にはなりません。

Step8 スライド共通のデザインを設定しよう

1 作成するスライドの確認

次のようなプレゼンテーションを作成しましょう。

1枚目

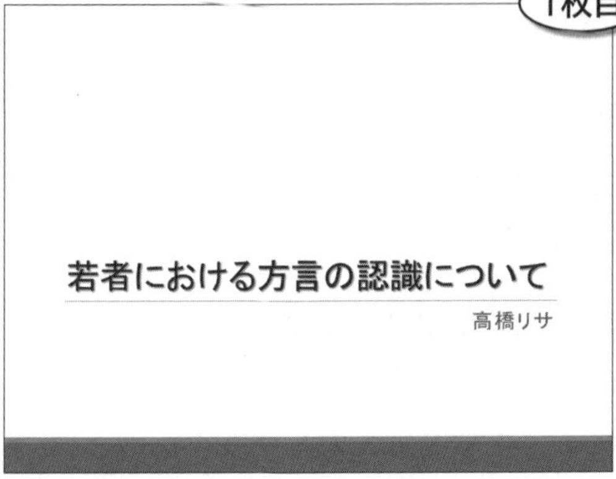

2枚目

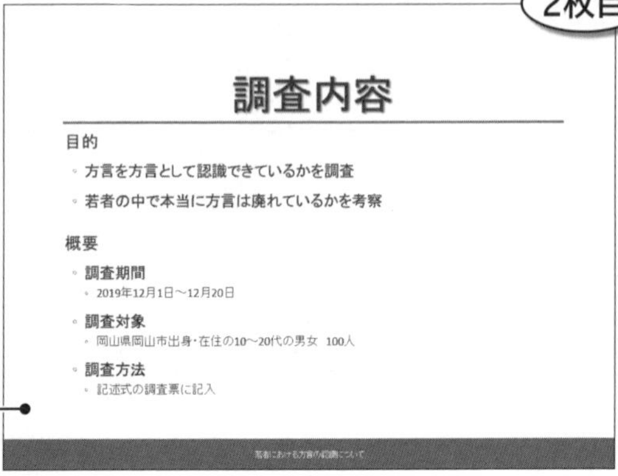

3枚目

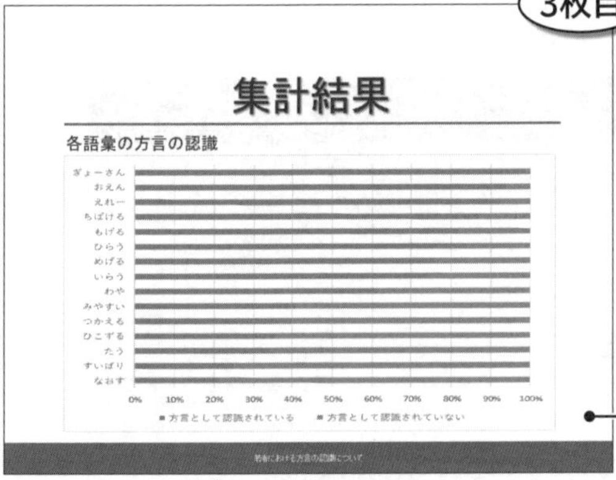

4枚目

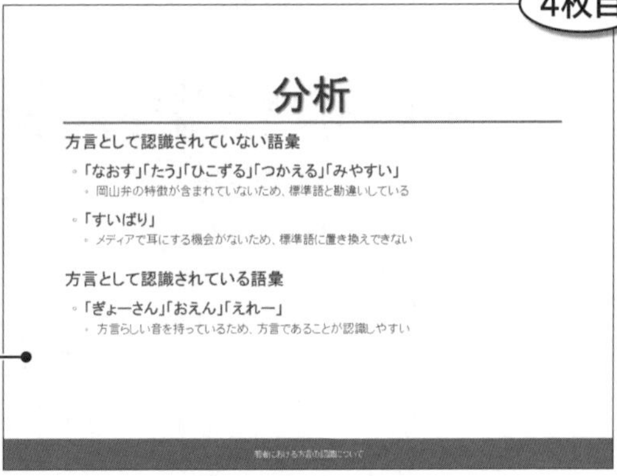

5枚目

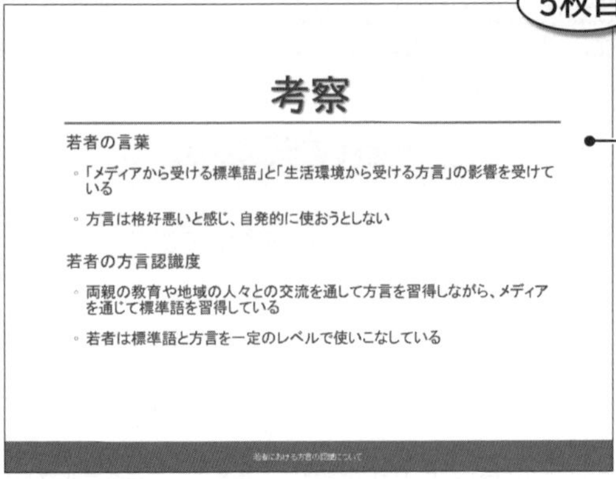

スライドマスターの編集
フッターの設定

2　スライドマスターの編集

「スライドマスター」は、プレゼンテーション内のすべてのスライドのデザインをまとめて管理するものです。すべてのスライドで共通して、タイトルのフォントサイズや箇条書きテキストの行頭文字などを変更したい場合は、スライドマスターを編集します。スライドマスターを編集すると、プレゼンテーション内のスライドのデザインをまとめて変更できます。
次のようにスライドマスターを編集しましょう。

●編集前

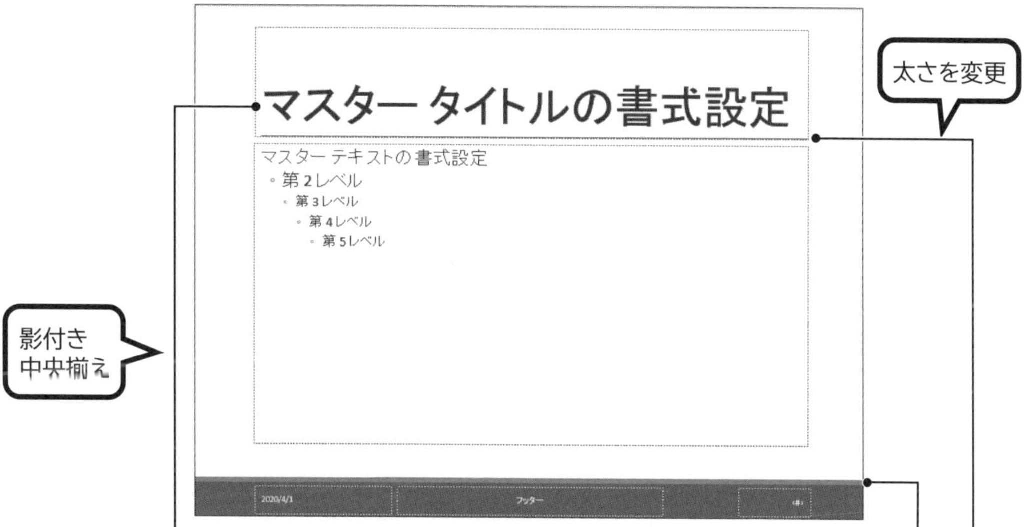

●編集後

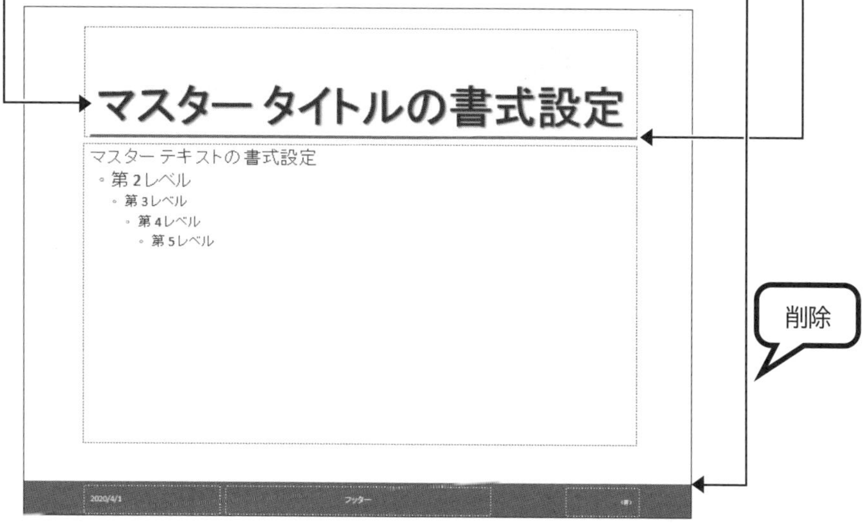

OPEN

フォルダー「プレゼンテーション編」のプレゼンテーション「共通デザインの設定」を開いておきましょう。

①スライド1が選択されていることを確認します。
②《表示》タブ→《マスター表示》グループの スライド マスター （スライドマスター表示）をクリックします。

③スライドマスター表示モードに切り替わります。

④サムネイルペインの一番上に表示されているスライドマスターを選択します。

⑤タイトル用のプレースホルダーの下側の直線を選択します。

⑥《書式》タブ→《図形のスタイル》グループの 図形の枠線▼ （図形の枠線）→《太さ》→《3pt》をクリックします。

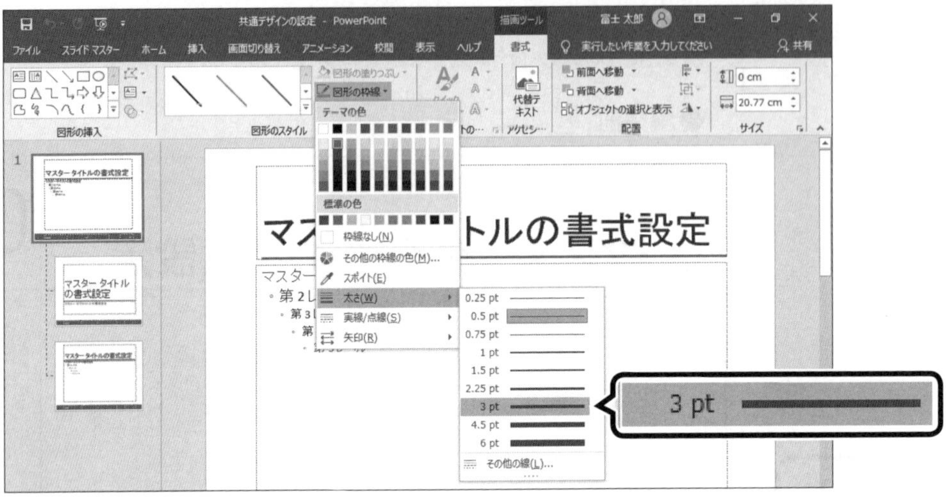

⑦直線の太さが変更されます。

⑧タイトル用のプレースホルダーの枠線をクリックして、プレースホルダーを選択します。

⑨《ホーム》タブ→《フォント》グループの S （文字の影）をクリックします。

⑩《ホーム》タブ→《段落》グループの ≡ （中央揃え）をクリックします。

⑪タイトル用のプレースホルダーに文字の影と中央揃えが設定されます。

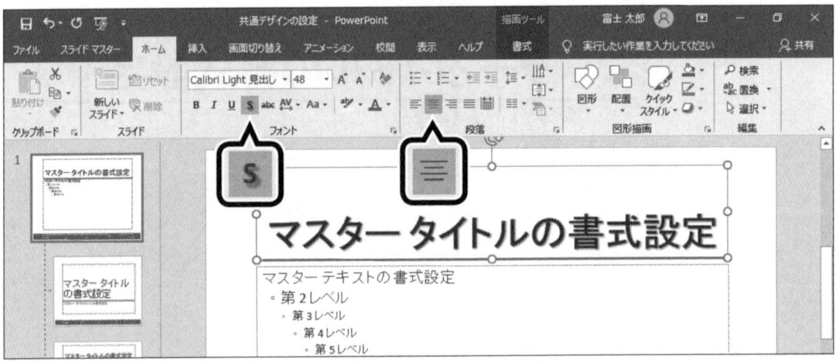

⑫スライドの下側の直線を選択します。

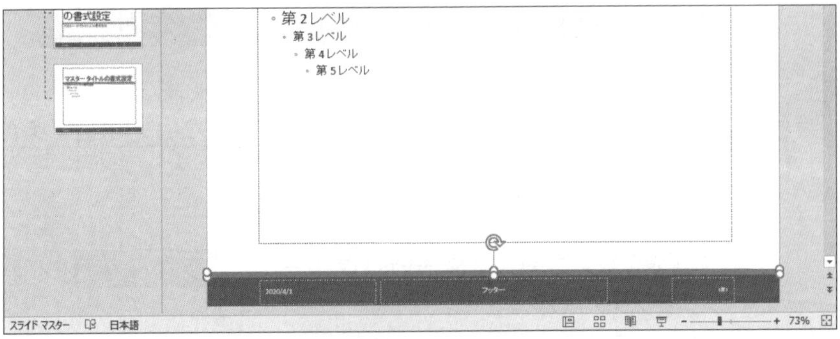

⑬ Delete を押します。

⑭ 直線が削除されます。

⑮《スライドマスター》タブ→《閉じる》グループの （マスター表示を閉じる）をクリックします。

⑯ 標準表示モードに戻ります。

⑰ スライド2を選択します。

⑱ スライドマスターの編集内容が反映されていることを確認します。

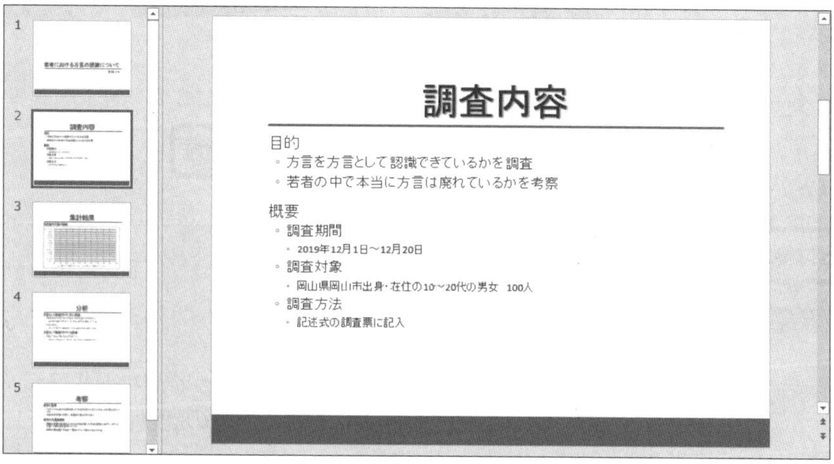

Point! スライドマスターの種類

スライドマスターには、すべてのスライドを共通で管理するマスターと、レイアウトごとに管理するマスターがあります。

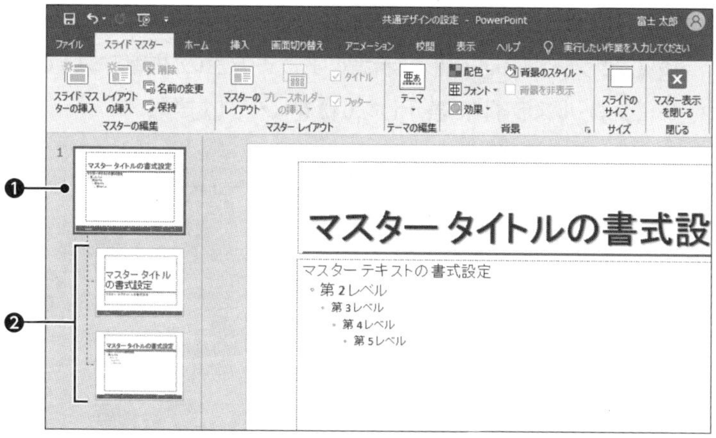

❶共通のマスター

サムネイルの一番上に表示されます。

共通のマスターを変更すると、基本的にプレゼンテーション内のすべてのレイアウトのマスターに変更が反映されます。

※適用しているテーマによっては、共通のマスターの変更が各レイアウトのマスターに反映されない場合があります。

❷各レイアウトのマスター

各レイアウトのマスターを変更すると、そのレイアウトが適用されているスライドだけに変更が反映されます。

More 書式設定の優先順位

スライドマスターの書式設定と各スライドの書式設定では、各スライドの書式設定が優先されます。

3　ヘッダーとフッターの設定

スライドには、テーマに応じて「**日付領域**」「**数字領域**」「**フッター領域**」の各領域があらかじめ配置されています。すべてのスライドに共通した内容を表示する場合に利用します。

※テーマによって領域の位置は異なります。

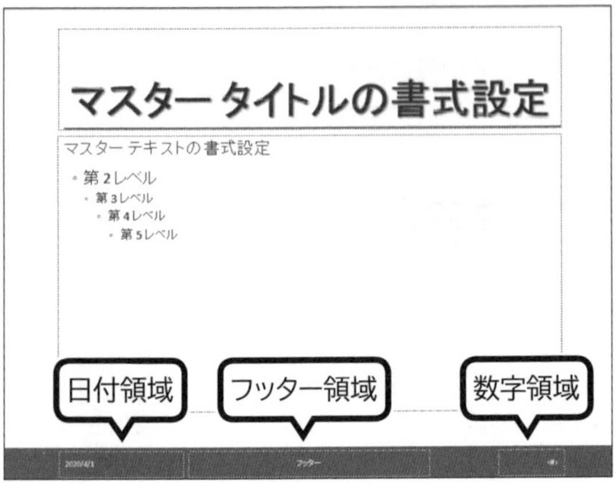

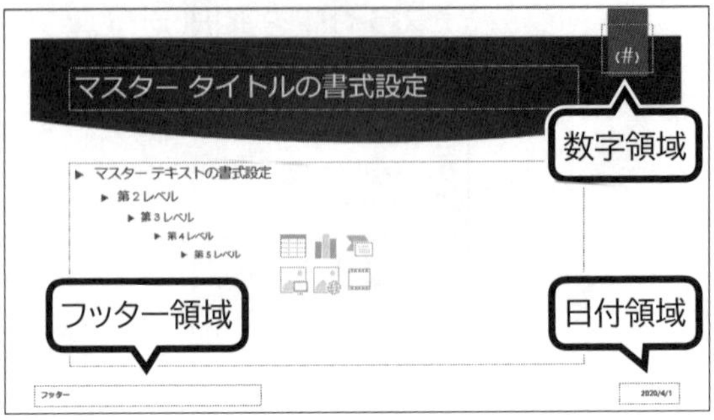

《ヘッダーとフッター》ダイアログボックスを使って、タイトルスライドを除くすべてのスライドのフッター領域に、「**若者における方言の認識について**」という文字を表示しましょう。

①スライド2を選択します。

②《**挿入**》タブ→《**テキスト**》グループの(ヘッダーとフッター)をクリックします。

③《**ヘッダーとフッター**》ダイアログボックスが表示されます。

④《**スライド**》タブを選択します。

⑤《**フッター**》を☑にし、「**若者における方言の認識について**」と入力します。

⑥《**タイトルスライドに表示しない**》を☑にします。

⑦《**すべてに適用**》をクリックします。

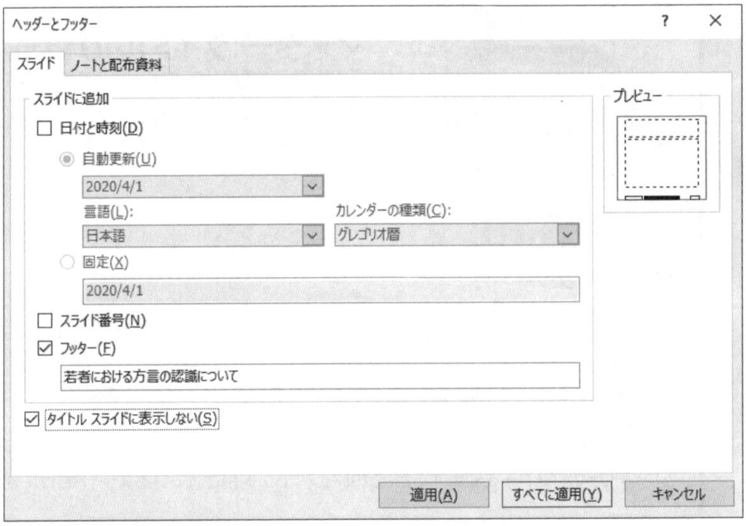

⑧ タイトルスライド以外のスライドのフッター領域に文字が表示されます。

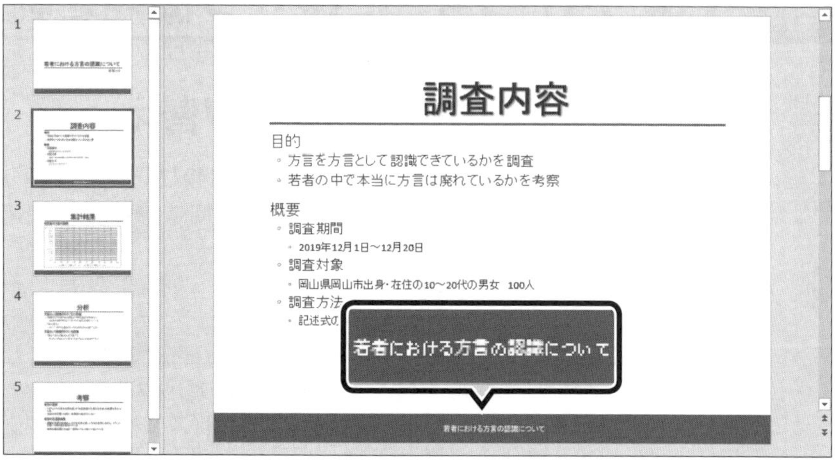

Let's Try　ためしてみよう【8】

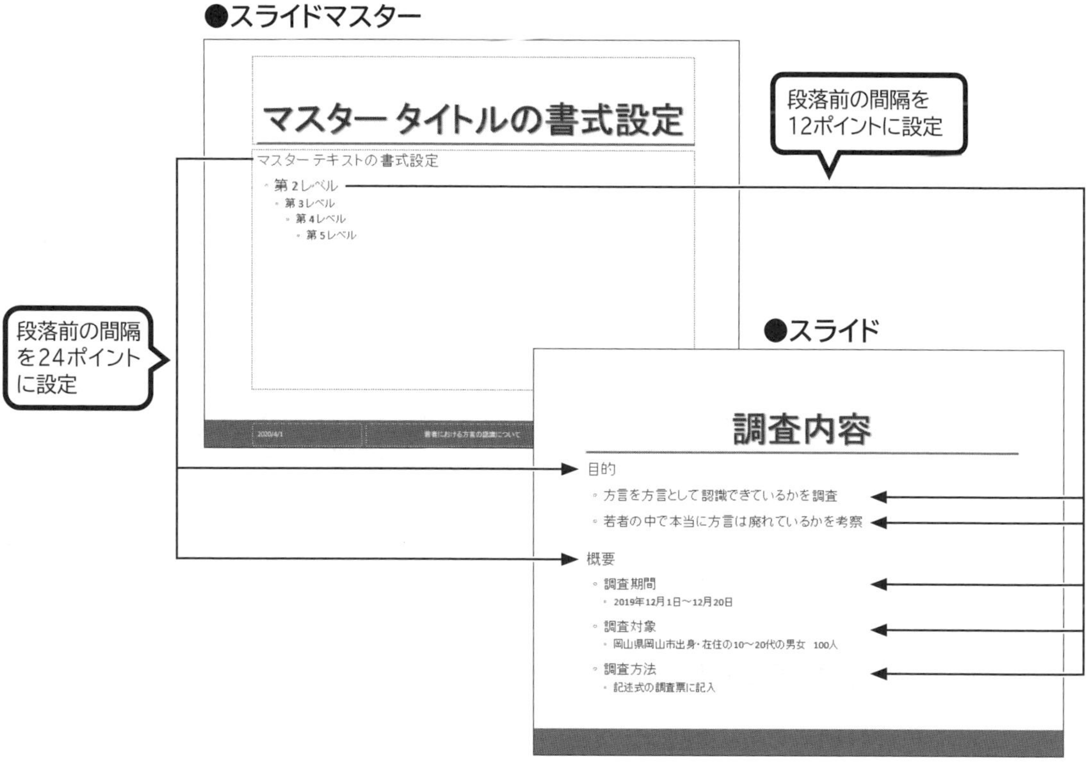

① スライドマスターを表示して、「マスターテキストの書式設定」の段落前の間隔を「24」ポイント、「第2レベル」の段落前の間隔を「12」ポイントに設定しましょう。

Hint 段落前の間隔を設定するには、《ホーム》タブ→《段落》グループの（段落）を使います。

※プレゼンテーションに任意の名前を付けて保存し、プレゼンテーションを閉じておきましょう。

Step9 スライドショーに役立つ機能を利用しよう

1 スライドの効率的な切り替え

プレゼンテーションを行うときには、内容に合わせてタイミングよくスライドを切り替えることが重要です。また、質疑応答のときには、質問された内容のスライドにすばやく切り替える必要があります。
スライドショー実行中にスライドを切り替える方法を確認しましょう。

移動先	操作方法
次のスライドに進む	・スライドをクリック ・[　　　](スペース)または[Enter] ・[→]または[↓] ・スライドを右クリック→《次へ》 ・マウスを動かす→スライドの左下の ▷
前のスライドに戻る	・[Back Space] ・[←]または[↑] ・スライドを右クリック→《前へ》 ・マウスを動かす→スライドの左下の ◁
直前に表示したスライドに戻る	・スライドを右クリック→《最後の表示》 ・マウスを動かす→スライドの左下の (…)→《最後の表示》
スライド番号を指定して移動する	・スライド番号を入力→[Enter] ※例えば、「4」と入力して[Enter]を押すと、スライド4が表示されます。

More 画面の自動切り替え

初期の設定では、スライドショーの実行中にマウスをクリックまたは[Enter]を押すと、画面が切り替わります。クリックしたり、[Enter]を押したりしなくても、指定した時間で自動的に画面が切り替わるように設定できます。
画面の自動切り替えを設定する方法は、次のとおりです。

◆《画面切り替え》タブ→《タイミング》グループの《☑自動的に切り替え》→切り替え時間を設定

※すべてのスライドに自動切り替えを設定するには、切り替え時間を設定後《画面切り替え》タブ→《タイミング》グループの[すべてに適用](すべてに適用)をクリックする必要があります。

More 画面切り替えのタイミング

《画面切り替え》タブ→《タイミング》グループの《クリック時》と《自動的に切り替え》を組み合わせて、次のように画面切り替えのタイミングを設定できます。

設定	説明
☑クリック時 ☑自動的に切り替え	クリックまたは[Enter]を押したときや指定時間が経過したときに、画面が切り替わります。
☑クリック時 □自動的に切り替え	クリックまたは[Enter]を押したときに、画面が切り替わります。
□クリック時 ☑自動的に切り替え	[Enter]を押したときや指定時間が経過したときに、画面が切り替わります。
□クリック時 □自動的に切り替え	[Enter]を押したときに、画面が切り替わります。

Point! オブジェクトの動作設定

スライド上のオブジェクトをクリックまたはポイントした時点で、特定のスライドに切り替わるように設定できます。

◆オブジェクトを選択→《挿入》タブ→《リンク》グループの（動作）→《マウスのクリック》タブまたは《マウスの通過》タブ→《◉ハイパーリンク》→一覧から移動先を選択

2 非表示スライドの設定

特定のスライドを非表示に設定して、スライドショーから除外できます。
非表示に設定しても、標準表示モードでスライドを編集できます。
スライド6を非表示スライドに設定しましょう。

OPEN フォルダー「プレゼンテーション編」のプレゼンテーション「役立つ機能」を開いておきましょう。

①スライド6を選択します。

②《スライドショー》タブ→《設定》グループの（非表示スライドに設定）をクリックします。

③非表示スライドに設定されます。

④サムネイルペインのスライド番号がになっていることを確認します。

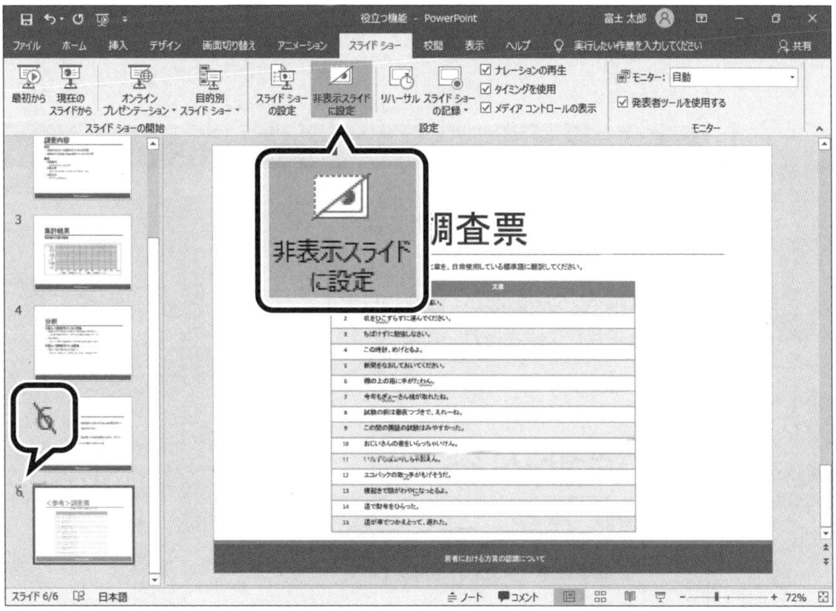

※スライド1からスライドショーを実行して、スライド6が表示されないことを確認しておきましょう。
※非表示に設定したスライド6からスライドショーを実行すると、スライド6は表示されます。

More 非表示スライドの印刷

初期の設定では、非表示スライドが印刷される設定になっています。
非表示スライドを印刷しないように設定する方法は、次のとおりです。

◆《ファイル》タブ→《印刷》→《設定》の《すべてのスライドを印刷》の→《非表示スライドを印刷する》をオフにする

3　ペンの利用

スライドショーの実行中にスライド上の強調したい部分を「ペン」で囲んだり、「蛍光ペン」で塗ったりできます。
スライドショーを実行して、スライド2の「方言として認識できているか」をペンで囲みましょう。また、「10～20代」を蛍光ペンで塗りましょう。

① スライドショーを実行し、スライド2に切り替えます。

② マウスを動かします。

③ スライドの左下の →《ペン》をクリックします。

※マウスポインターの形が に変わります。

④ 図のようにドラッグします。

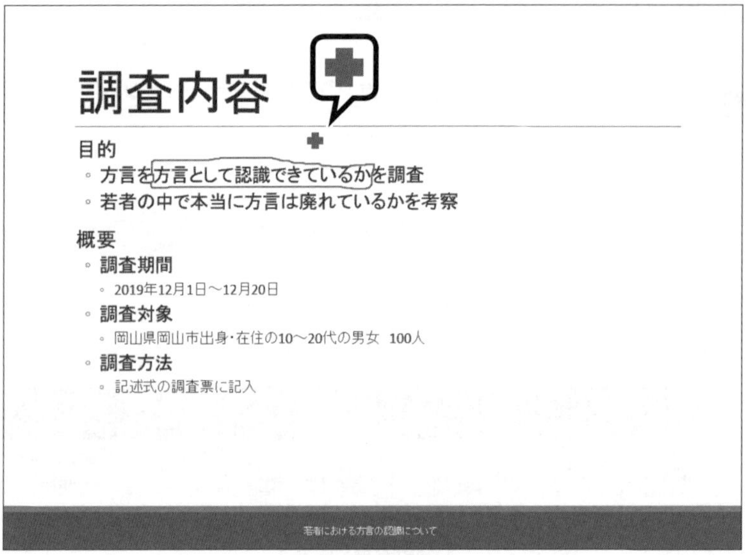

⑤ スライドの左下をポイントします。

⑥ →《蛍光ペン》をクリックします。

※マウスポインターの形が に変わります。

⑦ 図のようにドラッグします。

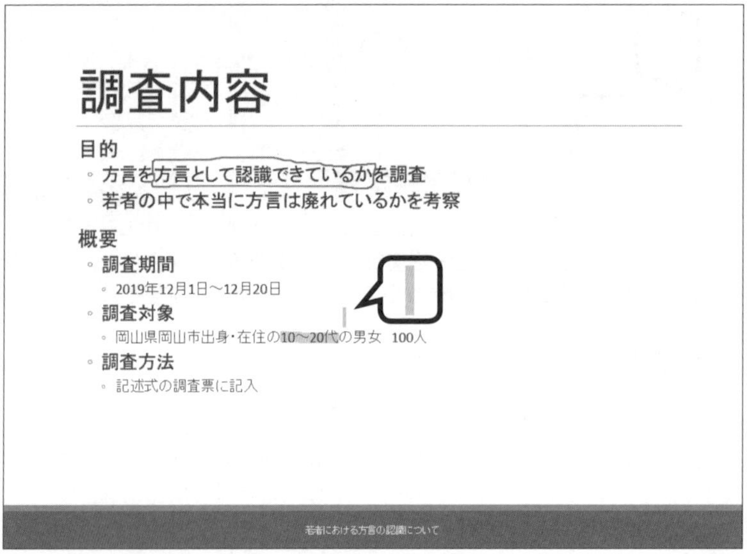

⑧ Esc を押して、ペンを解除します。

⑨ Esc を押して、スライドショーを終了します。

⑩ 図のようなメッセージが表示されたら、《破棄》をクリックします。

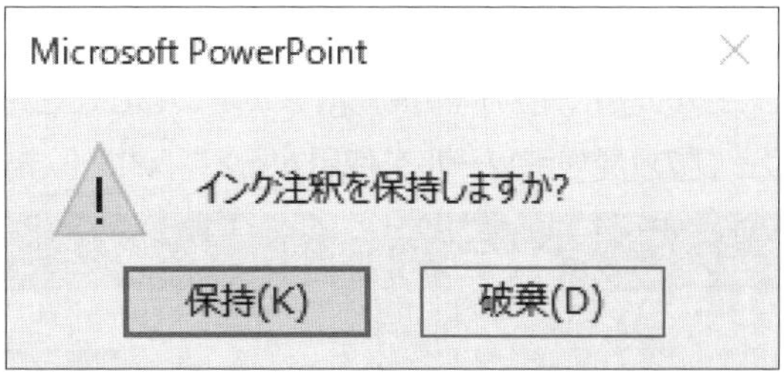

※《保持》をクリックすると、ペンや蛍光ペンの内容がスライドにオブジェクトとして配置されます。

More ペンで書き込んだ内容の消去

スライドにペンで書き込んだ内容を部分的に消去する方法は、次のとおりです。

◆スライドショー実行中にスライドの左下をポイント→ →《消しゴム》→消去する部分をクリック

※消しゴムを解除するには、Esc を押します。

スライドにペンで書き込んだ内容をすべて消去する方法は、次のとおりです。

◆スライドショー実行中にスライドの左下をポイント→ →《スライド上のインクをすべて消去》

4 発表者ツールの利用

「発表者ツール」とは、スライドショーの実行中に発表者だけに表示される画面のことです。パソコンにプロジェクターや外付けモニターを接続して、プレゼンテーションを実施するような場合に使用します。

発表者ツールを使うと、ノートペインの補足説明やスライドショーの経過時間などを、出席者には見せずに、発表者だけが確認できる状態になります。出席者が見るプロジェクターには通常のスライドショーが表示され、発表者が見るパソコンのディスプレイには発表者ツールが表示されるという仕組みです。

ノートパソコンにプロジェクターを接続して、ノートパソコンのディスプレイに発表者ツール、プロジェクターにスライドショーを表示しましょう。

①パソコンにプロジェクターを接続します。

②《スライドショー》タブ→《モニター》グループの《モニター》の 自動 （プレゼンテーションの表示先）が《自動》になっていることを確認します。

③《モニター》グループの《発表者ツールを使用する》を ✔ にします。

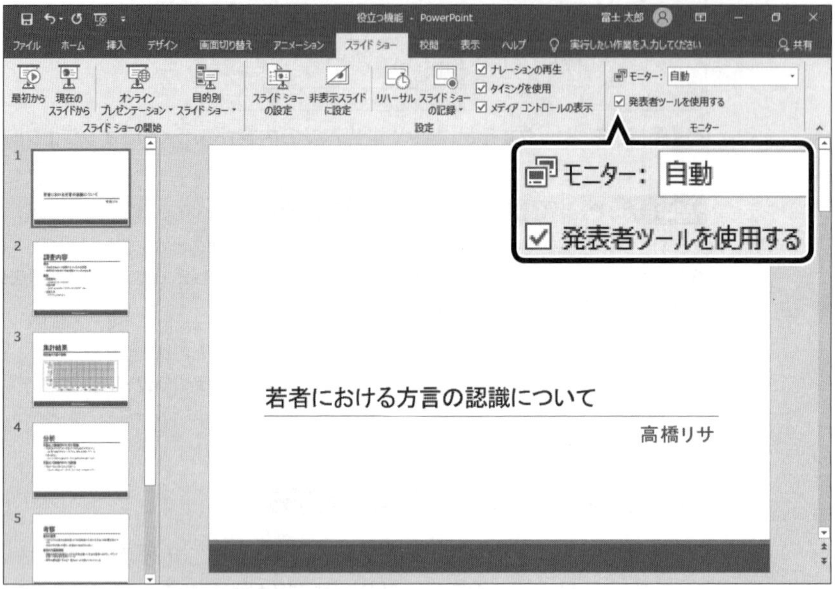

④スライド1を選択します。

⑤ステータスバーの （スライドショー）をクリックします。

⑥プロジェクターにはスライドショーが表示されます。

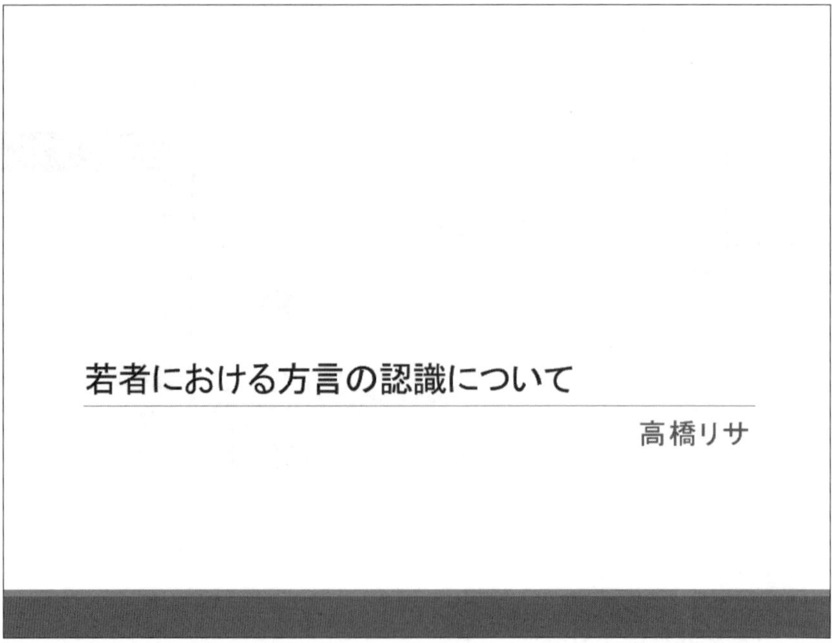

⑦パソコンのディスプレイには発表者ツールが表示されます。

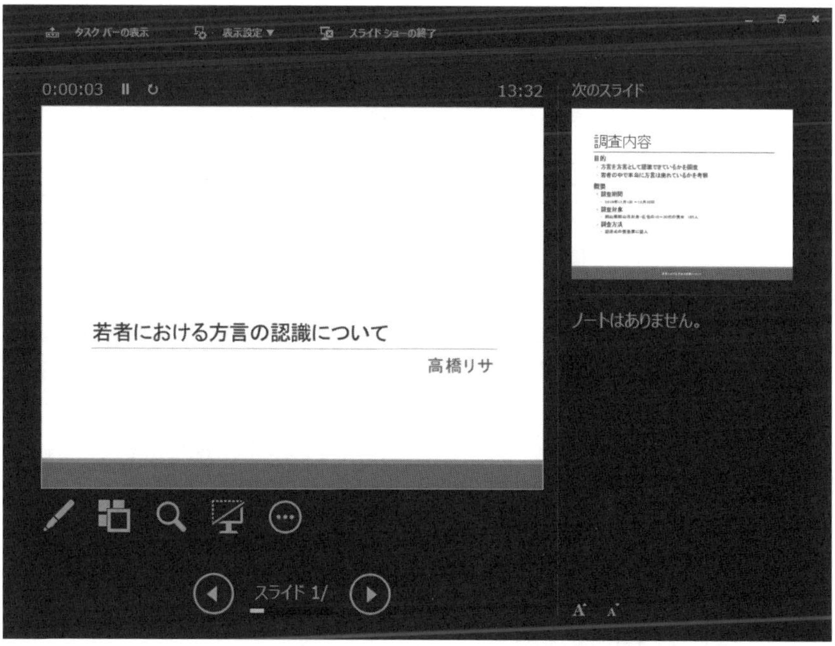

⑧発表者ツールの画面の（次のアニメーションまたはスライドに進む）をクリックします。

※スライド上をクリックするか、または、Enterを押してもかまいません。

⑨スライド2が表示されます。

⑩同様に、最後のスライドまで表示します。

⑪スライドショーが終了すると、**「スライドショーの最後です。クリックすると終了します。」**というメッセージが表示されます。

⑫発表者ツールの画面の（次のアニメーションまたはスライドに進む）をクリックします。

※スライド上をクリックするか、または、Enterを押してもかまいません。

⑬スライドショーが終了し、標準表示モードに戻ります。

More 発表時間の管理

発表者ツールでは、スライドの左上にタイマー、右上には現在の時刻が表示されるので、経過時間や残り時間を把握しやすくなります。

More 発表者ツールの便利な機能

発表者ツールには、プレゼンテーションをするときに便利な機能が用意されています。

（すべてのスライドを表示します）
プロジェクターの表示は変えずに、発表者ツールにすべてのスライドを一覧で表示します。
※一覧からもとの表示に戻るには、Escを押します。

（スライドを拡大します）
プロジェクターにスライドの一部を拡大して表示します。
※もとの表示に戻るには、Escを押します。

（スライドをカットアウト/カットイン（ブラック）します）
プロジェクターの表示を黒くして、表示中のスライドを一時的に非表示にします。
※もとの表示に戻るには、Escを押します。

More プロジェクターを接続せずに発表者ツールを表示する

プロジェクターや外付けモニターを接続しなくても、パソコンのディスプレイに発表者ツールを表示できます。本番前の練習に便利です。
プロジェクターを接続せずに発表者ツールを表示する方法は、次のとおりです。

◆スライドショーを実行→スライドを右クリック→《発表者ツールを表示》

5 リハーサルの実行

「リハーサル」を使うと、プレゼンテーションの内容に合わせて、スライドショー全体の所要時間と各スライドの表示時間を記録できます。
発表者は、原稿を準備して本番と同じようにプレゼンテーションを行い、必要な時間を確認したり、時間配分を確認したりすることができます。
リハーサルを実行し、各スライドの切り替え時間を記録しましょう。

①スライド1を選択します。

②《スライドショー》タブ→《設定》グループの (リハーサル) をクリックします。

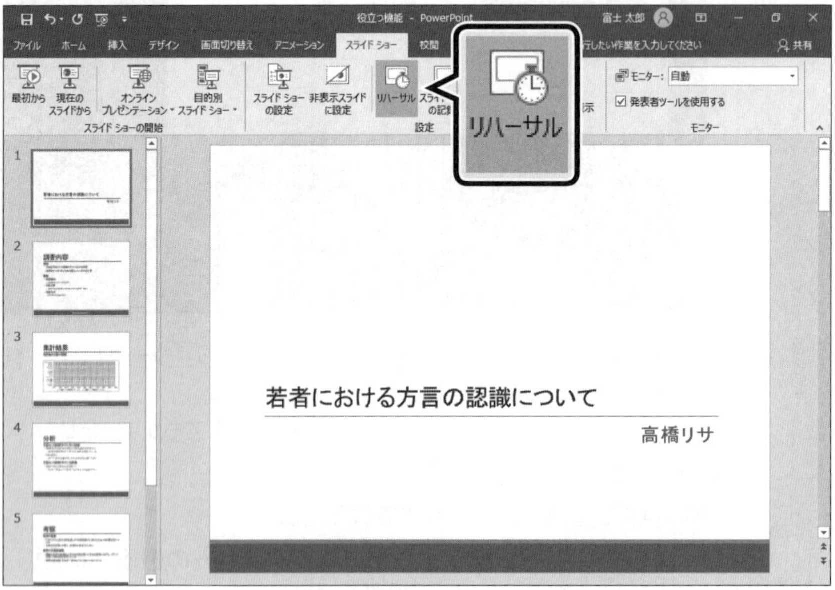

③リハーサルが開始され、画面左上に《記録中》ツールバーが表示されます。

④スライド上をクリックして、次のスライドを表示します。

※本来は、表示されているスライドに対する発表原稿を読んでから、次のスライドを表示します。

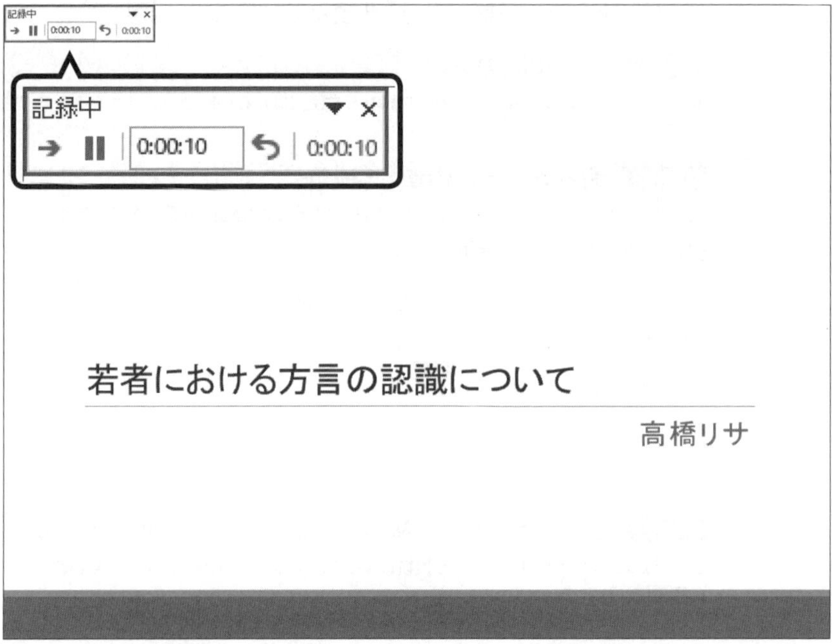

⑤同様に、最後のスライドまで進めます。

⑥リハーサルが終了して、図のようなメッセージが表示されたら、《はい》をクリックします。

⑦ステータスバーの （スライド一覧）をクリックします。

⑧スライド一覧表示モードに切り替わります。

⑨各スライドの右下に記録した時間が表示されていることを確認します。

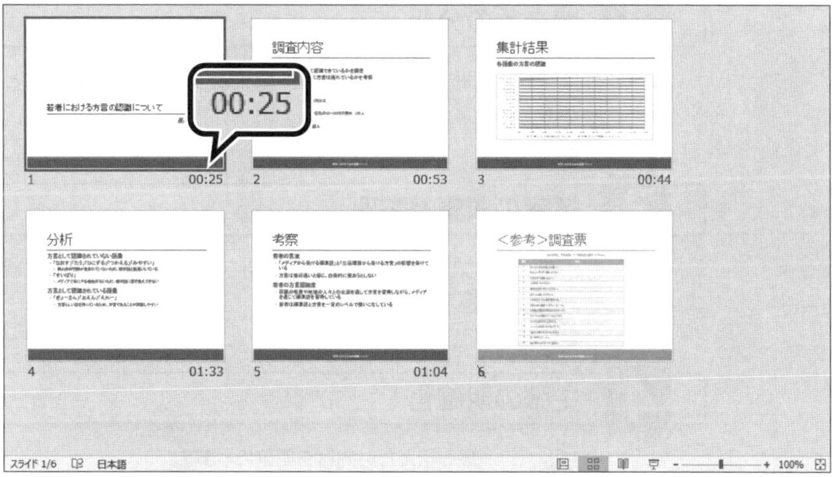

※スライドショーを実行し、記録した時間で自動的にスライドが切り替わることを確認しておきましょう。

※プレゼンテーションに任意の名前を付けて保存し、プレゼンテーションを閉じておきましょう。

More 切り替え時間の変更

リハーサルで記録した切り替え時間を変更する方法は、次のとおりです。

◆スライドを選択→《画面切り替え》タブ→《タイミング》グループの《自動的に切り替え》で設定

More 切り替え時間のクリア

リハーサルで記録したすべての切り替え時間をクリアする方法は、次のとおりです。

◆《スライドショー》タブ→《設定》グループの （現在のスライドから記録）の →《クリア》→《すべてのスライドのタイミングをクリア》

付録 プレゼンテーションの流れ

1 プレゼンテーションの流れ

プレゼンテーションを成功させるためには、入念な準備が必要です。
プレゼンテーションを設計して実施するまでの基本的な流れを確認しましょう。

1 目的の明確化

プレゼンテーションを実施することによって、どのような成果を得たいのかを考えます。

2 聞き手の分析

聞き手に関する情報を収集し、興味や知識レベルなどを把握します。

3 情報の収集と整理

プレゼンテーションの内容に関する情報を多角的に収集し、必要な情報を取捨選択します。

4 主張の明確化

最も伝えたい内容を明確にします。

5 ストーリーの組み立て

整理した情報を組み合わせて、プレゼンテーション全体の構成を決定します。
主張したい内容をわかりやすく伝えるための工夫をします。

6 プレゼンテーション資料の作成

決定した構成にそって、プレゼンテーション資料を作成します。

7 シナリオの作成

せりふや強調すべきポイントなどを検討しながら、発表者用のシナリオを作成します。

8 リハーサル

本番を想定したリハーサルを行い、全体の構成や話し方、時間配分などをチェックし、問題点を改善します。

9 最終確認

使用する資料や機器などを事前に確認し、必要なものを準備します。

10 プレゼンテーションの実施

プレゼンテーションの目的を再確認し、時間配分に注意しながら発表を行います。
発表後は質疑応答の時間を設けます。

11 フォロー

プレゼンテーションを評価してもらいます。
聞き手に対してアプローチを開始し、次の展開につなげます。

2 プレゼンテーションの基本

▶▶1 目的の明確化

プレゼンテーションを実施する際は、まず最初にその目的を明確にします。
目的を正しく認識することにより、何に焦点を当てて話を展開すればよいのかが見えてきます。
プレゼンテーションの目的には、次のようなものがあります。

●聞き手に理解してもらう

聞き手の理解を促すために、要点を抑えて簡潔に説明します。聞き手の知識レベルに配慮することも大切です。

●聞き手に納得してもらう

聞き手に納得してもらうためには、聞き手の反応を見ながら興味が持続するように話します。単なる自慢話で終わらないように注意する必要があります。

●聞き手に行動を起こしてもらう

行動を起こした場合のメリットや起こさなかった場合のデメリットを提示して、聞き手の意思決定を促します。

▶▶2 聞き手の分析

発表者は「**話をしてあげる**」のではなく、聞き手に「**話を聞いてもらう**」という意識を持って、プレゼンテーションの設計から実施まで行います。プレゼンテーションの内容を聞き手が理解できないとしたら、それは聞き手の能力に問題があるのではなく、発表者が話す内容、見せる資料に問題があるということを自覚しておきましょう。
聞き手にどの程度の専門知識があるのか、聞き手を十分に分析して、聞き手のレベルに合わせて最適な言葉で表現する必要があります。

聞き手に関して、次のような内容を事前に確認しておきましょう。

- 年齢、性別
- 所属する会社・団体
- プレゼンテーションを聞く人数
- プレゼンテーションの内容について知識があるか？
- 何のためにプレゼンテーションを聞くのか？
- 何を求めているのか？　何を得たいのか？

▶▶3 情報の収集と整理

プレゼンテーションの目的が明確になり、聞き手の分析ができたら、内容に応じて必要な情報を収集・整理します。
関係者へのヒアリングやアンケート調査などを行って情報を収集します。
また、収集した情報を整理して、情報不足の場合はさらに収集を重ね、情報過多の場合は必要な情報だけを選別します。
これらの収集・整理した情報は、プレゼンテーションを実施するうえで、具体的な裏付けデータとして力を発揮します。

▶▶4 主張の明確化

収集・整理した情報を多角的に分析し、さらにアイディアや問題解決策などを加えて、自分が主張し、相手に伝えたい内容を明確にします。
発表者の主張が曖昧なものでは、聞き手に理解してもらったり、納得してもらったりすることは不可能です。

▶▶5 ストーリーの組み立て

限られた時間の中で、自分の主張をわかりやすく伝えるには、話の組み立てがとても重要になります。話の組み立てがしっかりしていて、話の展開に合理性があれば、たとえ発表者の主張が複雑で難解なものであっても、聞き手にはすっきりと伝わります。また、聞き手の興味や集中を持続することも可能です。
一般的には、序論（導入）→本論（展開）→結論（まとめ）の3部構成で話を組み立てます。

序論
- 目的を明確に示す
- 内容が、聞き手にとってどれくらい重要か、どのような利益を生むかを説明する
- 本論にスムーズに入るために必要な前提知識を提供する

↓

本論
- 序論を受けて、主張したい内容の理由付けを順序立てて行う
- アイディア・問題解決策などを論理的に説明する
- 客観的事実・過去の実績・統計結果など具体的な裏付けデータを提示する

↓

結論
- 本論で展開した内容を要約する
- 主張したい内容を繰り返し、聞き手の行動を促す

Point!
結論を最初に述べる

プレゼンテーションの内容によっては、序論で先に結論を述べる方が効果的な場合もあります。最初に注意を引きつけて、聞き手になぜその結論に達したのか興味を抱いてもらい、話を最後まで聞いてもらう手法です。

▶▶6 プレゼンテーション資料の作成

発表者の話だけでは理解しにくいことも、資料があると理解しやすくなります。
伝えたい内容が端的に示されていて、それだけですべてを語る資料には、聞き手の興味を引きつけ、発表者の主張をより強固にする力があります。
プレゼンテーション資料は、長々とした文章にするのではなく、箇条書きや図解にします。
また、スライドの切り替えは、2～3分に1枚が最適です。スライド枚数が多すぎて、すぐにスライドが切り替わると、慌しい印象を与えます。逆に、スライド枚数が少なすぎて、なかなかスライドが切り替わらないと、退屈な印象を与えます。

▶▶7 シナリオの作成

「シナリオ」とは、発表者がプレゼンテーション資料の内容を説明する際に参考にする台本のようなものです。プレゼンテーション資料を読み上げるだけでは、聞き手は退屈してしまいます。平面的な資料に肉付けをして、立体的にストーリーを組み立てて聞き手に語りかけることが重要です。プレゼンテーション資料に書かれていない事例や補足説明を加えながら、ときにはユーモアを交えながら、聞き手を引きつける工夫をしましょう。
作成するシナリオには、実際に話す内容をすべて書き出す必要はなく、要点をまとめておく程度でかまいません。

Point! **スピーチ原稿**

発表する内容をすべて書き下ろす場合は、次の点に注意します。
- 自分自身の言葉で書く
- 書き言葉ではなく、話し言葉で書く
- 原稿はできるだけ覚えて、原稿に目を落とす頻度を少なくする

▶▶8 リハーサル

プレゼンテーションの前には、必ずリハーサルを行いましょう。リハーサルは本番同様、緊張感を持って行います。個人で練習するだけでなく、第三者に立ち会ってもらうとよいでしょう。本番と同じ制限時間で、話の内容・話し方・時間配分などについて総合的にチェックしてもらい、問題点を改善しましょう。
リハーサルを十分に行っておくと、自信を持って本番に臨むことができます。

▶▶9 最終確認

プレゼンテーションの当日に慌てないように、前日までに会場や機器、備品、配布資料などを確認しておきましょう。

▶▶10 プレゼンテーションの実施

プレゼンテーションには、自信を持って堂々と臨まなければなりません。主張したい内容がすばらしいものであっても、自信がなさそうに発表すると、聞き手は大した内容ではないのだろうと思ってしまいます。自分の主張に確信を持って発表することにより、聞き手を自分の世界に引き込むことができるのです。
次のような点に留意して発表しましょう。

●大きな声でメリハリを付ける

聞き手全員にはっきりと聞こえるように、大きな声で発表しましょう。単に大きな声で発表するのではなく、抑揚を付けたり、強調したい内容を繰り返したりして、メリハリを付けて発表しましょう。

●聞き手全員に語りかける

原稿だけに視線を向けて、発表してはいけません。聞き手全員の表情を見ながら、語りかけるように発表しましょう。

●断定的に表現する

「・・・と思います。」のような曖昧な表現は避け、「・・・です。」のように断定的に言い切りましょう。

質疑応答

通常、発表後に質疑応答の時間を設けます。質疑応答で聞き手が抱いている疑問を解決することにより、プレゼンテーション全体がより説得力のあるものになります。あらかじめ予想される質問とその回答を準備しておくと、スムーズに対応できます。
また、発表の途中にその都度、質問が出ると、話の腰を折られる形になり、聞き手の集中力も散漫になりがちです。このようなことを避けるには、質疑応答の時間を最後に設けていることをあらかじめ宣言しておきましょう。

制限時間の厳守

通常、プレゼンテーションの時間はあらかじめ決められています。時間内に、発表と質疑応答を終えなければなりません。発表中に何らかの問題が生じても、臨機応変に対応し、時間がオーバーしないように注意しましょう。
重点的に強調したいスライドとそうでないスライドをあらかじめ選別しておくと、いざというときの時間調整に役立ちます。

▶▶11 フォロー

プレゼンテーション実施後は、聞き手にタイミングよくアプローチし、プレゼンテーションの効果を確認します。
聞き手によっては、プレゼンテーションの内容を評価してもらうのもよいでしょう。

練習問題

練習問題 1

次のようなプレゼンテーションを作成しましょう。
※設定する項目名が一覧にない場合は、任意の項目を選択してください。

OPEN PowerPointを起動し、新しいプレゼンテーションを作成しておきましょう。

1枚目

2枚目

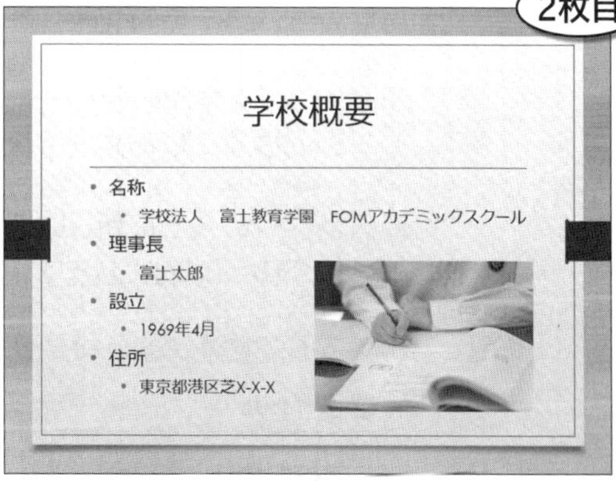

3枚目

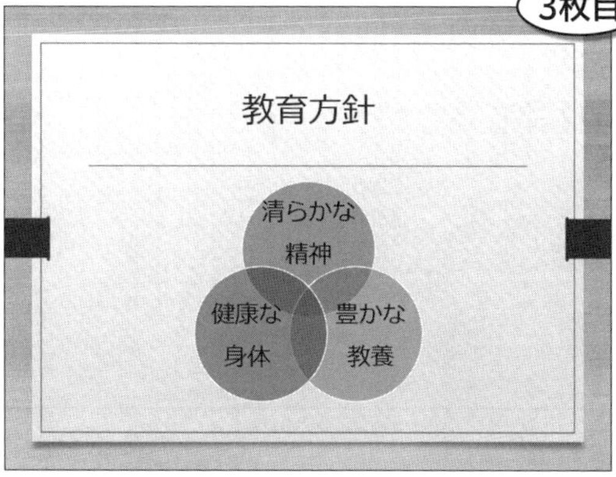

4枚目

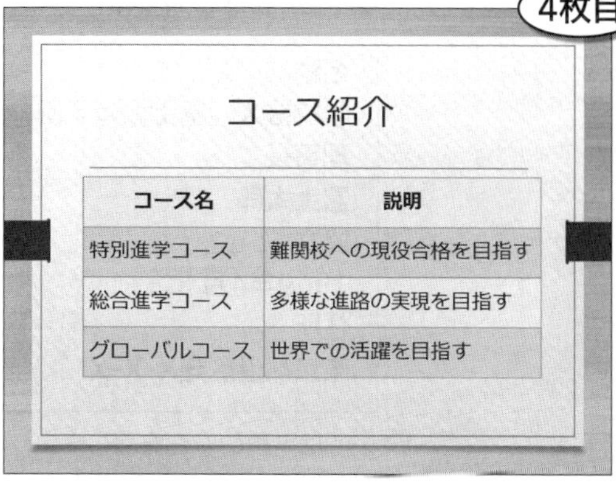

①スライドのサイズを「標準(4:3)」にしましょう。
次に、プレゼンテーションにテーマ「オーガニック」を適用し、フォントを「Century Gothic　メイリオ　メイリオ」に変更しましょう。

②スライド1に次のようなタイトルとサブタイトルを入力しましょう。

●タイトル

入学説明会

●サブタイトル

FOMアカデミックスクール

※英字は半角で入力します。

③タイトル「入学説明会」のフォントサイズを「66」ポイント、サブタイトル「FOMアカデミックスクール」のフォントサイズを「32」ポイントに設定しましょう。

④スライド1の後ろに新しいスライドを挿入しましょう。スライドのレイアウトは「タイトルとコンテンツ」にします。

⑤スライド2に次のようなタイトルと箇条書きテキストを入力しましょう。

●タイトル

学校概要

●箇条書きテキスト

名称 学校法人□富士教育学園□FOMアカデミックスクール 理事長 富士太郎 設立 1969年4月 住所 東京都港区芝X-X-X

※□は全角の空白を表します。
※英数字・記号は半角で入力します。

⑥箇条書きテキストの2行目・4行目・6行目・8行目のレベルを1段階下げましょう。

⑦スライド2に、フォルダー「プレゼンテーション編」のフォルダー「練習問題」の画像「学生」を挿入しましょう。

⑧完成図を参考に、画像の位置とサイズを調整しましょう。

⑨スライド2の後ろに新しいスライドを挿入しましょう。スライドのレイアウトは「タイトルとコンテンツ」にします。

⑩ スライド3に次のようなタイトルと箇条書きテキストを入力しましょう。

●タイトル

教育方針

●箇条書きテキスト

清らかな精神 豊かな教養 健康な身体

⑪ スライド3の箇条書きテキストをSmartArtグラフィックの「**基本ベン図**」に変換しましょう。

⑫ SmartArtグラフィックの色を「**カラフル-アクセント3から4**」に変更しましょう。
次に、SmartArtグラフィックのフォントサイズを「**28**」ポイントに設定しましょう。

⑬ スライド3の後ろに新しいスライドを挿入しましょう。スライドのレイアウトは「**タイトルとコンテンツ**」にします。

⑭ スライド4にタイトル「**コース紹介**」を入力しましょう。

⑮ スライド4に4行2列の表を作成し、次のように文字を入力しましょう。

コース名	説明
特別進学コース	難関校への現役合格を目指す
総合進学コース	多様な進路の実現を目指す
グローバルコース	世界での活躍を目指す

⑯ 表にスタイル「**中間スタイル4-アクセント1**」を適用しましょう。

⑰ 表内のすべての文字のフォントサイズを「**24**」ポイントに設定しましょう。

⑱ 完成図を参考に、表の位置とサイズを調整しましょう。また、列幅と行の高さも調整しましょう。

⑲ 完成図を参考に、表内の文字の配置を調整しましょう。

Hint 水平方向、垂直方向の配置をそれぞれ調整します。

⑳ すべてのスライドに「**観覧車**」の画面切り替え効果を設定しましょう。

㉑ スライド1からスライドショーを実行しましょう。

㉒ プレゼンテーションを配布資料の形式で印刷しましょう。配布資料には、1ページに2枚のスライドを印刷します。

※プレゼンテーションに任意の名前を付けて保存し、プレゼンテーションを閉じておきましょう。

練習問題 2

次のようなプレゼンテーションを作成しましょう。
※設定する項目名が一覧にない場合は、任意の項目を選択してください。

OPEN フォルダー「プレゼンテーション編」のフォルダー「練習問題」のプレゼンテーション「練習問題2」を開いておきましょう。

1枚目

2枚目

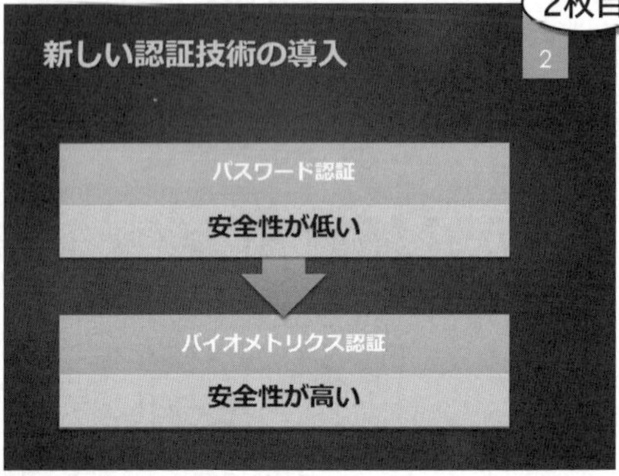

3枚目

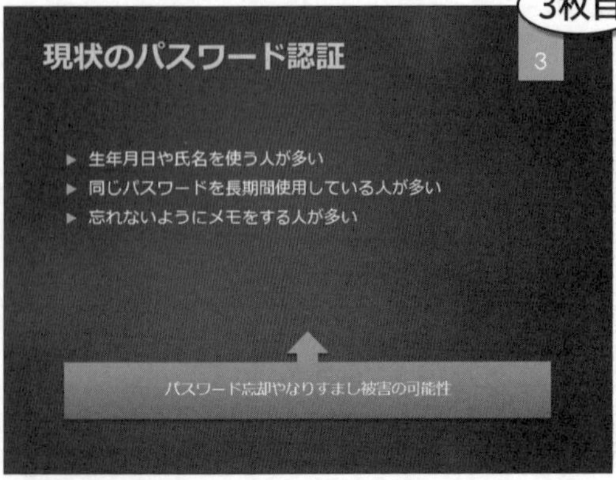

4枚目

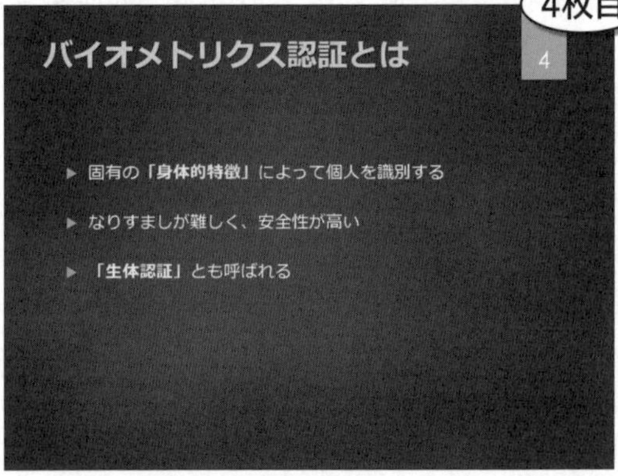

5枚目

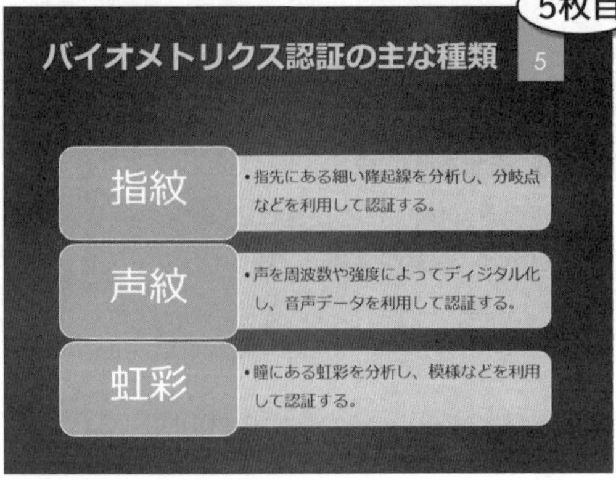

6枚目

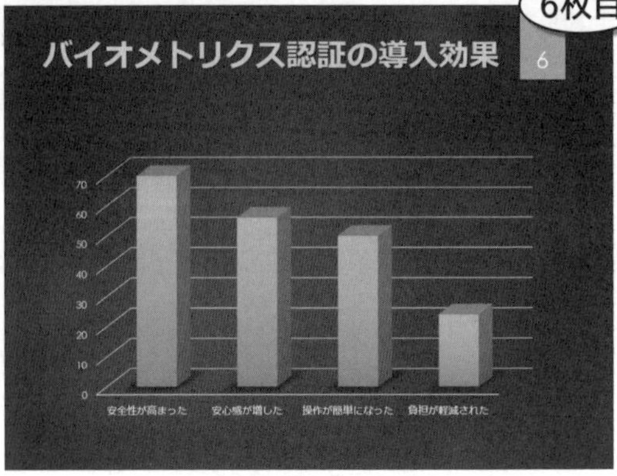

①スライド2の後ろに、Wordの文書「**バイオメトリクス認証**」を挿入しましょう。

②スライド3からスライド6をリセットし、レイアウトを「**タイトルとコンテンツ**」に変更しましょう。

③完成図を参考に、スライド3に「**吹き出し：上矢印**」の図形を作成しましょう。
次に、図形内に「**パスワード忘却やなりすまし被害の可能性**」と入力しましょう。

④図形にスタイル「**光沢-緑、アクセント3**」を適用しましょう。

⑤図形内のすべての文字に次のような書式を設定しましょう。

フォント　　　：MS Pゴシック
フォントサイズ：28ポイント
文字の影

⑥図形に次のようなアニメーションを設定しましょう。

種類　　：開始　フロートイン
継続時間：3秒

Hint 継続時間は《アニメーション》タブ→《タイミング》グループの《継続時間》で設定します。

⑦スライド4のコンテンツ用のプレースホルダーの行間を「**2.0**」に設定しましょう。

⑧箇条書きテキスト内の「「**身体的特徴**」」と「「**生体認証**」」に次のような書式を設定しましょう。

フォントの色：黄
太字

⑨スライド5の箇条書きテキストをSmartArtグラフィック「**縦方向ボックスリスト**」に変換し、完成図を参考にサイズを調整しましょう。

⑩SmartArtグラフィックに次のようなアニメーションを設定しましょう。

種類　　　　　　：開始　スライドイン
効果のオプション：方向　左から

⑪スライド6にバイオメトリクス認証の導入効果を表す3Dの集合縦棒グラフを作成しましょう。次のデータをもとに作成します。

	バイオメトリクス認証の導入効果
安全性が高まった	70
安心感が増した	56
操作が簡単になった	50
負担が軽減された	24

⑫ グラフにスタイル「**スタイル11**」を適用しましょう。

⑬ グラフのタイトルと凡例を非表示にしましょう。

Hint 《グラフツール》の《デザイン》タブ→《グラフのレイアウト》グループの（グラフ要素を追加）を使います。

⑭ 完成図を参考に、グラフの位置とサイズを調整しましょう。

⑮ タイトルスライドを除くすべてのスライドにスライド番号を表示しましょう。

⑯ スライドマスターを表示して、マスタータイトルに次のような書式を設定しましょう。

フォントサイズ：36ポイント
太字
文字の影

⑰ スライド1からスライドショーを実行し、スライド4にジャンプしましょう。

Hint スライド番号を入力して［Enter］を押すと効率的です。

⑱ スライドショー実行中のスライド4で、「**安全性が高い**」を緑のペンで強調しましょう。次に、ペンの内容を破棄して、スライドショーを終了しましょう。

⑲ スライド1からリハーサルを実行し、最後のスライドまで確認しましょう。
確認できたら、スライドが切り替わるタイミングを保持せずに、リハーサルを終了しましょう。

※プレゼンテーションに任意の名前を付けて保存し、プレゼンテーションを閉じておきましょう。

Skill Up

■総合スキルアップ問題■

実力テスト1　研究レポートの作成……Q-1
実力テスト2　ビジネスレポートの作成……Q-4
実力テスト3　成績の集計と分析……Q-6
実力テスト4　売上の集計と分析……Q-8
チャレンジ1　自分のセールスポイントを伝えるレポートの作成……Q-11
チャレンジ2　ゼミ研究旅行の行動計画表の作成……Q-13
チャレンジ3　サークル・クラブ活動を紹介するプレゼンの作成……Q-14
チャレンジ4　感動の一冊を伝えるプレゼンの作成……Q-15

実力テスト1 研究レポートの作成

問題1　研究レポートの校正チェック

大学で「地域活性化システム論」を受講している学生が、講師から「食がもたらす町おこしの経済効果について考察し、A4用紙2枚程度のレポートにまとめなさい。」という課題を出され、次のようなレポートを作成しました。
しかし、作成したレポートを講師に提出したところ、「レポートとしての形式を整えてから提出するように。」と改善の指示を受けました。このレポートのどこに問題があるのかを考えてみましょう。

地域活性化システム論レポート

社会学部地域社会学科

F01M123　中野　佳奈子

「食」がもたらす町おこしの経済効果について

昨今、「食」は大ブームである。テレビでもグルメの番組特集が多く取り上げられ、紹介されない日はないほど人々の「食」への関心は高い。この食に関する関心の高さから「食」をテーマとした町おこしをしている地域は全国各地に数多い。今も昔も食が大きな観光資源にもなっているのです。

このことを象徴するイベントが、「ふるさとフードフェスタ」である。ふるさとフードフェスタは、安価で庶民的でありながら、おいしい料理を紹介するイベントである。町おこしを目的に、地元の食材を使って開発された創作料理を提供するイベントで、キャッチフレーズは「おいしい地元を食べよう！」。ローカルフーズ研究所（※2012年11月に旗揚げした市民団体）とグルメまちテック（※グルメで町おこし団体連絡協議会の通称）の共同開催で、今年で7回目を迎える。

近年のふるさとフードフェスタの盛り上がりは、来場者数が第1回（2013年）の1万9千人から第5回（2017年）には60万人に増えたことを見ても明らかだと思う。その経済効果については、過去に出品した長宮串焼きが180億円、宮嶋たかが牛丼が25億円、横山お好み焼きが24億円、開催地の青手市が13億円、石木市が32億円など、いずれも注目に値する一定の成果を上げている。上記の経済効果の内訳には、主に「商品や関連素材の売上、消費量の増大」「来場者の交通費、宿泊費、買い物代」「観光客の増大」といった項目が含まれる。ふるさとフードフェスタをきっかけに全国的な情報発信が可能となることで、「食」のイベントそのものに限らず地域への注目度が高まり、多くの人を呼び込むことに成功していると言えるだろう。

成功事例が示すように、ふるさとフードフェスタの果たす役割は大きく、その効果に期待する多くの市民団体が、地元の食を町おこしの起爆剤にしようと取り組んでいる。今後のふるさとフードフェスタの展開および参加団体の町おこし活動に引き続き注目していきたい。

1

（参考文献）

●大西豊（2017 年）『食と地域に係る取り組みの経済効果』音文社

2

問題2　研究レポートの作成

問題1で考えた問題点を踏まえ、以下の条件に従ってWordでレポートを作り直しましょう。

OPEN Wordを起動し、新しい文書を作成しておきましょう。

条件

①指定されたページ数から±1/2ページの範囲を目安にまとめること。

②表題はレポート内容を端的に表現したものにすること。

③序論、本論、結論で構成し、それぞれに次の見出しを立て、見出しの前には番号を振ること。

序論：1. はじめに
本論：2. 食とふるさとフードフェスタ
3. ふるさとフードフェスタが地域にもたらす経済効果
結論：4. おわりに

④序論には、次の内容を入れること。

- **昨今、「食」が大ブームになり、日本全国各地で、食を町おこしに積極的に活用していこうという動きが見られること。**
- **本レポートでは、2013年から年に一度開催されている「ふるさとフードフェスタ」に着目し、食による町おこしが地域経済にどのような貢献を果たすのかについて述べていくこと。**

⑤経済効果のデータは、主要な地域と経済効果の試算（調査期間）を示した次の情報をもとに、1つの表にまとめること。表のタイトルは「図表1　ふるさとフードフェスタの経済効果（試算）」とすること。

長宮市180億円（2013～2015年度）	長宮串焼き（第1回・第2回出品）
宮嶋市　25億円（イベント終了後の3か月間）	宮嶋たかが牛丼（第3回出品）
横山市　24億円（イベント終了後の8か月間）	横山お好み焼き（第4回出品）
青手市　13億円（2016年度）	第4回ふるさとフードフェスタ開催地
石木市　32億円（2017年度）	第5回ふるさとフードフェスタ開催地

⑥経済効果の内訳は、SmartArtや図形などのグラフィック機能を効果的に使って、人目を引く見栄えにすること。図のタイトルは「図表2　経済効果の主な内訳」とすること。

⑦レポート全体を通じて、である調で統一すること。

⑧曖昧な表現は避け、客観的事実については断定的な表現を使うこと。

⑨脚注は各ページの最後に記載すること。

※作成した文書に「問題2」と名前を付けて保存しておきましょう。

問題3　行動指針の改定を通知するレポートの作成

あなたは、広田メディカルシステムズ株式会社の総務部に所属しています。
この度、従来の行動指針が見直され、改定されることになりました。上司から「従業員に新しい行動指針を知らせるレポートを作成してください。」と指示されました。
また、改定された行動指針が書かれた次のメモを手渡されました。

> **●行動指針**
> **より品質の高いサービスをより多くのお客様に提供し、お客様の満足を獲得するため、最先端の技術を駆使して、従業員全員が共通の価値基準を持って行動します。**
>
> **●行動目標**
> 創造（Creation）・・・・　独創性を大切にします。
> 挑戦（Challenge）・・・　どんな困難にも挑戦し続けます。
> 努力（Effort）・・・・・　高い目標に向けて努力します。
> 情熱（Passion）・・・・　感謝・感激・感動を忘れません。
> 速度（Speed）・・・・・　迅速に対応します。

以上の内容を踏まえ、以下の条件に従ってWordで新規に文書を作成してください。

OPEN **Wordを起動し、新しい文書を作成しておきましょう。**

条件

①発信番号は「社達200004」とすること。
②発信日付は「2020年4月1日」とすること。
③適切な受信者名を入れること。
④発信者名は「代表取締役社長」とすること。
⑤レポート内容を端的に表す適切な表題を入れること。
⑥レポートの主文には、次の内容を入れること。

> ・従来の行動指針を“より身近でよりわかりやすく”という観点から見直したこと。
> ・4月1日付で改定したこと。
> ・従業員一人一人がこの行動指針に基づき、自然に行動できるように心がけること。

⑦記書きには「行動指針」と「行動目標」を転記すること。
⑧レポートが見やすくなるように、書式を適宜設定し、見栄えを整えること。
⑨A4縦1ページにバランスよくレイアウトすること。

※作成した文書に「問題3」と名前を付けて保存しておきましょう。

問題4　行動指針を掲げたポスターの作成

行動指針の改定を通知するレポートを発信しましたが、十分に行動指針が浸透していないようです。
そこで、日頃より行動指針が従業員の目に触れるようにポスターを作成することになりました。
上司から「従業員の目を引くような見栄えのするポスターを作成してください。」と指示されました。
以上の内容を踏まえ、以下の条件に従ってWordで新規に文書を作成してください。

OPEN **Wordを起動し、新しい文書を作成しておきましょう。**

条件

①SmartArtや図形などのグラフィック機能を効果的に使って、人目を引く見栄えにすること。

Hint
- 《挿入》タブ→《図》グループの《図形の作成》を使うと、様々な図形を作成できます。

②問題3で作成したレポートから、行動指針や行動目標を適宜コピーして、効率的に作成すること。

③会社名を入れること。

④A3縦1ページにバランスよくレイアウトすること。

※A3が印刷できないプリンターの場合は、任意の用紙サイズで作成してください。

※作成した文書に「問題4」と名前を付けて保存しておきましょう。

実力テスト3　成績の集計と分析

問題5　成績の全体集計

あなたは、FOM証券株式会社の人材教育部に所属し、新入社員研修や中堅社員教育などを管理し、全従業員のスキル向上を図っています。上司から**「全従業員に実施したITスキル研修の試験結果を報告してください。」**と指示されました。
以上の内容を踏まえ、以下の条件に従ってExcelで新規にブックを作成してください。

OPEN　Excelを起動し、新しいブックを作成しておきましょう。

条件

①表題は「ITスキル研修試験結果」とすること。

②3名の担当講師から提出された次の「科目別試験結果」データをもとにすること。

■講師 A

従業員番号	氏名	文章構成力	文章表現力
1621	境　龍一	95	80
1741	寺島　美代	87	94
1787	三坂　真奈	100	98
1797	松江　賢	92	90
1812	長井　莉緒	98	88
1845	相田　まり	85	85
1945	藤谷　真美	86	94

■講師 B

従業員番号	氏名	計算応用力	データ分析力
1621	境　龍一	83	89
1741	寺島　美代	77	60
1787	三坂　真奈	86	78
1797	松江　賢	58	54
1812	長井　莉緒	62	61
1845	相田　まり	80	67
1945	藤谷　真美	78	70

■講師 C

従業員番号	氏名	プレゼン表現力
1621	境　龍一	59
1741	寺島　美代	60
1787	三坂　真奈	79
1797	松江　賢	80
1812	長井　莉緒	63
1845	相田　まり	69
1945	藤谷　真美	81

③データベース機能が利用できるように、1従業員1レコードにすること。

④作成した表をテーブルに変換して、任意のテーブルスタイルを適用すること。

⑤従業員ごとの合計点を求めること。

⑥科目ごとの平均点を求めること。

⑦シートの名前を「**成績集計**」とすること。

※作成したブックに「問題5」と名前を付けて保存しておきましょう。

問題6　成績の個人分析

上司から「**従業員ごとに成績を分析したい。グラフを使うなどしてわかりやすい資料を作成してください。**」と指示され、次のような資料を作成しました。

ITスキル研修個人別分析

従業員番号：　1621

氏名：　境　龍一

科目	個人得点
文章構成力	95
文章表現力	80
計算応用力	83
データ分析力	89
プレゼン表現力	59
合計点	406

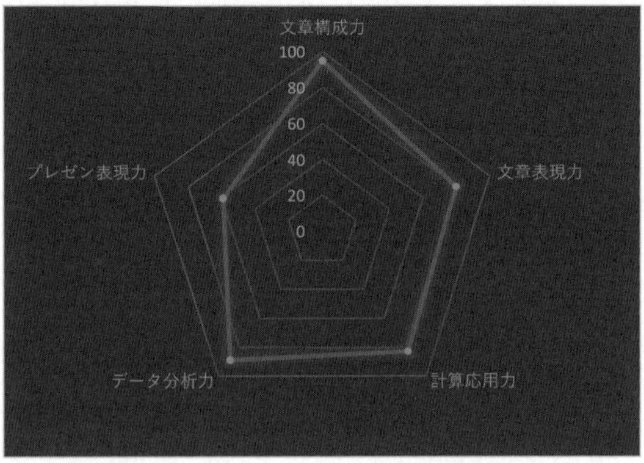

これを上司に見せたところ、「**全体の平均点を入れて、自分のスキルと比較できるように修正してください。**」と改善の指示を受けました。
以上の内容を踏まえ、以下の条件に従ってExcelでブックを編集してください。

OPEN **ブック「問題5」を開いておきましょう。**

条件

①ブックに新しいシートを追加し、資料と同じような表とグラフを作成すること。

Hint
- 《デザイン》タブ→《グラフのレイアウト》グループの《グラフ要素を追加》を使うと、グラフ要素の表示／非表示を設定できます。

②追加したシートに「**個人分析**」という名前を付けること。

③「**従業員番号**」を入力すると、対応する「**氏名**」「**文章構成力**」「**文章表現力**」「**計算応用力**」「**データ分析力**」「**プレゼン表現力**」「**合計点**」の各データが参照されるようにすること。

④表とグラフに「**平均点**」のデータをそれぞれ追加すること。

※作成したブックに「問題6」と名前を付けて保存しておきましょう。

実力テスト4 売上の集計と分析

問題7　店舗別・商品カテゴリ別の売上集計表の作成

あなたは、FOM電機株式会社の本社・企画部に所属し、各店舗のイベント活動の推進および売上拡販の支援を担当しています。上司から「各店舗で春商戦として実施した“新生活応援キャンペーン”の売上実績を集計してください。」と指示されました。
以上の内容を踏まえ、以下の条件に従ってExcelで新規にブックを作成してください。

OPEN Excelを起動し、新しいブックを作成しておきましょう。

条件

①表題は「新生活応援キャンペーン売上集計表」とすること。

②次のデータをもとに、表を作成すること。

■新宿店
売上実績　内訳
家電　　：3,325,980円
AV 機器 ：3,985,300円
通信機器：3,689,000円
パソコン：3,221,500円
その他　：2,761,400円

■秋葉原店
売上実績　内訳
家電　　：3,125,620円
AV 機器 ：2,630,280円
通信機器：2,849,080円
パソコン：2,249,840円
その他　：1,923,100円

■横浜店
売上実績　内訳
家電　　：4,968,510円
AV 機器 ：3,524,900円
通信機器：3,336,600円
パソコン：3,619,870円
その他　：3,004,200円

■大宮店
売上実績　内訳
家電　　：2,686,500円
AV 機器 ：2,763,110円
通信機器：2,050,000円
パソコン：2,101,700円
その他　：1,648,460円

■千葉店
売上実績　　内訳
家電　　：4,124,700円
AV 機器　：2,751,200円
通信機器：2,989,100円
パソコン　：2,850,300円
その他　　：2,185,250円

③店舗別の合計、商品カテゴリ別の合計、全合計がわかるようにすること。

④表の数値は「単位：千円」とすること。

⑤表が見やすくなるように、書式を適宜設定し、見栄えを整えること。

※作成したブックに「問題7」と名前を付けて保存しておきましょう。

問題8　目標達成率の算出

あなたが作成した「新生活応援キャンペーン売上集計表」を上司に見せたところ、「店舗ごとに設定した売上目標を追加して、目標達成率を確認したい。また、目標を達成した店舗は表彰するので、ひと目でわかるようにしてください。」と指示されました。
以上の内容を踏まえ、以下の条件に従ってExcelでブックを編集してください。

OPEN ブック「問題7」を開いておきましょう。

条件

①次のデータをもとに、表を編集すること。

■新宿店
売上目標　　17,000,000円

■秋葉原店
売上目標　　14,000,000円

■横浜店
売上目標　　16,000,000円

■大宮店
売上目標　　12,000,000円

■千葉店
売上目標　　10,000,000円

②目標達成率がわかるように、項目名を追加すること。

③条件付き書式を使って、目標を達成した店舗の名前に色を塗ること。

※作成したブックに「問題8」と名前を付けて保存しておきましょう。

問題9　商品カテゴリ別の売上構成比の比較

あなたが編集した「新生活応援キャンペーン売上集計表」を上司に見せたところ、「今回のキャンペーンで、どのカテゴリの商品がよく売れたかを知りたいので、グラフを作成してください。」と指示されました。
以上の内容を踏まえ、以下の条件に従ってExcelでブックを編集してください。

OPEN ブック「問題8」を開いておきましょう。

条件

①グラフシートに適切な種類のグラフを作成すること。

Hint ●《デザイン》タブ→《場所》グループの《グラフの移動》を使うと、グラフの場所を変更できます。

②グラフタイトルは「商品カテゴリ別売上構成比」とすること。
③グラフには、売上構成比を表示すること。
④グラフが見やすくなるように、書式を適宜設定し、見栄えを整えること。

※作成したブックに「問題9」と名前を付けて保存しておきましょう。

問題10　店舗別の売上実績と売上目標の比較

あなたが編集した「新生活応援キャンペーン売上集計表」を上司に見せたところ、「今回のキャンペーンにおける、各店舗の売上実績と目標達成率の関係を1つのグラフにまとめて表現してください。」と指示されました。
以上の内容を踏まえ、以下の条件に従ってExcelでブックを編集してください。

OPEN ブック「問題9」を開いておきましょう。

条件

①売上実績を縦棒グラフ、目標達成率を折れ線グラフで表現する複合グラフを作成すること。
②表の下に適切なサイズでグラフを作成すること。
③グラフタイトルは「店舗別売上状況」とすること。
④グラフが見やすくなるように、書式を適宜設定し、見栄えを整えること。
⑤表とグラフをA4用紙の横1ページにバランスよく配置し、印刷すること。

※作成したブックに「問題10」と名前を付けて保存しておきましょう。

チャレンジ1 自分のセールスポイントを伝えるレポートの作成

自分のセールスポイントを表現するドキュメントを作成しましょう。
「　」に自分の「キャッチフレーズ+名前」を入れて、次の手順で作業しましょう。

私は、「〇〇〇〇〇〇〇〇〇〇〇」です。

例）私は、歩くアイデアの泉　大野大輔です。
例）私は、常に新しいものを追い求める未来キャッチャー　森田美咲です。

①自分の長所と短所を整理してみましょう。

Hint
- すぐに思いつかない場合は、次の特性の中から当てはまるものを〇印で囲みましょう。

明朗	自発的	行動的
自立心が強い	温和	堅実
道徳的	積極的	ねばり強い
正義感が強い	責任感が強い	好奇心旺盛
自己主張が強い	我慢強い	客観的
慎重	礼儀正しい	のみ込みが早い
完全主義	勝負強い	探究心が強い
律儀	意欲的	短気
合理的	勉強家	論理的
直観的	冷静	したたか
理屈っぽい	努力家	協調性がある
負けず嫌い	献身的	楽観的
謙虚	凝り性	計算高い
理性的	面倒見がよい	淡泊
注意力がある	情熱的	せっかち
頑固	優柔不断	内気
神経質	プライドが高い	心配性
直情的	几帳面	保守的
消極的	依頼心が強い	悲観的
無口	飽きっぽい	

- 長所を3つ挙げ、長所と判断した理由を考えてみましょう。
- 長所が挙がらない場合は、短所を挙げ、短所を長所に言い換えてみましょう。
- 家族や友人にヒアリングして、客観的な評価をもらいましょう。

② 過去の体験には、自分を形成するきっかけとなった重要な体験が含まれています。過去の体験を掘り起して、自分らしさを整理してみましょう。

Hint ●次のような観点で、過去に成し遂げたことや自分の自信につながった出来事を書き出してみましょう。

- **ある目標に向かって努力し、何かを成し遂げたことはないか**
- **努力する過程の中で、自分が成長したと思えたことはないか**
- **苦しかったり辛かったりした逆境を乗り越えたことはないか**
- **継続して取り組んだ結果、獲得したり習得したりしたものはないか**
- **何かの体験を通して、新しく発見したことや興味をそそられたことはないか**
  もしあれば、なぜ発見できたか、なぜ興味を持ったかを考える
- **他人よりも自信を持っていることはないか**
  もしあれば、その自信の源になった出来事は何かを考える

③ ①～②をもとに、クラス全員に贈るメッセージとして、自分のセールスポイントを表現してみましょう。

条件

① 自分のセールスポイントを3つ以上挙げる。

② クラス紹介冊子に掲載することを前提に作成する。

③ A4用紙1枚にまとめる。

チャレンジ2　ゼミ研究旅行の行動計画表の作成

ゼミ研究旅行の行動計画表を作成しましょう。
日時・行動範囲・行動単位を入れて、次の手順で作業しましょう。

日　　時：○○年○○月○○日（○）○時～○時
行動範囲：○○市内
行動単位：○～○○名のグループ単位

①訪問地の情報を収集しましょう。

Hint
- インターネットやガイドブックを使って、観光名所・博物館・美術館などの情報を集めましょう。
- 目的地の入館料・開館時間・休館日などを調べて、書き出しましょう。
- 目的地までの交通機関・交通費・所要時間などを調べて、書き出しましょう。

②収集した情報の中から行き先を決めましょう。

Hint
- 開館時間・休館日・所要時間などを考慮に入れて、行き先を選びましょう。
- 限られた時間を有効に使えるように、行く順番を考えましょう。

③①～②をもとに、行動計画表を作成しましょう。

Hint
- 行動計画表には、「時間」「行き先」「交通機関」の欄を必ず入れましょう。
- 「交通費」「入館料」などの費用がわかるように、行動予定表の体裁を工夫しましょう。

条件

①ゼミ研究旅行に参加するメンバー全員に配布することを前提に作成する。
②A4用紙1枚にまとめる。

チャレンジ 3 サークル・クラブ活動を紹介するプレゼンの作成

所属するサークルやクラブについて、クラスで発表しましょう。
「 」に所属するクラブ名を入れて、次の手順で作業しましょう。

私の所属する「○○○○○○○○○○」を紹介します。

①サークルやクラブの歴史をまとめましょう。

Hint
- 創部から現在までの活動内容や大会での成績などを年代順に箇条書きにしてみましょう。

②現在の部員数を学年別の表とグラフにしましょう。

Hint
- 学年別の構成比がわかるような表とグラフにしましょう。

③現在の活動内容を伝える素材を集めましょう。

Hint
- 日頃どのような練習をしているかを箇条書きにしてみましょう。
- 自分だけでなく、ほかの部員にもヒアリングしてみましょう。
- 活動風景をデジタルカメラで撮影してみましょう。

④サークルやクラブのおもしろさを伝える素材を集めましょう。

Hint
- どのようなときに楽しいと感じるか、辛いと感じるかなどを具体的に書き出してみましょう。
- 失敗や成功などの体験談を具体的に書き出してみましょう。
- 部員同士のつながり、過去の逸話、有名なOBの話などを盛り込んでみましょう。
- スポーツ活動の場合は、試合のルールや勝敗などを解説し、スポーツの楽しさを伝えましょう。
- 芸術活動の場合は、作品を仕上げるまでの過程や作品の評価ポイントなどを解説し、芸術の楽しさを伝えましょう。
- 自分だけでなく、ほかの部員にもヒアリングしてみましょう。

⑤①～④をもとに、PowerPointで発表資料を作成し、サークルやクラブについて発表しましょう。

Hint
- どのような順番で伝えるとわかりやすいかを考えて、シナリオを構成しましょう。
- 写真やイラストを挿入し、視覚的に効果のある発表資料にしましょう。
- 部員を勧誘するようなつもりで、情熱をもって発表しましょう。

条件

①プレゼンテーションの持ち時間は、質疑応答を含めて10分とする。

チャレンジ4 感動の一冊を伝えるプレゼンの作成

過去に読んで感動した本について、クラスで発表しましょう。
「 」に本の題名を入れて、次の手順で作業しましょう。

私の感動の一冊は、「○○○○○○○○○○」です。

①作品の概要をまとめましょう。

Hint
- 登場人物ごとに性格や作品中での行動・体験を書き出してみましょう。
- 作品を場面ごとに分け、あらすじを書き出してみましょう。

②作品のテーマを考えましょう。

Hint
- 登場人物の心情をたどり、作品中でどのように変化するかを書き出してみましょう。
- 作者が言いたかったことを考えて、書き出してみましょう。

③作者やその時代について調べ、作品が生まれた背景を考えましょう。

Hint
- インターネットを使って、作者の情報を検索してみましょう。
- 作者の生い立ちやその他の作品について調べてみましょう。
- 作者が生きた時代や作品ができた時代がどのような時代だったかを調べてみましょう。
- 作者やその時代が作品に与えた影響を自分なりに考えて、書き出してみましょう。

④作品に対する感想や考えをまとめ、自分自身を振り返りましょう。

Hint
- 作品を読む前後で、自分の考えがどのように変化したかを書き出してみましょう。
- 登場人物と自分を比較して、共通点や相違点から、自分の性格・環境・時代などを見つめ直してみましょう。

⑤①～④をもとに、PowerPointで発表資料を作成し、感動した本について発表しましょう。

Hint
- 作品の概要、テーマ、作品が生まれた背景、作品に対する感想や考えを箇条書きで整理してみましょう。
- SmartArtグラフィックや図形などの機能を使って、整理した箇条書きを図解化してみましょう。
- 写真やイラストを挿入し、視覚的に効果のある発表資料にしましょう。

条件

①プレゼンテーションの持ち時間は、質疑応答を含めて10分とする。

Index

索引

文書作成編 ……………………………………………………1
表計算編 ………………………………………………………5
プレゼンテーション編……………………………………10

索引　文書作成編

【E】

Excelグラフ ……… W-32

【I】

IME ……… W-1

【P】

PDFファイル ……… W-44
PDFファイルの保存 ……… W-44
PDFファイルを開く ……… W-45

【S】

SmartArtグラフィック ……… W-22
SmartArtグラフィックのサイズ変更 ……… W-26
SmartArtのスタイル ……… W-25

【W】

Webレイアウト ……… W-3
Wordの画面構成 ……… W-2
Wordのスタート画面 ……… W-3
Wordの特長 ……… W-1

【あ】

アート効果 ……… W-22

【い】

移動(画像) ……… W-20,W-70
移動(文字) ……… W-24
色 ……… W-22
インク数式 ……… W-67
印刷 ……… W-36
印刷(コメント) ……… W-60
印刷レイアウト ……… W-3
インデント ……… W-10
引用文献一覧 ……… W-54

【う】

上付き ……… W-12
上書き保存 ……… W-17

【え】

閲覧モード ……… W-3

【お】

オンライン画像 ……… W-19

【か】

カーソル ……… W-2
改ページ ……… W-47
囲み線 ……… W-12
箇条書き ……… W-14
箇条書きの削除 ……… W-24
箇条書きの追加 ……… W-24
箇条書きのレベル上げ ……… W-24
下線 ……… W-12
画像の移動 ……… W-20,W-70
画像のサイズ変更 ……… W-20,W-71
画像の削除 ……… W-21
画像の挿入 ……… W-19

【き】

記書き ……… W-78,W-80
脚注 ……… W-52
行 ……… W-27
行数のカウント ……… W-15
行数の非表示 ……… W-49
行数の表示 ……… W-48
行頭文字 ……… W-14
行の削除 ……… W-31
行の選択 ……… W-11
行の挿入 ……… W-31
均等割り付け ……… W-12

【く】

クイックアクセスツールバー …… W-2
グラフの貼り付け …… W-32

【け】

結語 …… W-78,W-80
検索 …… W-57

【こ】

校閲 …… W-55
互換性 …… W-17
コピー（文字） …… W-24
コマンド …… W-4
コメント …… W-59
コメントの印刷 …… W-60
コメントの削除 …… W-60
コメントの非表示 …… W-59
コメントの表示 …… W-59
コメントへの返答 …… W-59

【さ】

サイズ変更（SmartArtグラフィック） …… W-26
サイズ変更（画像） …… W-20,W-71
索引 …… W-52
削除（箇条書き） …… W-24
削除（画像） …… W-21
削除（行） …… W-31
削除（コメント） …… W-60
削除（背景） …… W-22
削除（列） …… W-31

【し】

時候の挨拶 …… W-80
下付き …… W-12
自動スペルチェック …… W-56
自動文章校正 …… W-55
自動保存 …… W-17
社外文書 …… W-76,W-79
社内文書 …… W-76,W-78
修整 …… W-22
受信者名 …… W-78,W-79
主文 …… W-78,W-80
書式の置換 …… W-58
新規作成 …… W-7

【す】

数式ツール …… W-65
ズーム …… W-2
スクロール …… W-70
スタート画面 …… W-3
スタイル …… W-50
スタイルの更新 …… W-51
ステータスバー …… W-2
図として貼り付け …… W-32
ストレッチ …… W-71
図の圧縮 …… W-22
図の調整 …… W-22
図の変更 …… W-22
図のリセット …… W-22
図表番号 …… W-33
スペルチェックと文章校正 …… W-57
スライド …… W-70
スワイプ …… W-70

【せ】

セクション …… W-41
セクション区切り …… W-41
セル …… W-27
セルの結合 …… W-31
セルの選択 …… W-75
セルの分割 …… W-31
選択領域 …… W-2
前文 …… W-80

【そ】

操作の取り消し …… W-9
挿入（画像） …… W-19
挿入（行） …… W-31

挿入（列）…………W-31
挿入（ワードアート）…………W-39

【た】

タイトルバー…………W-2
タッチキーボード…………W-72
タッチ機能…………W-68
タッチモード…………W-68
タッチモードのリボン…………W-68
タップ…………W-69
タブ…………W-42
タブ位置…………W-42
段区切り…………W-41
段組み…………W-40
段組みの解除…………W-41
単語の選択…………W-73
担当者名…………W-78,W-80
段落…………W-10
段落罫線…………W-39
段落の選択…………W-11
段落番号…………W-13

【ち】

置換…………W-57
置換（書式）…………W-58
中央揃え…………W-10,W-30

【て】

テーマの色…………W-13
テキストウィンドウ…………W-23
テキストボックス…………W-34

【と】

頭語…………W-80
独立数式…………W-67
取り消し…………W-9

【な】

長押し…………W-70
ナビゲーションウィンドウ…………W-49
名前を付けて保存…………W-17

【ぬ】

塗りつぶし…………W-31

【は】

背景の削除…………W-22
配置…………W-9,W-11,W-30
配置ガイド…………W-22
バックステージビュー…………W-4
発信記号…………W-78,W-79
発信者名…………W-78,W-79
発信番号…………W-78,W-79
発信日付…………W-78,W-79
貼り付け…………W-32

【ひ】

ビジネス文書…………W-76
左インデント…………W-10
日付印…………W-78
表…………W-27,W-28
表記ゆれチェック…………W-56
表示選択ショートカット…………W-2
表示倍率の拡大…………W-71
表示倍率の縮小…………W-71
表示モードの切り替え…………W-3
標準テキスト…………W-67
表題…………W-78,W-79
表の選択…………W-31,W-74
開く…………W-7,W-45
ピンチ…………W-71

【ふ】

ファイルの互換性…………W-17
ファイルを開く…………W-7
フォント…………W-11
フォントサイズ…………W-11
フォントの色…………W-12

複数行の選択……W-75
複数列の選択……W-75
フッター……W-47
文書の新規作成……W-7
文書の名前……W-17
文書の保存……W-16,W-17
文書を開く……W-7
文中数式……W-67
文末脚注……W-54

【へ】

ページ罫線……W-38
ページ設定……W-8
ページ番号……W-47
別記……W-78,W-80
ヘッダー……W-47
変更履歴……W-60
変更履歴の記録……W-60
変更履歴の反映……W-62
変更履歴の表示……W-62,W-64
編集記号の非表示……W-7
編集記号の表示……W-7

【ほ】

保存……W-16,W-17,W-44
本文……W-80

【ま】

マウスモード……W-68
マウスモードのリボン……W-68
末文……W-80

【み】

右インデント……W-10
右揃え……W-9
見出し……W-48,W-49

【も】

目次……W-52
文字カウント……W-15
文字数のカウント……W-15
文字の移動……W-24
文字の効果……W-40
文字のコピー……W-24
文字の選択……W-11,W-73
文字列の折り返し……W-19
元に戻す……W-11

【ゆ】

ユーザー名の変更……W-59

【り】

リーダー……W-42,W-43
リボン……W-2
リボンの表示オプション……W-2
両端揃え……W-11

【れ】

列……W-27
列の削除……W-31
列の挿入……W-31
列幅の変更……W-29
レポートの形式……W-6

【わ】

ワードアート……W-39
ワードアートの選択……W-40
ワードアートの挿入……W-39

索引　表計算編

【数字・記号】

0と#の違い …… E-72
3桁区切りカンマ …… E-16
$(ドル)の入力 …… E-21

【A】

AND …… E-45,E-102
AND関数 …… E-66
AVERAGE関数 …… E-12

【C】

COUNT関数 …… E-59
COUNTA関数 …… E-58
COUNTBLANK関数 …… E-60
COUNTIF関数 …… E-60

【E】

Excelデータの貼り付け …… E-114
Excelデータのリンク貼り付け …… E-116
Excelの画面構成 …… E-2
Excelの特長 …… E-1
Excelマクロ有効ブック …… E-112

【F】

FREQUENCY関数 …… E-69

【I】

IF関数 …… E-64,E-66
IFS関数 …… E-65

【M】

MAX関数 …… E-13
MIN関数 …… E-13

【O】

OR …… E-45,E-102
OR関数 …… E-66

【P】

PHONETIC関数 …… E-56

【S】

SUBTOTAL関数 …… E-49
SUM関数 …… E-11

【V】

VBA …… E-112
VLOOKUP関数 …… E-61

【あ】

アイコンセット …… E-79
アウトライン記号 …… E-49
アクティブシート …… E-8
アクティブセル …… E-2,E-8
値エリア …… E-91
値エリアの集計方法 …… E-93
値軸 …… E-31
新しいシート …… E-2

【い】

移動(グラフ) …… E-33
移動(シート) …… E-54
移動(データ) …… E-8
色フィルター …… E-42
印刷 …… E-28,E-35
印刷タイトル …… E-27

【う】

ウィンドウ枠の固定 …… E-50
上書き …… E-6

【え】

エラー値 …… E-63
エラーの回避 …… E-63
円グラフ …… E-31

演算記号……E-10

【お】

オートフィル……E-6

オートフィルオプション……E-6

折り返して全体を表示……E-15

【か】

改行……E-4

開発タブ……E-106

開発タブの非表示……E-112

改ページの挿入……E-28

改ページプレビュー……E-29

カラースケール……E-79

関数……E-10,E-56

関数ライブラリ……E-58

【き】

行と列の固定……E-50

行の固定……E-50

行の削除……E-16

行の挿入……E-16

行の高さの変更……E-16

行番号……E-2

行ラベルエリア……E-91

行列の入れ替え……E-22

【く】

空白セルに値を表示……E-94

空白のブック……E-3

グラフエリア……E-31

グラフ機能……E-30

グラフ書式コントロール……E-35

グラフスタイル……E-32,E-35

グラフタイトル……E-31,E-32

グラフの移動……E-33

グラフの印刷……E-35

グラフの構成要素……E-31

グラフのサイズ変更……E-33

グラフの作成……E-32,E-82,E-86

グラフの作成手順……E-30

グラフの種類の変更……E-32,E-83

グラフのデータ範囲の変更……E-32

グラフのレイアウト……E-34

グラフフィルター……E-35

グラフ要素……E-35

グラフ要素の選択……E-31

グループ……E-54

グループ化の解除……E-94

グループの解除……E-54

【け】

罫線……E-9

検索/行列関数……E-123

検索条件範囲……E-102

検索ボックス……E-45

【こ】

合計……E-11,E-56

降順……E-37

項目軸……E-31

コピー(シート)……E-54

コピー(書式)……E-21

コピー(数式)……E-11,E-53

コピー(データ)……E-8

【さ】

最小値……E-13,E-90

サイズ変更(グラフ)……E-33

最大値……E-13,E-90

財務関数……E-123

削除(行)……E-16

削除(シート)……E-54

削除(集計)……E-48

削除(スパークライン)……E-90

削除(マクロ)……E-112

削除(列)……E-16

参照形式……E-124

【し】

シート…… E-3
シート間の集計 …… E-52
シートの移動…… E-54
シートのコピー …… E-54
シートの削除…… E-54
シートの挿入…… E-54
シート見出し …… E-2
シート見出しの色 …… E-54
シート名の変更 …… E-54
軸ラベル…… E-31
絞り込み…… E-41
集計 ……E-36,E-46,E-47,E-52
集計行の数式…… E-49
集計行の表示……E-101
集計の削除 …… E-48
集計の追加 ……E-48,E-101
縮小して全体を表示…… E-15
上位/下位ルール…… E-77
消去(データ) …… E-7
条件付き書式……E-76,E-79
条件のクリア…… E-41
条件の入力 ……E-102,E-103
条件の判断 ……E-64,E-66
昇順 …… E-37
小数点以下の表示桁数を増やす…… E-15
情報関数…… E-126
ショートカットキー …… E-109
書式のコピー…… E-21
シリアル値…… E-120
新規作成 …… E-3

【す】

垂直方向の配置…… E-14
数学/三角関数 …… E-120
数式 …… E-10
数式のエラー…… E-19
数式のコピー……E-11,E-53
数式バー …… E-2
数式バーの展開 …… E-2
数値 …… E-3
数値の入力 …… E-5
数値の表示形式……E-71,E-73
数値フィルター…… E-42
ズーム…… E-2
スクロールバー…… E-2
スタイル(グラフ) …… E-32
ステータスバー…… E-2
図として貼り付け……E-117
スパークライン …… E-89
スパークラインの最小値 …… E-90
スパークラインの最大値 …… E-90
スパークラインの削除 …… E-90

【せ】

絶対参照 ……E-18,E-19
セル…… E-2
セルの強調表示ルール …… E-76
セルの選択…… E-8
セル範囲の選択 …… E-8
セル範囲への変換 …… E-100
セルを結合して中央揃え …… E-14
全セル選択ボタン …… E-2

【そ】

相対参照 …… E-18
挿入(行) …… E-16
挿入(シート) …… E-54
挿入(列) …… E-16

【た】

タイトルバー…… E-2
タイムライン …… E-94
縦棒グラフ…… E-31

【ち】

中央揃え …… E-14
抽出 ……E-39,E-103
抽出結果の絞り込み …… E-41

【つ】
通貨記号……E-16

【て】
データ系列……E-31
データ個数のカウント……E-58,E-60
データテーブル……E-35
データの移動……E-8
データの検索……E-61
データの更新……E-96
データのコピー……E-8
データの集計……E-46
データの修正……E-6
データの消去……E-7
データの抽出……E-39
データの並べ替え……E-37
データの入力……E-3
データバー……E-79
データベース……E-36
データベース関数……E-125
データベース用の表……E-36
データマーカーの強調……E-90
データ要素……E-31
データ要素の個数……E-87
データ要素の塗りつぶし……E-88
データラベル……E-31
テーブル……E-98
テーブルスタイル……E-99
テーブルへの変換……E-99
テキストフィルター……E-43

【と】
統計関数……E-122
度数分布……E-69
取り消し……E-5

【な】
名前ボックス……E-2
並べ替え……E-36,E-37,E-46,E-86,E-100

【に】
入力……E-3
入力中のデータの取り消し……E-5

【は】
背景の色……E-14
配色の変更……E-88
配置……E-14
配列関数……E-70
貼り付け……E-114,E-117
貼り付けのオプション……E-23
範囲選択の一部解除……E-8
凡例……E-31

【ひ】
日付/時刻関数……E-120
日付の入力……E-5
日付の表示形式……E-72,E-74
日付フィルター……E-44
ピボットグラフ……E-97
ピボットテーブル……E-91,E-92
ピボットテーブルの構成要素……E-91
表示形式……E-15,E-71,E-94
表示形式の解除……E-75
表示選択ショートカット……E-2
開く（マクロを含むブック）……E-113

【ふ】
フィールド……E-36
フィールド名……E-36
フィルター……E-36,E-39,E-45,E-100,E-101
フィルターオプションの設定……E-101
フィルターモードの解除……E-45
フォント……E-13
フォントサイズ……E-13
複合グラフ……E-81
複合参照……E-20
ブック……E-3
ブックの新規作成……E-3
ブックの保存……E-8

フッター………E-26
フラッシュフィル………E-50
ふりがな………E-56,E-58
プロットエリア………E-31

【へ】
平均………E-12
ページ設定………E-28
ページレイアウト………E-25
ヘッダー………E-26
ヘッダー/フッター要素………E-27

【ほ】
補助グラフ付き円グラフの作成手順………E-85
補助縦棒グラフ付き円グラフ………E-85
保存………E-8
保存(マクロ有効ブック)………E-112

【ま】
マクロ………E-106
マクロの記録………E-108
マクロの記録終了………E-110
マクロの削除………E-112
マクロの作成………E-106
マクロの実行………E-110
マクロの登録………E-111
マクロ名………E-109
マクロ有効ブックとして保存………E-112
マクロを含むブックを開く………E-113

【み】
見出しスクロールボタン………E-2

【も】
文字の色………E-14
文字列………E-3
文字列操作関数………E-124
文字列の改行………E-4
文字列の入力………E-4
文字列の表示形式………E-72,E-75

【ゆ】
ユーザー定義の表示形式………E-71
ユーザー定義のルール………E-77

【よ】
用紙サイズ………E-25
用紙の向き………E-25
余白………E-26

【り】
リンクの解除………E-119
リンクの更新………E-118,E-119
リンクの変更………E-119
リンク貼り付け………E-116

【る】
ルールのクリア………E-77

【れ】
レイアウトの変更………E-95
レコード………E-36
レコードの抽出………E-103
列の固定………E-50
列の削除………E-16
列の挿入………E-16
列幅の変更………E-16
列番号………E-2
列見出し………E-36
列ラベルエリア………E-91
レポートフィルター………E-96
連続データの入力………E-6

【ろ】
論理関数………E-126

【わ】
ワイルドカード文字………E-125

索引　プレゼンテーション編

【E】

Excelブックの埋め込み…… P-42
Excelブックの編集…… P-43
Excelブックの利用…… P-42

【P】

PowerPointの画面構成…… P-2
PowerPointの特長…… P-1

【S】

SmartArtグラフィックに変換…… P-28

【W】

Word文書の挿入…… P-41
Word文書の利用…… P-40

【あ】

アウトライン…… P-36
アウトラインペイン…… P-3
新しいスライド…… P-7
アニメーション…… P-33
アニメーションの開始のタイミング…… P-35
アニメーションの解除…… P-34
アニメーションの軌跡…… P-34
アニメーションの再生順序…… P-34
アニメーションの種類…… P-34

【い】

移動(画像)…… P-18
移動(図形)…… P-15
移動(スライド)…… P-31
移動(プレースホルダー)…… P-10
印刷(ノート)…… P-38
印刷(非表示スライド)…… P-52
印刷のレイアウト…… P-36

【う】

埋め込み……P-42,P-44

【え】

閲覧表示…… P-3

【お】

オブジェクトの動作設定…… P-52
オブジェクトの表示順序…… P-20

【か】

開始(アニメーション)……P-34,P-35
箇条書きテキスト…… P-8
箇条書きテキストの書式設定…… P-9
箇条書きテキストのレベル下げ…… P-11
画像の移動…… P-18
画像のサイズ変更…… P-18
画像の挿入…… P-17
画面切り替え効果…… P-32
画面切り替え効果の解除…… P-33
画面切り替えのタイミング…… P-51
画面の自動切り替え…… P-51

【き】

聞き手の分析…… P-60
強調(アニメーション)…… P-34
行頭文字の変更…… P-10
切り替え時間のクリア…… P-58
切り替え時間の変更…… P-58

【く】

グラフ……P-24
グラフの種類の変更……P-27
グラフのデータの修正……P-26
グラフのデータ範囲の調整……P-26
グレースケール……P-38

【け】

蛍光ペン……P-53
結論……P-61

【こ】

効果……P-6,P-16
効果のオプション……P-33,P-34
コピー（スライド）……P-31
コンテンツ用のプレースホルダー……P-6

【さ】

最終確認……P-62
サイズ変更（画像）……P-18
サイズ変更（図形）……P-15
サイズ変更（プレースホルダー）……P-10
最前面へ移動……P-20
最背面へ移動……P-20
削除（スライド）……P-31
削除（プレースホルダー）……P-10
サムネイルペイン……P-2,P-3

【し】

質疑応答……P-63
自動切り替え（スライドショー）……P-51
シナリオ……P-62
終了（アニメーション）……P-34
主張の明確化……P-61
情報の収集……P-61
情報の整理……P-61
序論……P-61
白黒……P-38
新規作成……P-4

【す】

数字領域……P-49
ズーム……P-2
図形……P-15
図形の移動……P-15
図形のサイズ変更……P-15
図形のスタイル……P-16
図形の変更……P-15
スタイル（図形）……P-16
スタイル（表）……P-22
スタイルのクリア（表）……P-23
ステータスバー……P-2
ストーリーの組み立て……P-61
スピーチ原稿……P-62
スライド……P-4,P-5
スライド一覧……P-3,P-30
スライドショー……P-3,P-12,P-51
スライドショーの中断……P-13
スライドの移動……P-31
スライドの切り替え……P-51
スライドのコピー……P-31
スライドのサイズ……P-5
スライドの削除……P-31
スライドの選択……P-42
スライドの挿入……P-7
スライドの縦横比……P-5
スライドのリセット……P-41
スライドのレイアウト……P-8
スライドペイン……P-2
スライドマスター……P-46
スライドマスターの種類……P-48

【せ】

制限時間……P-63
前面へ移動……P-20

【そ】

挿入（Word文書）……P-41
挿入（画像）……P-17
挿入（スライド）……P-7
挿入（表）……P-21

【た】

タイトルスライド……P-4
タイトルの入力……P-7
タイトルバー……P-2
タイトル用のプレースホルダー……P-6

【て】

テーマ……P-5

【ぬ】

塗りつぶし……P-16

【の】

ノート……P-2,P-36
ノートの印刷……P-38
ノートペイン……P-37

【は】

背景のスタイル……P-6
配色……P-6
配置（セル内の文字）……P-23
配置ガイド……P-19
配布資料……P-36
背面へ移動……P-20
発表時間の管理……P-56
発表者ツール……P-54,P-56
発表者ツールの機能……P-56
バリエーション……P-6

【ひ】

日付領域……P-49
非表示スライド……P-52
非表示スライドの印刷……P-52
表示順序の変更……P-20
表示選択ショートカット……P-2
表示倍率……P-30
表示モードの切り替え……P-3
標準（4：3）……P-5
標準表示……P-3,P-31
表スタイルのオプション……P-22
表のスタイル……P-22
表のスタイルのクリア……P-23
表の選択……P-24
表の挿入……P-21

【ふ】

フォロー……P-63
フォント……P-6
フッター……P-49
フッター領域……P-49
フルページサイズ……P-36
プレースホルダー……P-6
プレースホルダーの移動……P-10
プレースホルダーのリサイズ変更……P-10
プレースホルダーの削除……P-10
プレースホルダーの選択……P-9
プレゼンテーション……P-5
プレゼンテーション資料の作成……P-62
プレゼンテーションの実施……P-63
プレゼンテーションの新規作成……P-4
プレゼンテーションの流れ……P-59
プレゼンテーションの保存……P-13

【へ】

ヘッダー …………………………………………… P-49
ペン………………………………………………… P-53
ペンで書き込んだ内容の消去………………… P-54

【ほ】

保存 ……………………………………………… P-13
本論 ……………………………………………… P-61

【も】

目的の明確化…………………………………… P-60
文字の配置……………………………………… P-23

【り】

リセット………………………………………… P-41
リハーサル ……………………………P-57,P-62

【れ】

レベル下げ……………………………………… P-11

【わ】

ワイド画面(16:9) ……………………………… P-5
枠線 ……………………………………………… P-16

情報リテラシー アプリ編
Windows® 10
Office 2019 対応
(FPT1920)

2020年３月12日 初版発行
2024年３月13日 第２版第５刷発行

著作／制作：富士通エフ・オー・エム株式会社

発行者：山下 秀二

発行所：FOM《エフオーエム》出版（富士通エフ・オー・エム株式会社）
〒212-0014 神奈川県川崎市幸区大宮町１番地５ JR川崎タワー
株式会社富士通ラーニングメディア内
https://www.fom.fujitsu.com/goods/

印刷／製本：アベイズム株式会社

●本書に関するご質問は、ホームページまたはメールにてお寄せください。
<ホームページ>
上記ホームページ内の「ＦＯＭ出版」から「ＱＡサポート」にアクセスし、「ＱＡフォームのご案内」からQAフォームを選択して、必要事項をご記入の上、送信してください。
<メール>
FOM-shuppan-QA@cs.jp.fujitsu.com
なお、次の点に関しては、あらかじめご了承ください。
・ご質問の内容によっては、回答に日数を要する場合があります。
・本書の範囲を超えるご質問にはお答えできません。
・電話やFAXによるご質問には一切応じておりません。

情報リテラシー アプリ編

Check スキル診断シート

提出日：　　　　学籍番号：　　　　氏名：

カテゴリ	チェック項目	学習前の理解度	学習後の理解度
文書作成編	ページ設定や配置の設定、フォント書式を設定できる。	1 2 3 4 5	1 2 3 4 5
	画像や表、SmartArtグラフィックなどを文書に挿入できる。	1 2 3 4 5	1 2 3 4 5
	文書を印刷できる。	1 2 3 4 5	1 2 3 4 5
	ページ罫線やワードアート、段組みを挿入できる。	1 2 3 4 5	1 2 3 4 5
	作成した文書をPDFファイルとして保存できる。	1 2 3 4 5	1 2 3 4 5
	ページ番号や改ページなどを挿入できる。	1 2 3 4 5	1 2 3 4 5
	コメント機能や変更履歴機能を使って、文章を校閲できる。	1 2 3 4 5	1 2 3 4 5
表計算編	文字列と数値の違いを理解し、セルに入力できる。	1 2 3 4 5	1 2 3 4 5
	罫線やフォント書式、配置、表示形式を設定した表を作成できる。	1 2 3 4 5	1 2 3 4 5
	相対参照と絶対参照を理解し、数式を入力・コピーすることができる。	1 2 3 4 5	1 2 3 4 5
	表を印刷できる。	1 2 3 4 5	1 2 3 4 5
	グラフを作成できる。	1 2 3 4 5	1 2 3 4 5
	データベース機能を使って、データの並べ替えや抽出、データの集計ができる。	1 2 3 4 5	1 2 3 4 5
	PHONETIC関数、COUNTA関数、IF関数などの関数を使いこなすことができる。	1 2 3 4 5	1 2 3 4 5
	ピボットテーブルを作成し、大量のデータを集計したり、分析したりできる。	1 2 3 4 5	1 2 3 4 5
	マクロ機能を使って、一連の操作を自動化できる。	1 2 3 4 5	1 2 3 4 5
プレゼンテーション編	効果的なプレゼンテーションについて説明できる。	1 2 3 4 5	1 2 3 4 5
	スライドを作成し、スライドショーを実行できる。	1 2 3 4 5	1 2 3 4 5
	図形、画像、表、SmartArtグラフィックをスライドに挿入できる。	1 2 3 4 5	1 2 3 4 5
	画面切り替え効果やアニメーションを使って、プレゼンテーションに動きを付けることができる。	1 2 3 4 5	1 2 3 4 5
	スライドを印刷できる。	1 2 3 4 5	1 2 3 4 5
	スライドマスターや、ヘッダーとフッターなど、スライド共通のデザインを設定できる。	1 2 3 4 5	1 2 3 4 5
	ペンや発表者ビューを使って、効果的なスライドショーを実行できる。	1 2 3 4 5	1 2 3 4 5

Check タイピング管理シート

提出日：　　　　　学籍番号：　　　　　氏名：

回数	実施日	入力文字数
1	月　　日（　　）	文字
2	月　　日（　　）	文字
3	月　　日（　　）	文字
4	月　　日（　　）	文字
5	月　　日（　　）	文字
6	月　　日（　　）	文字
7	月　　日（　　）	文字
8	月　　日（　　）	文字
9	月　　日（　　）	文字
10	月　　日（　　）	文字
11	月　　日（　　）	文字
12	月　　日（　　）	文字
13	月　　日（　　）	文字
14	月　　日（　　）	文字
15	月　　日（　　）	文字
16	月　　日（　　）	文字
17	月　　日（　　）	文字
18	月　　日（　　）	文字
19	月　　日（　　）	文字
20	月　　日（　　）	文字